环境影响评价

（第三版）

主　编　吴春山　成　岳
副主编　吴彩斌　黄满红　余光辉　张　波
编　委　廖千家骅　向速林　李　嘉　孙　标

华中科技大学出版社
中国·武汉

内容提要

本书系统地介绍环境影响评价的基本理论、基本程序和方法技术。内容包括环境影响评价的法律法规与标准、环境影响评价的内容与程序、环境影响评价的制度与管理、污染源评价与工程分析，以及环境质量现状评价与环境影响预测方法，其中对大气、水、噪声、生态、土壤、固体废物等环境要素的环境影响评价进行了详细的阐述，对环境风险评价、环境经济损益分析、规划环境影响评价、公众参与、环境影响评价成果的编制也作了必要的介绍。本书不仅注重环境影响评价基本理论和方法技术的阐述，而且注重结合环境影响评价的实践，在各环境要素环境影响预测与评价的各章中均有案例分析。

本书适用于高等学校环境类专业的本科生，也可供从事环境影响评价的专业技术人员参考。

图书在版编目(CIP)数据

环境影响评价/吴春山，成岳主编. —3 版. —武汉：华中科技大学出版社，2020.6(2022.6 重印)
ISBN 978-7-5680-6181-0

Ⅰ.①环… Ⅱ.①吴… ②成… Ⅲ.①环境影响-评价-高等学校-教材 Ⅳ.①X820.3

中国版本图书馆 CIP 数据核字(2020)第 084210 号

环境影响评价(第三版)

Huanjing Yingxiang Pingjia(Di-san Ban)　　吴春山　成　岳　主编

策划编辑：王新华
责任编辑：王新华
封面设计：潘　群
责任校对：李　琴
责任监印：周治超
出版发行：华中科技大学出版社(中国·武汉)　电话：(027)81321913
　　　　　武汉市东湖新技术开发区华工科技园　邮编：430223
录　　排：华中科技大学惠友文印中心
印　　刷：武汉科源印刷设计有限公司
开　　本：787mm×1092mm　1/16
印　　张：24
字　　数：630 千字
版　　次：2022 年 6 月第 3 版第 3 次印刷
定　　价：58.00 元

普通高等院校环境科学与工程联编教材
作者所在院校

（排名不分先后）

南开大学
湖南大学
武汉大学
厦门大学
北京理工大学
北京科技大学
北京建筑大学
天津工业大学
天津科技大学
天津理工大学
西北工业大学
西北大学
西安理工大学
西安工程大学
西安科技大学
长安大学
中国石油大学（华东）
山东科技大学
青岛农业大学
山东农业大学
西南林业大学
聊城大学
山东第一医科大学
长沙学院
青岛理工大学
江西理工大学
中山大学
重庆大学
中国矿业大学
华中科技大学
中国药科大学
东北大学
江苏大学
常州大学
扬州大学
中南大学
长沙理工大学
南华大学
华中师范大学
华中农业大学
武汉理工大学
中南民族大学
沈阳工业大学
湖北大学
长江大学
江汉大学
福建师范大学
西南交通大学
成都理工大学
唐山学院
上海电力大学
中国地质大学（武汉）
四川大学
华东理工大学
中国海洋大学
成都信息工程大学
华东交通大学
南昌大学
景德镇陶瓷大学
长春工业大学
东北农业大学
哈尔滨理工大学
河南大学
河南工业大学
河南理工大学
河南农业大学
湖南科技大学
洛阳理工学院
河南城建学院
韶关学院
郑州大学
郑州轻工业大学
河北大学
江苏理工学院
东北石油大学
佛山科学技术学院
东南大学
东华大学
中国人民大学
北京交通大学
华北理工大学
华北电力大学
广西师范大学
桂林电子科技大学
桂林理工大学
仲恺农业工程学院
华南师范大学
嘉应学院
广东石油化工学院
浙江工商大学
浙江农林大学
太原理工大学
兰州理工大学
石河子大学
内蒙古大学
内蒙古科技大学
内蒙古农业大学
中南林业科技大学
武汉工程大学
广东工业大学
五邑大学

第三版前言

环境影响评价制度是我国环境保护的一项重要法律制度。从 20 世纪 70 年代我国环境影响评价制度建立至今，环境影响评价在我国经济建设、社会发展和环境保护中的地位和作用日益彰显。环境影响评价已经成为环境科学的一个重要分支，是高等院校环境类专业的核心课程之一。

本书在编写过程中遵循以下原则：一是力求适应新的人才培养需求，体现教材的科学性和先进性；二是既涵盖环境影响评价的基本理论，又反映教学内容的更新，紧扣中国环境影响评价最新的政策、法律法规、标准、方法和环境影响评价技术导则，体现教材的新颖性；三是既反映环境科学与工程类专业教学指导委员会对专业培养方案的基本要求，又突出本教材的特色；四是既综合现有教材的优点，又结合教学过程中的体会和环境影响评价的要求和实践进行改进，将人才培养与专业执业工程师培养相结合，体现教材的实用性。

环境影响评价越来越受到科学家、政府管理人员和公众的支持和重视，其理论、方法和技术在近十余年发展很快。在 2011—2012 年以及 2015 年以后，环境影响评价的法律法规、导则、标准经历了两次大规模的修订、补充。本书于 2009 年第一次出版，于 2012 年进行了修订，出第二版。马太玲、张江山两位老师制定了本书的编写框架，前两版的作者倾注了大量的心血，打下了良好的基础，我们在此谨向他们致以敬意。为适应环境影响评价研究及实践的需要，我们根据近年环境影响评价的法律法规、导则、标准的变更，在前两版工作的基础上，进行新一轮的修订。

本书由福建师范大学、景德镇陶瓷大学、江西理工大学、东华大学、湖南科技大学、江苏大学、中国药科大学、华东交通大学、扬州大学和内蒙古农业大学的多名教师共同编写。编写分工如下：吴春山编写第 1 章、第 12 章和第 14 章；成岳、吴春山编写第 6 章，成岳编写第 7 章；廖千家骅、成岳编写第 3 章、第 10 章；吴彩斌、向速林编写第 2 章、第 9 章；黄满红编写第 11 章；余光辉编写第 15 章；张波编写第 8 章；李嘉编写第 4 章、第 16 章；孙标编写第 5 章、第 13 章。全书由吴春山和成岳统一修改定稿。

本书编写过程中引用了环境影响评价技术导则等国家标准和法律法规，参考引用了原国家环境保护总局监督管理司编写的环境影响评价人员培训教材、生态环境部环境工程评估中心编写的环境影响评价工程师执业资格考试系列教材以及许多专家学者的著作和研究成果，在此深表谢意。华中科技大学出版社编辑为本教材的编写出版付出了辛勤的劳动，在此表示感谢。

由于编者水平有限，书中不足之处在所难免，恳请读者批评指正。

编　者

2020 年 4 月

目　　录

第1章　绪　　论

1.1　环境影响评价的概念和分类

1.1.1　环境影响评价的概念

1. 环境

1）环境的概念

环境是相对于某一中心事物而言的，因中心事物的不同而不同，随中心事物的变化而变化；围绕中心事物的外部空间、条件和状况，构成中心事物的环境。

我们常常是以人类为中心观察整个外部世界的，这时候的环境是指围绕着人类的外部世界，是人类赖以生存和发展的物质条件的综合体。

《中华人民共和国环境保护法》从法学的角度对环境概念进行阐述："本法所称环境，是指影响人类生存和发展的各种天然的和经过人工改造的自然因素的总体，包括大气、水、海洋、土地、矿藏、森林、草原、湿地、野生生物、自然遗迹、人文遗迹、自然保护区、风景名胜区、城市和乡村等。"

2）环境的特点

（1）整体性与区域性。环境的整体性很明显地体现在它的结构与功能上，构成环境的各单元之间通过物质、能量的交流，互动变化。整体性是环境的最基本特性。环境所具有的特性正是由于其整体性，透过各环境要素所显现出来的不同表象；同时，外界对环境的两种或两种以上组成单元发生作用，其效果不是简单的加和，而是显现出"$1+1\neq2$"的效果，这是由环境系统内各组成单元之间存在的协同或对抗造成的。

环境的区域性是指环境在区域上的差异。处于不同地理位置、空间位置的环境之间的差异可能十分明显，这也正是环境多样性的一个重要原因。

（2）变动性与稳定性。从哲学上的观点来看，事物总是处于不断的运动过程中。对于环境而言，其变动性不仅仅体现在环境表观上的变化，还体现在其内部结构的不断变动上。

环境的稳定性是指环境有一定的自我调控能力，即在一定限度范围内，环境具有削弱外界影响、自主恢复的能力。

（3）资源性与价值性。环境提供了人类生存与发展所必需的物质、能量，从这个意义上来说，环境即资源。环境资源包括物质资源与非物质资源两大类型。环境的物质资源包括物质与能量，如森林、矿产、淡水、空气、阳光等。环境的非物质资源主要指的是环境状态的可利用性质，环境处于不同的状态，其可利用的方向与程度是有差异的。

2. 环境系统、环境要素与环境因子

1）环境系统

所谓系统，是指由一些相互联系、相互制约的若干组成部分结合而成的，具有特定功能的一个有机整体（集合）。它具有以下三个特点。

(1) 系统是由若干要素组成的,这些要素可能是一些独立或相对独立的个体,也可能其本身就是一个系统(或称为子系统)。

(2) 系统是其要素按一定的秩序和内部联系组合而成的整体,一个系统的构成要素之间相互联系、相互制约。

(3) 系统有一定的功能,或者说系统要有一定的目的性。系统的功能是指系统与外部环境相互联系和相互作用中表现出来的性质、能力和作用。

环境系统是由各环境要素或环境各组成部分按一定的相互数量关系、空间位置关系,通过特定的相互作用构成的,它具有特定结构与功能。

2) 环境要素

环境要素指构成环境整体的各个独立的、性质各异而又服从总体演化规律的基本物质组成,也叫环境基质,通常是指大气、水、声、振动、生物、土壤、放射性、电磁等。

3) 环境因子

环境要素是由一个个环境因子组成的,组成各环境要素的环境因子并不固定。各种环境因子大体可以划分为以下四类。

(1) 地质与气候因子,包括经纬度、海拔、水深、地形、气温、雨量、气压、湿度等。一般认为,地质与气候因子是造成环境区域性的重要原因。

(2) 化学因子,包括土壤、大气及水中的各种分子,如大气里的各组成成分——氧气、氮气、二氧化硫、氮氧化物等。

(3) 生物因子,包括各种有机体。环境的特性通过生物因子能够强烈地表达出来。

(4) 物理因子,包括声、光、电磁、热、力、振动、核辐射等。与化学因子、生物因子不同,物理因子属于能量型的存在,在环境中不会有残余物质。引起物理性污染的声、光、热、电磁等在环境中也是客观存在的,它们只是在环境中的量过高或过低时才会造成污染或异常。

3. 环境质量

环境质量是环境系统客观存在的一种本质属性,可以用定性和定量的方法对环境系统所处状态加以描述。

在一个特定的、具体的环境中,环境不仅在总体上,而且在环境内部的各种要素上都会对人群产生一些影响。因此,环境对人群的生存和繁衍是否适宜、对社会经济的发展是否适宜、适宜程度如何等,都反映了人对环境的具体要求,于是就产生了人对环境的一种评价。从这种意义上说,环境质量优劣的判断具有主观特性,由人类的特定要求决定。

环境有很多类。例如,评价一个地方的环境时,不仅仅要考虑这个地方的气候、绿化程度、工厂布置等,还要考虑这个地方的经济文化发展程度及美学状况。这也就是平常所说的自然环境和社会环境之分,相应的,环境质量也分为自然环境质量和社会环境质量。

自然环境质量再细分就可分为物理环境质量、化学环境质量及生物环境质量。

物理环境质量涵盖了地质与气候因子及物理因子,它是用来衡量周围物理环境条件的,如自然界气候、水文、地质地貌等自然条件的变化,放射性污染、热污染、噪声污染、微波辐射、地面下沉、地震等自然灾害。

化学环境质量是指化学因子产生的影响,如果周围的重污染工业比较多,那么产生的化学因子的数量、种类就多一些,产生的污染比较严重,化学环境质量就比较差。

生物环境质量是针对周围生物群落的构成特点而言的,是自然环境质量中最受人关注的组成部分。不同地区的生物群落结构及组成的特点不同,其生物环境质量就显出差别。生物群落比较合理的地区,生物环境质量就比较好;反之,生物环境质量就比较差。

社会环境质量包括社会中的经济、文化、美学等状况。由于各地的发展程度不同，社会环境质量有明显的差异。同时随着科技的发展，人类将不断地改变着周围的环境质量，环境质量的变化也将不断地反馈于人。

4．环境容量

环境容量是指对一定区域，根据其自然净化能力，在特定的污染源布局和结构条件下，为达到环境目标值所允许的污染物最大排放量。

某区域环境容量的大小与该区域本身的组成、结构及其功能有关。通过人为的调节，控制环境的物理、化学及生物学过程，改变物质的循环转化方式，就可以提高环境容量，从而改变环境的污染状况。

环境容量按环境要素可细分为大气环境容量、水环境容量、土壤环境容量和生物环境容量等。此外，还有人口环境容量、城市环境容量等。

5．环境影响

环境影响是指人类活动(经济活动和社会活动)对环境的作用和导致环境变化及由此引起的对人类社会和经济的效应。

按影响的来源分，环境影响分为直接影响、间接影响和累积影响；按影响效果分，环境影响可分为有利影响和不利影响；按影响性质分，环境影响可分为可恢复影响和不可恢复影响。另外，环境影响还可分为短期影响和长期影响，地方、区域影响或国家和全球影响，建设阶段影响和运行阶段影响等。

6．环境影响评价

环境影响评价简称环评，是指对规划和建设项目实施后可能造成的环境影响进行分析、预测和评估，提出预防或者减轻不良环境影响的对策和措施，进行跟踪监测的方法与制度。通俗地说就是分析规划或者建设项目实施后可能对环境产生的影响，并提出污染防治对策和措施。

1.1.2　环境影响评价的作用和意义

环境影响评价是一项技术，也是正确认识经济发展、社会发展和环境发展之间相互关系的科学方法，是正确处理经济发展使之符合国家总体利益和长远利益、强化环境管理的有效手段，对确定经济发展方向和保护环境等一系列重大决策都有重要的指导作用。环境影响评价能为地区社会经济发展指明方向，合理确定地区发展的产业结构、产业规模和产业布局。环境影响评价是对一个地区的自然条件、资源条件、环境质量条件和社会经济发展现状进行综合分析研究的过程。它根据一个地区的环境、社会、资源的综合能力，把人类活动对环境的不利影响限制到最小，其作用和意义表现在以下几个方面。

(1) 保证建设项目选址和布局的合理性。合理的经济布局是保证环境与经济持续发展的前提条件，而不合理的布局则是环境污染的重要原因。环境影响评价从建设项目所在地区的整体出发，考察建设项目的不同选址和布局对区域整体的不同影响，并进行比较和取舍，选择最有利的方案，保证建设选址和布局的合理性。

(2) 指导环境保护设计，强化环境管理。一般来说，开发建设活动和生产活动，都要消耗一定的资源，给环境带来一定的污染与破坏，因此必须采取相应的环境保护措施。环境影响评价针对具体的开发建设活动或生产活动，综合考虑开发活动特征和环境特征，通过对污染治理设施的技术、经济和环境论证，可以得到相对最合理的环境保护对策和措施，把因人类活动而产生的环境污染或生态破坏限制在最小范围内。

(3) 为区域的社会经济发展提供导向。环境影响评价可以通过对区域的自然条件、资源条件、社会条件和经济发展等进行综合分析，掌握该地区的资源、环境和社会等状况，从而对该地区的发展方向、发展规模、产业结构和产业布局等做出科学的决策和规划，以指导区域活动，实现可持续发展。

(4) 促进相关环境科学技术的发展。环境影响评价涉及自然科学和社会科学的广泛领域，包括基础理论研究和应用技术开发。环境影响评价工作中遇到的问题，必然会对相关环境科学技术提出挑战，进而推动相关环境科学技术的发展。

国际和国内的经验都表明，为防止在社会经济的发展中造成重大环境损失和生态破坏，对有关政策和规划进行环境影响评价是十分必要的。

1.1.3 环境影响评价的分类

按照评价对象，环境影响评价可以分为规划环境影响评价和建设项目环境影响评价；按照环境要素，环境影响评价可以分为大气环境影响评价、地表水环境影响评价、声环境影响评价、生态环境影响评价和固体废物环境影响评价等；按照时间顺序，环境影响评价一般分为环境质量现状评价、环境影响预测评价及环境影响后评价；在空间域上可分为建设项目环境影响评价和区域环境影响评价；按内容可分为单项评价和综合评价或宏观评价。

1.1.4 环境影响评价的主要原则

环境影响评价必须客观、公开、公正，综合考虑规划或者建设项目实施后对各种环境因素及其所构成的生态系统可能造成的影响，为决策提供科学依据。环境影响评价工作应当突出环境影响评价的源头预防作用，坚持保护和改善环境质量。

1. 依法评价

贯彻执行我国环境保护相关法律法规、标准、政策和规划等，优化项目建设，服务环境管理。

2. 科学评价

规范环境影响评价方法，科学分析项目建设对环境质量的影响。

3. 突出重点

根据建设项目的工程内容及其特点，明确与环境要素间的作用效应关系，根据规划环境影响评价结论和审查意见，充分利用符合时效的数据资料及成果，对建设项目主要环境影响予以重点分析和评价。

1.2 环境影响评价的法律法规与标准体系

1.2.1 环境影响评价的法律法规体系

环境影响评价的依据是环境保护的法律法规和环境标准。环境法律法规和标准及环境目标反映的是一个地区、国家和国际组织的环境政策，也是其环境基本价值的体现。

环境影响评价的法律法规与标准体系，是指国家为保护改善环境、防治污染及其他公害而制定的体现政府行为准则的各种法律、法规、规章制度及政策性文件的有机整体框架系统。这是开展环境影响评价的基本依据。

我国的环境影响评价制度融会于环境保护的法律法规体系之中，该体系是以《中华人民共和国宪法》（简称《宪法》）关于环境保护的规定为基础，以综合性环境基本法为核心，以关于环境保护的规定为补充，由若干相互联系协调的环境保护法律、法规、规章、标准及国际条约所组成的一个完整而又相对独立的法律法规体系。该体系由宪法、环境保护法、环境影响评价法、环境保护单行法、环境保护行政法规、环境保护部门规章、环境保护地方性法规和地方政府规章等构成。

1. 宪法中关于环境保护的规定

1982年通过、2018年3月第五次修正的《宪法》第二十六条规定："国家保护和改善生活环境和生态环境，防治污染和其他公害。"第九条规定："国家保障自然资源的合理利用，保护珍贵的动物和植物。禁止任何组织或者个人用任何手段侵占或者破坏自然资源。"第十条、第二十二条也有关于环境保护的规定。宪法的这些规定是环境保护立法的依据和指导原则。

2. 环境保护法中的规定

1979年9月13日，《中华人民共和国环境保护法（试行）》颁布，标志着我国的环境保护工作进入法治轨道，带动了我国环境保护立法的全面发展。1989年颁布实施、2014年4月修订的《中华人民共和国环境保护法》是我国环境保护的综合性法，在环境保护法律体系中占据核心地位。该法共70条，分为"总则"、"监督管理"、"保护和改善环境"、"防治污染和其他公害"、"信息公开和公众参与"、"法律责任"及"附则"等七章，其中明确规定了环境影响评价制度的相关要求。《中华人民共和国环境保护法》的特点是偏重于对环境污染防治的规定，对自然资源、生态环境利用和保护等方面的内容也作了原则性规定。

3. 环境影响评价法

2002年10月28日通过的《中华人民共和国环境影响评价法》是一部独特的环境保护单行法，该法规定了规划和建设项目环境影响评价的相关法律要求，是我国环境立法的重大发展。《中华人民共和国环境影响评价法》将环境影响评价的范畴从建设项目扩展到规划，即战略层次，力求从决策的源头防止环境污染和生态破坏，标志着我国环境与资源立法进入了一个新的阶段。

4. 环境保护单行法

环境保护单行法是针对特定的污染防治对象或资源保护对象而制定的。它分为两大类：一类是自然资源保护法，如《中华人民共和国森林法》、《中华人民共和国草原法》、《中华人民共和国渔业法》、《中华人民共和国矿产资源法》、《中华人民共和国土地管理法》、《中华人民共和国水法》、《中华人民共和国野生动物保护法》、《中华人民共和国水土保持法》、《中华人民共和国气象法》等；另一类是污染防治法，如《中华人民共和国水污染防治法》、《中华人民共和国大气污染防治法》、《中华人民共和国固体废物污染环境防治法》、《中华人民共和国环境噪声污染防治法》、《中华人民共和国海洋环境保护法》、《中华人民共和国清洁生产促进法》、《中华人民共和国放射性污染防治法》等。这些法律中都有关环境影响评价的相关规定。

5. 环境保护行政法规

环境保护行政法规是由国务院制定并公布的环境保护规范文件。它分为两类：一类是为执行某些环境保护单行法而制定的条例，如《中华人民共和国陆生野生动物保护实施条例》；另一类是针对环境保护工作中某些尚无相应单行法的重要领域而制定的条例、规定或办法，如《建设项目环境保护管理条例》等。

6. 环境保护部门规章

环境保护部门规章是由国务院环境保护行政主管部门单独发布或者与国务院有关部门联合发布的环境保护规范性文件。它以有关的环境保护法规为依据制定,或针对某些尚无法律法规调整的领域而做出相应规定。

7. 环境保护地方性法规和地方政府规章

环境保护地方法规和地方政府规章是地方权力机关和地方行政机关依据宪法和相关法律法规制定的环境保护规范性文件。这些规范性文件是根据本地的实际情况和特殊的环境问题,为实施环境保护法律法规而制定的,具有较强的可操作性。

1.2.2 环境标准体系

环境标准是为了防治环境污染,维护生态平衡,保护人体健康,对环境保护工作中需要统一的各项技术规范和技术要求所做的规定。具体而言,环境标准是国家为了保护人体健康,促进生态良性循环,实现社会经济发展目标,根据国家的环境政策和法规,在综合考虑自然环境特征、社会经济条件和科学技术水平的基础上,规定环境中污染物的允许含量和污染源排放污染物的数量、浓度、时间和速率及其他有关技术规范。

环境标准是国家环境政策在技术方面的具体体现,是行使环境监督管理职能、进行环境评价和规划的主要依据,是推动环境科技进步的动力。

环境包括空气、水、土壤等诸多要素,环境问题涉及许多行业和部门,环境要素的不同,各行业和部门的要求也不同,因而环境标准只能分门别类地制定,所有这些分门别类的标准的总和构成了环境标准体系。环境标准体系是各种不同环境标准依其性质、功能及其间客观的内在联系,相互依存、相互衔接、相互补充、相互制约所构成的一个有机整体。这个体系不是一成不变的,它随一定时期的技术经济水平及人类对环境质量的要求而不断地发展和完善。

我国的环境标准分为国家环境标准、地方环境标准和国家生态环境部标准。我国的环境保护标准制定工作已有40年的历史,已初步形成以国家环境质量标准、国家污染物排放(控制)标准为主体,与国家环境监测方法标准、国家环境标准样品标准、国家环境基础标准和国家生态环境部标准(国家环境保护行业标准)相配套的国家环境保护标准体系。

我国环境标准体系见图1-1。

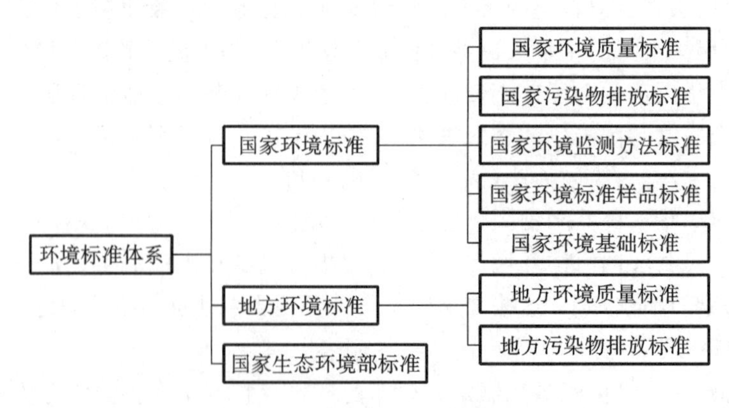

图1-1　我国环境标准体系

1. 国家环境标准

国家环境标准包括国家环境质量标准、国家污染物排放(控制)标准、国家环境监测方法标准、国家环境标准样品标准、国家环境基础标准。

(1) 国家环境质量标准，是为保障人体健康、维护生态和保障社会物质财富，并考虑技术、经济条件，对环境中有害物质和因素所做的限制性规定。国家环境质量标准是在一定时期内衡量环境优劣程度的标准，从某种意义上讲是环境质量的目标标准，如《环境空气质量标准》(GB 3095—2012)、《地表水环境质量标准》(GB 3838—2002)、《声环境质量标准》(GB 3096—2008)、《土壤环境质量　农用地土壤污染风险管控标准(试行)》(GB 15618—2018)等。

(2) 国家污染物排放(控制)标准，是根据国家环境质量标准，以及适用的污染控制技术，并考虑经济承受能力，对排入环境的有害物质和产生污染的各种因素所做的限制性规定，是对污染源控制的标准，如《大气污染物综合排放标准》(GB 16297—1996)、《污水综合排放标准》(GB 8978—1996)、《工业企业厂界环境噪声排放标准》(GB 12348—2008)等。

(3) 国家环境监测方法标准，是为监测环境质量和污染物排放，规范采样、分析测试、数据处理等所做的统一规定，如水质分析方法标准、水质采样法等。

(4) 国家环境标准样品标准，是在系列《标准样品工作导则》(GB/T 15000)及《环境标准样品研复制技术规范》(HJ 173—2017)指导下，为保证环境监测数据的准确、可靠，对用于量值传递或质量控制的材料、实物样品而制定的标准，如土壤ESS系列标准样品、水质COD标准样品等。标准样品在环境管理中起着甄别的作用，可用来评价分析仪器、鉴别其灵敏度，评价分析者的技术，使操作技术规范化。

(5) 国家环境基础标准，是在制定环境标准的工作中，对需要统一的技术术语、符号、代号(代码)、图形、指南、导则、量纲单位及信息编码等所做的统一规定，如制定地方大气污染物排放标准的技术方法，制定地方水污染物排放标准的技术原则和方法，环境保护标准的编制、出版、印刷标准等。

国家环境标准又分为强制性环境标准和推荐性环境标准。环境质量标准、污染物排放标准和法律法规规定必须执行的其他标准为强制性环境标准。强制性环境标准必须执行，超标即违法。强制性环境标准以外的环境标准属于推荐性环境标准。国家鼓励采用推荐性环境标准，推荐性环境标准被强制性环境标准引用，也必须强制执行。

2. 地方环境标准

地方环境标准是对国家环境标准的补充和完善，由省、自治区、直辖市人民政府制定。近年来为控制环境质量的恶化趋势，一些地方已将总量控制指标纳入地方环境标准。

(1) 地方环境质量标准：省、自治区、直辖市人民政府对国家环境质量标准中未作规定的项目，可以制定地方环境质量标准；对国家环境质量标准中已作规定的项目，可以制定严于国家环境质量标准的地方环境质量标准。地方环境质量标准应当报国务院生态环境主管部门备案。

(2) 地方污染物排放(控制)标准：省、自治区、直辖市人民政府对国家污染物排放标准中未作规定的项目，可以制定地方污染物排放标准；对国家污染物排放标准中已作规定的项目，可以制定严于国家污染物排放标准的地方污染物排放标准。地方污染物排放标准应当报国务院生态环境主管部门备案。

3. 国家生态环境部标准

国家生态环境部标准即对需要在环境保护工作中统一的技术要求而又没有国家环境标准时而制定的标准，包括执行各项环境管理制度、监测技术、环境区划、规划的技术要求、规范、导则等。该类标准由国家生态环境部制定。

4. 环境标准之间的关系

(1) 国家环境标准与地方环境标准的关系。从执行上,地方环境标准优先于国家环境标准。

(2) 国家污染物排放标准之间的关系。国家污染物排放标准又分为跨行业综合性排放标准(如《污水综合排放标准》、《大气污染物综合排放标准》、《锅炉大气污染物排放标准》)和行业性排放标准(如《火电厂大气污染物排放标准》、《合成氨工业水污染物排放标准》、《制浆造纸工业水污染物排放标准》等)。跨行业综合性排放标准与行业性排放标准不交叉执行,即有行业性排放标准的执行行业性排放标准,没有行业性排放标准的执行跨行业综合性排放标准。

1.3 环境影响评价的内容和程序

环境影响评价包括建设项目环境影响评价和规划环境影响评价。由于两者的评价对象、侧重点、评价方法、介入时机和评价者等均有所不同,故两者的评价内容及工作程序有较大差别。本节主要对建设项目环境影响评价的内容和工作程序进行阐述,有关规划环境影响评价的内容和程序将在本书第 14 章专门阐述。

1.3.1 环境影响评价的基本内容

1. 环境影响因素识别与评价因子筛选

在了解和分析建设项目所在区域发展规划、环境保护规划、环境功能区划、生态功能区划及环境现状的基础上,分析和列出建设项目的直接和间接行为,以及可能受上述行为影响的环境要素及相关参数。

环境影响因素识别应明确建设项目在施工过程、生产运行、服务期满后等不同阶段的各种行为与可能受影响的环境要素间的作用效应关系、影响性质、影响范围、影响程度等,定性分析建设项目对各环境要素可能产生的污染影响与生态影响,包括有利与不利影响、长期与短期影响、可逆与不可逆影响、直接与间接影响、累积与非累积影响等。对建设项目实施形成制约的关键环境因素或条件,应作为环境影响评价的重点内容。

环境影响因素识别方法包括矩阵法、网络法、地理信息系统(GIS)支持下的叠加图法等。

2. 确定环境影响评价工作等级

1) 环境影响评价工作等级的划分依据

环境影响评价工作等级是对环境影响评价及其各专题工作深度的划分,一般按环境要素(大气环境、水环境、声环境、生态环境等)分别划分评价等级。各单项环境要素评价划分为三个工作等级(一级、二级、三级),一级评价最详细,二级次之,三级较简略。各单项环境要素评价工作等级划分的详细规定,可参阅相应导则。各单项环境要素评价工作等级的划分依据有如下几点。

(1) 建设项目的工程特点。包括工程性质、工程规模、能源、水及其他资源的使用量和类型,污染物排放特点(污染物的种类、性质、排放量、排放方式、排放去向、排放浓度)等。

(2) 建设项目所在地区的环境特征。包括自然环境条件和特点、环境敏感程度、环境质量现状、生态系统功能与特点、自然资源及社会经济环境状况等,以及建设项目实施后可能引起现有环境特征发生变化的范围和程度。

(3) 相关法律法规、标准及规划。包括环境质量标准和污染物排放标准等。

2) 不同环境影响评价等级的评价要求

不同的环境影响评价工作等级，要求的环境影响评价深度不同。

一级评价：要求最高，要对单项环境要素的环境影响进行全面、细致和深入的评价，对该环境要素的现状的调查、影响的预测、影响的评价和措施的提出，一般都要求比较全面和深入，并应当采用定量计算来完成。

二级评价：要对单项环境要素的重点环境影响进行详细、深入评价，一般要采用定量计算和定性描述来完成。

三级评价：对单项环境要素的环境影响进行一般评价，可通过定性描述来完成。

一般来说，建设项目的环境影响评价包括一个以上的单项影响评价，对每一个建设项目的环境影响评价，各单项影响评价的工作等级不一定相同，也无须包括所有的单项环境影响评价。

对须编制环境影响报告书的建设项目，各单项影响评价的工作等级不一定都很高。对编制环境影响报告表的建设项目，各单项影响评价的工作等级一般均低于三级；个别须设置评价专题的，具体的评价等级按单项环境影响评价导则要求进行。

3. 环境现状调查

环境现状调查是每个评价项目(或专题)共有的，也是必须做的工作，虽然各项目(或专题)所要求的调查内容不同，但其调查目的都是为了充分掌握项目所在区域环境质量现状或本底值，为后续的环境影响的预测、评价和累积效应分析以及投产运行进行环境管理提供基础数据。

1) 环境现状调查的一般原则

(1) 根据建设项目所在地区的环境特点，结合各单项评价的工作等级，确定各环境要素的现状调查的范围，筛选出应调查的有关参数。原则上调查范围应大于评价区域，对评价区域边界以外的附近地区，若遇有重要的污染源时，调查范围应适当扩大。

(2) 环境现状调查应首先搜集现有资料，经过认真分析筛选，择取可用部分。若这些现有资料仍不能满足需要时，就必须再进行现场调查或监测。

(3) 对与评价项目有密切关系的部分应全面、详细，尽量做到定量化；对一般自然和社会环境的调查，若不能用定量数据表达时，应做出详细说明，内容也可适当调整。

2) 环境现状调查的方法

环境现状调查的方法主要有收集资料法、现场调查法和遥感法。通常针对某个项目调查时，往往不会单独使用一种方法，而是将这三种方法进行有机结合、互相补充使用。

3) 环境现状调查的主要内容

环境现状调查包括自然环境现状调查与环境保护目标调查。自然环境现状调查内容包括地形地貌、气候与气象、地质、水文、大气、地表水、地下水、声、生态、土壤、海洋、放射性及辐射(如必要)等；环境保护目标调查则应调查评价范围内的环境功能区划和主要的环境敏感区，详细了解环境保护目标的地理位置、服务功能、四至范围、保护对象和保护要求等。

4. 环境影响预测与评价

(1) 环境影响预测的原则。环境影响预测一般按环境要素(大气环境、水环境、声环境、生态环境等)分别进行。预测的范围、时段、内容及方法应根据其评价工作等级、工程与环境的特性、当地的环境要求而定。同时应考虑在预测范围内，规划的建设项目可能产生的环境影响。

(2) 预测的方法。通常采用的预测方法有数学模型法、物理模型法、类比调查法和专业判断法。预测时应尽量选用通用、成熟、简便并能满足准确度要求的方法。每种方法的特点和适用条件参见表 1-1。

表 1-1 环境影响预测常用的方法

序号	方 法	特 点	应用条件
1	数学模型法	计算简便、结果定量	需要一定的计算条件,输入必要的参数和数据。模型应用条件满足时应首先考虑使用此法。模型应用条件不满足时,需要进行模型修正和验证
2	物理模型法	定量化程度较高,再现性好,能反映复杂的环境特征	需要合适的实验条件和必要的基础数据。无法采用方法 1 而精度要求又高时,应选用此法
3	类比调查法	具有半定量性质	受时间限制,无法取得足够的参数、数据,不能采用方法 1、2 时,可选用此法
4	专业判断法	定性反映环境影响	某些项目评价难以定量时,或方法 1、2、3 不能采用时,可选用此法

(3) 预测阶段和时段。建设项目的环境影响按项目实施的不同阶段分为三个阶段,即建设阶段、生产运行阶段、服务期满(或退役)阶段。所有建设项目均应预测生产运行阶段,正常排放和非正常排放两种情况的环境影响。大型建设项目,当其建设阶段的噪声、振动、地表水、大气、土壤等的影响程度较重,且影响时间较长时,应进行建设阶段的影响预测。矿山开发、垃圾填埋场的建设项目应预测服务期满后的环境影响。

在进行环境影响预测时,应考虑环境对影响的衰减能力。一般情况应考虑两个时段,即影响的衰减能力最差的时期(对污染来说就是环境净化能力最低的时期)和影响的衰减能力一般的时期。如果评价时间较短,评价工作等级又较低时,可只预测环境净化能力最低的时期。

(4) 预测的范围和内容。预测范围取决于评价工作的等级、工程和环境特征。一般情况下,预测范围应等于或略小于现状调查的范围,其具体规定参见各单项环境影响评价技术导则。

预测的内容主要是各种环境因子的变化,这些环境因子包括反映建设项目特点的常规污染因子、特征污染因子和生态因子,以及反映区域环境质量状况的主要污染因子、特殊污染因子和生态因子。

5. 评价建设项目的环境影响

评价建设项目环境影响的方法有单项评价方法和多项评价方法。单项评价方法是以国家、地方的有关法律法规、标准为依据,评定与估价各项目的单个质量参数的环境影响;多项评价方法适用于各评价项目中多个质量参数的综合评价。建设项目如果需要进行多个厂址的优选时,要进行各评价项目(如大气环境、水环境等)的综合评价。

1.3.2 建设项目环境影响评价工作程序

建设项目环境影响评价的工作程序大体上分为三个阶段:调查分析和工作方案制定阶段、分析论证和预测评价阶段、环境影响报告书(表)编制阶段。这三个阶段的主要工作内容各不相同。建设项目环境影响评价的工作程序详见图 1-2。

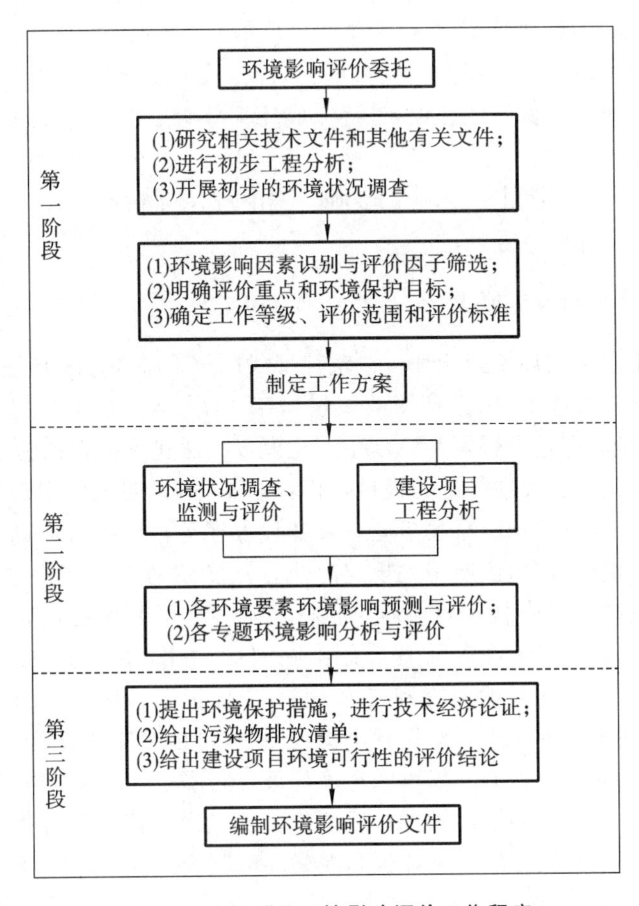

图 1-2 建设项目环境影响评价工作程序

1. 调查分析和工作方案制定阶段的主要工作内容

(1) 研究有关文件包括国家和地方的法律法规、发展规划和环境功能区划、技术导则和相关标准、建设项目依据、可行性研究资料及其他有关技术资料。

(2) 进行初步的工程分析和环境现状调查:明确建设项目的工程组成,根据工艺流程确定排污环节和主要污染物,同时对建设项目影响区域的环境现状进行调查。

(3) 识别建设项目的环境影响因素:筛选主要的环境影响因子,明确评价重点。

(4) 确定各单项环境影响评价的范围和评价工作等级,如果是编制环境影响报告书的建设项目,该阶段的主要成果是编制完成环境影响评价大纲,将以上这些工作的内容和成果全部融入其中;如果是要编制环境影响报告表的建设项目,则无须编制环境影响评价大纲。

2. 分析论证和预测评价阶段的主要工作内容

(1) 进一步进行工程分析,在充分做好环境现状调查、监测的基础上,开展环境质量现状评价。

(2) 根据建设项目污染源源强和环境现状资料进行环境影响预测,评价建设项目的环境影响,同时在可能受到建设项目影响的区域开展公众意见调查。

(3) 提出防治环境污染和生态影响的具体工程措施和环境管理措施。如果建设项目需要进行多方案的比选,则需要对各方案分别进行预测和评价,并从环境保护角度推荐最佳方案;如果对原方案得出了否定的结论,则需要对新方案重新进行环境影响评价。

3. 环境影响报告书(表)编制阶段的主要工作内容

汇总、分析第二阶段得到的各种资料、数据和结论,从环境保护角度确定建设项目的可行性,给出评价结论,提出环境保护的建议,最终完成环境影响报告书(表)的编制。

1.4 环境影响评价发展概况

1.4.1 国外环境影响评价发展概况

美国是世界上第一个把环境影响评价以法律形式固定下来并建立环境影响评价制度的国家。1969 年,美国国会通过了《国家环境政策法》,于 1970 年 1 月 1 日起正式实施。该法规定:在对人类环境质量具有重大影响的每项生态建议或立法建议报告和其他重大联邦行动中,均应由提出建议的机构向相关主管部门提供一份详细报告,说明拟议中的行动将会对环境和自然资源产生的影响、采取的相应减缓措施以及替代方案等。该报告应同相应的建议报告一并提交总统和环境质量委员会,依照相关规定向社会公布,并按法定程序进行审查。

继美国建立环境影响评价制度后,40 多年来,100 多个国家先后建立了环境影响评价制度。与此同时,国际上也成立了许多有关环境影响评价的机构,召开了一系列有关环境影响评价的会议,开展了环境影响评价的研究和交流,进一步促进了各国环境影响评价的应用与发展。同时,环境影响评价的内涵也不断得到丰富:已经从对自然环境的影响评价发展到对社会环境的影响评价;自然环境的影响不仅考虑环境污染,还注重了生态影响;开展了环境风险评价;关注累积性影响并开始对环境影响进行后评价。环境影响评价的应用对象也从最初单纯的工程项目,发展到区域开发环境影响评价和战略环境影响评价。此外,环境影响评价的技术方法和程序也在发展中不断得以完善。

1.4.2 国内环境影响评价发展概况

1. 引入和确立阶段(1973—1979 年)

从 1973 年第一次全国环境保护会议后,环境影响评价的概念开始引入我国。高等院校和科研单位的一些专家、学者,在报刊和学术会上,宣传和倡导环境影响评价,并参与环境质量评价及其方法的研究。同年,“北京西郊环境质量评价研究”协作组成立,随后,官厅流域、南京市、茂名市开展了环境质量评价。

1977 年,中国科学院召开“区域环境学”讨论会,推动了大中城市环境质量现状评价,北京市东南郊、沈阳市、天津市河东区、上海市吴淞区、广州市荔湾区、保定市、乌鲁木齐市等,相继开展了环境质量现状评价。同时,也开展了松花江、图们江、白洋淀、湘江及西湖等重要水域的环境质量现状评价。

1978 年 12 月 31 日,中共中央批转了国务院环境保护领导小组的《环境保护工作汇报要点》(中发[1978]79 号文件),首次提出了环境影响评价的意向。1979 年 4 月,国务院环境保护领导小组在《关于全国环境保护工作会议情况的报告》中,把环境影响评价作为一项方针政策再次提出。在国家的支持下,北京师范大学等单位率先在江西永平铜矿开展了我国第一个建设项目的环境影响评价工作。

2. 规范和建设阶段(1979—1989 年)

环境影响评价制度确立后,相继颁布的各项环境保护法律、法规不断对环境影响评价进行规范，并通过部门行政规章，逐步明确环境影响评价的内容、范围和程序，环境影响评价的技术方法也不断得到完善。

1989年颁布的《中华人民共和国环境保护法》第十三条中规定："建设污染环境的项目，必须遵守国家有关建设项目环境保护管理的规定。""建设项目的环境影响报告书，必须对建设项目产生的污染和对环境的影响作出评价，规定防治措施，经项目主管部门预审并依照规定的程序报环境保护行政主管部门批准。环境影响报告书经批准后，计划部门方可批准建设项目设计任务书。"在这一条款中，对环境影响评价制度的执行对象和任务、工作原则和审批程序、执行时段和与基本建设程序之间的关系做出了原则性规定，是行政法规中具体规范环境影响评价制度的法律依据和基础。

1982年颁布的《中华人民共和国海洋环境保护法》、1984年颁布的《中华人民共和国水污染防治法》、1987年颁布的《中华人民共和国大气污染防治法》、1988年颁布的《中华人民共和国野生动物保护法》，以及1989年颁布的《环境噪声污染防治条例》等，都有类似规定。

配套制定的部门行政规章保证了环境影响评价制度的有效执行，对环境影响评价的技术方法也进行了广泛研究和探讨，取得了明显进展。这一阶段颁布的主要的部门行政规章如下。

(1)《基本建设项目环境保护管理办法》，原国家计委、国家经贸委、国家建委、国务院环境保护领导小组于1981年5月发布，明确把环境影响评价制度纳入基本建设项目审批程序中。

(2)《建设项目环境保管理办法》，原国务院环境保护委员会、国家计委、国家经贸委[86]国环字第003号，对建设项目环境影响评价的范围、程序、审批和环境影响报告书(表)编制格式都做了明确规定。

(3) 原国家环境保护总局1986年颁布的《建设项目环境影响评价证书管理办法(试行)》，确立了环境影响评价的资质管理要求，并据此核发综合和单项环境影响评价证书1 536个，建立了一支环境影响评价的专业队伍。

(4)《关于颁发建设项目环境影响评价收费标准的原则与方法(试行)的通知》，原国家环境保护总局、财政部、国家物价局[89]环监字第141号，确定了环境影响评价"按工作量收费"的收费原则。

同时制定的主要部门行政规章还有：《关于建设项目环境影响报告书审批权限问题的通知》，原国家环境保护总局[86]环建字第306号；《关于建设项目环境管理问题的若干意见》，原国家环境保护总局[88]环建字第117号；《关于重审核设施环境影响报告书审批程序的通知》，原国家环境保护总局环监辐字[89]第53号；《建设项目环境影响评价证书管理办法》，原国家环境保护总局环监字[89]第281号，它将环境影响评价证书分为甲级和乙级两类。

各地方也根据《建设项目环境保护管理办法》制定了适用于本地的建设项目环境影响评价行政法规，各行业主管部门也陆续制定了建设项目环境保护管理的行业行政规章，初步形成了国家、地方、行业相配套的建设项目环境影响评价的多层次法规体系。

3. 强化和完善阶段(1989—1998年)

从1989年12月26日通过《中华人民共和国环境保护法》到1998年国务院颁布《建设项目环境保护管理条例》，是建设项目环境影响评价强化和完善的阶段。

《中华人民共和国环境保护法》第十三条重新规定了环境影响评价制度，并且随着我国改革开放的深入发展和从计划经济向社会主义市场经济转轨，建设项目的环境保护管理也不断地得到改革和强化。这期间加强国际合作与交流，进一步完善了中国的环境影响评价制度。

针对建设项目的多渠道立项和开发区的兴起，1993年，原国家环境保护总局及时下发了

《关于进一步做好建设项目环境保护管理工作的几点意见》,提出了先评价、后建设,环境影响评价分类指导和开发区进行区域环境影响评价的规定。随着外商投资和国际金融组织贷款项目的增多,1992年,原国家环境保护总局和外经贸部联合颁发了《关于加强外商投资建设项目环境保护管理的通知》;1993年,原国家环境保护总局、国家计委、财政部、中国人民银行联合颁布了《关于加强国际金融组织贷款建设项目环境影响评价管理工作的通知》。为规范第三产业的蓬勃发展,1995年,原国家环境保护总局、国家工商行政管理总局又联合颁发了《关于加强饮食娱乐服务企业环境管理的通知》。

1994年起,开始了环境影响评价招标试点,原国家环境保护总局选择上海吴泾电厂、常熟氟化工厂等十几个项目陆续进行了公开招标,甘肃、福建、陕西、辽宁、新疆、江苏等省(自治区)也积极进行了招标试点和推广,江苏、陕西、甘肃等省还制定了较规范的招标办法,对提高环境影响评价质量,克服地方和行业的狭隘保护主义起到了积极推动作用。这期间马鞍山市、海南洋浦开发区、浙江大榭岛、兰州西固工业区等有影响的区域开发活动都进行了区域环境影响评价,开发区的环境管理也得到了明显加强。

环境影响评价技术规范的制定工作也得到加强。1993—1997年,原国家环境保护总局陆续发布了《环境影响评价技术导则》(总纲、大气环境、地表水环境、声环境)、《辐射环境保护管理导则》、《电磁辐射环境影响评价方法与标准》,以及《火电厂建设项目环境影响报告书编制规范》、《环境影响评价技术导则》(非污染生态影响)等。

1996年召开的第四次全国环境保护工作会议,要求各级环境保护主管部门认真落实《国务院关于环境保护若干问题的决定》,严格把关,坚决控制新污染,对不符合环境保护要求的项目实施"一票否决"。各地加强了对建设项目的审批和检查,并实施污染物总量控制,在环境影响评价中提出了"清洁生产"和"公众参与"的要求,强化了生态影响评价,环境影响评价的深度和广度得到进一步扩展。原国家环境保护总局又开展了环境影响后评价试点,对海口电厂、齐鲁石化等项目做了认真的后评价研究,积累了宝贵经验。

4. 提高阶段(1999—2002年)

1998年11月19日,国务院253号令颁布实施《建设项目环境保护管理条例》,这是建设项目环境管理的第一个行政法规,环境影响评价作为其中的一章做了详细明确的规定。

1999年1月20—22日,在北京召开了第三次全国建设项目环境保护管理工作会议,认真研究贯彻《建设项目环境保护管理条例》,把中国的环境影响评价制度推向了一个新的阶段。1999年3月,原国家环境保护总局令第2号,公布《建设项目环境影响评价资格证书管理办法》,对评价单位的资质进行了规定;1999年4月,原国家环境保护总局《关于公布建设项目环境保护分类管理名录(试行)的通知》,公布了分类管理名录;1999年4月,原国家环境保护总局《关于执行建设项目环境影响评价制度有关问题的通知》(环发[1999]107号文件),对《建设项目环境保护管理条例》中涉及的环境影响评价程序、审批及评价资格等进行了明确的规定。这些部门行政规章成为贯彻落实《建设项目环境保护管理条例》、把环境影响评价推向新阶段的有力保证。

原国家环境保护总局还下发了《关于贯彻实施〈建设项目环境保护管理条例〉的通知》,加强对国家和地方关于建设项目环境影响评价制度执行情况的检查,使环境影响评价制度向继续提高的阶段迈进。

5. 拓展阶段(2003—2014年)

2002年10月28日,第九届全国人民代表大会常务委员会通过了《中华人民共和国环境影响评价法》，并于 2003 年 9 月 1 日起正式实施。环境影响评价范畴从项目环境影响评价扩展到规划环境影响评价，是环境影响评价制度的最新发展。

原国家环境保护总局依照法律的规定，初步建立环境影响评价基础数据库；颁布《规划环境影响评价技术导则（试行）》，明确规划环境影响评价的基本内容、工作程序、指标体系及评价方法等；还会同有关部门制定《编制环境影响报告书的规划的具体范围（试行）》和《编制环境影响篇章或说明的规划的具体范围（试行）》，并经国务院批准，予以发布；制定《专项规划环境影响报告书审查办法》（国家环境保护总局令第 18 号）、《环境影响评价审查专家库管理办法》（国家环境保护总局令第 16 号）；设立国家环境影响评价审查专家库。

为了加强环境影响评价管理，提高环境影响评价专业技术人员素质，确保环境影响评价质量，2004 年 2 月，原人事部、原国家环境保护总局决定在全国环境影响评价行业建立环境影响评价工程师职业资格制度，对环境影响评价这门科学和技术及其从业者提出了更高的要求。

6. 高质量发展阶段（2015 年至今）

2014 年 4 月 24 日，第十二届全国人民代表大会常务委员会第八次会议对《中华人民共和国环境保护法》的修订标志着环境影响评价新时代的开始；以此为起点，对一系列环境影响评价相关法律、法规、政策进行了修订：2016 年 7 月 2 日及 2018 年 12 月 29 日两次修订了《中华人民共和国环境影响评价法》，2017 年 6 月 21 日国务院第 177 次常务会议修订了《建设项目环境保护管理条例》。

进入环境影响评价新时代，一方面强化事中事后监管，另一方面，通过简化建设项目环境保护审批事项和流程，减轻了企业负担，进一步优化服务。此外，生态环境主管部门取消对环境影响评价资质的行政审批，环境影响评价资质和环境影响评价工程师职业资格由行业协会进行管理。这一阶段，对环境影响评价机构、环境影响评价工程师的环境影响评价工作质量提出了很高的要求，极大压缩了弄虚作假或环境影响评价文件质量低下的环境影响评价机构、环境影响评价工程师的生存空间，为国家高质量发展提供了有力保障。

习　　题

1. 名词解释：

   环境　环境要素　环境的基本特征　环境质量　环境容量　环境影响评价

2. 试述环境影响评价的类别。
3. 环境影响后评价的含义是什么？
4. 简述环境影响评价工作等级划分的依据。
5. 简述环境现状调查的主要方法和内容。
6. 简述环境影响预测的方法、阶段、时段、范围和内容。
7. 环境影响评价工作程序分为几个阶段？各阶段的主要工作内容是什么？
8. 试述环境影响评价制度的由来。
9. 试述环境影响评价的重要性。
10. 试述环境影响评价的基本功能和技术基础。
11. 中国环境影响评价制度的含义是什么？
12. 试述中国环境影响评价制度的法律体系。

第2章　环境影响评价制度与管理

2.1　环境影响评价制度

2.1.1　中国环境影响评价制度体系

环境影响评价是一种科学的方法和严格的管理制度。它作为一个完整体系，应包括健全的环境影响评价管理制度，使用完善的环境影响评价技术导则、评价标准和评价方法研究成果，还要有一支高素质的为环境影响评价提供技术服务的机构和人员队伍。我国的环境影响评价经过40多年的发展，目前已具备了上述条件，有多部法律规范环境影响评价，并颁布了专门的环境影响评价法，有配套的规范环境影响评价的国务院行政法规，有涉及有关区域、行业环境影响评价的部门规章和地方发布的法规规章，也具有符合资质的各类环境影响评价机构和一支高素质的环境影响评价队伍，初步形成了我国环境影响评价制度体系。

1979年颁布的《中华人民共和国环境保护法(试行)》，第一次用法律规定了要对建设项目进行环境影响评价，在我国开始确立了环境影响评价制度。1989年颁布的《中华人民共和国环境保护法》，进一步用法律确立和规范了我国的环境影响评价制度。2002年10月28日通过的《中华人民共和国环境影响评价法》，用法律形式把环境影响评价从项目环境影响评价拓展到规划环境影响评价，成为我国环境影响评价史的重要里程碑，中国的环境影响评价制度跃上新台阶，发展到一个新阶段。

国家陆续颁布的各项环境保护单行法，如1984年颁布的《中华人民共和国水污染防治法》(1996年、2008年、2017年三次修订)、1987年颁布的《中华人民共和国大气污染防治法》(1995年、2000年、2015年、2018年四次修订)、1995年颁布的《中华人民共和国固体废物污染环境防治法》(2004年、2013年、2015年、2016年四次修订)、1982年颁布的《中华人民共和国海洋环境保护法》(1999年、2016年、2017年三次修订)、1996年颁布的《中华人民共和国环境噪声污染防治法》(2018年修订)和2003年颁布的《中华人民共和国放射性污染防治法》等都对建设项目环境影响评价有具体条文规定。同期颁布的自然资源保护法律，如1985年颁布的《中华人民共和国草原法》(2002年、2009年、2013年三次修订)、1988年颁布的《中华人民共和国野生动物保护法》(2004年、2009年、2016年、2018年四次修订)、1991年颁布的《中华人民共和国水土保持法》(2010年修订)和2001年颁布的《中华人民共和国防沙治沙法》(2018年修订)、1988年颁布的《中华人民共和国水法》(2002年、2009年、2016年三次修订)等，以及其他相关法律(如2002年颁布的《中华人民共和国清洁生产促进法》(2012年修订))也同样有环境影响评价的相应规定。这些法律对完善我国的环境影响评价制度起到了重要的促进作用。

1998年，国务院颁布的《建设项目环境保护管理条例》(2017年修订)，规定对建设项目环境保护实行分类管理，对建设项目环境影响评价单位实施资质管理，明确建设单位、评价单位、负责环境影响审批的政府有关部门工作人员在环境影响评价中违法行为的法律责任，成为指导建设项目环境影响评价极为重要的和可操作性强的行政法规。

依据《中华人民共和国环境影响评价法》、《建设项目环境保护管理条例》和《规划环境影响评价条例》，生态环境部和国务院其他有关部委及各省、自治区、直辖市人民政府和有关部门，陆续颁布了一系列环境影响评价的部门行政规章和地方行政法规，这些都成为环境影响评价制度体系的重要组成部分，其体系框架如图 2-1 所示。

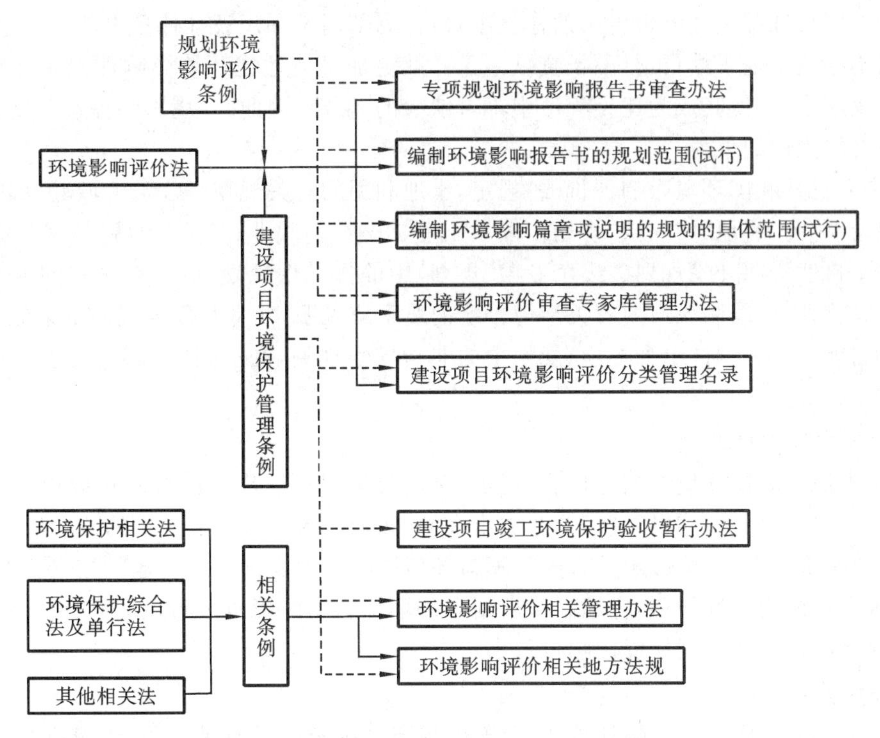

图 2-1　环境影响评价制度体系框架图

2.1.2　中国环境影响评价制度的特点

我国的环境影响评价制度，在防治建设项目污染和推进产业的合理布局与优化选址，加快污染治理设施的建设等方面，发挥了积极的作用，成为预防规划和建设项目在控制环境污染和生态破坏等方面最富有成效的措施，并形成自己的特点。

1. 规定对建设项目及规划进行环境影响评价

《中华人民共和国环境影响评价法》第二条规定："本法所称环境影响评价，是指对规划和建设项目实施后可能造成的环境影响进行分析、预测和评估，提出预防或者减轻不良环境影响的对策和措施，进行跟踪监测的方法与制度。"由此可见，环境影响评价的范围不仅包括建设项目，还涵盖宏观的规划。

2. 具有法律强制性

中国的环境影响评价制度是国家环境保护法明令规定的一项法律制度，以法律形式约束人们必须遵照执行，具有不可违抗的强制性，有关规划和所有对环境有影响的建设项目都必须执行这一制度。同时《建设项目环境保护管理条例》规定了建设单位违反条例的规定要承担罚款、被责令停工建设等法律责任。而《中华人民共和国环境影响评价法》增加了对直接负责的主管人员和其他直接责任人员应当承担的法律责任的规定，无论是规划编制机关、规划审批机关还是建设单位，在环境影响评价过程中违法的，对其直接负责的主管人员和其他直接责任人员都依法给予行政处分,构成犯罪的,要依法追究其刑事责任。

3. 纳入基本建设程序和规划的编制、审批、实施过程

无论是1986年发布的《建设项目环境保护管理办法》、1990年发布的《建设项目环境保护管理程序》,还是1998年公布执行的《建设项目环境保护管理条例》,都明确规定了对未经环境保护主管部门批准环境影响报告书的建设项目,计划部门不办理设计任务书的审批手续,土地管理部门不办理征地手续,银行不予贷款。这样就更加具体地把环境影响评价制度结合到基本建设的程序中去,使其成为建设程序中不可缺少的环节。因此,环境影响评价制度在项目前期工作中有较大的约束力。

《中华人民共和国环境影响评价法》规定,土地利用的有关规划,区域、流域、海域的建设开发利用规划(称为"一地"、"三域"规划),以及工业、农业、畜牧业、林业、能源、水利、交通、城市建设、旅游、自然资源开发规划("十个专项"规划)中的指导性规划,应当在规划的编制过程中进行环境影响评价,编制该规划有关环境影响的篇章或说明,并将其作为规划草案的一部分一并报送规划审批机关;对"十个专项"规划中的非指导性规划,在上报审批前,要进行环境影响评价,并编制环境影响报告书。

4. 分类管理和评价

《中华人民共和国环境影响评价法》规定,对造成不同程度环境影响的建设项目和有关规划实行分类管理和评价。对环境可能造成重大影响、轻度影响和影响很小的建设项目,应分别编制环境影响报告书、环境影响报告表和填写环境影响登记表;而对"一地"、"三域"规划及"十个专项"规划中的指导性规划,应编制该规划有关环境影响的篇章或说明;对"十个专项"规划中的非指导性规划,应编制环境影响报告书。

5. 公众参与制度

《中华人民共和国环境影响评价法》第五条规定:"国家鼓励有关单位、专家和公众以适当方式参与环境影响评价。"鼓励参与的主体(即有关单位、专家和公众)以适当方式参与环境影响评价,是决策民主化的体现,也是决策科学化的必要环节。因此,不仅针对建设项目,还对涉及国民经济发展的有关规划实行公众参与的环境影响评价,是很有必要的。

有关建设项目的环境影响评价和规划的环境影响评价公众参与的内容详见第15章。

6. 跟踪评价和后评价

环境影响跟踪评价和后评价是指拟定的开发建设规划或者具体的建设项目实施后,对规划或建设项目给环境实际造成和将可能进一步造成的影响进行跟踪评价或后评价,通过检查、分析、评估等对原环境影响评价结论的客观性及规定的环境保护对策和措施的有效性进行验证性评价,并提出须补救、完善或者调整的方案、对策、措施的方法和制度。

2.2 建设项目环境影响评价管理

2.2.1 对建设项目环境影响评价分类管理的规定

建设项目对环境的影响千差万别,不仅不同的行业、不同的产品、不同的规模、不同的工艺、不同的原材料产生的污染物种类和数量不同,对环境的影响不同,而且即使是相似的企业处于不同的区域、不同的地点,对环境的影响也不一样。《中华人民共和国环境影响评价法》、《建设项目环境保护管理条例》和《建设项目环境影响评价分类管理名录》(2015年、2017年、

2018年三次修订)中均对建设项目的环境保护分类管理做了具体规定。

《中华人民共和国环境影响评价法》第十六条规定,国家根据建设项目对环境的影响程度,对建设项目的环境影响评价实行分类管理。建设单位应当按照规定组织编制环境影响报告书、环境影响报告表或者填报环境影响登记表。

《建设项目环境影响评价分类管理名录》第二条规定:根据建设项目特征和所在区域的环境敏感程度,综合考虑建设项目可能对环境产生的影响,对建设项目的环境影响评价实行分类管理。建设单位应当按照本名录的规定,分别组织编制建设项目环境影响报告书、环境影响报告表或者填报环境影响登记表。

建设项目所处环境的敏感性质和敏感程度是确定建设项目环境影响评价类别的重要依据。建设涉及环境敏感区的项目,应当严格按照《建设项目环境影响评价分类管理名录》确定其环境影响评价类别,不得擅自提高或者降低环境影响评价类别。环境影响评价文件应当就该项目对环境敏感区的影响作重点分析。跨行业、复合型建设项目的环境影响评价类别按其中单项等级最高的确定。

《建设项目环境影响评价分类管理名录》未作规定的建设项目,其环境影响评价类别由省级环境保护行政主管部门根据建设项目的污染因子、生态影响因子特征及其所处环境的敏感性质和敏感程度提出建议,报生态环境部认定。

2.2.2 建设项目规划的环境影响评价管理

1. 整体建设项目的规划环境影响评价

《中华人民共和国环境影响评价法》第十八条规定:作为一项整体建设项目的规划,按照建设项目进行环境影响评价,不进行规划的环境影响评价;已经进行了环境影响评价的规划包含具体建设项目的,规划的环境影响评价结论应当作为建设项目环境影响评价的重要依据,建设项目环境影响评价的内容应当根据规划的环境影响评价审查意见予以简化。

一项整体的建设项目的规划是指一个具体的建设发展规划,规划中一般包括多个建设项目。规划中建设项目的地点、规模、产品、工艺都比较具体,尽管是在一段时间内陆续建设,但可以运用建设项目环境影响评价方法来预测其最终建设规模对环境可能造成的影响程度,也可以提出具体的防治污染及保护生态的措施,可视为分期建设、分期投产的一揽子项目。对这种建设项目规划,采用建设项目环境影响评价技术导则和管理程序更有利于做好规划项目的环境保护,因此,应按建设项目进行环境影响评价,不按规划环境影响评价的程序进行规划环境影响评价。

以上建设项目的规划环境影响评价中,如果包括一些具体的建设项目,这些建设项目开始建设时与规划环境影响评价的规模、产品、工艺没有变化的,其环境影响评价可适当从简,包括评价等级可以适当降低,评价内容可适当简化。建设单位如果简化环境影响评价内容,应当得到负责审批该项目的环境保护行政主管部门的同意。

2. 区域性开发建设规划的环境影响评价

《建设项目环境保护管理条例》第三十一条规定:流域开发、开发区建设、城市新区建设和旧区改建等区域性开发,编制建设规划时,应当进行环境影响评价。具体办法由国务院环境保护行政主管部门会同国务院有关部门另行规定。

这是在《中华人民共和国环境影响评价法》出台前,为了落实"完善环境影响评价制度从对单个建设项目的环境影响进行评价向对各项资源开发活动、经济开发区建设和重大经济决策的环境影响评价拓展”以及“对区域和资源开发，要进行环境论证，建立有效的环境管理程序，使环境与发展综合决策科学化、规范化”的有关要求而制定的，目的是为了促使环境影响评价从建设项目向更高层次发展，推进规划环境影响评价立法。

2.2.3 环境敏感区的界定

根据《建设项目环境影响评价分类管理名录》，环境敏感区是指依法设立的各级各类保护区域和对建设项目产生的环境影响特别敏感的区域，主要包括生态保护红线范围内或者其外的下列区域：

(1) 自然保护区、风景名胜区、世界文化和自然遗产地、海洋特别保护区、饮用水水源保护区；

(2) 基本农田保护区、基本草原、森林公园、地质公园、重要湿地、天然林、野生动物重要栖息地、重点保护野生植物生长繁殖地，重要水生生物的自然产卵场、索饵场、越冬场和洄游通道，天然渔场、水土流失重点防治区、沙化土地封禁保护区、封闭及半封闭海域；

(3) 以居住、医疗卫生、文化教育、科研、行政办公等为主要功能的区域，以及文物保护单位。

建设项目所处环境的敏感性质和敏感程度，是确定建设项目环境影响评价类别的重要依据。建设涉及环境敏感区的项目，应当严格按照该名录确定其环境影响评价类别，不得擅自提高或者降低环境影响评价类别。环境影响评价文件应当就该项目对环境敏感区的影响做重点分析。

2.2.4 建设项目环境影响后评价

《中华人民共和国环境影响评价法》第二十七条规定：“在项目建设、运行过程中产生不符合经审批的环境影响评价文件的情形的，建设单位应当组织环境影响的后评价，采取改进措施，并报原环境影响评价文件审批部门和建设项目审批部门备案；原环境影响评价文件审批部门也可以责成建设单位进行环境影响的后评价，采取改进措施。”

《中华人民共和国环境影响评价法》中所指建设项目环境影响后评价，是指对正在进行建设或已经投入生产或使用的建设项目，在建设过程中或投产运行后，由于建设方案的变化或运行、生产方案的变化，导致实际情况与《中华人民共和国环境影响评价法》第二十七条规定中所说的“产生不符合经审批的环境影响评价文件的情形”。一般包括以下几种情况。

(1) 在建设、运行过程中，产品方案、主要工艺、主要原料或污染处理设施和生态保护措施发生重大变化，致使污染物种类、污染物的排放强度或生态影响与环境影响评价预测情况相比有较大变化的。

(2) 在建设、运行过程中，建设项目的选址、选线发生较大变化，或运行方式发生较大变化可能对新的环境敏感目标产生影响，或可能产生新的重要生态影响的。

(3) 在建设、运行过程中，当地人民政府对项目所涉及区域的环境功能做出重大调整，要求建设单位进行后评价的。

(4) 跨行政区域、存在争议或存在重大环境风险的。

开展环境影响后评价有两方面的目的：一是对环境影响评价的结论、环境保护对策措施的有效性进行验证；二是对项目建设中或运行后发现或产生的新问题进行分析，提出补救或改进方案。组织环境影响后评价的是建设单位，可以是在原环境影响评价文件审批部门要求下组织的，也可以是自主组织的。环境影响后评价要对存在的有关问题采取改进措施，报原环境影响文件审批部门和项目审批部门备案。

2.2.5 建设项目环境影响评价文件的报批

1. 建设项目环境影响评价文件的编制时段

建设单位应当在建设项目可行性研究阶段报批建设项目环境影响评价文件，但是铁路、交通等建设项目，经有审批权的生态环境主管部门同意，可以在初步设计完成前报批环境影响评价文件。不需要进行可行性研究的建设项目，建设单位应当在建设项目开工前报批环境影响评价文件，其中，需要办理营业执照的，应当在办理营业执照前报批环境影响评价文件。

2. 建设项目环境影响评价文件的报送与审查

建设项目的环境影响评价文件，由建设单位报送有审批权的环境保护行政主管部门审批；建设项目有行业主管部门的，其环境影响评价文件经行业主管部门预审后，报有审批权的环境保护行政主管部门审批。

建设项目的环境影响评价文件经批准后，建设项目的性质、规模、地点、采用的生产工艺或者防治污染、防止生态破坏的措施发生重大变动的，建设单位应当重新报批建设项目的环境影响评价文件。

建设项目环境影响评价文件自批准之日起满5年，建设项目方开工建设的，其环境影响评价文件应当报原审批单位重新审核。

对于环境问题有争议的建设项目，其环境影响报告书（表）可提交上一级环境保护部门审批。

2.3 规划环境影响评价管理

2.3.1 规划环境影响评价的适用范围

1. 需进行环境影响评价的规划类别

《中华人民共和国环境影响评价法》第七条第一款规定，国务院有关部门、设区的市级以上地方人民政府及其有关部门，对其组织编制的土地利用的有关规划，区域、流域、海域的建设、开发利用规划，应当在规划编制过程中组织进行环境影响评价，编写该规划有关环境影响的篇章或者说明。

《中华人民共和国环境影响评价法》第八条规定，国务院有关部门、设区的市级以上地方人民政府及其有关部门，对其组织编制的工业、农业、畜牧业、林业、能源、水利、交通、城市建设、旅游、自然资源开发的规划（以下简称专项规划），应当在该专项规划草案上报审批前，组织进行环境影响评价，并向审批该专项规划的机关提出环境影响报告书。

专项规划中的指导性规划，应当编写该规划有关环境影响的篇章或者说明。

上述部门编制的规划不是全部进行环境影响评价，《中华人民共和国环境影响评价法》中只规定对“一地”、“三域”规划和“十个专项”规划的规划组织进行环境影响评价。依照法律规定进行环境影响评价的规划的具体范围，由国务院生态环境主管部门会同国务院有关部门规定，报国务院批准。

《中华人民共和国环境影响评价法》第三十五条规定：“省、自治区、直辖市人民政府可以根据本地的实际情况,要求对本辖区的县级人民政府编制的规划进行环境影响评价。具体办法由省、自治区、直辖市参照本法第二章的规定制定。"对县级(含县级市)人民政府组织编制的规划是否应进行环境影响评价,法律没有强求一律。至于县级人民政府所属部门及乡、镇级人民政府组织编制的规划,法律没有要求进行环境影响评价。

2. 编制规划环境影响评价的具体范围

经国务院批准,原国家环境保护总局2004年7月3日颁布了《关于印发〈编制环境影响报告书的规划的具体范围(试行)〉和〈编制环境影响篇章或说明的规划的具体范围(试行)〉的通知》(环发[2004]98号文件),对编制环境影响报告书的规划和编制环境影响篇章或说明的规划划定了具体范围。

1) 编制环境影响报告书的规划的具体范围

(1) 工业的有关专项规划。如省级及设区的市级工业各行业规划。

(2) 农业的有关专项规划。如设区的市级以上种植业发展规划,省级及设区的市级渔业发展规划,省级及设区的市级乡镇企业发展规划。

(3) 畜牧业的有关专项规划。如省级及设区的市级畜牧业发展规划,省级及设区的市级草原建设、利用规划。

(4) 能源的有关专项规划。如油(气)田总体开发方案,设区的市级以上流域水电规划。

(5) 水利的有关专项规划。如流域、区域涉及江河、湖泊开发利用的水资源开发利用综合规划和供水、水力发电等专业规划,设区的市级以上跨流域调水规划;设区的市级以上地下水资源开发利用规划。

(6) 交通的有关专项规划。如流域(区域)、省级内河航运规划,国道网、省道网及设区的市级交通规划,主要港口和地区性重要港口总体规划,城际铁路网建设规划,集装箱中心站布点规划,地方铁路建设规划。

(7) 城市建设的有关专项规划。如直辖市及设区的市级城市专项规划。

(8) 旅游的有关专项规划。如省级及设区的市级旅游区的发展总体规划。

(9) 自然资源开发的有关专项规划。如对矿产资源,设区的市级以上矿产资源开发利用规划;对土地资源,设区的市级以上土地开发整理规划;对海洋资源,设区的市级以上海洋自然资源开发利用规划;对气候资源开发利用规划。

2) 编制环境影响篇章或说明的规划的具体范围

(1) 土地利用的有关专项规划。如设区的市级以上土地利用总体规划。

(2) 区域的建设、开发利用规划。如国家经济区规划。

(3) 流域的建设、开发利用规划。如全国水资源战略规划,全国防洪规划,设区的市级以上防洪、治涝、灌溉规划。

(4) 海域的建设、开发利用规划。如设区的市级以上海域建设、开发利用规划。

(5) 工业指导性专项规划。如全国工业有关行业发展规划。

(6) 农业指导性专项规划。如设区的市级以上农业发展规划,全国乡镇企业发展规划,全国渔业发展规划。

(7) 畜牧业指导性专项规划。如全国畜牧业发展规划,全国草原建设、利用规划。

(8) 林业指导性专项规划。如设区的市级以上商品林造林规划(暂行),设区的市级以上森林公园开发建设规划。

(9) 能源指导性专项规划。如设区的市级以上能源重点专项规划,设区的市级以上电力发展规划(流域水电规划除外),设区的市级以上煤炭发展规划,油(气)发展规划。

(10) 交通指导性专项规划。如全国铁路建设规划,港口布局规划,民用机场总体规划。

(11) 城市建设指导性专项规划。如直辖市及设区的市级城市总体规划(暂行),设区的市级以上城镇体系规划,设区的市级以上风景名胜区总体规划。

(12) 旅游指导性专项规划。如全国旅游区的总体发展规划。

(13) 自然资源开发指导性专项规划。如设区的市级以上矿产资源勘查规划。

2.3.2 规划环境影响评价的类别及评价要求

1. 规划环境影响评价的类别

《中华人民共和国环境影响评价法》规定,国务院有关部门、设区的市级以上地方人民政府及其有关部门,对其组织编制的“一地”和“三域”的有关规划及“十个专项”规划中的指导性规划,要编写与该规划有关的环境影响篇章或说明;“十个专项”规划中的非指导性规划,应提出规划的环境影响报告书。

环境影响的篇章或者说明又分为篇章和说明两种情况,这样区分主要考虑到对一些比较重要、实施后对环境影响比较大的规划,环境影响评价的内容相对较多,用“篇章”的形式可以表述得更清楚;对于一些实施后对环境影响相对较小的规划,可以简单采用“说明”的形式。

2. 规划环境影响评价的评价要求

根据国务院颁布的《规划环境影响评价条例》(自2009年10月1日起施行)有关规定,对规划进行环境影响评价,应当分析、预测和评估以下内容:

(1) 规划实施可能对相关区域、流域、海域生态系统产生的整体影响;

(2) 规划实施可能对环境和人群健康产生的长远影响;

(3) 规划实施的经济效益、社会效益与环境效益之间以及当前利益与长远利益之间的关系。

对规划进行环境影响评价,应当遵守有关环境保护标准以及环境影响评价技术导则和技术规范。

对已经批准的规划在实施范围、适用期限、规模、结构和布局等方面进行重大调整或者修订的,规划编制机关应当依照本条例的规定重新或者补充进行环境影响评价。

3. 规划环境影响评价文件质量责任主体的有关规定

环境影响篇章或者说明、环境影响报告书(以下称环境影响评价文件),由规划编制机关编制或者组织规划环境影响评价技术机构编制。规划编制机关应当对环境影响评价文件的质量负责。

2.3.3 专项规划环境影响评价公众参与的有关规定

规划编制机关对可能造成不良环境影响并直接涉及公众环境权益的专项规划,还应当在规划草案报送审批前,采取调查问卷、座谈会、论证会、听证会等形式,公开征求有关单位、专家和公众对环境影响报告书的意见。但是,依法需要保密的除外。有关单位、专家和公众的意见与环境影响评价结论有重大分歧的,规划编制机关应当采取论证会、听证会等形式进一步论证。规划编制机关应当在报送审查的环境影响报告书中附具对公众意见采纳的情况及其理由的说明。

2.3.4 规划环境影响评价文件的报批

1. 规划环境影响评价文件的编制时段

规划的环境影响篇章或说明应当在规划编制过程中编写,规划的环境影响报告书应当在规划草案上报审批前完成。这是由于规划的环境影响篇章或说明是规划草案的一部分,故应在规划编制过程中进行环境影响评价,而规划的环境影响报告书是一个独立的文件,只有在专项规划基本编制完成后才能针对规划进行环境影响评价,故应在规划草案编制完成后上报审批前进行。

2. 规划环境影响评价文件的报送与审查

对于综合性规划及“十个专项”规划中的指导性规划,应当在规划编制过程中进行有关环境影响评价,编写该规划环境影响的篇章或说明。规划的环境影响篇章或说明的编制机关应当将其作为规划草案的组成部分一并报送规划审批机关。

对于“十个专项”规划中的非指导性规划,应当在专项规划草案上报审批前组织进行环境影响评价,并向审批该规划的机关提出环境影响报告书。专项规划的编制机关应当将规划草案及环境影响报告书一并附送规划审批机关审查。专项规划的审批机关在作出审批决定前,应当将专项规划环境影响报告书送同级环境保护行政主管部门,由同级环境保护行政主管部门会同专项规划的审批机关对环境影响报告书进行审查。专项规划的环境影响报告书结论和审查小组意见具有重要的法律意义,专项规划的审批机关在审批规划草案时应将环境影响报告书的结论及审查意见作为决策的重要依据。在审批中未采纳环境影响报告书结论及审查意见的,应当作出说明,并存档备查。

2.3.5 规划环境影响评价的跟踪评价

《中华人民共和国环境影响评价法》第十五条规定:“对环境有重大影响的规划实施后,编制机关应当及时组织环境影响的跟踪评价,并将评价结果报告审批机关;发现有明显不良环境影响的,应当及时提出改进措施。”规划环境影响的跟踪评价应当包括下列内容:

(1) 规划实施后实际产生的环境影响与环境影响评价文件预测可能产生的环境影响之间的比较分析和评估;

(2) 规划实施中所采取的预防或者减轻不良环境影响的对策和措施的有效性的分析和评估;

(3) 公众对规划实施所产生的环境影响的意见;

(4) 跟踪评价的结论。

规划编制机关对规划环境影响进行跟踪评价,应当采取调查问卷、现场走访、座谈会等形式征求有关单位、专家和公众的意见。

规划的实施和运作需要一个过程,由于主观认知能力的限制和客观条件的变化,难以保证规划实施后不会产生新的问题,因此对环境影响进行跟踪评价,一方面有助于及时发现规划实施后出现的环境问题,以采取相应措施及时解决,另一方面有利于使环境影响评价文件中制定的环境保护措施得到更好的实施。同时,也有利于总结和积累经验,进一步完善规划环境影响评价的方法与制度。

习　题

1. 简述我国的环境影响评价体系及其特点。
2. 如何界定建设项目的环境影响程度？
3. 简述建设项目的环境影响评价的工作程序。

第3章 工 程 分 析

3.1 污染物分类与源强计算

3.1.1 污染物及其分类

任何以不适当的浓度、数量、速度、形态和途径进入环境系统并对环境产生污染或破坏的物质或能量，统称为污染物。

1. 根据污染物的产生过程分类

1）一次污染物

由污染源释放的直接危害人体健康或导致环境质量下降的污染物称为一次污染物。例如，日本米糠油事件，就是由于食用受多氯联苯污染的米糠油引起的，其中多氯联苯是一次污染物。

2）二次污染物

二次污染物是一次污染物在物理、化学因素或生物作用下发生变化，或与环境中的其他物质发生反应，所形成的物化特征与一次污染物不同的新污染物，通常比一次污染物对环境和人体的危害更为严重。例如，废水中的有机汞在水体的底泥中富集，在一定的 pH 值、氧化还原电位、温度、硫离子和有机质浓度下，通过微生物的作用转化为甲基汞（甲基汞比无机汞毒性更大），然后通过食物链危害人体健康。这里的甲基汞就是二次污染物。

2. 按污染物的物理、化学、生物特征分类

按物理、化学、生物特征，污染物分为物理污染物、化学污染物、生物污染物和综合污染物。

3. 按环境要素分类

按环境要素，污染物分为水污染物、大气污染物、土壤污染物等。大气污染物可通过降水转变为水污染物和土壤污染物；水污染物可通过灌溉转变为土壤污染物，进而可通过蒸发或挥发转变为大气污染物；土壤污染物可通过扬尘转变为大气污染物，也可通过径流转变为水污染物。因此，这三者是可以相互转化的。

3.1.2 污染物排放量的计算方法

确定污染物排放量的方法有三种，即物料平衡法、排污系数法和实测法。

1. 物料平衡法

根据物质守恒定律，在生产过程中投入的物料量 T 等于产品所含这种物料的量 P 与物料流失量 Q 的总和，即

$$T = P + Q \tag{3-1}$$

下面以粉煤灰和炉渣产生量的计算为例。

煤炭燃烧形成的固态物质，其中从除尘器收集到的称为粉煤灰，从炉膛中排出的称为炉渣。锅炉燃烧产生的灰渣量和煤的灰分含量与锅炉的机械不完全燃烧状况有关。灰渣产生量常采用灰渣平衡法计算，由灰渣平衡公式可导出如下计算公式。

锅炉炉渣产生量 G_z(t/a)：

$$G_z = \frac{d_z BA}{1 - C_z} \tag{3-2}$$

锅炉粉煤灰产生量 G_f(t/a)：

$$G_f = \frac{d_{fh} BA\eta}{1 - C_f} \tag{3-3}$$

式中 B——锅炉燃煤量，t/a；

A——燃煤的应用基灰分，%；

η——除尘效率，%；

C_z、C_f——炉渣、粉煤灰中可燃物百分含量，%；一般 C_z 取 10%～25%，煤粉悬燃炉炉渣可取0～5%，C_f 取 15%～45%，热电厂粉煤灰可取 4%～8%；C_z、C_f 也可根据锅炉热平衡资料选取或由分析室测试得出；

d_z、d_{fh}——炉渣中的灰分、烟尘中的灰分占燃煤总灰分的百分比，%；$d_z = 1 - d_{fh}$，当燃用焦结性烟煤、褐煤或煤泥时，d_{fh} 值可取低一些，当燃用无烟煤时则 d_{fh} 取高一点。

2. 排污系数法

污染物的排放量可根据生产过程中单位产品的经验排污系数进行计算。计算公式为

$$Q = KW \tag{3-4}$$

式中 Q——废气或废水中某污染物的单位时间排放量，kg/h；

K——单位产品的经验排污系数，kg/t；

W——某种产品的单位时间产量，t/h。

经验排污系数是在特定条件下产生的，随地区、生产技术条件的不同而有所变化。经验排污系数和实际排污系数可能有很大差别，因此在选择时应根据实际情况加以修正。

不同行业的经验排污系数见表 3-1。

表 3-1 几种不同行业的经验排污系数

行业代码	行业名称	污染物	计量单位	经验排污系数		备注
				平均值	变化幅度	
67	餐饮业	动植物油	mg/L	100	70～200	废水量按用水量的 80%折算
		COD	mg/L	650	400～1 000	
		BOD_5	mg/L	300	200～400	
		悬浮物	mg/L	100	80～200	
78	旅游业（附设餐厅）	动植物油	mg/L	80	30～110	废水量按用水量的 85%折算
		COD	mg/L	360	250～580	
		BOD_5	mg/L	195	120～300	
		悬浮物	mg/L	80	60～120	
	旅游业	COD	mg/L	100	70～150	
		悬浮物	mg/L	60	30～95	
76	理发业	废水量	吨每月每座位	20	10～30	
		COD	mg/L	700	250～1 100	
		BOD_5	mg/L	300	250～650	
		悬浮物	mg/L	120	80～250	
	洗衣业	COD	mg/L	约 1 200		废水量按用水量的 80%折算
		悬浮物	mg/L	约 550		
	冲晒、扩印	COD	mg/L	约 135		废水量按用水量的 90%折算
		BOD_5	mg/L	约 44		
		悬浮物	mg/L	约 35		
85	医院	COD	mg/L	220	100～350	废水量按用水量的 85%折算
		BOD_5	mg/L	60	20～100	
		悬浮物	mg/L	35	15～60	

3. 实测法

实测法是对污染源进行现场测定，得到污染物的排放浓度和流量，然后计算出污染物排放量。计算公式为

$$Q = kCL \tag{3-5}$$

式中　Q——废气或废水中某污染物的单位时间排放量，t/h；

C——实测的污染物算术平均浓度，废气的单位为 mg/m^3，废水的单位为 mg/L；

L——烟气或废水的流量，m^3/h；

k——单位换算系数，废气取 10^{-9}，废水取 10^{-6}。

这种方法只适用于已投产的污染源，并且容易受到采样频次的限制。如果实测的数据没有代表性，也不易得到真实的排放量。

例 3-1　某厂共有两个污水排放口。第一排放口每小时排放废水 400 t，COD 的平均浓度为 300 mg/L；第二排放口每小时排放废水 500 t，COD 的平均浓度为 120 mg/L，该厂全年连续工作，求该厂全年 COD 的排放量。

解　该厂全年工作时间 T=365×24 h=8 760 h，则

$$G_{COD} = (400 \times 300 \times 10^{-6} + 500 \times 120 \times 10^{-6}) \times 8\ 760\ t$$
$$= 1\ 576.8\ t$$

实测法是从实地测定中得到的数据，因而比其他方法更接近实际，比较准确，这是实测法最主要的优点。但是实测法必须解决好实测的代表性问题。为此，常常不只测定一个浓度值而是测定多个浓度值。此时，对于污染物的实测浓度 C 的取值有以下两种情况。

(1) 如果废水或废气流量 Q 只有一个测定值，而污染物的浓度 C 反复测定多次，则污染物的浓度 C 取算术平均值 $\overline{C}$，即

$$\overline{C} = (C_1 + C_2 + \cdots + C_n)/n \tag{3-6}$$

(2) 如果废水或废气流量 Q 与污染物浓度 C 同时反复测定多次，此时废水或废气流量 Q 取算术平均值 $\overline{Q}$，而污染物的浓度 C 则取加权算术平均值 $\overline{C}$，即

$$\overline{Q} = (Q_1 + Q_2 + \cdots + Q_n)/n \tag{3-7}$$

$$\overline{C} = (Q_1C_1 + Q_2C_2 + \cdots + Q_nC_n)/(Q_1 + Q_2 + \cdots + Q_n) \tag{3-8}$$

4. 燃料燃烧过程中主要污染物排放量的估算

1) SO_2 排放量的估算

煤中的硫有三种存在状态：有机硫、硫铁矿和硫酸盐。煤燃烧时只有有机硫和硫铁矿中的硫可以转化为 SO_2，硫酸盐则以灰分的形式进入灰渣中。一般情况下，可燃硫占全硫量的80%左右。石油中的硫可全部燃烧并转化为 SO_2。

从硫燃烧的化学反应方程式 $S+O_2 \longrightarrow SO_2$ 可知，32 g 硫经氧化可生成 64 g SO_2，即 1 g 硫可产生 2 g SO_2。因此燃煤产生的 SO_2 排放量的计算公式如下：

$$G = B \times S \times 80\% \times 2 \times (1 - \eta) = 1.6BS(1 - \eta) \tag{3-9}$$

式中　G——SO_2 的排放量，kg/h；

B——燃煤量，kg/h；

S——煤的含硫量，%；

η——脱硫设施的 SO_2 去除率，%。

燃油产生的 SO_2 排放量为

$$G = 2BS(1 - \eta) \tag{3-10}$$

式中 G——SO_2 的排放量，kg/h；

B——耗油量，kg/h；

S——油的含硫量，%；

η——脱硫设施的 SO_2 去除率，%。

2）燃煤烟尘排放量的估算

燃煤烟尘包括黑烟和飞灰两部分，黑烟是未完全燃烧的炭粒，飞灰是烟气中不可燃烧的矿物微粒，是煤的灰分的一部分。烟尘的排放量与炉型和燃烧状况有关，燃烧越不完全，烟气中的黑烟浓度越大，飞灰的量与煤的灰分和炉型有关。一般根据燃煤量、煤的灰分和除尘效率来计算燃烧产生的烟尘量，即

$$Y = BAD(1-\eta) \tag{3-11}$$

式中 Y——烟尘排放量，kg/h；

B——燃煤量，kg/h；

A——煤的灰分含量，%；

D——烟气中的烟尘占灰分的百分比，%；其值与燃烧方式有关，几种燃烧方式的烟尘占灰分的百分比见表3-2；

η——除尘器的总效率，%。

表3-2 几种燃烧方式的烟尘占灰分的百分比

燃烧方式	手烧炉	链条炉	抛煤机炉（机械风动）	沸腾炉	煤粉炉
烟尘占灰分的百分比/(%)	15～20	15～20	24～40	40～60	75～85

各种除尘器的效率不同，可参照有关除尘器的说明书。若安装了二级除尘器，则除尘器系统的总效率为

$$\eta = 1-(1-\eta_1)(1-\eta_2) \tag{3-12}$$

式中 η_1——一级除尘器的除尘效率，%；

η_2——二级除尘器的除尘效率，%。

例3-2 某厂全年用煤量30 000 t，其中用甲地煤15 000 t，含硫量0.8%，乙地煤15 000 t，含硫量3.6%，SO_2去除率为90%，求该厂全年共排放SO_2多少千克？

解
$$G = 1.6\times(15\,000\times0.8\%+15\,000\times3.6\%)\times10^3\times(1-90\%)\ \text{kg}$$
$$=1.6\times66\,000\times0.1\ \text{kg}=105\,600\ \text{kg}$$

5. 锅炉燃烧废气排放量的计算

1）理论空气需要量 V_0的计算

（1）对于固体燃料

当燃料应用基灰分 V_y>15%（烟煤）时，计算公式为

$$V_0 = (0.251\times Q_L/1\,000+0.278)\ \text{m}^3/\text{kg} \tag{3-13}$$

当 V_y<15%（贫煤或无烟煤）时，计算公式为

$$V_0 = (Q_L/4\,140+0.606)\ \text{m}^3/\text{kg} \tag{3-14}$$

当 Q_L<12 546 kJ/kg（劣质煤）时，计算公式为

$$V_0 = (Q_L/4\,140+0.455)\ \text{m}^3/\text{kg} \tag{3-15}$$

（2）对于液体燃料，计算公式为

$$V_0 = (0.203\times Q_L/1\,000+2)\ \text{m}^3/\text{kg} \tag{3-16}$$

(3) 对于气体燃料

当 $Q_L < 10\ 455$ kJ/Nm³时,计算公式为

$$V_0 = (0.209 \times Q_L/1\ 000)\ \mathrm{m^3/m^3} \tag{3-17}$$

当 $Q_L > 14\ 637$ kJ/Nm³时,计算公式为

$$V_0 = (0.260 \times Q_L/1\ 000 - 0.25)\ \mathrm{m^3/m^3} \tag{3-18}$$

式中 V_0——燃料燃烧所需理论空气量,$\mathrm{m^3/kg}$ 或 $\mathrm{m^3/m^3}$;

Q_L——燃料应用基低位发热值,kJ/kg 或 kJ/m³,见表 3-3。

表 3-3 各燃料类型的 Q_L 值对照表 (单位:kJ/kg 或 kJ/m³)

燃料类型	Q_L	燃料类型	Q_L	燃料类型	Q_L
石煤和矸石	8 374	天然气	35 590	重油	41 870
无烟煤	22 051	一氧化碳	12 636	煤气	16 748
烟煤	17 585	褐煤	11 514	氢气	10 798
柴油	46 057	贫煤	18 841		

2) 实际烟气量的计算

(1) 对于无烟煤、烟煤及贫煤,计算公式为

$$Q_y = [1.04 \times Q_L/4\ 187 + 0.77 + 1.016\ 1(\alpha - 1)V_0]\ \mathrm{m^3/kg} \tag{3-19}$$

当 $Q_L < 12\ 546$ kJ/kg(劣质煤)时,计算公式为

$$Q_y = [1.04 \times Q_L/4\ 187 + 0.54 + 1.016\ 1(\alpha - 1)V_0]\ \mathrm{m^3/kg} \tag{3-20}$$

(2) 对于液体燃料,计算公式为

$$Q_y = [1.11 \times Q_L/4\ 187 + (\alpha - 1)V_0]\ \mathrm{m^3/kg} \tag{3-21}$$

(3) 对于气体燃料,当 $Q_L < 10\ 468$ kJ/m³时,计算公式为

$$Q_y = [0.725 \times Q_L/4\ 187 + 1.0 + (\alpha - 1)V_0]\ \mathrm{m^3/m^3} \tag{3-22}$$

当 $Q_L > 10\ 468$ kJ/m³时,计算公式为

$$Q_y = [1.14 \times Q_L/4\ 187 - 0.25 + (\alpha - 1)V_0]\ \mathrm{m^3/m^3} \tag{3-23}$$

式中 Q_y——实际烟气量,$\mathrm{m^3/kg}$ 或 $\mathrm{m^3/m^3}$;

α——过量空气系数,$\alpha = \alpha_o + \Delta\alpha$;其中炉膛过量空气系数 α_o 见表 3-4,漏风系数 $\Delta\alpha$ 见表 3-5,各种燃料的标煤折算系数见表 3-6。

表 3-4 炉膛过量空气系数 α_o

锅炉类型	烟煤	无烟煤	油	煤气
手烧炉及抛煤机炉	1.40	1.65	1.20	1.10
链条炉	1.35	1.40		
煤粉炉	1.20	1.25		
沸腾炉	1.25	1.25		
备注	其他机械式燃烧的锅炉,不论何种燃料,α_o 均取 1.3			

表 3-5 漏风系数 $\Delta\alpha$

漏风部位	炉膛	对流管束	过热器	省煤器	空气预热器	除尘器	钢烟道（每 10 m）	砖烟道（每 10 m）
$\Delta\alpha$	0.1	0.15	0.05	1.65	0.1	0.05	0.01	0.05

表 3-6 各种燃料的标煤折算系数

燃料名称	普通煤	原油或重油	渣油	柴油	汽油	1 000 m^3天然气	焦炭
标煤折算系数	0.714	1.429	1.286	1.457	1.471	1.33	0.971

标准煤是以一定的燃烧值为标准的当量概念。规定 1 kg 标煤的低位热值为 29 274 kJ。若未能取得燃料的低位热值，可参照表 3-6 的系数进行计算，若能取得燃料的低位热值为 Q，可按以下公式进行计算：

$$标煤量 = 燃料的耗用量 \times Q/29\ 274 \quad (低位热值按\ kJ\ 计)$$

3）烟气总量的计算

$$Q_{总} = BQ_y \tag{3-24}$$

式中 $Q_{总}$——烟气总量，m^3/a；

B——燃料耗用量，kg/a；

Q_y——实际烟气量，m^3/kg。

3.2 建设项目工程分析

由于建设项目环境影响的表现不同，工程分析分为以污染影响为主的污染影响型建设项目工程分析和以生态破坏为主的生态影响型建设项目工程分析。

工程分析的主要目的是查清建设项目的生产工艺，污染物的种类、数量、处理或处置方法、排放方式和排放种类，定量地给出污染物的排放量，估计其环境影响，提出减少其环境污染的措施。

3.2.1 污染影响型项目工程分析

1. 工程分析的基本要求

（1）工程分析应突出重点。根据各类型建设项目的工程内容及其特征，对环境可能产生较大影响的主要因素要进行深入分析。

（2）应用的数据资料要真实、准确、可信。对建设项目的规划、可行性研究和初步设计等技术文件中提供的资料、数据、图件等，应进行分析后引用；引用现有资料进行环境影响评价时，应分析其时效性；类比分析数据、资料时，应分析其相同性或者相似性。

（3）结合建设项目工程组成、规模、工艺路线，对建设项目环境影响因素、方式、强度等进行详细分析与说明。

2. 工程分析的作用

1）工程分析是项目决策的重要依据之一

在一般情况下，对以环境污染为主的项目，工程分析从环境保护角度对项目建设性质、产品结构、生产规模、原料组成、工艺技术、设备选型、能源结构和排放状况、技术经济指标、总图布置方案等给出定量分析意见。

2) 为各专题预测评价提供基础数据

在工程分析中,需要对各个生产工艺的产污环节进行详细分析,对各个产污环节的排污源强仔细核算,从而为水、气、固体废物和噪声的环境影响预测、污染防治对策及污染物排放总量控制提供可靠的基础数据。

3) 为环境保护设计提供优化建议

建设项目的环境保护设计需要以环境影响评价为指导,尤其是改扩建项目,工艺设备一般都比较落后,污染水平较高,要想使项目在改扩建中通过"以新带老"的方式把历史上积累下来的环境保护"欠账"加以解决,工程分析就要从环境保护全局要求和环境保护技术方面提出具体意见;力求对生产工艺进行优化论证,提出符合清洁生产要求的清洁生产工艺建议;提出工艺设计上应该重点考虑的防污减污问题,实现"增产不增污"或"增产减污"的目标。此外,对环境保护措施方案中拟选工艺、设备及其先进性、可靠性、实用性所提出的分析意见也是优化环境保护设计不可缺少的资料。

4) 为项目的环境管理提供建议指标和科学数据

工程分析筛选的主要污染因子是项目日常管理的对象,所提出的环境保护措施是工程验收的重要依据,为保护环境所核定的污染物排放总量是开发建设活动进行污染控制的建议指标。

3. 工程分析的重点与阶段划分

工程分析应以工艺过程为重点,核算、确定污染源源强,同时不忽略污染物的不正常排放情况。对资源、能源的储运和交通运输及土地开发利用是否进行工程分析及分析的深度,应根据工程、环境的特点及评价工作等级决定。

根据实施过程的不同阶段可将建设项目分为建设期、生产运行期、服务期满后三个阶段进行工程分析。

(1) 所有建设项目均应分析生产运行阶段所带来的环境影响,包括正常工况和非正常工况两种情况。非正常工况是指生产运行阶段的开车、停车、检修、操作不正常等,不包括事故。对非正常工况要进行污染分析,确定非正常排放污染物的来源、种类及排放量,分析发生的可能性及频率。对随着时间的推移,环境影响有可能增加较大的建设项目,其评价工作等级、环境保护要求均较高,此时可将生产运行阶段分为运行初期和运行中后期,并分别按正常排放和不正常排放进行分析,运行初期和运行中后期的划分应视具体工程特性而定。

(2) 部分建设项目的建设周期长、影响因素复杂且影响区域广,需要进行项目建设期的工程分析。

(3) 个别建设项目在服务期满后的影响不容忽视,如核设施退役或矿山退役、垃圾填埋场项目,应对这类项目进行服务期满的工程分析。

4. 工程分析的方法

当建设项目的规划、可行性研究和设计等的技术文件不能满足评价要求时,应根据具体情况选用适当的方法进行工程分析。目前采用较多的工程分析方法有类比分析法、实测法、实验法、物料平衡法、查阅参考资料分析法等。

1) 类比分析法

类比分析法是利用与拟建项目类型相同的现有项目设计资料或实测数据进行工程分析的常用方法。采用此法要求时间长、工作量大,但所得结果准确。当评价时间允许,评价工作等级较高，又有可参考的相同或相似的现有工程时，应采用此法。采用此法时，应充分注意分析对象与类比对象之间的相似性。

(1) 工程一般特征的相似性：建设项目的性质，建设规模，车间组成，产品结构，工艺路线，生产方法，原料、燃料成分与消耗量，用水量和设备类型等有相似性。

(2) 污染物排放特征的相似性：污染物排放类型、浓度、强度与数量，排放方式与去向，以及污染方式与途径等有相似性。

(3) 环境特征的相似性：气象条件、地貌状况、生态特点、环境功能及区域污染情况等方面有相似性。

类比法也常用单位产品的经验排污系数计算污染物排放量。但是采用此法必须注意，一定要根据生产规模等工程特征和生产管理等实际情况进行必要的修正。

2) 实测法

实测法是通过实际测量废水或废气的排放量及其所含污染物的浓度，计算出其中某污染物的排放量。

3) 实验法

实验法是在实验室内利用一定的设施，控制一定的条件，并借助专门的实验仪器探索和研究废水或废气的排放量及其所含污染物的浓度，计算出某污染物的排放量的一种方法。

采用实验法时，便于严格控制各种因素，并通过专门仪器测试和记录实验数据，一般具有较高的可信度。

4) 物料平衡法

物料平衡法是根据质量守恒定律，利用物料质量或元素原子物质的量在输入端与输出端之间的平衡关系，计算确定污染物单位时间产生量或排放量的方法。

采用物料平衡法计算污染物排放量时，必须对生产工艺、化学反应、副反应和管理等情况进行全面了解，掌握原料、辅助材料、燃料的成分和消耗定额。

5) 查阅参考资料分析法

查阅参考资料分析法是利用同类工程已有的环境影响报告书或可行性研究报告等资料进行工程分析的方法。虽然此法较为简便，但所得数据的准确性很难保证。当评价时间短，且评价工作等级较低时，或在无法采用其他方法的情况下，可采用此法。此法还可以作为其他方法的补充。

5. 工程分析的主要工作内容

对于环境影响以污染因素为主的建设项目来说，工程分析的工作内容原则上应根据建设项目的工程特征，包括建设项目的类型、性质、规模、开发建设方式与强度、能源与资源用量、污染物排放特征以及项目所在地的环境条件来确定。

1) 建设项目概况

污染影响型建设项目应明确项目组成，包括主体工程、辅助工程、公用工程、环保工程、储运工程以及依托工程等，要求主体完整，不存在漏项。同时包括建设地点、原辅料、生产工艺、主要生产设备、产品(包括主产品和副产品)方案、平面布置、建设周期、总投资及环境保护投资等。改扩建及异地搬迁建设项目还应包括现有工程的基本情况、污染物排放及达标情况、存在的环境保护问题及拟采取的整改方案等内容。

项目消耗的原料、辅料、燃料、水资源等种类和数量清楚，单耗、总耗指标明确；给出主要的原料、辅料和燃料中有毒有害物质含量。

2）污染影响因素分析

遵循清洁生产的理念，从工艺的环境友好性、工艺过程的主要产污节点以及末端治理措施的协同性等方面，选择可能对环境产生较大影响的主要因素进行深入分析。

绘制包含产污环节的生产工艺流程图；按照生产、装卸、贮存、运输等环节分析包括常规污染物、特征污染物在内的污染物产生、排放情况（包括正常工况和开停工及维修等非正常工况），存在致癌、致畸、致突变的物质，持久性有机污染物或重金属的，应明确其来源、转移途径和流向；给出噪声、振动、放射性及电磁等污染的来源、特性及强度等；说明各种源头防控、过程控制、末端治理、回收利用等环境影响减缓措施状况。明确项目消耗的原料、辅料、燃料、水资源等种类、构成和数量，给出主要原辅材料及其他物料的理化性质、毒理特征，产品及中间体的性质、数量等。

对建设阶段和生产运行期间，可能发生突发性事件或事故，引起有毒有害、易燃易爆等物质泄漏，对环境造成影响及对人身造成损害的建设项目，应开展建设和生产运行过程的风险因素识别。对存在较大潜在人群健康风险的建设项目，应开展影响人群健康的潜在环境风险因素识别。

3）污染物分析

污染物分析是污染影响型建设项目的重点内容，主要包括：工艺过程和污染源分析；物料平衡、水平衡、燃料平衡和蒸汽平衡；污染源分布及污染源源强核算（包括无组织排放源源强统计及分析和非正常排放源源强统计及分析）；污染物排放总量建议指标。

(1) 工艺流程和产污分析。

工艺流程和产污分析要求给出主要生产工艺流程的描述，物料、水的走向清楚，产污位置与种类正确，图件清晰。化工项目给出主、副化学反应式。

一般情况下，工艺流程图应在设计单位或建设单位的可行性研究或设计文件基础上，根据工艺过程的描述及同类项目生产的实际情况进行绘制。环境影响评价工艺流程图有别于工程设计工艺流程图，环境影响评价关心的是工艺过程中产生污染物的具体部位，以及污染物的种类和数量。所以绘制污染工艺流程图时应包括涉及污染物产生的装置和工艺过程，不产生污染物的过程和装置可以简化，有化学反应发生的工序要列出主要化学反应和副化学反应式。总平面布置图上应标出污染源的准确位置，以便为其他专题评价提供可靠的污染源资料。

(2) 物料平衡、水平衡、燃料平衡和蒸汽平衡。

对污染影响型建设项目进行工程分析时，必须选择若干有代表性的物料，尤其是有毒有害的物料，进行物料衡算，得到的有毒有害物质含量为污染源源强核算的基础。

①物料平衡。

工程分析中常用的物料衡算有：a. 总物料衡算；b. 有毒有害元素物料衡算；c. 单元工艺过程或单元操作的物料衡算。

物料平衡的计算如下：

$$\sum G_{排放} = \sum G_{投入} - \sum G_{回收} - \sum G_{处理} - \sum G_{转化} - \sum G_{产品} \tag{3-25}$$

式中 $\sum G_{排放}$ ——某污染物的最后排放总量；

$\sum G_{投入}$ ——投入物料中的某污染物总量；

$\sum G_{回收}$ ——进入回收产品中的某污染物总量；

$\sum G_{处理}$ ——经净化处理掉的某污染物总量；

$\sum G_{转化}$ ——生产过程中被分解、转化的某污染物总量；

$\sum G_{产品}$ ——进入产品中的某污染物总量。

②水平衡。

水在工业生产中作为原料和载体，在任一用水单元内都存在着水量的平衡关系，同样可以依据质量守恒定律，进行水的质量平衡计算。水平衡的常用指标如下。

a. 工业取水量。工业取水量是指取自地表水、地下水、自来水、海水、城市污水及其他水源的总水量。对于建设项目，工业取水量包括生产用水（间接冷却水、工艺用水、锅炉给水）和生活用水。

$$工业取水量=间接冷却水+工艺用水+锅炉用水+生活用水 \quad (3-26)$$

b. 重复用水量。它是指建设项目内部循环使用和循序使用的总水量，即在生产过程中，不同设备之间与不同工序之间经两次或两次以上重复利用的水量，以及经处理后再生回用的水量。

c. 耗水量又称损失水量。它是整个工程项目消耗掉的新鲜水量总和，即

$$H = Q_1 + Q_2 + Q_3 + Q_4 + Q_5 + Q_6 \quad (3-27)$$

式中　H——耗水量；

Q_1——产品含水量，即由产品带走的水量；

Q_2——间接冷却水系统补充水量，即循环冷却水系统补充水量；

Q_3——洗涤用水（包括装置和生产区地坪冲洗水）量、直接冷却水量和其他工艺用水量之和；

Q_4——锅炉运转消耗的水量；

Q_5——水处理用水量，指再生水处理装置所需的用水量；

Q_6——生活用水量。

d. 工业水重复利用率=重复用水量/(重复用水量+取用新鲜水量)×100%。

e. 工艺水回用率=工艺水回用量/(工艺水回用量+工艺水取水量)×100%。

f. 间接冷却水循环率=间接冷却水循环量/(间接冷却水循环量+间接冷却水取水量)×100%。

g. 污水回用率=污水回用量/(污水回用量+直接排入环境的污水量)×100%。

h. 单位产品新鲜水用量(t/t)=年新鲜水用量/年产品总量。

i. 单位产品循环水用量(t/t)=年循环水用量/年产品总量。

j. 万元产值取水量(t/万元)=年取用新鲜水量/年产值。

例 3-3　某工业车间工段的水平衡图如图 3-1(单位为 t/d)所示，回答问题：

①该车间的水重复利用率是多少？

②该车间工艺水重复利用率是多少？

③该车间冷却水重复利用率是多少？

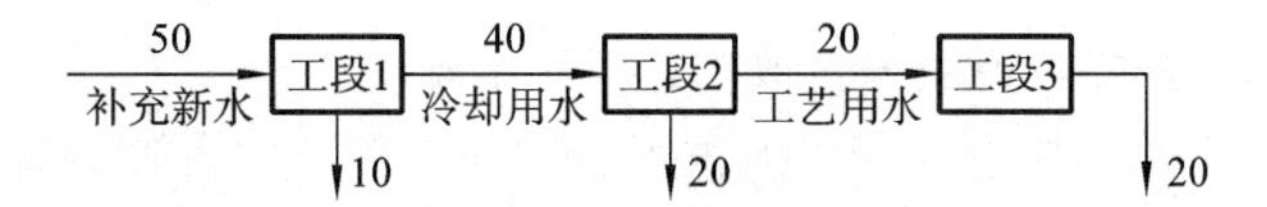

图 3-1　某工业车间工段的水平衡图

解 重复用水量是指在生产过程中,在不同的设备之间与不同的工序之间经两次或两次以上重复利用的水量,以及经处理后再生回用的水量。本题属前一种情况。

①由图 3-1,水重复利用了 2 次,重复用水量为 2 次重复用水量之和,即 40 t/d+20 t/d=60 t/d;取用新水量为 50 t/d,所以

该车间的水重复利用率=60/(60+50)×100%=54.5%

②工艺水重复用水量为 20 t/d,该车间工艺水取水量为补充新水量,即 50 t/d。所以

该车间的工艺水重复利用率=20/(20+50)×100%=28.6%

③冷却水重复用水量为 40 t/d,车间冷却水取水量就是车间补充新水量,即 50 t/d。故

该车间的冷却水重复利用率=40/(40+50)×100%=44.4%

③燃料平衡。

燃料平衡是指以全厂为单元,各种燃料的产生量与使用量、损耗量、放散量之间的平衡关系。应给出燃料种类、数量、热值及其单位产品产生量,包括外购、外销气体燃料;明确各种燃料产生量、使用量、损耗量和放散量,并给出燃料平衡表。

④蒸汽平衡。

根据产汽量、用汽量、热负荷、供热方案等绘制蒸汽平衡图。

(3) 污染源分布及污染源源强核算。

污染源分布和污染物类型及排放量是各专题评价的基础资料。对于污染源分布,应根据已经绘制的污染工艺流程图,按排放点标明污染物排放部位,然后列表逐点统计各种污染物的排放强度、浓度及数量。对于最终排入环境的污染物,确定其是否达标排放,此时必须以项目的最大负荷核算。

污染源源强指对产生或排放的污染物强度的度量,包括废气源强、废水源强、噪声源强、振动源强、固体废物源强等。废气、废水源强是指污染源单位时间内产生的废气、废水污染物的数量。通常包括废气和废水污染源正常排放和非正常排放,不包括事故排放。噪声源强是指噪声污染源的强度,即反映噪声辐射强度和特征的指标,通常用辐射噪声的声功率级或确定环境条件下、确定距离的声压级(均含频谱)以及指向性等特征来表示。振动源强是指振动污染源的强度,即反映振动源强度的加速度、速度或位移等特征指标,通常用参考点垂直于地面方向的 Z 振级表示。固体废物源强是指污染源单位时间内产生的固体废物的数量。

对于废气,可按点源、面源、线源进行核算,说明源强、排放方式和排放高度及存在的有关问题。对于废水,应说明种类、成分、浓度、排放方式、排放去向。废物先进行分类,废液应说明种类、成分、浓度、是否属于危险废物、处置方式和去向等有关问题;废渣应说明有害成分、溶出物浓度、是否属于危险废物、排放量、处理和处置方式和贮存方法。对于噪声和放射性,应列表说明源强、剂量及分布。污染物的源强统计可分别列出废水、废气、固体废物排放表。噪声的源强统计比较简单,可单列。

对于新建项目污染物排放量统计,应算清“两本账”,即生产过程中的各种污染物产生量和实现污染防治措施后的污染物削减量,二者之差为污染物最终排放量。对于技改扩建项目污染物的排放统计,应算清“三本账”,即技改扩建前污染物排放量、技改扩建项目污染物排放量和技改扩建完成后的总排放量(包括“以新带老”削减量),最终技改扩建完成后排放量=技改扩建前排放量-“以新带老”削减量+技改扩建项目排放量。

例 3-4 某企业进行锅炉技术改造并增容,原来 SO_2 排放量是 200 t/a(未加脱硫设施),改造后,SO_2 产生总量为 240 t/a,安装了脱硫设施后 SO_2 最终排放量为 80 t/a,则“以新带老”削减量为每年多少吨?

解 第一本账(改扩建前排放量):200 t/a。

第二本账(扩建项目最终排放量):

技改后增加部分为 240 t/a−200 t/a=40 t/a;

处理效率为(240−80)/240×100%=66.7%;

技改新增部分排放量为 40 t/a×(1−66.7%)=13.32 t/a;

"以新带老"削减量为 200 t/a×66.7%=133.4 t/a。

第三本账(技改工程完成后排放量):80 t/a。

污染源源强核算的主要内容如下:

①根据污染物产生环节(包括生产、装卸、贮存、运输)、产生方式和治理措施,核算建设项目有组织与无组织、正常工况与非正常工况下的污染物产生和排放强度,给出污染因子及产生和排放的方式、浓度、数量等。非正常工况是指生产设施非正常工况或污染防治(控制)设施非正常状况,其中生产设施非正常工况指开停炉(机)、设备检修、工艺设备运转异常等工况,污染防治(控制)设施非正常状况指达不到应有治理效率或同步运转率等情况。

②对改扩建项目的污染物排放量(包括有组织与无组织、正常工况与非正常工况)的统计,应分别按现有、在建、改扩建项目实施后等几种情形汇总污染物产生量、排放量及其变化量,核算改扩建项目建成后最终的污染物排放量。

③污染源源强核算方法由污染源源强核算技术指南具体规定。技术指南以《污染源源强核算技术指南 准则》(HJ 884—2018)为基准,目前生态环境部已经颁布数十个行业污染源源强核算技术指南,包括制药工业、纺织印染工业、陶瓷制品制造、汽车制造等。根据污染源源强核算技术指南选定核算方法和参数,结合核算时段确定污染源源强,一般为污染物年排放量和小时排放量等。

(4) 污染物排放总量控制建议指标。

在核算污染物排放量的基础上,按国家对污染物排放总量控制指标的要求,提出工程污染物排放总量控制建议指标,污染物排放总量控制建议指标应包括国家规定的指标和项目的特征污染物。提出的工程污染物排放总量控制建议指标必须满足以下要求:①满足达标排放的要求;②符合其他相关环保要求(如特殊控制的区域与河段);③技术上可行。

6. 工程分析示例

1) 工程概况

某工程为年产 600 000 t 甲醇项目,其项目组成见表 3-7。

表 3-7 年产 600 000 t 甲醇项目组成

生产装置	公用工程设施	辅助生产设施
① 原料气脱硫工序	① 循环水系统(24 000 t/h)	① 火炬系统
② 蒸汽转化和热回收工序	② 净水系统(30 000 t/d)	② 主控制室、分析化验室
③ 压缩工艺	③ 脱盐水系统(250 t/h)	③ 甲醇成品罐区(2×30 000 m^3)
④ 甲醇合成工艺	④ 消防站	④ 中间罐区(1×25 000 m^3,2×1 200 m^3)
⑤ 甲醇精馏工艺	⑤ 变电站	⑤ 罐区至港口甲醇运输管线和装船设施
⑥ 工艺冷凝液回收工艺		⑥ 天然气输送管线

产品方案为年产精甲醇 667 000 t(2 000 t/d,88.3 t/h),年操作 8 000 h。生产制度为每天 3 班,每班连续工作 8 h。主要原材料和公用工程消耗见表 3-8 和表 3-9。

表 3-8　主要原材料消耗

项　目	消 耗 量		接入方式
	$/(10^4\ m^3/h)$	$/(10^4\ m^3/a)$	
工艺天然气	7.745	61 960.5	架空管廊接入甲醇装置
燃料天然气	3.365	26 926.9	
共　计	11.11	88 887.4	

表 3-9　公用工程消耗

名　称	单　位	消 耗 量		来　源
		/h	/a	
新鲜水	t	471.76	377.4×10^4	自建水厂提供
循环水	t	18 739		自建循环水系统
蒸汽	t	−1.627	-1.3×10^4	产出
电	kW·h	2 912	$2\ 330\times10^4$	二期化肥厂热电站
燃料气(标准状态)	m^3	3.36×10^4	$26\ 926.9\times10^4$	输气管天然气

2）工艺过程和污染源分析

拟建项目采用引进中压法天然气合成甲醇工艺，其工艺过程包括原料全脱硫、蒸汽转化和热回收、压缩、甲醇合成、精馏及工艺冷凝液回收。

主化学反应：

天然气脱硫　$RS + H_2 \longrightarrow H_2S + R$

（有机硫）

$ZnO + H_2S \longrightarrow ZnS + H_2O$

蒸汽转化　$CH_4 + H_2O \longrightarrow CO + 3H_2 - Q_1$

$CH_4 + 2H_2O \longrightarrow CO_2 + 4H_2 - Q_2$

甲醇合成　$CO + 2H_2 \longrightarrow CH_3OH + Q_3$

$CO_2 + 3H_2 \longrightarrow CH_3OH + H_2O + Q_4$

副化学反应：　$2CH_3OH \longrightarrow CH_3OCH_3 + H_2O + Q_5$

$2CO + 2H_2 \longrightarrow CH_3COOH$

$CH_3OH + CO \longrightarrow CH_3COOH$

$CH_3OH + CH_3COOH \longrightarrow CH_3COOCH_3 + H_2O$

$2CH_3COOH \longrightarrow CH_3COCH_3 + CO_2 + H_2O$

3）污染源源强

水平衡见图 3-2，物料平衡见图 3-3。

4）污染物排放量核算

废气污染源、废水污染源和固体废物产生情况见表 3-10，实施污染物防治措施后，年产 600 000 t 甲醇项目的污染物产生量、削减量和排放量见表 3-11。

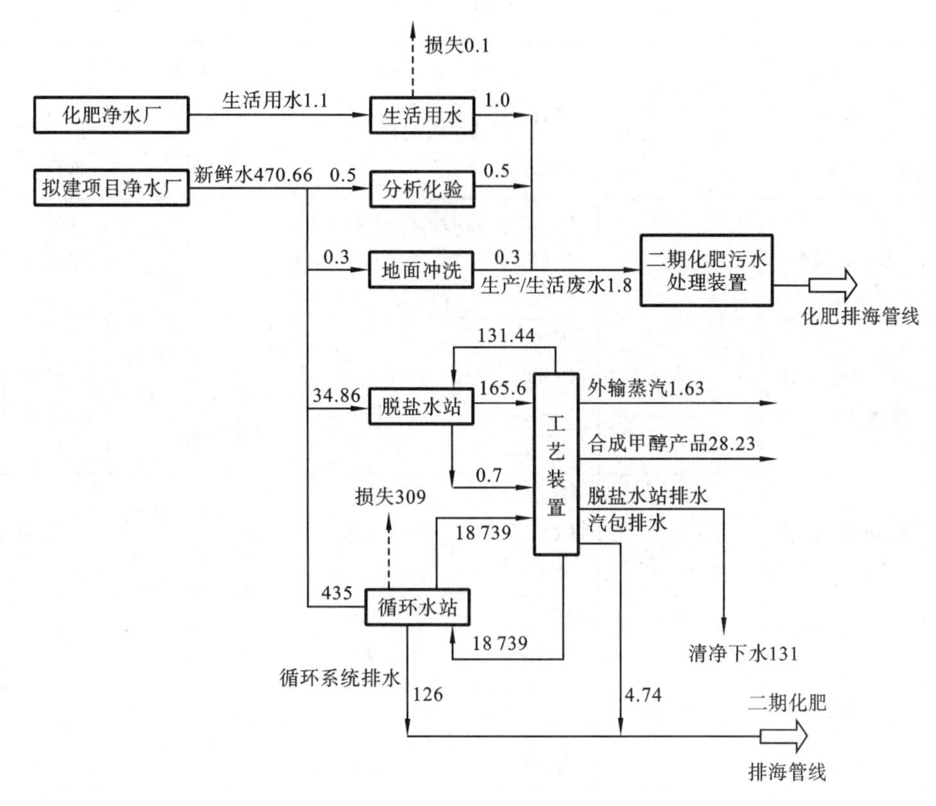

图 3-2　水平衡图(单位:m^3)

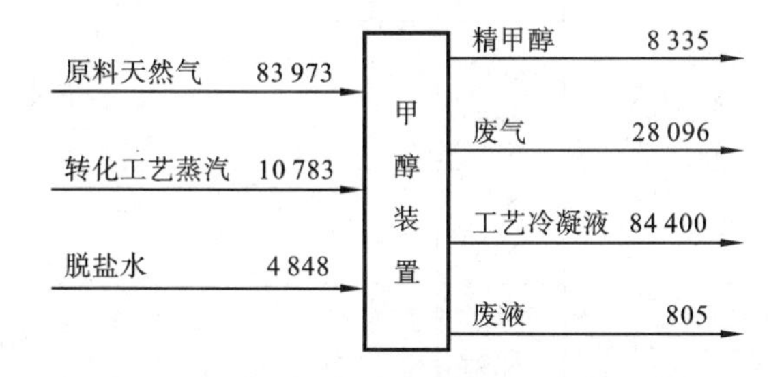

图 3-3　物料平衡图(单位:kg/h)

表 3-10　年产 600 000 t 甲醇项目的污染源表

种类	污染源名称	排放量	污染物		治理措施	排放方式、去向
			名称	浓度与速率		
废气	转化炉烟气	34 328 m^3/h	SO_2	5.5 mg/m^3	高烟囱排放 H:60 m	连续,排大气
				1.90 kg/h		
			NO_x	112 mg/m^3		
				38.44 kg/h		
	开工锅炉烟气	39 164 m^3/h	SO_2	7.4 mg/m^3	H:30 m	非正常排放开车时排气排大气
				0.29 kg/h		
			NO_x	150 mg/m^3		
				5.87 kg/h		

续表

种类	污染源名称	排放量	污染物		治理措施	排放方式、去向
			名称	浓度与速率		
废气	火炬		NO_x等		H:60 m	间断,排大气
	无组织排放		甲醇	储运系统:170.5 t/a 工艺装置:333 t/a 合计 503.5 t/a		间断,排大气
废水	设备/地面冲洗水	0.3 t/h	pH 值 COD SS 石油类	6～9 300 mg/L 10 mg/L 10 mg/L	进污水处理装置,COD 去除率 75%	间断处理后排海
	分析化验排水	0.5 t/h	pH 值 COD SS 石油类	6～9 120 mg/L 50 mg/L 10 mg/L	进污水处理装置,COD 去除率 75%	间断处理后排海
	生活污水	1.0 t/h	pH 值 COD SS 石油类	6～9 250 mg/L 200 mg/L 20 mg/L	进污水处理装置,COD 去除率 75%	间断处理后排海
危险废物	镍钼加氢槽废催化剂	45.6 t/次	Ni-Mo		回收	五年一次,送厂家
	脱硫槽废脱硫剂	96 t/次	ZnO ZnS		危废填埋场	一年一次,送危险废物处理中心
	蒸汽转化炉废催化剂	29.3 t/次	NiO NiS		回收	三年一次,送厂家
	二段转化炉废催化剂	61.6 t/次	NiO NiS		回收	三年一次,送厂家
	甲醇合成塔废催化剂	120 t/次	Cu-Zn		回收	三年一次,送厂家
一般固废	污水处理场污泥	1.2 t/次			脱水干化,用于绿化	间断

表 3-11　拟建项目污染物排放量核算

类别	项目及单位	产生量	削减量	最终排放量
废气	废气排放量/(10^4 m^3/a)	305 913.6	0	305 913.6
	SO_2/(t/a)	17.52	0	17.52
废水	废水排放量/(10^4 t/a)	106.24	0	106.24
	COD/(t/a)	40.92	−2.28	38.64
	石油类/(t/a)	0.24	−0.19	0.05
固废	工业固体废物/(t/a)	447.6	447.6(综合利用)	0(处理/处置)

3.2.2 生态影响型项目工程分析

1. 生态影响型项目工程分析的基本内容

生态影响型项目工程分析的内容应包括项目所处的地理位置、工程的规划依据和规划环境影响评价的依据、工程类型、项目组成、占地规模、总平面及现场布置、施工方式、施工时序、运行方式、替代方案、工程总投资与环保投资、设计方案中的生态保护措施等。

工程分析时段应涵盖勘察期、施工期、运营期和退役期，以施工期和运营期为调查分析的重点。

2. 工程分析重点

根据评价项目自身特点、区域的生态特点以及评价项目与影响区域生态系统的相互关系，确定工程分析的重点，分析生态影响的源及其强度。重点为影响程度大、范围广、历时长或涉及环境敏感区的作用因素和影响源，关注间接性影响、区域性影响、长期性影响以及累积性影响等特有生态影响因素的分析。主要内容应包括以下几个方面：

(1) 可能产生重大生态影响的工程行为；

(2) 与特殊生态敏感区和重要生态敏感区有关的工程行为；

(3) 可能产生间接、累积生态影响的工程行为；

(4) 可能造成重大资源占用和配置的工程行为。

3. 生态环境影响评价工程分析的技术要点

生态影响型项目工程分析的内容应结合工程特点，提出工程施工期和运行期的影响和潜在影响因素，能量化的要给出量化指标，技术要点如下。

(1) 工程组成完全。应把所有的工程活动都纳入分析中。一般建设项目工程组成有主体工程、辅助工程、配套工程、公用工程和环境保护工程。有的将作业场等支柱性工程称为“大临”工程(大型临时工程)或储运工程系列，都是可以的。但必须将所有的工程建设活动，无论是临时的还是永久的，是施工期的还是运行期的，是直接的还是相关的，都要考虑在内。一般应有完善的项目组成表，明确占地、施工和技术标准等主要内容。

(2) 重点工程明确。应将主要造成环境影响的工程作为重点的工程分析对象，明确其名称、位置、规模、建设方案、施工方式、运行方式等。

与污染影响型项目相比，生态影响型项目的工程分析更应重点加强施工方式和运行方式的分析。对于同一项目，不同的施工和运行方式的环境影响差别很大。生态影响型项目的主要环境影响往往发生在施工期。对施工方式的分析可从施工工艺和施工时序两方面入手。例如，传统的桥梁基础开挖为大开挖式，由于开挖面积及土石方的挖出、回填量较大，产生的植被破坏、水土流失较严重；先进的干式旋挖钻，由于钻头直径与柱基直径大体相当，其环境影响与传统的大开挖式相比要小很多。

在项目建成运行后，因运行方式不同，产生的环境影响也不同。例如，日调节水电站的下泄过程(主要是时间和流量)不同，可能极大地影响到下游河道的水位和流速，而水位、流速频繁和剧烈的变化，可能对河流中的鱼类生存和繁殖产生不利影响。通过对水电站运行方式的分析，结合现状调查对下游河道中鱼类的生理生态学习性(如对适宜的生存、繁殖流速和水深等的要求)调查，就有可能针对鱼类保护的要求，通过水文学计算，合理地优化水电站的运行方式。

(3) 全过程分析。生态影响是一个过程，不同的时期产生的影响不同，因此必须做全过程分析。一般可将全过程分为选址线期(工程预可行性研究期)、设计方案期(初步设计与工程设计)、建设期(施工期)、运行期和运行后期(结束期、闭矿、设备退役和渣场封闭等)。

(4) 污染源分析。明确污染源,污染物类型、源强(含事故状态下的源强)、排放方式和纳污环境等。污染源可能发生于施工建设阶段,也可能发生于运行期。污染源的控制要求与纳污环境的环境功能密切相关,因此必须同纳污环境联系起来做分析。

(5) 其他分析。施工建设方式、运行期方式的不同,都会对环境产生不同影响,需要在工程分析时给予考虑。有些发生可能性不大,一旦发生将会产生重大影响者,则可作为风险问题考虑。例如,公路运输农药时,车辆可能在跨越水库或水源地时发生事故性泄漏等。

3.2.3 方案比选

对于同一建设项目的多个建设方案,从环境保护角度进行比选。重点进行选址或选线、工艺、规模、环境影响、环境承载能力和环境制约因素等方面的比选。对于不同比选方案,必要时应根据建设项目进展阶段进行同等深度的评价。给出推荐方案,并结合比选结果提出优化调整建议。

下面以沪通铁路跨越长江桥隧方案比较为例进行说明。

1. 桥隧方案综合比选

对上海至南通铁路越江桥隧方案进行了深入的研究,从通道资源布局的合理性、技术方案的可靠性、抗灾能力、通风条件、工程投资、工程实施的外部条件和风险控制等方面进行研究论证,见表3-12,分述如下。

表3-12　穿越长江桥梁、隧道方案综合比较

内容	项　目	桥梁方案(6‰)	隧道方案(13‰)
工程实施的技术条件	通道资源合理利用	可搭载其他交通方式过江,实现通道资源共享	受其结构断面的限制,存在交通功能单一的缺陷
	技术方面的可靠性	设计和建设技术相对成熟,国内大跨度铁路桥梁建设经验丰富	越江铁路长隧道在国内尚无工程实践经验,技术储备不够丰富
	运输组织	单机牵引,运输组织条件好,牵引方式灵活,可采用内燃牵引进行过渡,节省初期投资	需增加货车补给点及运营支出,降低沿江通道的输送能力,运营组织相对较差,需要采用电化方案,周围相关线路也要同步电化
	通风条件,抗灾能力	好,易于实施救援	通风条件差,通风费用高,能耗大,实施救援难度相对较大
	工程投资	74.37亿元	53.70亿元

续表

内容	项目	桥梁方案(6‰)	隧道方案(13‰)
工程实施的外部条件	对港口、码头及城市规划的影响	对规划的通海、白茆小沙等港区及深水岸线有一定的影响	对港区、岸线基本无影响
	对城市规划的影响	相对较少	对岸隧道出口处长3.6 km范围内对城市有切割,对两岸陆地综合利用开发有影响
	对河道整治的关系	对桥梁的孔跨度布置形式有影响	隧道断面处的最大冲刷深度以及利用白茆小沙圈围成岛工程设置中竖井方案,均以河道整治实施为前提,如河道整治不能提前实施,对隧道方案影响较大
	对通航的影响	施工及运营期有一定影响	基本无影响
	环境影响	施工期间钻孔弃石如处理不当对环境有影响	隧道弃石如处理不当对环境有影响
风险控制	工程技术	相对较小	设计及建造技术储备不足,存在一定的技术风险
	建设工期	基本可控制	能否在白茆小沙圈围成岛工程设置江中竖井对工期影响较大
	投资控制	可控制	河道整治工程的不确定性、无可参照的铁路过江隧道预算定额使投资控制存在风险

1）在通道资源合理利用方面

桥梁方案在增加投资不多的情况下,根据需要可以合建(或预留)公路或兼顾其他交通功能,既可改善铁路桥梁的运营性能,又能实现通道资源共享。而隧道方案受其结构断面的限制,存在交通功能单一的缺陷,且不具备开行双层集装箱列车的条件。

2）在技术方案的可靠性方面

桥梁技术应用广泛,桥梁方案设计和建造技术相对成熟,可参照借鉴的工程实践较多,已建成的武汉天兴洲公铁两用长江大桥主跨采用504 m斜拉桥,上游8 km的苏通公路长江大桥主跨为1 080 m,均可为本方案的实施提供有利的技术参照,可靠性相对较高,但桥跨方案还需结合航道标准的论证进一步研究。国内越江铁路隧道的设计及建造技术储备相对不足,目前尚无可参照的铁路过江隧道工程实践,长大隧道的断面结构形式、通风技术方案、防灾疏散通道的设置、沉降控制以及高速列车通过隧道时的减压措施等技术方案还需结合工程进行深入研究。

3）在运输组织、通风条件以及抗灾能力方面

桥梁方案(限坡6‰)具有运营条件好、运输效率高与沿江通道组成部分相符的优点,通风条件好,应对火灾、地震等偶发灾难性事故时易于实施救援。桥梁方案采用内燃牵引进行过渡,可节省初期投资,提高效益。隧道方案(限坡13‰)需在27.3 km越江范围内双机循环取送,不仅需增设货车补给点,增加运营支出,而且降低沿江通道的输送能力。隧道方案通风条件差,常年通风费用高,应对火灾、地震等偶发灾难性事故时实施救援难度相对较大。由于长

大隧道通风困难，必须采用电化方案，周围相关线路也需同步电化。

4）在工程投资方面

桥梁方案(限坡6‰)采用主跨2×588 m三塔斜拉桥方案，工程投资为74.37亿元；隧道方案(限坡13‰)采用单孔双线无中墙方案，工程投资为53.70亿元。隧道方案的埋深及设置江中竖井方案受河道整治工程的影响较大，加之国内尚无铁路越江工程概算定额，本阶段参照公路越江工程概算定额进行估算，因此隧道方案的工程投资下阶段还需结合隧道限坡的选择(6‰或13‰)进一步研究落实。

5）在工程实施的外部条件方面

桥梁方案两岸引桥高架，联络灵活，便于陆上土地综合开发利用，对城市规划的影响相对较少，但对规划的通海、白茆小沙等港区及深水岸线有一定的影响；由于该处船舶密集，施工及运营期对通航有一定影响，对恶劣气候条件反应相对敏感。而隧道方案对港区、岸线及通航基本无影响，两岸隧道出口需设置长3.6 km深挖路堑过渡段，对城市规划有切割，影响两岸陆地综合利用开发；隧道方案受徐六泾河道整治工程的影响较大。桥隧方案占用土地数量相当。

6）在风险控制方面

桥梁技术应用广泛，桥梁方案设计和建造技术相对成熟，可参照借鉴的工程实践较多，在建设方案、建设工期、投资控制等方面风险相对较小。桥梁运营风险主要集中在风灾、地震等。风灾对桥梁上高速运营的列车安全有所影响，须采取措施使风对桥梁运营的影响处于控制范围之内。区域地震基本烈度为6度，地震对桥梁运营的影响主要在于地震时可能引起列车脱轨等事故。

隧道设计风险有地质勘察的准确性以及河床演变引起的最大冲刷深度对隧道覆土厚度及抗浮稳定的影响，以及由此带来的建设方案、建设工期、投资控制等方面的风险。隧道施工中的盾尾密封失效、长距离施工换刀、江中对接、横通道和江中泵房施工风险为不可接受风险，必须采取措施予以防范。隧道运营中风险主要为火灾和地震。

7）在环境影响与节约能源方面

隧道方案主体工程位于江底，除隧道弃砟、隧道出口过渡段切割地面，对交通、水文及土地综合利用有影响外，对环境基本无影响，环境较为友好。但隧道方案需常年照明通风，且需双机牵引，在节约能源方面与桥梁方案相比存在不足。

8）在水文、河势和航运影响方面

隧道方案对水文、河势和航运等基本无影响；桥梁方案对水文、河势和航运等有一定影响，需在设计中研究减少影响的措施和方案，可行性研究阶段还需进一步征求相关主管部门的意见。

2. 比选结论

经以上综合比较，初步认为上海至南通铁路越江采用桥梁方案更为有利，但本项目越江地段属于长江口黄金水道，船舶密集，地质条件差，河道冲刷深，河势演变复杂，过长江方案宜慎重选择，鉴于预可行性研究阶段研究深度的限制，仍有大量比选工作需要深入开展，并需充分考虑交通、航运、水利等部门意见。因此，建议桥隧方案在可行性研究阶段还需在以下方面进一步分析比较：一是技术方案的可靠性，包括设计与施工的风险分析、实证经验及抗灾能力等；二是工程实施的外部条件，包括方案对行业和地方规划的符合性及对港口、码头及城市规划的影响，以及进一步落实徐六泾河道整治方案如不能先期实施对桥隧设计方案的影响；三是运输组织方面，包括运输组织的机动灵活性、运输限制、养护维护要求等；四是投资规模方面，建议桥隧方案采用相同的限制坡度进行同精度技术经济比较(包括全生命周期成本及相关工程费用)。

3.3 清洁生产

3.3.1 清洁生产概述

清洁生产是我国实施可持续发展战略的重要组成部分，也是我国污染控制由末端控制向全过程控制转变，实现经济与环境协调发展的一项重要措施。

1. 基本概念

《中华人民共和国清洁生产促进法》指出："本法所称清洁生产，是指不断采取改进设计、使用清洁的能源和原料、采用先进的工艺技术与设备、改善管理、综合利用等措施，从源头削减污染，提高资源利用效率，减少或者避免生产、服务和产品使用过程中污染物的产生和排放，以减轻或者消除对人类健康和环境的危害。"清洁生产是一种新的创造性思想，该思想是从生态经济系统的整体性优化出发，将整体预防的环境战略应用于生产、产品使用和服务过程中，以提高物料和能源利用率，降低对能源的过度使用，减少人类和环境自身的风险。这与可持续发展的基本要求、能源的永久利用和环境容量的持续承载能力相符合，是实现资源环境和经济发展双赢的有效途径。

2. 清洁生产的主要内容

(1) 自然资源的合理利用。要求投入最少的原材料和能源产出尽可能多的产品，提供尽可能多的服务，包括最大限度节约能源和原材料、利用可再生能源或者清洁能源、利用无毒无害原材料、减少使用稀有原材料、循环利用物料等措施。

(2) 经济效益最大化。通过节约资源、降低损耗、提高生产效益和产品质量，达到降低生产成本、提升企业的竞争力的目的。

(3) 对人类健康和环境危害最小化。通过最大限度减少有毒有害物料的使用、采用无废或者少废技术和工艺、减少生产过程中的各种危险因素、回收和循环利用废物、采用可降解材料生产产品和包装、合理包装及改善产品功能等措施，实现对人类健康和环境危害的最小化。

3. 清洁生产的目标

根据经济可持续发展对资源和环境的要求，清洁生产谋求达到以下两个目标：

(1) 通过资源的综合利用、短缺资源的代用、二次能源的利用，以及节能、降耗、节水，合理利用自然资源，减缓资源的耗竭；

(2) 减少废物和污染物的产生，促进工业产品的生产、消耗过程与环境相融，降低工业活动对人类和环境的风险。

4. 清洁生产的重点

清洁的能源、清洁的生产过程和清洁的产品是清洁生产的重点。对生产过程而言，清洁生产包括节约原材料和能源，淘汰有毒有害的原材料，并在全部排放物和废物离开生产过程以前，尽最大可能减少它们的排放量和毒性。对产品而言，清洁生产旨在减少产品整个生命周期过程中从原料的提取到产品的最终处置对人类和环境的不利影响。

3.3.2 清洁生产发展

清洁生产是20世纪80年代以来发展起来的一种新的、创造性的保护环境的战略措施。美国首先提出其初期思想，这一思想一出现，便被越来越多的国家接受和实施。20世纪70年代末期以来,不少发达国家的政府和各大企业集团(公司)都纷纷研究开发和采用清洁工艺(少废无废技术),开辟污染预防的新途径,把推行清洁生产作为经济和环境协调发展的一项战略措施。1992 年,联合国在巴西召开的“环境与发展大会”提出了全球环境与经济协调发展的新战略,中国政府积极响应,于 1994 年提出了“中国 21 世纪议程”,将清洁生产列为“重点项目”之一。

近年来,我国在制定和修订颁布的环境保护法律中都纳入了清洁生产的要求,明确国家鼓励和支持开展清洁生产。国务院商务行政主管部门会同国务院其他有关主管部门定期发布清洁生产技术、工艺、设备和产品导向目录。国家对浪费资源和严重污染环境的落后生产技术、工艺、设备和产品实行限期淘汰制度,国务院经贸主管部门与其他有关行政主管部门制定并发布限期淘汰的生产技术、工艺、设备和产品名录。企业在进行技术改造时,应采取无毒、无害或低毒、低害的原料,采用资源利用率高及污染物产生量少的工艺和设备,代替资源利用率低及污染物产生量多的工艺和设备,对生产中产生的废物、余热进行综合利用或循环使用,提高清洁生产水平。1997 年,原国家环境保护总局发布了《关于推行清洁生产的若干意见》,规定建设项目的环境影响评价应包含清洁生产等内容。2002 年 6 月 29 日,《中华人民共和国清洁生产促进法》正式颁布,2003 年 1 月 1 日起施行,这是我国首次将清洁生产以法律的形式予以确认。2004 年,颁发的《清洁生产审核暂行办法》对于提高资源利用效率,减少和避免污染物的产生,保护和改善环境,保障人体健康,促进经济与社会可持续发展,起着极其重要的作用。

为贯彻落实《中华人民共和国清洁生产促进法》,评价企业清洁生产水平,指导和推动企业依法实施清洁生产,国家发改委编制了 30 个重点行业的清洁生产评价指标体系,包括煤炭、铝业、铬盐、包装等行业,我国清洁生产制度不断走向完善。

2006 年开展重点企业强制性清洁生产审核后,企业对清洁生产的投入不断增加。强制性清洁生产审核制度的建立和实施,有效地覆盖了对环境污染贡献率较大的“双超”、“双有”工业污染源以及国家、省级环保部门确定的污染减排重点污染源企业,成果显著。

2008 年 7 月 1 日出台了《关于进一步加强重点企业清洁生产审核工作的通知》、《重点企业清洁生产审核评估、验收实施指南》和《需重点审核的有毒有害物质名录》,标志着重点企业清洁生产审核评估验收制度的确立。在此阶段,中国培育发展了一批清洁生产审核人员,重点企业清洁生产审核成效显著。

3.3.3 清洁生产水平等级

目前,生态环境部推出一些行业的清洁生产标准,将清洁生产水平分为三级。

Ⅰ级代表国际清洁生产领先水平。当一个建设项目全部指标达到Ⅰ级标准时,说明该项目在工艺、装备选择、资源能源利用、产品设计和使用、生产过程的废物产生和回收利用及环境管理等方面做得非常好,达到国际领先水平。从清洁生产角度讲,该项目是一个很好的项目,可以接受。

Ⅱ级代表国内清洁生产先进水平。当一个建设项目全部指标达到Ⅱ级标准时,说明该项目在工艺、装备选择、资源能源利用、产品设计和使用、生产过程的废物产生和回收利用及环境管理等方面做得比较好,达到国内先进水平。从清洁生产角度讲,该项目是一个好项目,可以接受。

Ⅲ级代表国内清洁生产一般水平。当一个建设项目全部指标达到Ⅲ级标准时,说明该项目在工艺、装备选择、资源能源利用、产品设计和使用、生产过程的废物产生和回收利用及环境管理等方面做得一般，作为新建项目，需要在设计等方面做较大的调整和改进，以达到国内先进水平。一个建设项目全部指标为Ⅲ级标准，从清洁生产角度讲，该项目是不可以接受的。

3.3.4　清洁生产分析指标

1. 清洁生产指标的选取原则

1）从产品生命周期全过程考虑

生命周期分析方法是清洁生产指标选取的一个最重要原则，它是从一个产品的整个寿命周期全过程来考察其对环境的影响的，如从原材料的采掘，到产品的生产过程，再到产品销售，直至产品报废后的处置。“生命周期评价是对一个产品系统的生命周期中输入、输出及其潜在环境影响的汇总和评价。”生命周期评价的关键是它从产品的整个生命周期来评估它对环境的总影响，这也是与其他环境评价内容的主要区别。

2）体现以污染预防为主的原则

清洁生产指标必须体现以预防为主的原则，要求完全不考虑末端治理。因此，污染物产生指标是指污染物离开生产线时的数量和浓度，而不是经过处理后的数量和浓度。清洁生产指标主要应反映在项目实施过程中所使用的资源量及产生的废物量，包括使用能源、水或其他资源的情况，通过对这些指标的评价，反映项目的资源利用情况和节约的可能性，达到保护自然资源的目的。

3）容易量化

清洁生产指标要力求定量化，对于难以定量的也应给出文字说明。清洁生产指标涉及面比较广，有些指标难以量化。为了使所确定的清洁生产指标既能够反映项目的主要情况，又简便易行，在设计时要充分考虑到指标体系的可操作性。因此，应尽量选择容易量化的指标项，这可以给清洁生产指标的评价提供有力的依据。

4）满足政策法规要求和符合行业发展趋势

清洁生产指标应符合产业政策和行业发展趋势要求，并考虑行业特点。

2. 清洁生产评价指标

根据生命周期分析的原则，清洁生产评价指标应能覆盖原材料、生产过程和产品的各个主要环节，尤其对生产过程，既要考虑对资源的使用，又要考虑污染物的产生，因而环境影响评价中的清洁生产评价指标可分为六大类：生产工艺与装备要求、资源能源消耗指标、产品特征指标、污染物产生指标、资源综合利用指标、环境管理指标。其中资源能源消耗指标和污染物产生指标是定量指标，其他指标是定性指标或半定量指标。

1）生产工艺与装备要求

在清洁生产分析专题中，要从项目的工艺技术来源和技术特点进行分析，说明其在同类技术中所占的地位和所选设备的先进性。选用先进的清洁的生产工艺和设备，淘汰落后的工艺和设备，是推行清洁生产的前提。这类指标主要从规模、工艺、技术、装备几个方面体现出来，从控制系统、循环利用、回收率、减污降耗、回收、工艺过程处理等方面，评估装置规模、生产工艺和技术装备等的清洁生产水平。

2）资源能源消耗指标

在正常的情况下，生产单位产品对资源的消耗程度可以部分地反映一个企业技术工艺和管理水平，即反映生产过程的状况。从清洁生产的角度看，资源、能源指标的高低同时也反映企业的生产过程在宏观上对生态系统的影响程度，因为在同等条件下，资源能源消耗越高，则对环境的影响越大。资源能源消耗指标通常可以由单位产品的取水量、单位产品的能耗、单位产品的物耗和原(辅)材料的选取等指标构成。

(1) 新用水量指标。即企业生产单位产品需要从各种水源取用的新用水量,不包括重复用水量。为较全面地反映用水情况,也可增加单位产品循环用水量、工业用水重复利用率、间接冷却水循环率、工艺水回用率、万元产值取水量等指标。

(2) 单位产品的能耗。即生产单位产品消耗的电、煤、石油、天然气和蒸汽等能源,通常用单位产品综合能耗指标反映。

(3) 单位产品的物耗。即生产单位产品消耗的主要原(辅)材料,也可用产品回收率、转化率等工艺指标反映。

(4) 原(辅)材料的选取(原材料指标)。它是资源能源消耗指标的重要内容之一,反映了在资源选取的过程中和构成其产品的材料报废后对环境和人类的影响,因而可从毒性、生态影响、可再生性、能源强度及可回收利用性等五个方面建立定性分析指标。

3) 产品特征指标

对产品的要求是清洁生产的一项重要内容,因为产品的质量、包装、销售、使用过程及报废后的处理处置均会对环境产生影响,有些影响是长期的,甚至是难以恢复的。首先,产品应是我国产业政策鼓励发展的产品;其次,从清洁生产要求的角度还要考虑产品的包装和使用,如避免过分包装,选择无害的包装材料,运输和销售过程不对环境产生影响;最后,还要考虑产品使用安全,报废后不对环境产生影响等。因此,对产品的寿命优化也应加以考虑,因为这也影响到产品的利用效率。

4) 污染物产生指标

除资源(消耗)指标外,另一类能反映生产过程状况的指标便是污染物产生指标。污染物产生指标较高,说明工艺相应地比较落后或管理水平较低。通常情况下,污染物产生指标分三类:废水产生指标、废气产生指标和固体废物产生指标。

(1) 废水产生指标:废水产生指标又可细分为两类,即单位产品废水产生量指标和单位产品主要水污染物产生量指标。此外,通常还要考虑污水的回用率。

(2) 废气产生指标:废气产生指标和废水产生指标类似,也可细分为单位产品废气产生量指标和单位产品主要大气污染物产生量指标。

(3) 固体废物产生指标:对于固体废物产生指标,情况则简单一些,因为目前国内还没有像废水、废气那样具体的排放标准,因而指标可简单地定为单位产品主要固体废物产生量和单位产品固体废物综合利用率。

5) 资源综合利用指标

资源综合利用是清洁生产的重要组成部分,在现阶段,生产过程不可能完全避免产生废水、废料、废渣、废气(废汽)、废热。这些“废物”只是相对的概念,在某一条件下是造成环境污染的废物,而在另一条件下就可能转化为宝贵的资源。生产企业应尽可能地回收和利用这些废物,先高等级的利用,再逐步降级使用,最后再考虑末端治理。资源综合利用主要指标可分为废物综合利用量和废物综合利用率。

6) 环境管理指标

环境管理指标从五个方面提出要求,即环境法律法规标准、环境审核、废物处理处置、生产过程环境管理和相关方环境管理。

(1) 环境法律法规标准:要求生产企业符合国家和地方有关环境法律和法规,污染物排放达到国家和地方排放标准、总量控制和排污许可证管理要求，这一要求与环境影响评价工作内容相一致。

（2）环境审核：按照行业清洁生产审核指南要求进行审核、按 ISO 14001 建立并运行环境管理体系，这一要求与环境影响评价工作内容相一致。

（3）废物处理处置：要求对建设项目的一般废物进行妥善处理处置，对危险废物进行无害化处理，这一要求与环境影响评价工作内容相一致。

（4）生产过程环境管理：对建设项目投产后可能在生产过程中产生废物的环节提出要求。例如，要求企业有原材料质检和消耗定额，对能耗、水耗、产品合格率进行考核等，各种人流、物流包括人的活动区域、物品堆存区域、危险品等有明显标志，对跑冒滴漏现象能够控制等。

（5）相关方环境管理：对原料、服务提供方等的行为提出环境要求。

3.3.5 清洁生产分析的方法和程序

1. 清洁生产分析的方法

（1）指标对比法：根据我国已颁布的清洁生产标准，或参照国内外同类装置的清洁生产指标，对比分析建设项目的清洁生产水平。

（2）分值评定法：将各项清洁生产指标逐项制定分值标准，再由专家按百分制打分，然后乘以各自权重值得总分，最后再按清洁生产等级分值对比分析项目清洁生产水平。

2. 清洁生产分析的程序

用指标对比法进行清洁生产分析的程序如下：

（1）收集相关行业清洁生产标准，如果没有标准，则可与国内外同类装置清洁生产指标做比较；

（2）预测环境影响评价项目的清洁生产指标值；

（3）将环境影响评价项目的预测值与清洁生产标准值对比；

（4）得出清洁生产评价结论；

（5）提出清洁生产改进方案和建议。

3.4 循环经济

3.4.1 循环经济的定义

循环经济是在生产、流通和消费等过程中进行的减量化、再利用、再循环活动的总称。

循环经济是一种以资源的高效利用和循环利用为核心，以“减量化、再利用、再循环”为原则，以低消耗、低排放、高效率以及物质闭路循环和能量梯次使用为特征，符合可持续发展理念的经济增长模式。循环经济本质上是一种生态经济，要求运用生态学规律来指导人类社会的经济活动，把清洁生产和废弃物的综合利用融为一体，对能源及其废弃物实行综合利用，把经济活动组成一个“资源—产品—再生资源”的反馈式流程，其目的是通过资源高效和循环利用，实现污染的低排放甚至零排放，保护环境，实现社会、经济与环境的可持续发展。

3.4.2　循环经济的基本特征

循环经济作为一种科学的发展观，一种全新的经济发展模式，其基本特征主要体现在以下几个方面。

(1) 新的系统观。循环是指在一定系统内的运动过程，循环经济的系统是由人、自然资源和科学技术等要素构成的大系统。循环经济观要求人在考虑生产和消费时不再置身于这一大系统之外，而是将自己作为这个大系统的一部分来研究符合客观规律的经济原则，将"退田还湖"、"退耕还林"、"退牧还草"等生态系统建设作为维持大系统可持续发展的基础性工作来抓。

(2) 新的经济观。在传统工业经济的各要素中，资本在循环，劳动力在循环，而唯独自然资源没有形成循环。循环经济观要求运用生态学规律，而不是仅仅沿用 19 世纪以来机械工程学的规律来指导经济活动。不仅要考虑工程承载能力，还要考虑生态承载能力。在生态系统中，经济活动超过资源承载能力的循环是恶性循环，会造成生态系统退化；只有在资源承载能力之内的良性循环，才能使生态系统平衡地发展。

(3) 新的价值观。循环经济观在考虑自然时，不再像传统工业经济那样将其作为"取料场"和"垃圾场"，也不仅仅视其为可利用的资源，而是将其作为人类赖以生存的基础，是需要维持良性循环的生态系统；在考虑科学技术时，不仅考虑其对自然的开发能力，而且要充分考虑到它对生态系统的修复能力，使之成为有益于环境的技术；在考虑人自身的发展时，不仅考虑人对自然的征服能力，而且更重视人与自然和谐相处的能力，促进人的全面发展。

(4) 新的生产观。传统工业经济的生产观念是最大限度地开发利用自然资源，最大限度地创造社会财富，最大限度地获取利润。而循环经济的生产观念是要充分考虑自然生态系统的承载能力，尽可能地节约自然资源，不断提高自然资源的利用效率，循环使用资源，创造良性的社会财富。在生产过程中，循环经济观要求遵循"3R"原则：资源利用的减量化(Reduce)原则，即在生产的投入端尽可能少地输入自然资源；产品的再利用(Reuse)原则，即尽可能延长产品的使用周期，并在多种场合使用；废弃物的再循环(Recycle)原则，即最大限度地减少废弃物排放，力争做到排放的无害化，实现资源再循环。同时，在生产中还要尽可能地利用可循环再生的资源替代不可再生资源，如利用太阳能、风能和农家肥等，使生产合理地依托在自然生态循环之上；尽可能地利用高科技，尽可能地以知识投入来替代物质投入，以达到经济、社会与生态的和谐统一，使人类在良好的环境中生产、生活，真正全面提高人民生活质量。

(5) 新的消费观。循环经济观要求走出传统工业经济"拼命生产、拼命消费"的误区，提倡物质的适度消费、层次消费，在消费的同时就考虑到废弃物的资源化，树立循环生产和消费的观念。同时，循环经济观要求通过税收和行政等手段，限制以不可再生资源为原料的一次性产品的生产与消费，如宾馆的一次性用品、餐馆的一次性餐具和豪华包装等。

3.4.3　发展循环经济的措施

循环经济的核心是资源的高效利用和循环利用，循环经济遵循的原则是"减量化、再利用、再循环"，因此，发展循环经济的措施包括以下几个方面。

(1) 在产品的绿色设计中贯彻"减量化、再利用、再循环"的理念。绿色设计具体包含了产品从创意，构思，原材料与工艺的无污染、无毒害选择，到制造、使用以及废弃后的回收处理、再生利用等各个环节的设计，也就是包括产品的整个生命周期的设计。要求设计师在考虑产品基本功能属性的同时，还要预先考虑如何防止产品及工艺对环境的负面影响。

(2) 在物质资源开发、利用的整个生命周期内贯穿“减量化、再利用、再循环”的理念。在资源开发阶段考虑合理开发和资源的多级重复利用;在产品和生产工艺设计阶段考虑面向产品的再利用和再循环的设计思想;在生产工艺体系设计中考虑资源的多级利用、生产工艺的集成化与标准化设计思想;生产过程、产品运输及销售阶段考虑过程集成化和废物的再利用;在流通和消费阶段考虑延长产品使用寿命和实现资源的多次利用;在生命周期最后阶段考虑资源的重复利用和废物的再回收、再循环。

(3) 实现生态环境资源的再开发利用和循环利用,即环境中可再生资源的再生产和再利用,空间、环境资源的再修复、再利用和循环利用。对于再利用和再循环之间的界限,要认识到废弃物的再利用具有以下局限性。其一是再利用本质上仍然是事后解决问题,而不是一种预防性的措施。废弃物再利用虽然可以减少废弃物最终的处理量,但不一定能够减小经济过程中的物质流动速度以及物质使用规模。其二是以目前方式进行的再利用本身还不能保证是一种环境友好的处理活动。因为运用再利用技术处理废弃物需要耗费矿物能源、水、电及其他许多物质,并将许多新的污染物排放到环境中,造成二次污染。其三是如果再利用资源的含量太低,收集的成本就会很高,再利用就没有经济价值。

综上所述,发展循环经济,可在以下各环节采取措施:

(1) 在资源开采环节,要大力提高资源综合开发率和回收利用率;

(2) 在资源消耗环节,要大力提高资源利用效率;

(3) 在废弃物产生环节,要大力开展资源综合利用;

(4) 在再生资源产生环节,要大力回收和循环利用各种废旧资源;

(5) 在社会消费环节,要大力提倡绿色消费。

3.4.4 循环经济实例分析

1. 天津北疆电厂循环经济模式简介

天津北疆电厂位于天津市汉沽区,它充分发挥当地资源条件,形成了“发电-海水淡化-浓海水制盐-盐化工-废物资源化再利用”的“五位一体”循环经济模式,很好地体现了循环经济发展理念,是我国沿海电厂发展循环经济的示范项目之一。项目主体由五个部分组成,分别为发电工程、海水淡化工程、浓海水制盐工程、盐化工及废弃物综合利用工程。

发电工程是整个循环经济项目的龙头,其输出电能应用于各子项目;海水淡化工程以原海水为原材料,利用发电余热和低品味抽汽进行海水淡化,产出淡水可供生产、生活使用;浓海水制盐工程将海水淡化后的浓缩海水引入汉沽盐场制盐;盐化工将制盐剩下的制盐母液引入盐化工生产工序,生产氯化钾、氯化镁、硫酸镁等化工产品;废弃物综合利用工程将发电工程所产生的灰、渣、脱硫石膏和石子煤等材料广泛应用于水泥制造、混凝土浇筑、建筑材料加工、建筑石膏制品等工业建筑领域。另外,通过对浓海水制盐而节省出的盐田用地进行平整和开发,还可形成大量的建设用地。

2. 北疆电厂循环经济模式的经济效益

1) 原材料的高效利用

(1) 煤炭发电:煤炭是火力发电最重要的原材料。北疆电厂发电工程子项目中,一期工程共安装两台 1 000 MW 超超临界、一次中间再热、抽凝式燃煤发电机组。该发电机组的供电煤耗为 287.6 g/(kW · h),远低于 2003 年度全国平均供电煤耗(381 g/(kW · h)),可以节约 24%的煤炭,单位煤炭使用量大幅降低,节约了大量成本。

(2) 水资源及热能利用:利用电力的不可贮存性及海水的可贮存性,用电高峰期发电、低谷期制水,将电厂发电后的余热用来进行海水淡化,可以将全厂热效率由45.16%提高到55.7%,在提高全厂热效率的同时,电厂低负荷运行期间的可靠性也得到提高;在用水上,一般利用淡水作为冷却水的火力发电厂的主要产品单位水耗为0.1 t/MW,而北疆电厂由于使用的是海水作为冷却水,同时使用淡化海水,因此其主要产品的单位水耗基本为零。

(3) 浓盐水利用:在海水淡化过程中排出的浓海水和发电厂排出的浓缩冷却海水全部引入汉沽盐场,生产原盐和精制盐剩下的制盐母液引入盐化工生产工序,生产氯化钾、氯化镁、硫酸镁等化工产品。由于海水淡化后排出的浓海水的含盐量比一般海水高出近一倍,大大提高了盐的产出效率,也降低了盐化工生产的原材料成本,同时可节约现有盐场用地22.5 km^2。

2) 项目有效带动周边地区经济发展

北疆电厂循环经济项目的建设对天津市汉沽区及滨海新区的经济发展产生了极大的辐射带动作用,汉沽规划利用本项目产生的电、水、盐、化、灰、渣、地等资源和能源建设相关配套产业及公用工程,延伸产业链,打造循环经济示范区,力争将其建设成为京津冀、环渤海地区的能源、资源供给基地、新材料生产基地,使其成为汉沽区经济社会发展的重要推动力、滨海新区宜居生态新城区建设的重要示范项目,最终在各企业、各产业及生态和社会间形成互利共存、和谐友好的共生关系。同时,项目建设与运营可带动辐射当地建材、盐化工、物流运输等有关产业的发展,提供大量就业机会,有效增加居民收入。

3. 北疆电厂循环经济模式的社会效益

1) 有效缓解缺水困扰

据《2010中国统计年鉴》,天津地区水资源总量为1.52×10^9 m^3,人均水资源量只有126.8 m^3。如果能够有效降低沿海地区生产用水量,那么对缓解该地区水资源紧缺的成效将是十分显著的。另据不完全统计,目前我国沿海地区共有66家火力发电厂,其中直接使用淡水作为冷却水的有16家,非利用海水的企业年发电消耗淡水量达1.36×10^8 t。而北疆电厂对淡水的消耗为零,如果将北疆电厂的生产模式推广至全国所有沿海火力发电厂,年节约淡水资源量将达到1.36×10^8 t。

2) 增加可利用土地资源

北疆电厂循环经济模式为天津滨海新区的经济社会发展提供重要的电力、淡水、盐化工产品,以及建材等资源能源支持,特别是本项目节省盐田用地22.5 km^2,为天津滨海新区的经济发展提供了宝贵的土地资源。据有关资料显示,2009年天津滨海新区成立,新区的陆域面积为2 270 km^2,有近海滩涂336 km^2,聚集了360多个投资5 000万元以上的重大工业、服务业、高新技术产业化项目,每平方千米土地产值达38.5亿元,足以体现滨海新区寸土寸金。

4. 北疆电厂循环经济模式的生态环境保护效益

北疆电厂循环经济模式在创造经济效益的同时,生态环境效益也很显著。

1) 浓海水零排放避免对渤海湾生态环境造成破坏

传统的海滨电厂取用海水作为循环冷却水,升温浓缩后的循环水通常排入大海。渤海湾的水体循环慢,交换能力弱,如果一座百万吨级的海水淡化厂的浓海水都排向水体,将使渤海湾的盐度每十年增加0.2%,带来严重的生态问题和环境问题。而北疆电厂循环经济项目中将冷却环节和海水淡化环节所产生的浓海水排向汉沽盐场制盐,无废液排海,避免了热污染和盐污染。

2）废水和固体废弃物“零排放”，废气减排

北疆电厂项目生产废水和生活污水经厂内集中处理后回用，粉煤渣等固体废弃物则全部用于生产建筑用材料，实现了完全的回收利用。由于一期 2×1 000 MW 发电工程采用节能高效的超超临界发电技术，额定纯凝工况发电标准煤耗比 2008 年全国平均水平低 35 g/(kW·h)，可节约标煤 5.83×10^5 t/a，相当于减少二氧化硫排放 1.35×10^4 t/a，减少二氧化碳排放 1.63×10^6 t/a，减少氮氧化物排放 2.45×10^4 t/a。同时，发电环节采用先进适用技术进行烟气除尘、脱硫，并预留脱氮空间，废气实现达标排放。

3）避免使用地下水造成地面沉降

有关资料显示，出现地面沉降的城市目前已达 50 余座，沿海地区地面沉降程度最为严重，而造成地面沉降的原因之一就是大量地抽取地下水。沿海城市中天津、上海、湛江因抽取地下水引发地面沉降最为严重，其中天津最大沉降率为 262 mm/a，最大沉降量为 2.16 m。同时沿海地区还面临着海平面上升，海水入侵的威胁。北疆电厂则完全避免了使用地下水以及其他形式的淡水资源，不仅为原本就水资源匮乏的天津市节约了大量的淡水资源，同时也在一定程度上减轻了地面沉降的影响。

习 题

1. 污染物排放量的计算方法有哪些？
2. 工程分析有什么作用？
3. 工程分析应遵循的技术原则有哪些？
4. 工程分析的方法有哪些？
5. 工程分析包括哪些主要内容？
6. 阐述清洁生产的基本概念。
7. 清洁生产的主要内容和主要目标是什么？
8. 简述清洁生产的水平等级、清洁生产的指标、清洁生产的方法和程序。
9. 某工厂年排废水 2.0×10^6 t，废水中 COD 为 220 mg/L，排入三类水域，采用的废水处理方法 COD 去除率为 50%，三类水体标准为 100 mg/L。请提出该厂 COD 排放总量控制建议指标，并说明理由。
10. 某工厂建一台 10 t/h 蒸发量的燃煤蒸汽锅炉，最大耗煤量为 1 600 kg/h，引风机风量为 15 000 m^3/h，全年用煤量为 4 000 t，煤的含硫量为 1.2%，排入气相 80%，SO_2 的排放标准为 1 200 mg/m^3。请计算达标排放的脱硫效率，并提出 SO_2 排放总量控制指标。
11. 某建设项目水平衡图如图 3-4（单位为 m^3/d）所示，则项目的工艺水回用率、工业用水重复利用率、间接冷却水循环率、污水回用率分别为多少？

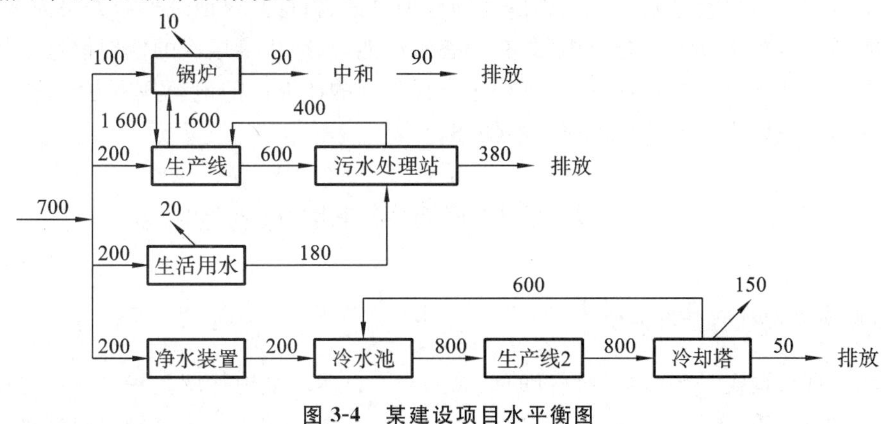

图 3-4 某建设项目水平衡图

第4章　环境现状调查与评价

环境现状调查与评价是根据当前环境状况或近三年的环境监测资料对一个地区的环境质量进行分析评价。通过现状调查与评价，可以阐明当前环境污染的现状，为进行区域环境污染综合防治、环境规划及对区域环境污染进行总量控制提供科学依据。

4.1　环境现状调查的基本要求与方法

环境现状调查中，对与建设项目有密切关系的环境要素应全面、详细调查，给出定量的数据并作出分析或评价。对于自然环境的现状调查，可根据建设项目情况进行必要说明。

环境现状调查过程中，应充分收集和利用评价范围内各例行监测点、断面或站位的近三年环境监测资料或背景值调查资料。当现有资料不能满足要求时，应进行现场调查和测试，现状监测和观测网点应根据各环境要素影响评价技术导则要求布设，兼顾均布性和代表性原则。符合相关规划环境影响评价结论及审查意见的建设项目，可直接引用符合时效的有关规划环境影响评价的环境调查资料及有关结论。

环境现状调查的方法主要有收集资料法、现场调查法、实测法、遥感法和地理信息系统分析法等。

(1) 收集资料法应用范围广、收效大，比较节省人力、物力和时间。但该方法只能获得第二手资料，不全面，不能完全符合要求，需要其他方法作为补充。

(2) 现场调查法与实测法可以针对使用者的需要，直接获得第一手的数据和资料，以弥补收集资料法的不足。但这两种方法工作量大，需占用较多的人力、物力和时间，有时候还可能受季节、仪器设备条件的限制。

(3) 遥感法可以从整体上了解一个区域的环境特点，可以弄清楚人类无法到达地区的地表环境情况。在环境现状调查中，使用此方法时，绝大多数情况不使用直接飞行拍摄的办法，只分析已有的航空或卫星相片。

(4) 地理信息系统分析法具有采集、管理、分析和输出多种地理空间信息的能力，并具有空间性和动态性。地理信息系统以地理研究和地理决策为目的，以地理模型方法为手段，可以进行区域空间分析和多要素综合分析，具有动态预测能力，产生高层次的地理信息。其计算机系统支持进行空间地理数据管理，计算机程序模拟常规的或专门的地理分析方法，作用于空间数据，产生有用信息，完成人类难以完成的任务。

4.2　环境现状调查与评价的内容

4.2.1　自然环境现状调查与评价

自然环境现状调查是环境影响评价的组成部分。自然环境现状调查基本内容包括地形地貌、气候与气象、地质、水文、大气、地表水、地下水、声、生态、土壤、海洋、辐射(如必要)等。

1. 地理位置

建设项目所在地的经、纬度，行政区位置和交通位置，项目所在地与周边主要城市、车站、码头、机场、港口等的距离和交通条件，并附地理位置图。

2. 地质环境

一般情况，只需根据现有资料，概要说明当地的地质状况，如当地地层概况、地壳构造的基本形式（岩层、断层及断裂等）及与其相应的地貌表现、物理与化学风化情况，当地已探明或已开采的矿产资源情况。若建设项目规模较小且与地质条件无关，则可不叙述地质环境现状。

评价生态影响类建设项目，如评价矿山及其他与地质条件密切相关的建设项目的环境影响时，对与建设项目有直接关系的地质构造，如断层、断裂、坍塌、地面沉陷等不良地质构造，要进行较为详细的叙述。一些特别有危害的地质现象（如地震），也须加以说明，必要时，应附图辅助说明。若没有现成的地质资料，应根据评价要求做一定的现场调查。

3. 地形地貌

在一般情况下，只需根据现有资料，简要说明建设项目所在地区海拔、地形特征、相对高差的起伏状况，周围的地貌类型，如山地、平原、沟谷、丘陵、海岸等，以及岩溶地貌、冰川地貌、风成地貌等。崩塌、滑坡、泥石流、冻土等有危害的地貌现象及分布情况，若不直接或间接威胁到建设项目时，可概要说明其发展情况。若无可查资料，需要做一些简单的现场调查。

当地形地貌与建设项目密切相关时，除应比较详细地叙述上述全部或部分内容外，还应附建设项目周围地区的地形图，特别应详细说明可能直接对建设项目有危害或将被项目建设所诱发的地貌现象的现状及发展趋势，必要时还应进行一定的现场调查。

4. 气候与气象

一般情况下，应根据现有资料概要说明大气环境状况，如建设项目所在地区的主要气候特征、年平均风速、主导风向、风玫瑰图、年平均气温、极端气温与最冷月和最热月的月平均气温、年平均相对湿度、平均降水量、降水天数、降水量极值、日照、主要的灾害性天气特征（如梅雨、寒潮、雹和台风、飓风）等。如果需要进行建设项目的大气环境影响评价，则除应详细叙述上面全部或部分内容外，还应根据评价需要，对大气环境影响评价区的大气边界层和大气湍流等污染气象特征进行调查与必要的实际观测。

5. 地表水环境

当不进行地表水环境的单项影响评价时，应根据现有资料，概要说明地表水状况，如地表水资源的分布及利用情况，主要取水口分布，地表水各部分（如河、湖、库）之间及其与河口、海湾、地下水的联系，地表水的水文特征及水质现状，以及地表水的污染来源等。如果建设项目建在海边，则应根据现有资料概要说明海湾环境状况，如海洋资源及利用情况、海湾的地理概况、海湾与当地地表水及地下水之间的联系、海湾的水文特征及水质现状、污染来源等。

如果需进行建设项目的地表水或海湾环境影响评价，则除应详细叙述上面的全部或部分内容外，还应增加水文、水质调查、水文测量及水利用状况调查等有关内容。

6. 地下水环境

当不进行地下水环境影响评价时，根据现有资料简述地下水资源的蕴藏与开采利用情况，地下潜水埋深或地下水水位，地下水与地表水的联系及地下水水质状况与污染来源。

若需要进行地下水环境影响评价，除要比较详细地叙述上述内容外，还应根据需要，对水质的物理、化学特性，污染源情况，水的储量与运动状态，水质的演变趋势，水文地质方面的蓄水层特性,承压水状况,地下水开发利用现状与采补平衡分析,水源地及其保护区的划分,地下水开发利用规划等做进一步调查。若资料不足时应进行现场监测和采样分析,以确定的地下水质量标准限值为基准,采用单因子指数法对选定的评价因子分别进行评价。

7. 大气环境

应根据现有资料,简单说明建设项目周围地区大气环境中主要的污染物、污染源及其污染物质、大气环境质量现状等。如果需要进行建设项目的大气环境影响评价,则应对上述全部或部分内容进行详细调查。

对于大气环境质量现状调查,应收集评价区内及其界外区各例行大气环境监测点的近三年监测资料,统计分析各点主要污染物的浓度值、超标量、变化趋势等。同时根据建设项目特点、大气环境特征、大气功能区类别及评价等级,在评价区内按以环境功能区为主、兼顾均布性的原则布点,开展现场监测工作。若是三级评价,可只利用评价区内已有的例行监测资料,无资料利用或是一、二级评价,应适当布点进行监测。监测应与气象观测同步进行,对于不需要气象观测的三级评价项目应收集其附近有代表性的气象台站各监测时间的地面风向、风速资料。

8. 土壤与水土流失

当不需要进行土壤环境影响评价时,可根据现有资料简述建设项目周围地区的主要土壤类型及其分布,成土母质,土壤层厚度、肥力与使用情况,土壤污染的主要来源及土壤质量现状,建设项目周围地区的水土流失现状及原因等。当需要进行土壤环境影响评价时,除应详细叙述上面的全部或部分内容外,还应根据需要选择以下内容做进一步调查:土壤的物理、化学性质,土壤成分与结构,颗粒度,土壤容重,土壤含水率与持水能力,土壤一次、二次污染状况,水土流失的原因、特点、面积、元素及流失量等,同时要附水土流失现状图。

9. 生态调查

应根据现有资料简述建设项目周围地区的植被情况(如类型、主要组成、覆盖度、生长情况,有无国家重点保护的或稀有的、特有的、受威胁危害的或作为资源的野生动植物等)和当地的主要生态系统类型(如森林、草原、沼泽、荒漠、湿地、水域、海洋、农业、城市生态等)。若建设项目规模较小,又不进行生态影响评价时,这一部分可不叙述。若建设项目规模较大,当需要进行生态影响评价时,除应详细叙述上面的全部或部分内容外,还应根据需要选择以下内容做进一步调查:生态系统的生产力、物质循环状况、生态系统与周围环境的关系,以及影响生态系统的主要因素、重要生态环境情况、主要动植物分布、重要生境、生态功能区及其他生态环境敏感目标等。

10. 声环境

根据评价级别、敏感目标分布情况及环境影响预测评价需要等因素,确定声环境现状调查的范围、监测布点与污染源调查工作,如现有噪声源种类、数量及相应的噪声级,现有噪声敏感目标、噪声功能区划分情况,各声环境功能区的环境噪声现状、超标情况,边界噪声超标情况及受噪声影响的人口分布。环境噪声现状调查的基本方法是收集资料法、现场调查法和测量法。应根据噪声评价工作等级相应的要求确定是采用收集资料法或现场调查法还是测量法,或是三种方法相结合。如果需要,应选择有代表性的点位进行现场监测。

11. 其他

如根据当地环境情况及建设项目特点,决定是否进行放射性、光与电磁、振动、地面下沉等环境状况的调查。

4.2.2　环境保护目标调查

调查评价范围内的环境功能区划和主要的环境敏感区，详细了解环境保护目标的地理位置、服务功能、四至范围、保护对象和保护要求等。

4.2.3　环境质量现状调查与评价

(1) 根据建设项目特点、可能产生的环境影响和当地环境特征选择环境要素进行调查与评价。

(2) 评价区域环境质量现状。说明环境质量的变化趋势，分析区域存在的环境问题及产生的原因。

4.2.4　区域污染源调查

选择建设项目常规污染因子和特征污染因子、影响评价区环境质量的主要污染因子和特殊污染因子作为主要调查对象，注意不同污染源的分类调查。

4.3　污染源调查与评价

4.3.1　污染源调查

污染源是造成环境污染的污染物发生源，通常指向环境排放有害物质或对环境产生有害影响的场所、设备和装置等。

1. 污染源调查的目的

污染源调查的目的是弄清污染物的种类、数量，污染的排放方式和途径，以及污染源的类型和位置，在此基础上可判断出主要的污染物和主要的污染源，为环境影响评价与环境治理提供依据。

2. 污染源调查的原则

(1) 根据建设项目的特点和当地环境状况，确定污染源调查的主要对象，如大气污染源、水污染源或固体污染源。

(2) 根据各专项环境影响评价技术导则确定的环境影响评价工作等级，确定污染源的范围，如大气环境影响一级评价除要求调查评价区内所有的污染源外，还应调查评价区之外的有关污染源，二级和三级评价须调查评价区内与拟建项目相关的污染源。

(3) 选择建设项目等标排放量较大的污染因子、评价区已造成严重污染的污染因子及拟建项目的特殊污染因子作为主要污染因子，并注意点源与非点源的分类调查。

3. 污染源调查内容

污染源调查包括工业污染源调查、生活污染源调查和农业污染源调查。应确定污染源调查的主要对象，选择建设项目等排放量较大的污染因子、影响评价区环境质量的主要污染因子和特殊因子以及建设项目的特殊污染因子作为主要污染因子，并注意点源与非点源的分类调查。

1) 工业污染源

(1) 企业概况：企业名称、位置、规模、所有制性质、占地面积、职工总数及构成、投产时间、产品种类、产量、产值、生产水平、环境保护机构等。

(2) 生产工艺:工艺原则、工艺流程、工艺水平和设备水平,生产中的污染产生环节。

(3) 原材料和能源消耗:原材料和能源的种类、产地、成分、消耗量、单耗、资源利用率、电耗、供水量、供水类型、水的循环和重复利用率等。

(4) 生产布局:原料和燃料的堆放场、车间、办公室、厂区、居住区、堆渣区、排污口、绿化带等的位置,并绘制布局图。

(5) 管理状况:管理体制、编制、管理制度、管理水平。

(6) 污染物排放情况:排放污染物的种类、数量、浓度、性质,排放方式,控制方法,事故排放情况。

(7) 污染防治调查:废水、废气和固体废物的来源及处理、处置方法,投资、运行费用及效果。

(8) 污染危害调查:污染对人体、生物和生态系统的工程影响。

2) 生活污染源

(1) 城市居民人口调查:总人口、总户数、流动人口、年龄结构、人口密度。

(2) 居民用水排水状况:居民用水类型(集中供水或分散自备水源),居民生活人均用水量,办公、餐饮、医院、学校等的用水量,排水量,排水方式及污水出路。

(3) 生活垃圾:数量、种类、收集和清运方式。

(4) 民用燃料:燃料构成(煤、煤气、液化气等)、消耗量、使用方式、分布情况。

(5) 城市污水和垃圾的处理和处置:城市污水总量,污水处理率,污水处理厂的个数、分布、处理方法、投资、运行和维护费,处理后的水质;城市垃圾总量、处置方式、处置点分布、处置场位置、采用的技术、投资和运行费。

3) 农业污染源

(1) 农药使用:施用的农药品种、数量,农药的使用方法、有效成分含量,施用时间,农作物品种,使用农药的年限。

(2) 化肥施用:施用化肥的品种、数量、方式、时间。

(3) 农业废弃物:作物茎、秆,牲畜粪便的产量及其处理和处置方式及综合利用情况。

(4) 水土流失情况。

4. 污染源调查方法

污染源调查采用普查与详查相结合的方法。对于排放量大、影响范围广、危害严重的重点污染源,应进行详查。详查时污染源调查人员要深入现场,核实被调查对象填报的数据是否准确,同时进行必要的监测。

非重点污染源调查一般采用普查的方法。进行污染源普查时,对调查时间、项目、方法、标准都要做出设计规定并采取统一表格,表格一般由被调查对象填写。

4.3.2 污染源评价

污染源评价的目的是要把标准各异、量纲不同的污染源和污染物的排放量,通过一定的数学方法变成一个统一的可比较值,从而确定出主要的污染物和污染源。

污染源评价的方法很多,目前多采用等标污染负荷法,分别对水、气污染物进行评价。

1. 等标污染负荷与等标污染负荷比

(1) 污染物的等标污染负荷定义为

$$P_{ij} = \frac{G_{ij}}{S_{ij}} \tag{4-1}$$

式中　G_{ij}——某污染源(j)中某种污染物的年排放量,t/a;

S_{ij}——某污染物(i)的评价标准(对水为 mg/L,对气为 mg/m^3),一般取排放标准。

(2) 区域内某污染源(工厂)的等标污染负荷 P_n,为该污染源内污染物的等标污染负荷之和,即

$$P_n = \sum_{i=1}^{n} P_{ij} \tag{4-2}$$

(3) 区域内某污染物的等标污染负荷 P_m,为各污染源内该污染物的等标污染负荷之和,即

$$P_m = \sum_{j=1}^{m} P_{ij} \tag{4-3}$$

(4) 区域的等标污染负荷 P,为该评价区内所有污染源的等标污染负荷之和,即

$$P = \sum_{j=1}^{m}\sum_{i=1}^{n} P_{ij} = \sum_{i=1}^{n}\sum_{j=1}^{m} P_{ij} \tag{4-4}$$

(5) 污染物占评价区的等标污染负荷比,即

$$K_i = \frac{P_m}{P} \tag{4-5}$$

(6) 污染源占评价区的等标污染负荷比,即

$$K_j = \frac{P_n}{P} \tag{4-6}$$

2. 主要污染物的确定

将污染物等标污染负荷比按大小排列,从大到小计算累计百分比,将累计百分比大于80%的污染物列为主要污染物。

3. 主要污染源的确定

将污染源等标污染负荷比按大小排列,从大到小计算累计百分比,将累计百分比大于80%的污染源列为主要污染源。

4.4 大气环境现状调查与评价

4.4.1 大气环境现状调查

1. 调查内容与目的

1) 一级评价项目

调查项目所在区域环境质量达标情况,作为项目所在区域是否为达标区的判断依据。

调查评价范围内有环境质量标准的评价因子的环境质量监测数据或进行补充监测,用于评价项目所在区域污染物环境质量现状,以及计算环境空气保护目标和网格点的环境质量现状浓度。

2）二级评价项目

调查项目所在区域环境质量达标情况。

调查评价范围内有环境质量标准的评价因子的环境质量监测数据或进行补充监测，用于评价项目所在区域污染物环境质量现状。

3）三级评价项目

只调查项目所在区域环境质量达标情况。

2. 环境空气现状调查资料来源

1）基本污染物环境质量现状数据

(1) 项目所在区域达标判定，优先采用国家或地方生态环境主管部门公开发布的评价基准年环境质量公告或环境质量报告中的数据或结论。

(2) 采用评价范围内国家或地方环境空气质量监测网中评价基准年连续 1 年的监测数据，或采用生态环境主管部门公开发布的环境空气质量现状数据。

(3) 评价范围内没有环境空气质量监测网数据或公开发布的环境空气质量现状数据的，可选择符合《环境空气质量监测点位布设技术规范》(HJ 664)规定，并且与评价范围地理位置邻近，地形、气候条件相近的环境空气质量城市点或区域点监测数据。

(4) 对于位于环境空气质量一类区的环境空气保护目标或网格点，各污染物环境质量现状浓度可取符合 HJ 664 规定，并且与评价范围地理位置邻近，地形、气候条件相近的环境空气质量区域点或背景点监测数据。

2）其他污染物环境质量现状数据

(1) 优先采用评价范围内国家或地方环境空气质量监测网中评价基准年连续 1 年的监测数据。

(2) 评价范围内没有环境空气质量监测网数据或公开发布的环境空气质量现状数据的，可收集评价范围内近 3 年与项目排放的其他污染物有关的历史监测资料。

(3) 在没有以上相关监测数据或监测数据不能满足评价要求时，应按相关要求进行补充监测。

3. 补充监测

1）监测时段

(1) 根据监测因子的污染特征，选择污染较重的季节进行现状监测。补充监测应至少取得 7 d 有效数据。

(2) 对于部分无法连续监测的其他污染物，可监测其一次空气质量浓度，监测时次应满足所用评价标准的取值时间要求。

2）监测布点

以近 20 年统计的当地主导风向为轴向，在厂址及主导风向下风向 5 km 范围内设置 1～2 个监测点。如需在一类区进行补充监测，监测点应设置在不受人为活动影响的区域。

3）监测方法

应选择符合监测因子对应环境质量标准或参考标准所推荐的监测方法，并在评价报告中注明。

4）监测采样

环境空气监测中的采样点、采样环境、采样高度及采样频率，按 HJ 664 及相关评价标准规定的环境监测技术规范执行。

4. 大气污染源调查

1）调查数据来源与要求

（1）新建项目的污染源调查，依据《建设项目环境影响评价技术导则　总纲》（HJ 2.1）、《规划环境影响评价技术导则 总纲》（HJ 130）、《排污许可证申请与核发技术规范 总则》（HJ 942）、行业排污许可证申请与核发技术规范及各污染源源强核算技术指南，并结合工程分析从严确定污染物排放量。

（2）评价范围内在建和拟建项目的污染源调查，可使用已批准的环境影响评价文件中的资料；改建、扩建项目现状工程的污染源和评价范围内拟被代替的污染源调查，可根据数据的可获得性，依次优先使用项目监督性监测数据、在线监测数据、年度排污许可执行报告、自主验收报告、排污许可证数据、环境影响评价数据或补充污染源监测数据等。污染源监测数据应采用满负荷工况下的监测数据或者换算为满负荷工况下的排放数据。

（3）网格模型模拟所需的区域现状污染源排放清单调查按国家发布的清单编制相关技术规范执行。污染源排放清单数据应采用近3年内国家或地方生态环境主管部门发布的包含人为源和天然源在内的所有区域污染源清单数据。在国家或地方生态环境主管部门未发布污染源清单时，可参照污染源清单编制指南自行建立区域污染源清单，并对污染源清单准确性进行验证分析。

2）大气污染源调查分析对象

（1）一级评价项目。

①调查本项目不同排放方案有组织及无组织排放源，对于改建、扩建项目还应调查本项目现有污染源。本项目污染源调查包括正常排放和非正常排放，其中非正常排放调查内容包括非正常工况、频次、持续时间和排放量。

②调查本项目所有拟被代替的污染源（如有），包括被替代污染源名称、位置、排放污染物及排放量、拟被替代时间等。

③调查评价范围内与评价项目排放污染物有关的其他在建项目、已批复环境影响评价文件的拟建项目等污染源。

④对于编制报告书的工业项目，分析调查受本项目物料及产品运输影响新增的交通运输移动源，包括运输方式、新增交通流量、排放污染物及排放量。

（2）二级评价项目。

参照一级评价项目中的①和②调查本项目现有及新增污染源和拟被替代的污染源。

（3）三级评价项目。

只调查本项目新增污染源和拟被替代的污染源。

（4）对于城市快速路、主干路等城市道路的新建项目，需调查道路交通流量及污染物排放量。

（5）对于采用网格模型预测二次污染物的，需结合空气质量模型及评价要求，开展区域现状污染源排放清单调查。

3）污染源调查内容与格式要求

按点源、线源、面源、体源、火炬源、烟塔合一排放源、机场源等不同污染源排放形式，分别给出污染源参数。

（1）点源调查内容。

① 排气筒底部中心坐标（坐标可采用UTM坐标或经纬度，下同），以及排气筒底部的海

拔(m);

② 排气筒几何高度(m)及排气筒出口内径(m);

③ 烟气出口速度(m/s);

④ 排气筒出口处烟气温度(℃);

⑤ 各主要污染物排放速率(kg/h)、排放工况(正常排放和非正常排放,下同)、年排放时间(h)。

点源(包括正常排放和非正常排放)参数调查清单参见表 4-1。

表 4-1　点源参数调查清单

编号	名称	排气筒底部中心坐标/m		排气筒底部海拔/m	排气筒高度/m	排气筒出口内径/m	烟气流速/(m/s)	烟气温度/℃	年排放时间/h	排放工况	污染物排放速率/(kg/h)		
		X	Y								污染物 1	污染物 2	…

(2) 线源调查内容。

① 线源几何尺寸(分段坐标)、线源宽度(m)、距地面高度(m)、有效排放高度(m)、街道街谷高度(可选)(m)。

② 各种车型的污染物排放速率(kg/(km・h));

③ 平均车速(km/h),各时段车流量(辆/h)、车型比例。

线源参数调查清单参见表 4-2。

表 4-2　线源参数调查清单

编号	名称	各段顶点坐标/m		线源宽度/m	线源海拔/m	有效排放高度/m	街道街谷高度/m	污染物排放速率/[kg/(km・h)]		
		X	Y					污染物 1	污染物 2	…

(3) 面源调查内容。

①面源坐标。

a. 矩形面源:初始点坐标、面源的长度(m)、面源的宽度(m)、与正北方向逆时针的夹角,见图 4-1。

b. 多边形面源:多边形面源的顶点数或边数(3～20)以及各顶点坐标,见图 4-2。

c. 近圆形面源:中心点坐标、近圆形半径(m)、近圆形顶点数或边数,见图 4-3。

②面源的海拔和有效排放高度(m)。

③各主要污染物排放速率(kg/h)、排放工况、年排放时间(h)。

各类面源参数调查清单参见表 4-3 至表 4-5。

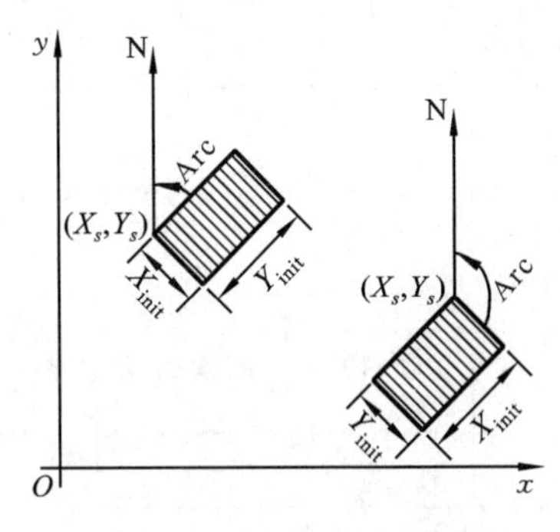

图 4-1　矩形面源示意图

注　(X_s,Y_s)为面源的起始点坐标、Arc 为面源 y 方向的边长与正北方向的夹角(逆时针方向)、X_{init}为面源 x 方向的边长、Y_{init}为面源 y 方向的边长

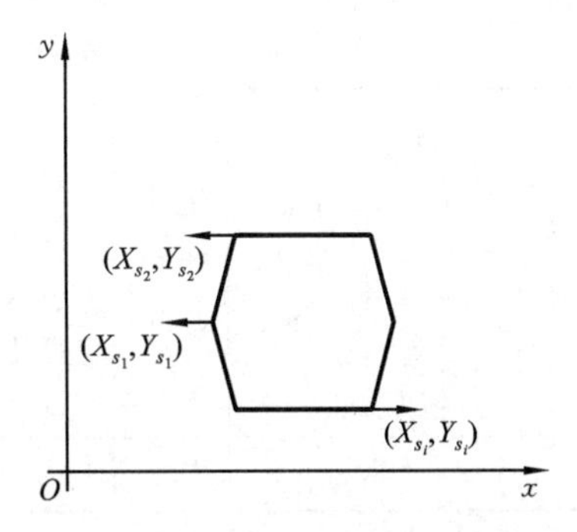

图 4-2　多边形面源示意图

注　(X_{s_1},Y_{s_1})、(X_{s_2},Y_{s_2})、(X_{s_i},Y_{s_i})为多边形面源顶点坐标

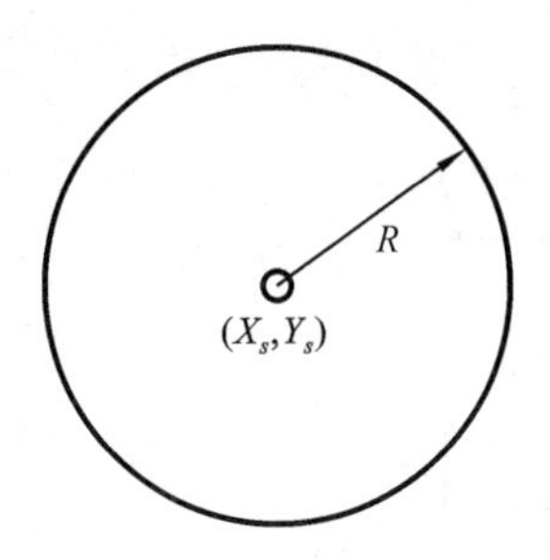

图 4-3　近圆形面源示意图

注　(X_s,Y_s)为圆弧弧心坐标、R 为圆弧半径

表 4-3　矩形面源参数调查清单

编号	名称	面源起点坐标/m		面源海拔/m	面源长度/m	面源宽度/m	与正北向夹角/(°)	面源有效排放高度/m	年排放时间/h	排放工况	污染物排放速率/(kg/h)		
		X	Y								污染物 1	污染物 2	…

表 4-4　多边形面源参数调查清单

编号	名称	面源各顶点坐标/m		面源海拔/m	面源有效排放高度/m	年排放时间/h	排放工况	污染物排放速率/(kg/h)		
		X	Y					污染物 1	污染物 2	…

表 4-5　近圆形面源参数调查清单

编号	名称	面源中心点坐标/m		面源海拔/m	面源半径/m	顶点数或边数(可选)	面源有效排放高度/m	年排放时间/h	排放工况	污染物排放速率/(kg/h)		
		X	Y							污染物 1	污染物 2	…

(4) 体源调查内容。

① 体源中心点坐标,以及体源所在位置的海拔(m);

② 体源有效高度(m);

③ 体源排放速率(kg/h)、排放工况、年排放时间(h);

④ 体源的边长(m)(把体源划分为多个正方形的边长,见图 4-4、图 4-5 中的 W)。

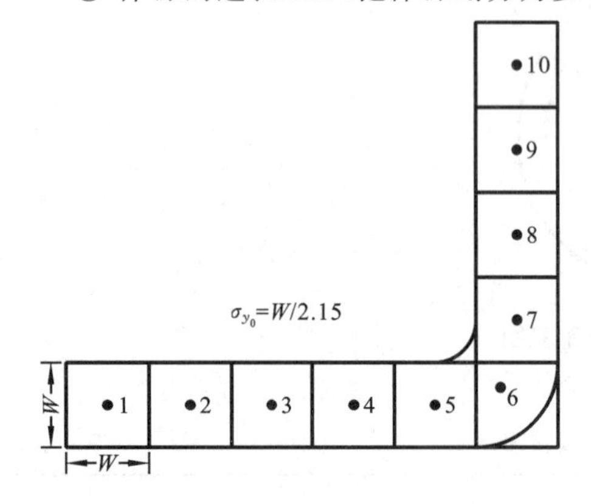

图 4-4　连续划分的体源

注　W 为单个体源的边长

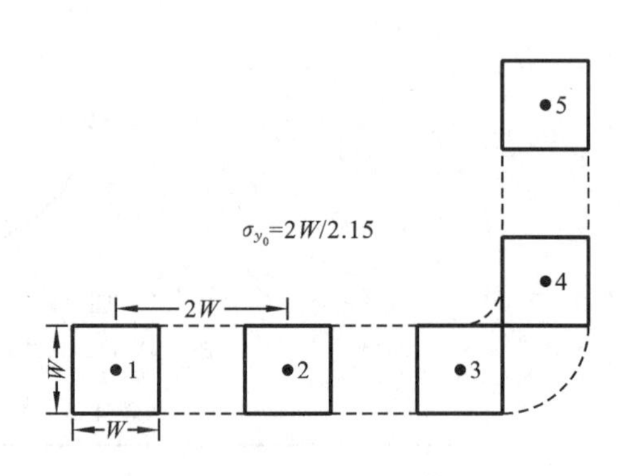

图 4-5　间隔划分的体源

注　W 为单个体源的边长

⑤体源初始横向扩散参数(m)、体源初始垂直扩散参数(m)及其估算见表 4-6 和表 4-7。体源参数调查清单参见表 4-8。

表 4-6　体源初始横向扩散参数的估算

源　类　型	初始横向扩散参数
单个源	σ_{y_0} =边长/4.3
连续划分的体源(见图 4-4)	σ_{y_0} =边长/2.15
间隔划分的体源(见图 4-5)	σ_{y_0} =两个相邻间隔中心点的距离/2.15

表 4-7　体源初始垂直向扩散参数的估算

源　位　置		初始垂直向扩散参数
源基底处地形高度 $H_0 \approx 0$		σ_{z_0} =源的高度/2.15
源基底处地形高度 $H_0 > 0$	在建筑物上,或邻近建筑物	σ_{z_0} =建筑物高度/2.15
	不在建筑物上,或不邻近建筑物	σ_{z_0} =源的高度/4.3

表4-8　体源参数调查清单

编号	名称	体源中心点坐标/m		体源海拔/m	体源边长/m	体源有效高度/m	年排放时间/h	排放工况	初始扩散参数/m		污染物排放速率/(kg/h)		
		X	Y						横向	垂直	污染物1	污染物2	…

(5) 火炬源调查内容。

①火炬底部中心坐标,以及火炬底部的海拔(m)。

②火炬等效内径 D(m)。

$$D=9.88\times10^{-4}\times\sqrt{\mathrm{HR}\times(1-\mathrm{HL})} \tag{4-7}$$

式中　HR——总热释放速率,cal/s;

HL——辐射热损失比例,一般取0.55。

③火炬的等效高度 h_{eff}(m):

$$h_{\mathrm{eff}}=H_{\mathrm{S}}+4.56\times10^{-3}\times\mathrm{HR}^{0.478} \tag{4-8}$$

式中　H_{S}——火炬高度(m)。

④火炬等效烟气排放速度(m/s),默认设置为20 m/s。

⑤排气筒出口处的烟气温度(℃),默认设置为1 000℃。

⑥火炬源排放速率(kg/h)、排放工况、年排放时间(h)。

火炬源参数调查清单参见表4-9。

表4-9　火炬源参数表

编号	名称	坐标/m		底部海拔/m	火炬等效高度/m	等效出口内径/m	烟气温度/℃	等效烟气流速/(m/s)	年排放时间/h	排放工况	燃烧物质及热释放速率			污染物排放速率/(kg/h)		
		X	Y								燃烧物质	燃烧速率/(kg/h)	总热释放速率/(cal/s)	污染物1	污染物2	…

(6) 烟塔合一排放源调查内容。

①冷却塔底部中心坐标,以及排气筒底部的海拔(m)。

②冷却塔高度(m)及冷却塔出口内径(m)。

③冷却塔出口烟气流速(m/s)。

④冷却塔出口烟气温度(℃)。

⑤烟气中液态水含量(kg/kg)。

⑥烟气相对湿度(%)。

⑦各主要污染物排放速率(kg/h)、排放工况、年排放时间(h)。

冷却塔排放源参数调查清单参见表 4-10。

表 4-10 烟塔合一排放源参数表

编号	名称	坐标/m		底部海拔/m	冷却塔高度/m	冷却塔出口内径/m	烟气流速/(m/s)	烟气温度/℃	烟气液态含水量/(kg/kg)	烟气相对湿度/(%)	年排放时间/h	排放工况	污染物排放速率/(kg/h)		
		X	Y										污染物 1	污染物 2	…

(7) 城市道路源调查内容。

调查内容包括不同路段交通流量及污染物排放量,见表 4-11。

表 4-11 城市道路交通流量及污染物排放量

路段名称	典型时段	平均车流量/(辆/h)			污染物排放速率/[kg/(km·h)]			
		大型车	中型车	小型车	NO_x	CO	THC	其他污染物
	近期							
	中期							
	远期							

(8) 机场源调查内容。

不同飞行阶段的跑道面源排放参数,包括飞行阶段、面源起点坐标、有效排放高度(m)、面源宽度(m)、面源长度(m)、与正北向夹角(°)、污染物排放速率(kg/(m² · h))。调查清单见表 4-12。

表 4-12 机场跑道排放源参数表

不同飞行阶段	跑道面源起点坐标/m		有效排放高度/m	面源宽度/m	面源长度/m	与正北向夹角/(°)	污染物排放速率/[kg/(m² · h)]		
	X	Y					污染物 1	污染物 2	…

对于网格污染源,按照源清单要求给出污染源参数,并说明数据来源。当污染源排放为周期性变化时,还需给出周期性变化排放系数。常见污染源周期性排放系数见表 4-13。

表 4-13 污染源周期性排放系数

季节	春	夏	秋	冬								
排放系数												
月份	1	2	3	4	5	6	7	8	9	10	11	12
排放系数												
星期	日	一	二	三	四	五	六					
排放系数												
小时	1	2	3	4	5	6	7	8	9	10	11	12
排放系数												

续表

小时	13	14	15	16	17	18	19	20	21	22	23	24
排放系数												

4.4.2 大气环境质量评价标准

1. 评价标准

《环境空气质量标准》最初是 1982 年制定的，经 2012 年第三次修订后，形成了二氧化硫(SO_2)、二氧化氮(NO_2)、一氧化碳(CO)、臭氧(O_3)、颗粒物(粒径小于或等于 10 μm)、颗粒物(粒径小于或等于 2.5 μm)、总悬浮颗粒物(TSP)、氮氧化物(NO_x)、铅(Pb)、苯并[a]芘(BaP)等 10 项污染物的空气质量标准。

在《环境空气质量标准》(GB 3095—2012)中，环境空气功能区分为两类：

一类区为自然保护区、风景名胜区和其他需要特殊保护的区域；

二类区为居住区、商业交通居民混合区、文化区、工业区和农村地区。

标准分级是对应于不同环境空气质量功能区，为保护不同对象而建立的评价和管理环境空气质量的定量目标。环境空气质量标准共分为二级，一类区执行一级标准，二类区执行二级标准。

2. 基本污染物

《环境空气质量标准》(GB 3095—2012)中所规定的基本项目污染物，包括二氧化硫、二氧化氮、可吸入颗粒物(PM_{10})、细颗粒物($PM_{2.5}$)、一氧化碳、臭氧。

依据 GB 3095—2012，基本污染物的浓度限值见表 4-14。

表 4-14 基本污染物的浓度限值

污染物项目	平均时间	浓度限值		单位
		一级	二级	
二氧化硫(SO_2)	年平均	20	60	μg/m³
	24 h 平均	50	150	
	1 h 平均	150	500	
二氧化氮(NO_2)	年平均	40	40	
	24 h 平均	80	80	
	1 h 平均	200	200	
一氧化碳(CO)	24 h 平均	4	4	mg/m³
	1 h 平均	10	10	
臭氧(O_3)	日最大 8 h 平均	100	160	μg/m³
	1 h 平均	160	200	
颗粒物(粒径小于或等于 10 μm)	年平均	40	70	
	24 h 平均	50	150	
颗粒物(粒径小于或等于 2.5 μm)	年平均	15	35	
	24 h 平均	35	75	

4.4.3　大气环境质量现状评价的内容与方法

1. 项目所在区域达标判断

(1) 城市环境空气质量达标情况评价指标为 SO_2、NO_2、PM_{10}、$PM_{2.5}$、CO 和 O_3，六项污染物全部达标即为城市环境空气质量达标。

(2) 根据国家或地方生态环境主管部门公开发布的城市环境空气质量达标情况，判断项目所在区域是否属于达标区。如项目评价范围涉及多个行政区(县级或以上，下同)，需分别评价各行政区的达标情况，若存在不达标行政区，则判定项目所在评价区域为不达标区。

(3) 国家或地方生态环境主管部门未发布城市环境空气质量达标情况的，可按照 HJ 663 中各评价项目的年评价指标进行判定。年评价指标中的年均浓度和相应百分位数 24 h 平均或 8 h 平均质量浓度满足 GB 3095 中浓度限值要求的即为达标。

2. 各污染物的环境质量现状评价

(1) 长期监测数据的现状评价内容，按下述三种统计方法对各污染物的年评价指标进行环境质量现状评价。对于超标的污染物，计算其超标倍数和超标率。

①环境空气质量单项指数法。

环境空气质量单项指数法适用于不同地区单项污染物污染状况的比较。年评价时，污染物 i 的单项指数按式(4-9)计算：

$$I_i = \max\left(\frac{C_{i,a}}{S_{i,a}}, \frac{C_{i,d}^{per}}{S_{i,d}}\right) \tag{4-9}$$

式中　I_i——污染物 i 的单项指数；

$C_{i,a}$——污染物 i 的年平均浓度值，i 包括 SO_2、NO_2、PM_{10}、$PM_{2.5}$；

$S_{i,a}$——污染物 i 的年平均浓度二级标准限值，i 包括 SO_2、NO_2、PM_{10}、$PM_{2.5}$；

$C_{i,d}^{per}$——污染物 i 的 24 h 平均浓度的特定百分位数浓度，i 包括 SO_2、NO_2、PM_{10}、$PM_{2.5}$、CO 和 O_3(对于 O_3，为日最大 8 h 平均值的特定百分位数浓度)；

$S_{i,d}$——污染物 i 的 24 h 平均浓度二级标准限值(对于 O_3，为 8 h 平均浓度二级标准限值)。

②环境空气质量最大指数法：

$$I_{max} = \max(I_i) \tag{4-10}$$

③环境空气质量综合指数法：

$$I_{sum} = \mathrm{sum}(I_i) \tag{4-11}$$

环境空气质量最大指数法和综合指数法适用于对不同地区间多项污染物污染状况的比较，参评项目为表 4-14 中列出的基本评价项目。当使用这两种方法时，需同时给出按各项污染物的环境空气质量单项指数法比较结果，为各地区环境管理提供明确导向。

(2) 补充监测数据的现状评价内容，分别对各监测点位不同污染物的短期浓度进行环境质量现状评价。对于超标的污染物，计算其超标倍数和超标率。

3. 环境空气保护目标及网格点环境质量现状浓度

(1) 对采用多个长期监测点位数据进行现状评价的，取各污染物相同时刻各监测点位的浓度平均值，作为评价范围内环境空气保护目标及网格点环境质量现状浓度，计算方法如下：

$$C_{现状(x,y,t)} = \frac{1}{n}\sum_{j=1}^{n} C_{现状(j,t)} \tag{4-12}$$

式中　$C_{现状(x,y,t)}$——环境空气保护目标及网格点(x,y)在 t 时刻环境质量现状浓度，μg/m³；

$C_{现状(j,t)}$——第 j 个监测点位在 t 时刻环境质量现状浓度（包括短期浓度和长期浓度），μg/m³；

n——长期监测点位数。

（2）对采用补充监测数据进行现状评价的，取各污染物不同评价时段监测浓度的最大值，作为评价范围内环境空气保护目标及网格点环境质量现状浓度。对于有多个监测点位数据的，先计算相同时刻各监测点位平均值，再取各监测时段平均值中的最大值。计算方法如下：

$$C_{现状(x,y)} = \max\left[\frac{1}{n}\sum_{j=1}^{n} C_{监测(j,t)}\right] \tag{4-13}$$

式中　$C_{现状(x,y,t)}$——环境空气保护目标及网格点(x,y)环境质量现状浓度，μg/m³；

$C_{监测(j,t)}$——第 j 个监测点位在 t 时刻环境质量现状浓度（包括 1 h 平均、8 h 平均或 24 h平均质量浓度），μg/m³；

n——现状补充监测点位数。

4.5　水环境现状调查与评价

水环境现状调查与评价是为了了解项目所在区域和相关区域水环境特点、环境敏感目标及水环境质量状况，为预测模型的选择提供依据和基础资料，决定评价的主要方向和重点，为建设项目的可行性、环境管理、污染控制提供科学依据。

4.5.1　地表水环境评价因子筛选与评价标准

1. 地表水评价因子筛选

地表水水质因子一般包括三类：第一类是常规水质因子，反映水域水质的一般状况；第二类是特征水质因子，代表建设项目将来排放的水质；第三类是其他方面因子。

1）常规水质因子

以GB 3838—2002中所列的 pH 值、溶解氧、高锰酸盐指数或化学需氧量、五日生化需氧量、总氮或氨氮、酚、氰化物、砷、汞、铬（六价）、总磷及水温为基础，根据水域类别、评价等级及污染源状况适当增减。

2）特征水质因子

根据建设项目特点、水域类别及评价等级，以及建设项目所属行业的特征水质参数表进行选择，可以适当删减。

3）其他方面因子

如果被调查的环境质量要求较高（如自然保护区、饮用水源地、珍贵水生生物保护区、经济鱼类养殖区等），且评价等级为一、二级，则应考虑调查水生生物和底质。水生生物方面主要调查浮游动植物、藻类、底栖无脊椎动物的种类和数量，水生生物群落结构等；底质方面主要调查与建设项目排污水质有关的积累的污染物。

地表水评价因子筛选应根据评价项目的特点和当地水环境污染特点而定。一般应首先考虑以下污染物：

（1）按等标污染负荷值大小排序，选择排位在前的因子，但对那些毒害性大、持久性的污

染物(如重金属、苯并[a]芘等)应慎重研究再决定取舍;

(2) 受项目影响的水体中已造成严重污染的污染物或已无负荷容量的污染物;

(3) 经环境调查已经超标或接近超标的污染物;

(4) 地方环境保护部门要求预测的敏感污染物。

2. 地表水环境质量评价标准

根据环境影响评价目的和要求选择合适的地表水环境评价标准,是非常重要的一环。以下为水环境影响评价常用标准:

(1)《地表水环境质量标准》(GB 3838—2002);

(2)《渔业水质标准》(GB 11607—1989);

(3)《海水水质标准》(GB 3097—1997);

(4)《农田灌溉水质标准》(GB 5084—2005);

(5)《地下水质量标准》(GB/T 14848—2017);

(6)《海洋生物质量》(GB/T 18421—2001);

(7)《海洋沉积物质量》(GB/T 18668—2002)。

《地表水环境质量标准》(GB 3838—2002)将标准项目分为地表水环境质量标准基本项目、集中式生活饮用水地表水源地补充项目和特定项目。按照地表水环境功能分类和保护目标,规定了水环境质量应控制的项目、限值及水质评价、水质项目的分析方法和标准的实施与监督。

该标准项目共计 109 项,其中地表水环境质量标准基本项目 24 项,集中式生活饮用水地表水源地补充项目 5 项,集中式生活饮用水地表水源地特定项目 80 项。

依据地表水环境功能和保护目标,将地表水按功能高低依次分为 5 类,见表 4-15。

表 4-15 地表水环境功能分类

类别	功能
Ⅰ类	主要适用于源头水、国家自然保护区
Ⅱ类	主要适用于集中式生活饮用水水源地一级保护区、珍稀水生生物栖息地、鱼虾类产卵场、仔稚幼鱼的索饵场等
Ⅲ类	主要适用于集中式生活饮用水水源地二级保护区、鱼虾类越冬场、洄游通道、水产养殖区等渔业水域及游泳区
Ⅳ类	主要适用于一般工业用水区及人体非直接接触的娱乐用水区
Ⅴ类	主要适用于农业用水区及一般景观要求水域

对应地表水 5 类功能区,将地表水环境质量基本项目标准分为 5 类,不同功能类别分别执行相应类别的标准。水域功能类别高的区域执行的标准值严于水域功能类别低的区域。

地表水环境质量基本项目中常用项目标准限值见表 4-16。

表 4-16　地表水环境质量标准基本项目标准限值　　(单位:mg/L)

序号	标准 项目	分类				
		Ⅰ类	Ⅱ类	Ⅲ类	Ⅳ类	Ⅴ类
1	水温		人为造成的环境水温变化应限制在: 周平均最大温升≤1℃,周平均最大温降≤2℃			
2	pH 值	6～9				
3	溶解氧≥	(饱和率 90%) 7.5	6	5	3	2
4	高锰酸盐指数≤	2	4	6	10	15
5	化学需氧量(COD)≤	15	15	20	30	40
6	五日生化需氧量(BOD_5)≤	3	3	4	6	10
7	氨氮(NH_3-N)≤	0.15	0.5	1.0	1.5	2.0
8	总磷(以 P 计)≤	0.02 (湖、库 0.01)	0.1 (湖、库 0.025)	0.2 (湖、库 0.05)	0.3 (湖、库 0.1)	0.4 (湖、库 0.2)
9	总氮(湖、库以 N 计)≤	0.2	0.5	1.0	1.5	2.0

4.5.2　地表水环境现状调查与监测

水环境现状调查与监测的目的是查清楚评价区域内水体污染源、水质、水文和水体功能利用等方面的环境背景状况,为地表水环境现状和预测评价提供基础资料。现状调查包括资料收集、现场调查及必要的环境监测。

1. 水环境现状调查范围

地表水环境的现状调查范围应覆盖评价范围,应以平面图方式表示,并明确起、止断面的位置及涉及范围。

(1) 对于水污染影响型建设项目,除覆盖评价范围外,受纳水体为河流时,在不受回水影响的河流段,排放口上游调查范围宜不小于 500 m,受回水影响河段的上游调查范围原则上与下游调查的河段长度相等;受纳水体为湖库时,以排放口为圆心,调查半径在评价范围基础上外延 20%～50%。

(2) 对于水文要素影响型建设项目,受影响水体为河流、湖库时,除覆盖评价范围外,一级、二级评价时,还应包括库区及支流回水影响、坝下至一个梯级或河口、受水区、退水影响区。

(3) 对于水污染影响型建设项目,建设项目排放污染物中包括氮、磷或有毒污染物且受纳水体为湖泊、水库时,一级评价的调查范围应包括整个湖泊、水库,二级、三级 A 评价时,调查范围应包括排放口所在水环境功能区、水功能区或湖(库)湾区。

(4) 受纳或受影响水体为入海河口及近岸海域时,调查范围依据 GB/T 19485—2004 要求执行。

2. 水环境现状调查时期

地表水现状调查时期与评价时期一致,通常根据受影响地表水类型、评价等级等确定,见表 4-17。

表 4-17　各类水域的调查时期

受影响地表水体类型	评价等级		
	一级	二级	水污染影响型(三级 A)、水文要素影响型(三级)
河流、湖库	丰水期、平水期、枯水期；至少丰水期和枯水期	丰水期和枯水期；至少枯水期	至少枯水期
入海河口(感潮河段)	河流：丰水期、平水期、枯水期；河口：春季、夏季和秋季；至少丰水期和枯水期，春季和秋季	河流：丰水期和枯水期；河口：春、秋 2 个季节；至少枯水期和 1 个季节	至少枯水期和 1 个季节
近岸海域	春季、夏季和秋季；至少春、秋 2 个季节	春季或秋季；至少 1 个季节	至少 1 次调查

感潮河段、入海河口、近岸海域在丰、枯水期(或春夏秋冬四季)均应选择大潮期或小潮期中一个潮期开展评价(无特殊要求时，可不考虑一个潮期内高潮期、低潮期的差别)。选择原则如下：依据调查监测海域的环境特征，以影响范围较大或影响程度较重为目标，定性判别和选择大潮期或小潮期作为调查潮期。

冰封期较长且作为生活饮用水与食品加工用水的水源或有渔业用水需求的水域，应将冰封期纳入评价时期。

具有季节性排水特点的建设项目，根据建设项目排水期对应的水期或季节确定评价时期。

水文要素影响型建设项目对评价范围内的水生生物生长、繁殖与洄游有明显影响的时期，需将对应的时期作为评价时期。

3. 水文调查与水文测量

根据评价等级与水体的规模决定工作内容。

1）河流

水污染影响型河流调查的内容如下：水文年及水期划分、不利条件特征及特征水文参数、水动力学参数等。水文要素影响型河流的调查内容如下：水文系列及其特征参数；水文年及水期的划分；河流物理形态参数；河流水沙参数、丰枯水期水流及水位变化特征等。

2）感潮河口

感潮河口的调查内容包括：潮汐特征、感潮河段的范围、潮区界与潮流界的划分；潮位及潮流；不利水文条件组合及特征水文参数；水流分层特征等。

3）湖泊与水库

湖泊与水库的调查内容如下：湖库物理形态参数；水库调节性能与运行调度方式；水文年及水期划分；不利水文条件特征及水文参数；出入湖(库)水量过程；湖流动力学参数；水温分层结构等。

4）近岸海域

近岸海域的调查内容如下：水温、盐度、泥沙、潮位、流向、流速、水深等，潮汐性质及类型，潮流、余流性质及类型，海岸线、海床、滩涂、海岸蚀淤变化趋势等。

4. 污染源调查

1）建设项目污染源调查

（1）基本信息。主要包括污染源名称、排污许可证编号等。

（2）排放特点。主要包括排放形式，分散排放或集中排放，连续排放或间歇排放；排放口的平面位置（附污染源平面位置图）及排放方向；排放口在断面上的位置。

（3）排污数据。主要包括排放量、排放浓度、主要污染物等数据。

（4）用排水状况。主要调查取水量、用水量、重复利用率、排水总量等。

（5）污水处理状况。主要调查各排污单位生产工艺流程中的产污环节、污水处理工艺、处理效率、处理水量、中水回用量、再生水量、污水处理设施的运转情况等。

（6）根据评价等级及工作需要，选择上述全部或部分内容进行调查。

2）面污染源调查

面污染源调查内容，按照农村生活污染源、农田污染源、分散式畜禽养殖污染源、城镇地面径流污染源、堆积物污染源、大气沉降源等分类，采用源强系数法、面源模型法等方法，估算面源源强、流失量与入河量等。主要包括：

（1）农村生活污染源：调查人口数量、人均用水量指标、供水方式、污水排放方式和去向、排污负荷量等。

（2）农田污染源：调查农药和化肥的施用种类、施用量、流失量及入河系数、去向及受纳水体等情况（包括水土流失、农药和化肥流失强度、流失面积、土壤养分含量等调查分析）。

（3）畜禽养殖污染源：调查畜禽养殖的种类、数量、养殖方式、粪便污水收集与处置情况、主要污染物浓度、污水排放方式和排污负荷量、去向及受纳水体等。畜禽粪便污水作为肥水进行农田利用的，需考虑畜禽粪便污水土地承载力。

（4）城镇地面径流污染源：调查城镇土地利用类型及面积、地面径流收集方式与处理情况、主要污染物浓度、排放方式和排污负荷量、去向及受纳水体等。

（5）堆积物污染源：调查矿山、冶金、火电、建材、化工等单位的原料、燃料、废料、固体废物（包括生活垃圾）的堆放位置、堆放面积、堆放形式及防护情况，污水收集与处置情况、主要污染物和特征污染物浓度、污水排放方式和排污负荷量、去向及受纳水体等。

（6）大气沉降源：调查区域大气沉降（湿沉降、干沉降）的类型、污染物种类、污染物沉降负荷量等。

5. 水质调查参数的选择

水质调查参数的选择参见4.5.1“地表水环境评价因子筛选与评价标准”。

6. 监测断面布设

1）河流

布设在评价河段上的断面应包括对照断面、削减断面和控制断面，见图4-6。

（1）对照断面：应设在评价河段上游一端（排污口上游100～500 m处）、基本不受建设项目排水影响的位置，以掌握评价河段的背景水质情况。

（2）控制断面：应设在评价河段内有控制意义的位置，如支流汇入、建设项目以外的其他废水排放口、工农业用水取水点、水工构筑物和水文站所在位置等。

（3）削减断面：应设在排污口下游污染物浓度变化比较显著的完全混合段，以了解河流中污染物的稀释、净化和衰减情况。

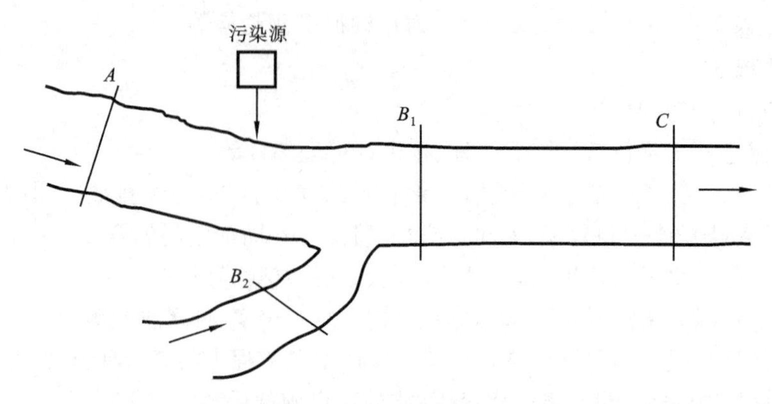

图 4-6 河流监测断面示意

A:对照断面;B_1、B_2:控制断面;C:削减断面

(4) 断面垂线和采样点布设,见表 4-18、表 4-19。

表 4-18 水面宽度和垂线数的规定

水面宽度/m	垂线数及位置	说 明
≤50	1 条(中泓)	(1) 断面上垂线的布设,应避开岸边污染带;如果必须对污染带进行监测,可在带内酌情增加垂线; (2) 如果是完全混合断面,可只设一条中泓垂线; (3) 凡布设在河口用于计算污染物排放通量的断面,必须按本规定设置垂线
50~100	2 条(中泓线左右流速较快处)	
>100	3 条(左、中、右)	

表 4-19 垂线上采样点数和水深的规定

水深/m	垂线数及位置	说 明
≤5	1 点(水面下 0.5 m 处)	(1) 水深不足 1 m 时,在 1/2 水深处; (2) 河流封冻时,在水面下 0.5 m; (3) 如果有充分数据证明垂线上水质均匀,可酌情减少采样点数
5~10	2 点(水面下 0.5 m,河底以上 0.5 m)	
>10	3 点(水面下 0.5 m,1/2 水深处,河底以上 0.5 m)	

2) 湖泊和水库

(1) 湖泊和水库垂线设置方法见表 4-20。

表 4-20 湖泊和水库中每个垂线的控制面积

湖泊和水库规模	废水排放量/(m^3/d)	每个垂线平均控制面积/km^3		
		一级评价	二级评价	三级评价
大、中型	<50 000	1~2.5	1.5~3.5	2~4
	>50 000	3~6	4~7	
小型	<50 000	0.5~1.5	1~2	
	>50 000	0.5~1.5		

湖泊与水库的大小,按枯水期湖泊与水库的平均水深及水面面积划分。

当平均水深≥10 m时，大湖(库)水域面积≥25 km^2，中湖(库)水域面积2.5～25 km^2，小湖(库)水域面积<2.5 km^2；当平均水深<10 m时，大湖(库)水域面积≥50 km^2，中湖(库)水域面积5～50 km^2，小湖(库)水域面积<5 km^2。

设置在湖泊(水库)中的垂线应尽可能覆盖由于排放污水所形成的污染面积，并能切实反映湖泊(水库)的水质、水文特点；垂线位置应以排污口为中心呈射状布设，每个评价水域所需垂线数可根据监测面积与每个监测点的控制面积之比计算确定。

(2) 采样点位置见表4-21。

表4-21 采样点位置

水深/m	分层采样位置	水深/m	分层采样位置
<5	表层(水面下0.5 m)	10～15	表层、中层(水面下10 m)、底层
5～10	表层、底层(湖底上0.5 m)	>15	表层、斜温层上、下层及底层

4.5.3 地表水环境质量现状评价的方法

水环境质量评价方法包括水质指数法和底泥污染指数法。

1. 水质指数法

水质指数法就是将每个水质因子进行评价，计算各水质因子是否超标。水质指数法主要包括一般水质因子指数法、溶解氧标准指数法和pH标准指数法。

1) 一般水质因子(随着浓度增加而水质变差的水质因子)指数法

$$I_i = \frac{C_i}{S_i} \tag{4-14}$$

式中 C_i——评价因子i实测浓度统计代表值，mg/L；

S_i——评价因子i的评价标准限值，mg/L；

I_i——标准指数。

由于溶解氧(DO)和pH与其他水质参数的性质不同，须采用不同的标准指数。

2) 溶解氧标准指数法

$$I_{DO,j} = DO_s/DO_j, \quad DO_j \leqslant DO_f \tag{4-15}$$

$$I_{DO,j} = \frac{|DO_f - DO_j|}{DO_f - DO_s}, \quad DO_j > DO_f \tag{4-16}$$

式中 $I_{DO,j}$——溶解氧的标准指数，大于1表明该水质因子超标；

DO_j——溶解氧在j点的实测统计代表值，mg/L；

DO_s——溶解氧的水质评价标准限值，mg/L；

DO_f——饱和溶解氧浓度，mg/L。对于河流，$DO_f = 468/(31.6+t)$；对于盐度比较高的湖泊、水库及入海河口、近岸海域，$DO_f = (491-2.65S)/(33.5+t)$。其中$S$为实用盐度符号，量纲为1；$t$为水温，℃。

3) pH标准指数法

$$I_{pH,j} = \frac{7.0 - pH_j}{7.0 - pH_{sd}}, \quad pH_j \leqslant 7.0 \tag{4-17}$$

$$I_{pH,j} = \frac{pH_j - 7.0}{pH_{su} - 7.0}, \quad pH_j > 7.0 \tag{4-18}$$

式中 $I_{pH,j}$——点 j 的 pH 标准指数;

pH_j——点 j 的 pH 监测值;

pH_{sd}——评价标准中 pH 的下限值;

pH_{su}——评价标准中 pH 的上限值。

当水质参数的标准指数≥1 时,表明该水质参数超过了规定的水质标准,已经不能满足使用功能的要求。

2. 底泥污染指数法

$$I_i = C_i / C_{si} \tag{4-19}$$

式中 I_i——底泥污染因子 i 的单项污染指数,大于 1 表明该污染因子超标;

C_i——调查点位污染因子 i 的实测值,mg/L;

C_{si}——污染因子 i 的评价标准值或参考值,mg/L。

4.5.4 地下水环境质量调查与现状评价

1. 地下水质量分类

根据我国地下水质量状况和人体健康风险,参照生活饮用、工业、农业等用水质量要求,依据各组分含量高低(pH 值除外)将地下水质量划分为五类,见表 4-22。

表 4-22 地下水质量分类

类别	功　能
Ⅰ类	地下水化学组分含量低,适合各种用途
Ⅱ类	地下水化学组分含量较低,适合各种用途
Ⅲ类	地下水化学组分含量中等,以《生活饮用水卫生标准》(GB 5749—2006)为依据,主要适用于作为集中式生活饮用水水源及工农业用水
Ⅳ类	地下水化学组分含量较高,以农业和工业用水质量要求以及一定水平的人体健康风险为依据,适用于农业和部分工业用水,适当处理后可作为生活饮用水
Ⅴ类	地下水化学组分含量高,不宜作为生活饮用水源,其他用水可根据使用目的选用

2. 地下水环境质量调查与评价的基本要求

地下水环境现状调查评价范围应包括与建设项目相关的地下水环境保护目标,以能说明地下水环境的现状,反映调查评价区地下水基本流场特征,满足地下水环境影响预测和评价为基本原则。

污染场地修复工程项目的地下水环境影响现状调查参照 HJ 25.1 执行。

3. 地下水环境现状调查评价范围确定

(1) 建设项目(除线性工程外)地下水环境影响现状调查评价范围可采用公式计算法、查表法和自定义法确定。当建设项目所在地水文地质条件相对简单,且所掌握的资料能够满足公式计算法的要求时,应采用公式计算法确定(参照 HJ/T 338);当不满足公式计算法的要求时,可采用查表法确定。当计算或查表范围超出所处水文地质单元边界时,以所处水文地质单元边界为宜。

①公式计算法。

$$L=\alpha KIT/n_e \tag{4-20}$$

式中　L——下游迁移距离，m；

α——变化系数，$\alpha \geqslant 1$，一般取 2；

K——渗透系数，m/d；

I——水力坡度，无量纲；

T——质点迁移时间，d，取值不小于 5 000 d；

n_e——有效孔隙度，无量纲。

采用该方法时应包含重要的地下水环境保护目标，所得的调查评价范围如图 4-7 所示。

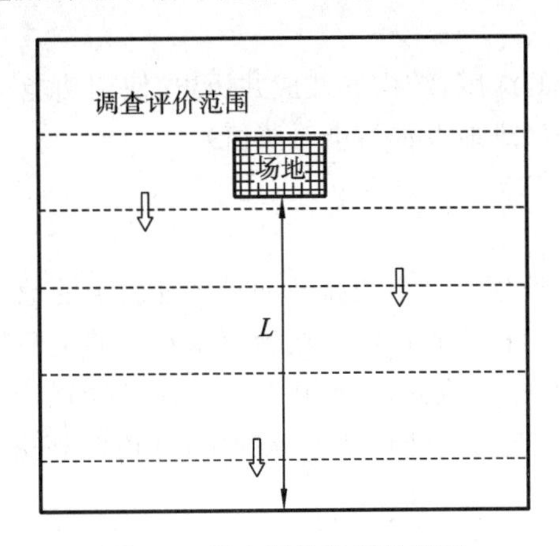

图 4-7　调查评价范围示意图

注　虚线表示等水位线；空心箭头表示地下水流向；场地上游距离根据评价需求确定，场地两侧不小于 $L/2$

②查表法。

见地下水环境现状调查评价范围参照表(表 4-23)。

表 4-23　地下水环境现状调查评价范围参照表

评价等级	调查评价面积/km²	备　注
一级	≥20	应包括重要的地下水环境保护目标，必要时适当扩大范围
二级	6～20	
三级	≤6	

③自定义法。

可根据建设项目所在地水文地质条件自行确定，需说明理由。

(2) 线性工程应以工程边界两侧向外延伸 200 m 作为调查评价范围；穿越饮用水源准保护区时，调查评价范围应至少包含水源保护区；线性工程站场的调查评价范围确定参照(1)中的规定。

4. 调查内容与要求

1) 水文地质条件调查

在充分收集资料的基础上，根据建设项目特点和水文地质条件复杂程度，开展调查工作，主要内容包括：

(1) 气象、水文、土壤和植被状况；

(2) 地层岩性、地质构造、地貌特征与矿产资源；

(3) 包气带岩性、结构、厚度、分布及垂向渗透系数等；

(4) 含水层岩性、分布、结构、厚度、埋藏条件、渗透性、富水程度等，隔水层(弱透水层)的岩性、厚度、渗透性等；

(5) 地下水类型、地下水补径排条件；

(6) 地下水水位、水质、水温，地下水化学类型；

(7) 泉的成因类型、出露位置、形成条件及泉水流量、水质、水温，开发利用情况；

(8) 集中供水水源地和水源井的分布情况(包括开采层的成井密度、水井结构、深度以及开采历史)；

(9) 地下水现状监测井的深度、结构以及成井历史、使用功能；

(10) 地下水环境现状值(或地下水污染对照值)。

场地范围内应重点调查(3)。

2) 地下水污染源调查

调查评价区内具有与建设项目产生或排放同种特征因子的地下水污染源。

对于一、二级的改扩建项目，应在可能造成地下水污染的主要装置或设施附近开展包气带污染现状调查，对包气带进行分层取样，一般在0～20 cm埋深范围内取一个样品，其他取样深度应根据污染源特征和包气带岩性、结构特征等确定，并说明理由。样品进行浸溶试验，测试分析浸溶液成分。

3) 地下水环境现状监测

(1) 建设项目地下水环境现状监测应通过对地下水水质、水位的监测，掌握或了解评价区地下水水质现状及地下水流场，为地下水环境现状评价提供基础资料。

(2) 污染场地修复工程项目的地下水环境现状监测参照《建设用地土壤污染风险管控和修复 监测技术导则》HJ 25.2 执行。

(3) 现状监测点的布设原则。

① 地下水环境现状监测点采用控制性布点与功能性布点相结合的布设原则。监测点应主要布设在建设项目场地、周围环境敏感点、地下水污染源以及对于确定边界条件有控制意义的地点。当现有监测点不能满足监测位置和监测深度要求时，应布设新的地下水现状监测井，现状监测井的布设应兼顾地下水环境影响跟踪监测计划。

② 监测层位应包括潜水含水层、可能受建设项目影响且具有饮用水开发利用价值的含水层。

③ 一般情况下，地下水水位监测点数宜大于相应评价级别地下水水质监测点数的2倍。

④ 地下水水质监测点布设的具体要求如下：

a. 监测点布设应尽可能靠近建设项目场地或主体工程，监测点数应根据评价等级和水文地质条件确定。

b. 一级评价项目潜水含水层的水质监测点应不少于7个，可能受建设项目影响且具有饮用水开发利用价值的含水层3～5个。原则上建设项目场地上游和两侧的地下水水质监测点均不得少于1个，建设项目场地及其下游影响区的地下水水质监测点不得少于3个。

c. 二级评价项目潜水含水层的水质监测点应不少于5个，可能受建设项目影响且具有饮用水开发利用价值的含水层2～4个。原则上建设项目场地上游和两侧的地下水水质监测点均不得少于1个,建设项目场地及其下游影响区的地下水水质监测点不得少于2个。

d. 三级评价项目潜水含水层水质监测点应不少于3个,可能受建设项目影响且具有饮用水开发利用价值的含水层1~2个。原则上建设项目场地上游及下游影响区的地下水水质监测点都不得少于1个。

⑤ 管道型岩溶区等水文地质条件复杂的地区,地下水现状监测点应视情况确定,并说明布设理由。

⑥ 在包气带厚度超过100 m的评价区或监测井较难布置的基岩山区,地下水质监测点数无法满足④要求时,可视情况调整数量,并说明调整理由。一般情况下,该类地区一、二级评价项目至少设置3个监测点,三级评价项目根据需要设置一定数量的监测点。

(4) 地下水水质现状监测取样要求。

① 地下水水质取样应根据特征因子在地下水中的迁移特性选取适当的取样方法。

② 一般情况下,只取一个水质样品,取样点深度宜在地下水位以下1.0 m左右。

③ 建设项目为改扩建项目,且特征因子为DNAPLs(重质非水相液体)时,应至少在含水层底部取一个样品。

(5) 地下水水质现状监测因子。

① 检测分析地下水环境中K^+与Na^+、Ca^{2+}、Mg^{2+}、CO_3^{2-}、HCO_3^-、Cl^-、SO_4^{2-}的浓度。

② 地下水水质现状监测因子原则上应包括两类:一类为基本水质因子;另一类为特征因子。

a. 基本水质因子以pH值、氨氮、硝酸盐、亚硝酸盐、挥发性酚类、氰化物、砷、汞、铬(六价)、总硬度、铅、氟、镉、铁、锰、溶解性总固体、高锰酸盐指数、硫酸盐、氯化物、总大肠菌群、细菌总数等及背景值超标的水质因子为基础,可根据区域地下水类型、污染源状况适当调整。

b. 特征因子根据特征因子的识别结果确定,可根据区域地下水化学类型、污染源状况适当调整。

(6) 地下水环境现状监测频率要求。

① 水位监测频率要求如下:

a. 评价等级为一级的建设项目,若掌握近3年内至少一个连续水文年的枯、平、丰水期地下水位动态监测资料,评价期内至少开展一期地下水水位监测;

b. 评价等级为二级的建设项目,若掌握近3年内至少一个连续水文年的枯、丰水期地下水位动态监测资料,评价期可不再开展现状地下水位监测;

c. 评价等级为三级的建设项目,若掌握近3年内至少一期的监测资料,评价期内可不再进行现状水位监测。

② 若掌握近3年至少一期水质监测数据,基本水质因子可在评价期补充开展一期现状监测;特征因子在评价期内需至少开展一期现状值监测。

③ 在包气带厚度超过100 m的评价区或监测井较难布置的基岩山区,若掌握近3年内至少一期的监测资料,评价期内可不进行现状水位、水质监测;若无上述资料,至少开展一期现状水位、水质监测。

(7) 地下水样品采集与现场测定。

① 地下水样品应采用自动式采样泵或人工活塞闭合式与敞口式定深采样器进行采集。

② 样品采集前,应先测量井孔地下水水位(或地下水位埋深)并做好记录,然后采用潜水泵或离心泵对采样井(孔)进行全井孔清洗,抽汲的水量不得小于3倍的井筒水量(体积)。

③ 地下水水质样品的管理、分析化验和质量控制按照《地下水 环境监测技术规范》(HJ/T 164)执行。pH 值、Eh、DO、水温等不稳定项目应在现场测定。

4) 环境水文地质勘察与试验

(1) 环境水文地质勘察与试验是在充分收集已有资料和地下水环境现状调查的基础上，针对需要进一步查明的地下水含水层特征和为获取预测评价中必要的水文地质参数而进行的工作。

(2) 除一级评价应进行必要的环境水文地质勘察与试验外，对环境水文地质条件复杂且资料缺少的地区，二级、三级评价也应在区域水文地质调查的基础上对场地进行必要的水文地质勘察。

(3) 环境水文地质勘察可采用钻探、物探和水土化学分析以及室内外测试、试验等手段开展，具体参见相关标准与规范。

(4) 环境水文地质试验项目通常有抽水试验、注水试验、渗水试验、浸溶试验及土柱淋滤试验等。在评价工作过程中可根据评价等级和资料掌握情况选用。

(5) 进行环境水文地质勘察时，除采用常规方法外，还可采用其他辅助方法配合勘察。

5. 地下水水质现状评价

1) GB/T 14848 和有关法规及当地的环保要求是地下水环境现状评价的基本依据。对属于 GB/T 14848 水质指标的评价因子，应按其规定的水质分类标准值进行评价；对于不属于 GB/T 14848 水质指标的评价因子，可参照国家(行业、地方)相关标准(如 GB 3838、《生活饮用水卫生标准》(GB 5749)、《地下水水质标准》(DZ/T 0290)等)进行评价。现状监测结果应进行统计分析，给出最大值、最小值、均值、标准差、检出率和超标率等。

2) 地下水水质现状评价应采用标准指数法。标准指数大于 1，表明该水质因子已超标，标准指数越大，超标越严重。标准指数计算公式分为以下两种情况：

(1) 对于评价标准为定值的水质因子，其标准指数计算方法见式(4-21)。

$$I_i = \frac{C_i}{C_{si}} \tag{4-21}$$

式中　I_i——第 i 个水质因子的标准指数，无量纲；

C_i——第 i 个水质因子的监测浓度值，mg/L；

C_{si}——第 i 个水质因子的标准浓度值，mg/L。

(2) 对于地下水污染对照值为区间值的水质参数，如 pH 值，其污染指数计算公式参见式(4-22)、式(4-23)。

$$I_{pH} = \frac{7.0 - pH_i}{7.0 - pH_{sd}}, \quad pH_i \leqslant 7.0 \tag{4-22}$$

$$I_{pH} = \frac{pH_i - 7.0}{pH_{su} - 7.0}, \quad pH_i > 7.0 \tag{4-23}$$

式中　I_{pH}——点 i 的 pH 污染指数；

pH_i——点 i 的 pH 监测值；

pH_{sd}——地下水污染对照值中 pH 的下限值；

pH_{su}——地下水污染对照值中 pH 的上限值。

3) 包气带环境现状分析

对于污染场地修复工程项目和评价工作等级为一、二级的改、扩建项目，应开展包气带污染现状调查，分析包气带污染状况。

4.6　环境噪声现状调查与评价

4.6.1　环境噪声现状调查

1. 调查目的

掌握评价范围内环境噪声现状、噪声敏感目标和人口分布情况，为环境噪声现状评价和预测评价提供基础资料，也为管理决策部门提供环境噪声现状情况，以便与项目建设后的噪声影响程度进行比较和判别。

2. 调查方法

环境现状调查的基本方法包括收集资料法、现场调查法和现场测量法。评价时，应根据评价工作等级的要求确定采用的具体方法。也可将两种方法结合进行。

3. 调查内容

1）影响声波传播的环境要素

调查建设项目所在区域的主要气象特征，包括年平均风速和主导风向，年平均气温，年平均相对湿度等。

收集评价范围内 1∶(2 000～50 000)地理地形图，说明评价范围内声源和敏感目标之间的地貌特征、地形高差及影响声波传播的环境要素。

2）声环境功能区划

调查评价范围内不同区域的声环境功能区划情况，以及各声环境功能区的声环境质量现状。

3）敏感目标

调查评价范围内敏感目标的名称、规模、人口分布等情况，并以图、表相结合的方式说明敏感目标与建设项目的关系（如方位、距离、高差等）。

4）声源现状

建设项目所在区域的声环境功能区的声环境质量现状超过相应标准要求或噪声值相对较高时，须对区域内的主要声源的名称、数量、位置、影响的噪声级等相关情况进行调查。

有厂界（或场界、边界）噪声的改扩建项目，应说明现有建设项目厂界（或场界、边界）噪声的超标、达标情况及超标原因。

4.6.2　环境噪声现状监测

1. 监测布点原则

(1) 布点应覆盖整个评价范围，包括厂界（或场界、边界）和敏感目标。当敏感目标高于（含）三层建筑时，还应选取有代表性的不同楼层设置测点。

(2) 评价范围内没有明显的声源（如工业噪声、交通运输噪声、建设施工噪声、社会生活噪声等），且声级较低时，可选择有代表性的区域布设测点。

(3) 评价范围内有明显的声源，并对敏感目标的声环境质量有影响，或建设项目为改扩建工程，应根据声源种类采取不同的监测布点原则。

① 当声源为固定声源时，现状测点应重点布设在可能既受到现有声源影响，又受到建设项目声源影响的敏感目标处，以及有代表性的敏感目标处；为满足预测需要，也可在距离现有

声源不同距离处设衰减测点。

② 当声源为流动声源,且呈现线声源特点时,现状测点位置选取应兼顾敏感目标的分布状况、工程特点及线声源噪声影响随距离衰减的特点,布设在具有代表性的敏感目标处。为满足预测需要,也可选取若干线声源的垂线,在垂线上距声源不同距离处布设监测点。其余敏感目标的现状声级可通过具有代表性的敏感目标实测噪声声级的验证并结合计算求得。

③ 对于改扩建机场工程,测点一般布设在主要敏感目标处,测点数量可根据机场飞行量及周围敏感目标情况确定,现有单条跑道、两条跑道或三条跑道的机场可分别布设 3～9 个、9～14个或 12～18 个飞机噪声测点,跑道增多可进一步增加测点。其余敏感目标的现状飞机噪声声级可通过测点飞机噪声声级的验证和计算求得。

2. 监测执行的标准

监测执行的标准如下：

声环境质量监测执行 GB 3096；

机场周围飞机噪声测量执行 GB 9661；

工业企业厂界环境噪声测量执行 GB 12348；

社会生活环境噪声测量执行 GB 22337；

建筑施工场界噪声测量执行 GB 12524；

铁路边界噪声测量执行 GB 12525；

城市轨道交通车站站台噪声测量执行 GB 14227。

4.6.3　噪声和噪声评价量

环境噪声现状评价量为等效连续 A 声级(L_{Aeq}),较高声级的突发噪声测量量为最大 A 声级(L_{Amax})及噪声持续时间,如机场飞机噪声的现状测量量为计权等效连续感觉噪声级(L_{WECPN})。

噪声源的测量量有倍频带声压级、总声压级、A 声级或声功率级等。对较特殊的噪声源(如排气放空)应同时测量声级的频率特性和 A 声级,对脉冲噪声应同时测量 A 声级和脉冲周期。

4.6.4　声环境质量评价标准

1.《声环境质量标准》(GB 3096—2008)

各类声环境功能区适用的标准限值见表 4-24。

表 4-24　环境噪声限值　(等效声级 L_{Aeq}/dB)

声环境功能区类别		昼　间	夜　间
0 类		50	40
1 类		55	45
2 类		60	50
3 类		65	55
4 类	4a 类	70	55
	4b 类	70	60

0类标准适用于康复疗养区等特别需要安静的区域。

1类标准适用于以居住住宅、医疗卫生、文化教育、科研设计、行政办公为主要功能，需要保持安静的区域。

2类标准适用于以商业金融、集市贸易为主要功能，或者居住、商业、工业混杂，需要维护住宅安静的区域。

3类标准适用于以工业生产、仓储物流为主要功能，需要防止工业噪声对周围环境产生严重影响的区域。

4类标准适用于交通干线两侧一定距离之内，需要防止交通噪声对周围环境产生严重影响的区域，包括4a类和4b类两种类型：4a类适用于高速公路、一级公路、二级公路、城市快速路、城市主干路、城市次干路、城市轨道交通（地面段），内河航道两侧区域；4b类适用于铁路干线两侧区域。

2.《机场周围飞机噪声环境标准》（GB 9660—1988）

该标准采用一昼夜的计权等效连续感觉噪声作为评价量，用 L_{WECPN} 表示，单位为dB，标准值和适用区域见表4-25。

表4-25 机场噪声标准值和适用区域 （单位：dB）

适用区域	标准值	备注
一类区域	≤70	特殊住宅区，居住、文教区
二类区域	≤75	除一类区域以外的生活区

3.《城市区域环境振动标准》（GB 10070—1988）

标准值及适用地带范围见表4-26。

表4-26 城市各类区域铅垂向 Z 振动标准值 （单位：dB）

适用地带范围	昼间	夜间	备注
特殊住宅区	65	65	特别需要安宁的住宅区
居民、文教区	70	67	纯居民区和文教、机关区
混合区、商业中心区	75	72	混合区是指一般商业与居民混合区，工业、商业、少量交通与居民混合区；商业中心区是指商业集中的繁华地区
工业集中区	75	72	在一个城市或区域内规划明确确定的工业区
交通干线道路两侧	75	72	车流量每小时少于100辆以上的道路两侧
铁路干线两侧	80	80	距每日车流量不少于20列的铁道外轨30 m外两侧的住宅区

4.6.5 环境噪声现状评价方法

环境噪声现状评价方法如下：

（1）以图、表结合的方式给出评价范围内的声环境功能区及其划分情况，以及现有敏感目标的分布情况；

（2）分析评价范围内现有主要声源种类、数量及其相应的噪声级、噪声特性等，明确主要声源分布；

(3) 分别评价不同类别的声环境功能区各敏感目标的超、达标情况,说明其受到现有主要声源的影响状况;

(4) 给出不同类别的主要声环境功能区超标范围内的人口数及分布情况。

4.7 生态现状调查与评价

生态现状调查是生态现状评价、影响预测的基础和依据,调查的内容和指标应能反映评价工作范围内的生态背景特征和现存的主要生态问题。在有敏感生态保护目标(包括特殊生态敏感区和重要生态敏感区)或其他特别保护对象时,应做专题调查。

生态现状调查应在收集资料基础上开展现场工作,生态现状调查的范围应不小于评价工作的范围。一级评价应给出采样地样方实测、遥感等方法测定的生物量、物种多样性等数据,给出主要生物物种名录、受保护的野生动植物物种等调查资料;二级评价的生物量和物种多样性调查可依据已有资料推断,或实测一定数量的、具有代表性的样方予以验证;三级评价可充分借鉴已有资料进行说明。

4.7.1 生态现状调查内容

1. 生态背景调查

根据生态影响的空间和时间尺度特点,调查影响区域内涉及的生态系统类型、结构、功能和过程,以及相关的非生物因子特征(如气候、土壤、地形地貌、水文及水文地质等),重点调查受保护的珍稀濒危物种、关键种、土著种、建群种和特有种,天然的重要经济物种等。当涉及国家级和省级保护物种、珍稀濒危物种和地方特有物种时,应逐个或逐类说明其类型、分布、保护级别、保护状况等;当涉及特殊生态敏感区和重要生态敏感区时,应逐个说明其类型、等级、分布、保护对象、功能区划、保护要求等。

2. 主要生态问题调查

调查影响区域内已经存在的制约本区域可持续发展的主要生态问题,如水土流失、沙漠化、石漠化、盐渍化、自然灾害、生物入侵和污染危害等,指出其类型、成因、空间分布、发生特点等。

4.7.2 生态现状调查方法

1. 收集资料法

收集资料法即收集现有的能反映生态现状或生态背景的资料。资料从表现形式上分为文字资料和图形资料,从时间上可分为历史资料和现状资料,从收集行业类别上可分为农、林、牧、渔和环境保护部门,从资料性质上可分为环境影响报告书、有关污染源调查、生态保护规划、生态保护规定、生态功能区划、生态敏感目标的基本情况以及其他生态调查材料等。使用收集资料法时,应保证资料的现时性,引用资料必须建立在现场校验的基础上。

2. 现场勘查法

现场勘查应遵循整体与重点相结合的原则,在综合考虑主导生态因子结构与功能的完整性的同时,突出重点区域和关键时段的调查,并通过对影响区域的实际踏勘,核实所收集资料的准确性,以获取实际资料和数据。

3. 专家和公众咨询法

专家和公众咨询法是对现场勘查的有益补充。通过咨询有关专家，收集评价工作范围内的公众、社会团体和相关管理部门对项目影响的意见，发现现场踏勘中遗漏的生态问题。专家和公众咨询应与资料收集和现场勘查同步开展。

4. 生态监测法

当收集资料、现场勘查、专家和公众咨询提供的数据无法满足评价的定量需要，或项目可能产生潜在的或长期累积效应时，可考虑选用生态监测法。生态监测应根据监测因子的生态学特点和干扰活动的特点确定监测位置和频率，有代表性地布点。生态监测方法与技术要求须符合国家现行的有关生态监测规范和监测标准分析方法；对于生态系统生产力的调查，必要时需现场采样、实验室测定。

5. 遥感调查法

当涉及区域范围较大或主导生态因子的空间等级尺度较大，通过人力踏勘较为困难或难以完成评价时，可采用遥感调查法。遥感调查过程中，必须辅助必要的现场勘查工作。

4.7.3　生态现状评价

在区域生态基本特征现状调查的基础上，采用文字和图件相结合的表现形式对评价区的生态现状进行定量或定性的分析评价。评价内容如下。

(1) 在阐明生态系统现状的基础上，分析影响区域内生态系统状况的主要原因。评价生态系统的结构与功能状况(如水源涵养、防风固沙、生物多样性保护等主导生态功能)、生态系统面临的压力和存在的问题、生态系统的总体变化趋势等。

(2) 分析和评价受影响区域内动植物等生态因子的现状组成、分布；当评价区域涉及受保护的敏感物种时，应重点分析该敏感物种的生态学特征；当评价区域涉及特殊生态敏感区或重要生态敏感区时，应分析其生态现状、保护现状和存在的问题等。

生态评价要回答的主要环境问题如下：

(1) 从生态完整性的角度评价现状环境质量，即注意区域环境的功能与稳定状况；

(2) 用可持续发展观评价自然资源现状、发展趋势和承受干扰的能力；

(3) 植被破坏、荒漠化、珍稀濒危动植物物种消失、自然灾害、土地生产能力下降等重大资源环境问题及其产生的历史、现状和发展趋势。

4.8　土壤环境现状调查与评价

4.8.1　基本原则与要求

(1) 土壤环境现状调查与评价工作应遵循资料收集与现场调查相结合、资料分析与现状监测相结合的原则。

(2) 土壤环境现状调查与评价工作的深度应满足相应的工作级别要求，当现有资料不能满足要求时，应通过组织现场调查、监测等方法获取。

(3) 建设项目同时涉及土壤环境生态影响型与污染影响型时，应分别按相应评价工作等级要求开展土壤环境现状调查，可根据建设项目特征适当调整、优化调查内容。

(4) 工业园区内的建设项目，应重点在建设项目占地范围内开展现状调查工作，并兼顾其可能影响的园区外围土壤环境敏感目标。

4.8.2 调查评价范围

(1) 调查评价范围应包括建设项目可能影响的范围,能满足土壤环境影响预测和评价要求;改、扩建类建设项目的现状调查评价范围还应兼顾现有工程可能影响的范围。

(2) 建设项目(除线性工程外)土壤环境影响现状调查评价范围可根据建设项目影响类型、污染途径、气象条件、地形地貌、水文地质条件等确定并说明,或参考表4-27确定。

(3) 建设项目同时涉及土壤环境生态影响与污染影响时,应分别确定调查评价范围。

(4) 危险品、化学品或石油等输送管线应以工程边界两侧向外延伸0.2 km作为调查评价范围。

表4-27 现状调查范围

评价工作等级	影响类型	调查范围	
		占地范围内	占地范围外
一级	生态影响型	全部	5 km范围内
	污染影响型		1 km范围内
二级	生态影响型		2 km范围内
	污染影响型		0.2 km范围内
三级	生态影响型		1 km内
	污染影响型		0.05 km内

注 ①调查范围:涉及大气沉降途径影响的,可根据主导风向下风向的最大落地浓度点适当调整。
②占地:矿山类项目指开采区与各场地的占地;改、扩建类项目指现有工程与拟建工程的占地。

4.8.3 调查内容与要求

1) 资料收集

根据建设项目特点、可能产生的环境影响和当地环境特征,有针对性收集调查评价范围内的相关资料,主要包括以下内容:

(1) 土地利用现状图、土地利用规划图、土壤类型分布图;

(2) 气象资料、地形地貌特征资料、水文资料及水文地质资料等;

(3) 土地利用历史情况;

(4) 与建设项目土壤环境影响评价相关的其他资料。

2) 理化特性调查内容

(1) 在充分收集资料的基础上,根据土壤环境影响类型、建设项目特征与评价需要,有针对性地选择土壤理化特性调查内容,主要包括土体构型、土壤结构、土壤质地、阳离子交换量、氧化还原电位、饱和导水率、土壤容重、孔隙度等;土壤环境生态影响型建设项目还应调查植被、地下水位埋深、地下水溶解性总固体等。

(2) 评价工作等级为一级的建设项目应填写土壤剖面调查表。

3) 影响源调查

(1) 应调查与建设项目产生同种特征因子或造成相同土壤环境影响后果的影响源。

(2) 改、扩建的污染影响型建设项目,其评价工作等级为一级、二级的,应对现有工程的土壤环境保护措施情况进行调查，并重点调查主要装置或设施附近的土壤污染现状。

4.8.4　现状监测

1）基本要求

建设项目土壤环境现状监测应根据建设项目的影响类型、影响途径，有针对性地开展监测工作，了解或掌握调查评价范围内土壤环境现状。

2）布点原则

(1）土壤环境现状监测点布设应根据建设项目土壤环境影响类型、评价工作等级、土地利用类型确定，采用均布性与代表性相结合的原则，充分反映建设项目调查评价范围内的土壤环境现状，可根据实际情况优化调整。

(2）调查评价范围内的每种土壤类型应至少设置 1 个表层样监测点，尽量设置在未受人为污染或相对未受污染的区域。

(3）生态影响型建设项目应根据建设项目所在地的地形特征、地面径流方向设置表层样监测点。

(4）涉及入渗途径影响的，其主要产污装置区应设置柱状样监测点，采样深度需至装置底部与土壤接触面以下，根据可能影响的深度适当调整。

(5）涉及大气沉降影响的，应在占地范围外主导风向的上、下风向各设置 1 个表层样监测点，可在最大落地浓度点增设表层样监测点。

(6）涉及地面漫流途径影响的，应结合地形地貌，在占地范围外的上、下游各设置 1 个表层样监测点。

(7）线性工程应重点在站场位置（如输油站、泵站、阀室、加油站及维修场所等）设置监测点，涉及危险品、化学品或石油等输送管线的应根据评价范围内土壤环境敏感目标或厂区内的平面布局情况确定监测点布设位置。

(8）评价工作等级为一级、二级的改、扩建项目，应在现有工程厂界外可能产生影响的土壤环境敏感目标处设置监测点。

(9）涉及大气沉降影响的改、扩建项目，可在主导风向下风向适当增加监测点位，以反映降尘对土壤环境的影响。

(10）建设项目占地范围及其可能影响区域的土壤环境已存在污染风险的，应结合用地历史资料和现状调查情况，在可能受影响最重的区域布设监测点；取样深度根据其可能影响的情况确定。

(11）建设项目现状监测点设置应兼顾土壤环境影响跟踪监测计划。

3）现状监测点数量要求

(1）建设项目各评价工作等级的监测点数不少于表 4-28 要求。

表 4-28　现状监测布点类型与数量

评价工作等级		占地范围内	占地范围外
一级	生态影响型	5 个表层样点	6 个表层样点
	污染影响型	5 个柱状样点，2 个表层样点	4 个表层样点
二级	生态影响型	3 个表层样点	4 个表层样点
	污染影响型	3 个柱状样点，1 个表层样点	2 个表层样点

续表

评价工作等级		占地范围内	占地范围外
三级	生态影响型	1个表层样点	2个表层样点
	污染影响型	3个表层样点	—

注　①"—"表示无现状监测布点类型与数量的要求。

②表层样应在0～0.2 m取样。

③柱状样通常在0～0.5 m、0.5～1.5 m、1.5～3 m分别取样,3 m以下每3 m取1个样,可根据基础埋深、土体构型适当调整。

(2) 对于生态影响型建设项目,可优化调整占地范围内、外监测点数量,保持总数不变;占地范围超过5 000 hm^2时,每增加1 000 hm^2增加1个监测点。

(3) 污染影响型建设项目占地范围超过100 hm^2的,每增加20 hm^2增加1个监测点。

4) 现状监测取样方法

表层样监测点及土壤剖面的土壤监测取样方法一般参照《土壤环境监测技术规范》(HJ/T 166)执行,柱状样监测点和污染影响型改、扩建项目的土壤监测取样方法还可参照《建设用地土壤污染状况调查技术导则》(HJ 25.1)、HJ 25.2执行。

5) 现状监测因子

土壤环境现状监测因子分为基本因子和建设项目的特征因子。

(1) 基本因子为《土壤环境质量　农用地土壤污染风险管控标准(试行)》(GB 15618)、《土壤环境质量　建设用地土壤污染风险管控标准(试行)》(GB 36600)中规定的基本项目,分别根据调查评价范围内的土地利用类型选取。

(2) 特征因子为建设项目产生的特有因子;既是特征因子又是基本因子的,按特征因子对待。

(3) 调查评价范围内的每种土壤类型及已存在污染风险的土壤须监测基本因子与特征因子,其他监测点位可仅监测特征因子。

6) 现状监测频次要求

(1) 基本因子:评价工作等级为一级的建设项目,应至少开展1次现状监测;评价工作等级为二级、三级的建设项目,若掌握近3年至少1次的监测数据,可不再进行现状监测;引用监测数据应满足布点原则和现状监测点数量的相关要求,并说明数据有效性。

(2) 特征因子:应至少开展1次现状监测。

4.8.5　现状评价

1) 评价因子

同现状监测因子。

2) 评价标准

(1) 根据调查评价范围内的土地利用类型,分别选取GB 15618、GB 36600等标准中的筛选值进行评价,土地利用类型无相应标准的可只给出现状监测值。

(2) 评价因子在GB 15618、GB 36600等标准中未规定的,可参照行业、地方或国外相关标准进行评价,无可参照标准的可只给出现状监测值。

(3) 土壤盐化、酸化、碱化等的分级标准参见表4-29和表4-30。

表 4-29　土壤盐化分级标准

分　　级	土壤含盐量(SSC)/(g/kg)	
	滨海、半湿润和半干旱地区	干旱、半荒漠和荒漠地区
未盐化	SSC<1	SSC<2
轻度盐化	1≤SSC<2	2≤SSC<3
中度盐化	2≤SSC<4	3≤SSC<5
重度盐化	4≤SSC<6	5≤SSC<10
极重度盐化	SSC≥6	SSC≥10

注　根据区域自然背景状况适当调整。

表 4-30　土壤酸化、碱化分级标准

土壤 pH 值	土壤酸化、碱化强度
pH<3.5	极重度酸化
3.5≤pH<4.0	重度酸化
4.0≤pH<4.5	中度酸化
4.5≤pH<5.5	轻度酸化
5.5≤pH<8.5	无酸化或碱化
8.5≤pH<9.0	轻度碱化
9.0≤pH<9.5	中度碱化
9.5≤pH<10.0	重度碱化
pH≥10.0	极重度碱化

注　土壤酸化、碱化强度指受人为影响后呈现的土壤 pH 值,可根据区域自然背景状况适当调整。

3) 评价方法

(1) 土壤环境质量现状评价应采用标准指数法,并进行统计分析,给出样本数量、最大值、最小值、均值、标准差、检出率和超标率、最大超标倍数等。

(2) 对照表 4-29 和表 4-30 给出各监测点位土壤盐化、酸化、碱化的级别,统计样本数量、最大值、最小值和均值,并评价均值对应的级别。

4) 评价结论

(1) 对于生态影响型建设项目,应给出土壤盐化、酸化、碱化的现状。

(2) 对于污染影响型建设项目,应给出评价因子是否满足 GB 15618、GB 36600 要求的结论;当评价因子存在超标时,应分析超标原因。

习　　题

1. 计算题

某地区有甲、乙、丙三个工厂,年污水排放量与污染物监测结果如表 4-31 所示。污染物最高允许排放浓度为悬浮物 250 mg/L、酚 0.5 mg/L、石油类 10 mg/L。试确定该地区的主要污染物和主要污染源。

表 4-31 污水排放量与污染物监测结果

工厂	污水量/(10^4 t/a)	污染物浓度/(mg/L)		
		悬浮物	酚	石油类
甲	500	410	0.05	7.0
乙	200	170	0.01	0.9
丙	400	1 200	0.005	1.0

2. 简答题

(1) 简述环境现状调查的基本方法。

(2) 简述大气环境调查的主要内容。

(3) 简述大气环境质量现状评价的内容。

(4) 如何筛选地表水环境评价因子?

(5) 简述我国地表水环境功能区划分情况。

(6) 地表水水质评价的具体方法包括哪些?

(7) 如何对一条河流进行水文测量?

(8) 简述地下水环境现状的调查内容。

(9) 简述噪声环境影响评价的基本内容。

(10) 如何对噪声环境影响进行评价?

(11) 简述生态环境现状评价的主要内容和评价方法。

(12) 试说明土壤环境现状调查的基本要求。

(13) 进行土壤环境现状调查时,应从哪些方面着手?

第 5 章　环境质量综合评价方法

5.1　环境质量综合评价的一般方法

环境质量综合评价方法主要用于综合描述、识别、分析和评价建设项目对各种环境因子的影响。环境质量综合评价的一般方法有列表清单法、矩阵法、网络法、图形叠置法、环境质量综合指数评价法和专家评价法等。

5.1.1　列表清单法

列表清单法又称为核查表法，该法是将可能受开发方案影响的环境因子和可能产生的影响性质，通过核查在一张表上一一列出，构成用于进行环境影响识别的一维表格。该方法产生于 1971 年，目前还在普遍使用，并有多种形式。

（1）简单型清单：仅是一个可能受影响的环境因子表，不做其他说明，可做定性的环境影响识别分析，但不能作为决策依据。

（2）描述型清单：与简单型清单相比增加了环境因子度量的准则。

（3）分级型清单：在描述型清单基础上对环境影响程度进行分级。

环境影响识别常用的是描述型清单。目前有两种类型的描述型清单。比较流行的是环境资源分类清单，即对受影响的环境因素（环境资源）先做简单的划分，以突出有价值的环境因子。通过环境影响识别，将具有显著性影响的环境因子作为后续评价的主要内容。该类清单已按工业、能源、水利工程、交通、农业工程、森林资源、市政工程等编制了主要环境影响识别表，在世界银行《环境评价资源手册》等文件中均可查获。这些编制成册的环境影响识别表可供具体建设项目环境影响识别时参考。

另一类描述型清单即是传统的问卷式清单。在清单中仔细地列出有关项目环境影响要询问的问题，针对项目的各项“活动”和环境影响进行询问。答案可以是“有”或“没有”。如果回答为有影响，则在表中的注解栏说明影响的程度、发生影响的条件及环境影响的方式，而不是简单地回答某项活动将产生某种影响。

列表清单法有助于系统地考虑一系列直接的、明显的环境影响，简要分析和概括环境影响结果，但其缺陷是过于笼统，也不能阐述影响之间的相互作用关系和因子之间的间接影响，并且有较大的主观性。

5.1.2　矩阵法

矩阵法由清单法发展而来，不仅具有影响识别功能，还具有影响综合分析评价功能。它将清单所列内容系统地加以排列，把拟建项目的各项“活动”和受影响的环境要素组成一个二维矩阵，在拟建项目的各项“活动”和环境影响之间建立起直接的因果关系，以定性或半定量的方式说明拟建项目的环境影响。

矩阵法有几种形式，比较有代表性的是利奥波德矩阵（Leopold 矩阵）法。它是美国地质调查局的 Leopold 等人于 1971 年提出的一种半定量分析方法。该方法是在开发行为和环境影响之间建立起直接的因果关系,即在矩阵垂直方向列出环境因子,水平方向列出工程建设活动。某项开发活动可能对某一环境要素产生的影响,在矩阵相应交叉点标注出来,同时综合考虑环境影响的程度和权系数,见表 5-1。影响程度可以划分为若干个等级,如 5 级或 10 级,用数字表示;影响的重要性用权系数表示,可用 1～10 的数字表示。数字越大表明影响的程度或重要性越大。工程对环境产生有利影响时,冠以"＋",产生不利影响时,冠以"－",见表 5-2。

表 5-1　环境影响矩阵的结构

项　目	活动 1	活动 2	…	活动 n	环境因子总影响
环境因子 1	$M_{11}W_{11}$	$M_{12}W_{12}$	…	$M_{1n}W_{1n}$	$\sum_{j=1}^{n}M_{1j}W_{1j}$
环境因子 2	$M_{21}W_{21}$	$M_{22}W_{22}$	…	$M_{2n}W_{2n}$	$\sum_{j=1}^{n}M_{2j}W_{2j}$
⋮	⋮	⋮		⋮	⋮
环境因子 m	$M_{m1}W_{m1}$	$M_{m2}W_{m2}$	…	$M_{mn}W_{mn}$	$\sum_{j=1}^{n}M_{mj}W_{mj}$
活动总影响	$\sum_{i=1}^{m}M_{i1}W_{i1}$	$\sum_{i=1}^{m}M_{i2}W_{i2}$	…	$\sum_{i=1}^{m}M_{in}W_{in}$	$\sum_{i=1}^{m}\sum_{j=1}^{n}M_{ij}W_{ij}$

表中 M_{ij} 表示开发行为 j 对环境因子 i 的影响;W_{ij} 表示开发行为 j 对环境因子 i 的权重;所有开发行为对环境因子 i 的总影响为 $\sum_{j=1}^{n}M_{ij}W_{ij}$;开发行为 j 对整个环境的总影响为 $\sum_{i=1}^{m}M_{ij}W_{ij}$;所有开发行为对整个环境的影响为 $\sum_{i=1}^{m}\sum_{j=1}^{n}M_{ij}W_{ij}$。某开发活动对各种环境因子的影响矩阵见表 5-2。

表 5-2　各开发行为对环境要素的影响(按矩阵法排列)

环境要素	居住区改变	水文排水改变	修路	噪声和振动	城市化	平整土地	侵蚀控制	园林化	汽车环行	总影响
地形	8(3)	-2(7)		1(1)	9(3)	-8(7)	-3(7)	3(10)	1(3)	3
水循环使用	1(1)	1(3)				5(3)	6(1)	1(10)		47
气候	1(1)				1(1)					2
洪水稳定性	-3(7)	-5(7)				7(3)	8(1)	2(10)		5
地震	2(3)	-1(7)	1(3)		1(1)	8(3)	2(1)			26
空旷地	8(10)			2(3)	-10(7)			1(10)	1(3)	89
居住区	6(10)				9(10)					150
健康和安全	2(10)	1(3)			5(3)	5(3)	2(1)		-1(7)	57
人口密度	1(3)			4(1)	1(3)					10
建筑	1(3)	1(3)			3(3)	4(3)	1(1)		1(3)	34
交通	1(3)				7(3)				-10(7)	-109
总影响	180	-47		11	97	31	-2	70	-68	314

注　表中数字表示影响大小:1 表示没有影响,10 表示影响最大;负数表示不利影响,正数表示有利影响。括号内数字表示权重,数值越大权重越大。

5.1.3　网络法

网络法是索伦森(J. Sorensen)于 1971 年提出的。它是采用因果关系分析网络来解释和描述拟建项目的各项“活动”和环境要素之间的关系。除了具有相关矩阵法的功能外,可识别间接影响和累积影响。

网络法以原因-结果关系树来表示环境影响链,即反映初级—次级—三级之间的关系。因网络呈树枝状,故又称为影响关系树或影响树,见图 5-1。网络树由许多事件链组成,链上每个事件的影响除了可以用影响程度 m 及其权值 W 表示外,还要考虑事件链发生的概率 P。网络影响的计算方法如下。

一个分支 i 上事件链发生的概率 P_i 是该分支上每级概率之积。如图 5-1 上分支 1 的概率是

$$P_1 = P_A P_{A_1} P_{A_{11}} P_{A_{111}}$$

一个分支 i 上环境影响是该分支上环境影响程度及其权值之积的和。例如,分支 1 的加权影响为

$$I_1^0 = m_{A_1} W_{A_1} + m_{A_{11}} W_{A_{11}} + m_{A_{111}} W_{A_{111}} \tag{5-1}$$

考虑到分支 1 影响发生的概率,则分支 1 可能发生的加权影响为

$$I_1 = P_1 I_1^0 = P_1 (m_{A_1} W_{A_1} + m_{A_{11}} W_{A_{11}} + m_{A_{111}} W_{A_{111}}) \tag{5-2}$$

总的影响为

$$I = \sum_{i=1}^{n} P_i I_i^0 \tag{5-3}$$

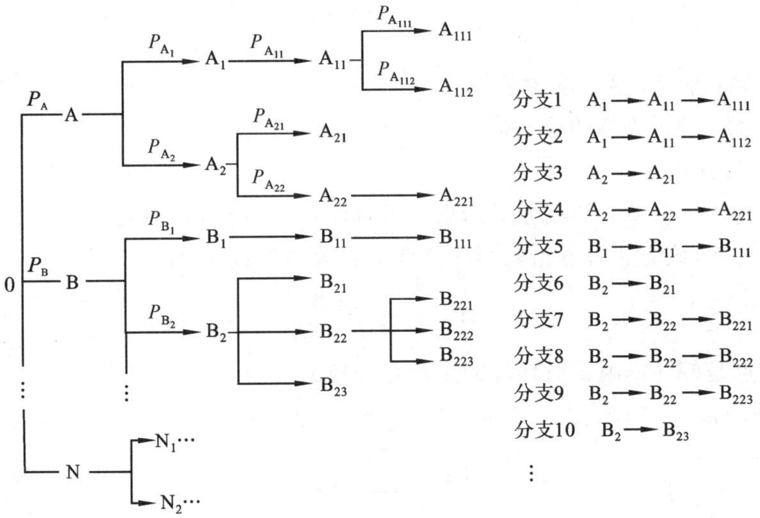

图 5-1　网络法示意图

5.1.4　图形叠置法

图形叠置法是麦哈格(Ian Macharg)1969 年提出的。它是将一套表示各环境要素一定特征的透明图片叠置起来,用以表示环境的综合特征,反映建设项目的影响范围以及环境影响的性质和程度。

该法首先将所研究的地区划分成若干个环境单元,以每个环境单元为独立单位,把通过各

种途径、手段所获得的有关各环境要素的种种资料，分别做成反映环境性质、特征的各环境要素的单幅环境图，这样所绘出的图就是一系列环境图，然后把这一系列环境图叠置于该环境单元的基本地图(或称为底图)之上，就编制成了一个环境单元的综合环境图。把若干个环境单元的综合图加以衔接，就可构成一个地区的综合环境图。据此可进行综合分析，判别环境影响的范围、性质和程度。例如，根据土地利用的特征能对土地利用的适宜性和建设项目的可行性做出预测和评价。通过图上所表示的不同颜色及阴影的深浅等可以说明其影响的程度。

图形叠置法用于涉及地理空间较大的建设项目，如“线型”影响项目(公路、铁道、管道等)和区域开发项目。该法比较简单，对环境只能做出定性评价，其作用在于预测评价和传达某一地区适合开发的程度，识别供选择的地点和路线等。

随着地理信息系统(GIS)在环境影响评价中的应用，传统的手工图形叠置法得到了极大的改进，也使图形叠置法焕发了新的生机。

5.1.5 环境质量综合指数评价法

环境质量综合指数是一个有代表性的、综合的指数，可以用于衡量环境质量的优劣。目前，国内外常用的环境质量综合指数主要有以下几种。

1. 简单叠加法

环境要素的污染是各种污染物共同作用的结果，因而多种污染物的作用和影响必然大于其中任一种污染物的作用和影响。用所有评价参数的相对污染值的总和，可以反映出环境要素的综合污染程度，故用分指数简单叠加得到综合指数，即

$$\mathrm{PI} = \sum_{i=1}^{n} \frac{C_i}{C_{0i}} \tag{5-4}$$

式中 C_i——第 i 种污染物的实测值；

C_{0i}——第 i 种污染物的标准值。

2. 算术平均值法

为了消除选用评价参数的项数对结果的影响，便于在用不同项数进行计算的情况下对污染的程度进行比较，该方法将分指数和除以评价参数的项数 n，即

$$\mathrm{PI} = \frac{1}{n}\sum_{i=1}^{n} \frac{C_i}{C_{0i}} \tag{5-5}$$

该方法的出发点是各环境因子对环境的影响是均权的。

3. 加权平均法

$$\mathrm{PI} = \sum_{i=1}^{n} W_i \frac{C_i}{C_{0i}} \tag{5-6}$$

式中 W_i—— 第 i 种污染物的权值，$0 \leqslant W_i < 1, \sum W_i = 1$。

权值的引入反映出不同污染物对环境的影响是不同的。当权值相同时，上式可简化为式(5-5)。

4. 平方和的平方根法

$$\mathrm{PI} = \sqrt{\sum_{i=1}^{n} \left(\frac{C_i}{C_{0i}}\right)^2} \tag{5-7}$$

5. 均方根法

$$PI = \sqrt{\frac{1}{n}\sum_{i=1}^{n}\left(\frac{C_i}{C_{0i}}\right)^2} \tag{5-8}$$

6. 兼顾极值法

采用上述方法进行评价时，可能出现这种现象：即使某种污染物浓度超标倍数很高，而其他污染物浓度不超标，仍会得出平均环境质量状况良好的结论。考虑到这一效应，内梅罗（N. L. Nemerow）提出了一种兼顾极值或突出最大值型的环境质量指数（内梅罗指数）。该指数是一种指数平均值和最大值相结合的计算方法，其计算公式为

$$PI = \sqrt{\frac{1}{2}\left\{\left[\max\left(\frac{C_i}{C_{0i}}\right)\right]^2 + \left(\frac{1}{n}\sum_{i=1}^{n}\frac{C_i}{C_{0i}}\right)^2\right\}} \tag{5-9}$$

内梅罗指数既考虑了主要污染因子在环境质量评价中的作用，又避免了确定权重时的主观影响。由于突出了最大值的作用，所以用该法计算的指数较其他方法偏大。

5.1.6　专家评价法

在需要进行环境影响预测时，常常会遇到这样一些问题：缺乏足够的数据和资料，无法进行客观地统计分析；某些环境因子难以用数学模型定量化（如含有社会、文化、政治等因素的环境因子）；某些因果关系太复杂，找不到适当的预测模型；或由于时间、经济等条件限制，不能应用客观的预测方法。此时只能用主观预测方法，专家评价法正是适合这些情况的评价方法。

专家评价法是依靠专家作为索取信息的对象，最简便的方式是组织各有关专业的专家，应用专业方面的经验和知识，通过专家个人判断或专家会议对环境因子的重要性进行判别。

最有代表性的专家评价法是德尔菲（Delphi）法，这是美国兰德公司于1964年首先用于技术预测的方法。该法通过向专家征求意见及有控制的信息反馈，使专家们进行有组织的、匿名的思想交流，然后采用统计方法对结果进行定量处理。该方法以专家打分方式进行环境因子的权重评分，分值为0～100，分值越高，环境因子越重要。经过反复征询专家意见（即轮回反馈）之后，对结果进行统计处理（包括专家意见的集中程度、协调程度、积极程度及权威程度，其中主要是集中程度和协调程度）。

1. 专家意见集中程度

专家意见的集中程度用方案的算术平均值和方案的满分率两项指标来衡量。

1）方案的算术平均值

$$\overline{C}_j = \frac{1}{m_j}\sum_{i=1}^{m_j}C_{ij},\quad j = 1,2,\cdots,n \tag{5-10}$$

式中　$\overline{C}_j$——第 j 种方案的算术平均值；

m_j——参与第 j 种方案评价的专家数；

C_{ij}——i 专家对第 j 种方案的评分值。

2）方案的满分率

$$K'_j = \frac{m'_j}{m_j} \tag{5-11}$$

式中　K'_j——第 j 种方案的满分率；

m'_j——给第 j 种方案满分的专家数；

m_j——参与第 j 种方案评价的专家数。

2. 专家意见协调程度

专家意见协调程度可用变异系数衡量。

变异系数表明专家们在对第 j 种方案相对重要性认识上的差异程度，即协调程度。变异系数越小，专家们意见的协调程度越高。

$$V_j = \frac{S_j}{\overline{C}_j} \tag{5-12}$$

式中　V_j——第 j 种方案评价的变异系数；

S_j——第 j 种方案评价的标准差。S_j 为

$$S_j = \sqrt{\frac{1}{m_j - 1}\sum_{i=1}^{m_j}(C_{ij} - \overline{C}_j)^2} \tag{5-13}$$

3. 协调程度统计显著性

由于评价是在假设专家意见按正态分布的前提下进行的，所以对评价的结果要进行统计显著性检验。协调程度的显著性检验按 χ^2 法进行。有关计算请参考一般数理统计书籍。

4. 专家积极性系数

$$C_{aj} = \frac{m_j}{m} \tag{5-14}$$

式中　C_{aj}——第 j 种方案的积极性系数；

m_j——参与第 j 种方案评价的专家数；

m——全部专家数。

5. 专家权威程度

专家权威程度可由专家对方案做出判断的依据和专家对问题的熟悉程度两方面因素决定，用专家权威程度系数来衡量。专家权威程度系数取判断系数和熟悉程度系数的平均值。

5.2　环境质量综合评价的模糊数学法

模糊数学是用数学方法研究和处理具有“模糊性”现象的数学。模糊数学诞生于 1965 年，它的创始人是美国自动化控制专家查德(L. A. Zadeh)教授。在精确数学中，根据集合论的要求，一个对象对于一个集合，要么属于，要么不属于，两者必居其一，不允许模棱两可，集合包含的“外延”必须明确。但在环境质量评价中，有许多的因素是不能仅用精确数学来描述的。例如，在界定某水环境质量级别的过程中，有两个监测点，溶解氧(DO)监测值分别是 5.9 mg/L 和6.1 mg/L。根据《地表水环境质量标准》(GB 3838—2002)，DO 的Ⅱ类水标准为 6 mg/L，Ⅲ类水标准为 5 mg/L。很显然，如果用精确数学来描述，6.1 mg/L 符合 Ⅱ类水标准，而 5.9 mg/L 仅符合Ⅲ类水标准。实际上 6.1 与 5.9 相差很小，所以这样分类显然不太客观。如果采用模糊数学的概念，用隶属度来描述就比较客观。当 DO 值为 5.9 mg/L 时对于Ⅱ类水标准的隶属度达到90.0%，相应的对于Ⅲ类水标准的隶属度则是 10.0%，显然，用隶属函数来描述事物模糊程度较精确数学的直接界定合理得多。

5.2.1　模糊数学法原理

1. 模糊集合

模糊集合是用来表示界限或边界不分明的事物的集合。这些事物往往存在一些不确定性，很难找出一个分明的界线，难以用“属于”和“不属于”来表达，可用模糊集合来表示，表达式如下：

$$A: U \to [0,1]$$

表明 A 是论域 U 上的一个模糊集合。

2. 隶属度与隶属函数

隶属度表示元素 a 属于模糊集合 A 的隶属程度，用 0～1 间的任何数表示，即隶属度用于判断该元素对此集合从属程度的大小，这样，即使集合界线模糊不清，也不影响我们对元素是否属于该集合的判断。

根据用特征函数表示普通集的方法，可用隶属函数表示模糊集。隶属函数是指在论域 U 到[0,1]上的映射 u，即

$$u: U \to [0,1]$$

当 $u(U)=1$ 时，u 完全属于模糊集合；当 $u(U)=0$ 时，则 u 完全不属于模糊集合。$u(U)$ 越接近 1，u 属于模糊集合的程度就越大。

5.2.2　隶属函数的确定

隶属函数可以通过降半梯形分布确定，降半梯形分布的公式如下。

(1) 对第 1 级标准，即 $l=1$，其隶属函数为

$$u_l(x)=\begin{cases}1, & x \leqslant s_l \\ \dfrac{1}{s_{l+1}-s_l}(s_{l+1}-x), & s_l < x < s_{l+1} \\ 0, & x \geqslant s_{l+1}\end{cases} \tag{5-15}$$

式中　x——污染物浓度实测值；

s_l, s_{l+1}——第 l 级和 $l+1$ 级水质的标准值，$l=1,2,\cdots,L$。

(2) 对第 2～$L-1$ 级标准，其隶属度函数为

$$u_l(x)=\begin{cases}1, & x = s_l \\ \dfrac{1}{s_l-s_{l-1}}(x-s_{l-1}), & s_{l-1} < x < s_l \\ \dfrac{1}{s_{l+1}-s_l}(s_{l+1}-x), & s_l < x < s_{l+1} \\ 0, & x \leqslant s_{l-1}, x \geqslant s_{l+1}\end{cases} \tag{5-16}$$

(3) 对第 L 级标准，其隶属度函数为

$$u_l(x)=\begin{cases}1, & x \geqslant s_l \\ \dfrac{1}{s_l-s_{l-1}}(x-s_{l-1}), & s_{l-1} < x < s_l \\ 0, & x \leqslant s_{l-1}\end{cases} \tag{5-17}$$

对于环境质量随污染物的浓度减少而变差的情况(如水中溶解氧)，需将条件中的各类标准值和实测值转变符号。

5.2.3 应用举例

例 5-1 某水体的水质监测值及标准值见表 5-3,试用模糊数学法确定该水体水质级别。

表 5-3 某水体的水质监测值及标准值 (单位:mg/L)

		BOD_5	DO	COD_{Cr}	Zn	酚	Hg	As	CN
标准值	Ⅰ	3	7.5	15	0.05	0.002	0.000 05	0.05	0.005
	Ⅱ	3	6	15	1.00	0.002	0.000 05	0.05	0.05
	Ⅲ	4	5	20	1.00	0.005	0.000 1	0.05	0.20
	Ⅳ	6	3	30	2.00	0.010	0.001 0	0.10	0.20
	Ⅴ	10	2	40	2.00	0.100	0.001 0	0.10	0.20
监测值		16.3	8.2	20	2.00	0.060	0.001 0	0.05	0.20

解 (1)确定隶属函数,建立关系模糊矩阵 $\boldsymbol{R}$。

计算 8 种污染物对于 5 级水质标准的隶属度,依次排列,组成一个 8×5 的矩阵,称为关系模糊矩阵。

$$\boldsymbol{R}=\begin{bmatrix} 0.000 & 0.000 & 0.000 & 0.000 & 1.000 \\ 1.000 & 0.000 & 0.000 & 0.000 & 0.000 \\ 0.000 & 0.000 & 1.000 & 0.000 & 0.000 \\ 0.000 & 0.000 & 0.000 & 1.000 & 0.000 \\ 0.000 & 0.000 & 0.000 & 0.444 & 0.556 \\ 0.000 & 0.000 & 0.000 & 1.000 & 0.000 \\ 1.000 & 0.000 & 0.000 & 0.000 & 0.000 \\ 0.000 & 0.000 & 1.000 & 0.000 & 0.000 \end{bmatrix}$$

(2)计算权系数,构成权重向量 $\boldsymbol{A}$。

根据按污染程度确定权重的原则,按下式计算权系数:

$$W_i=\frac{\dfrac{C_i}{\overline{C}_{0i}}}{\displaystyle\sum_{i=1}^{n}\frac{C_i}{\overline{C}_{0i}}} \tag{5-18}$$

其中

$$\overline{C}_{0i}=\frac{1}{L}\sum_{i=1}^{L}C_i \tag{5-19}$$

式中 L——环境质量标准的级数;

n——污染物的种类。

将各种污染物权系数计算的结果写成向量形式,得到

$$\boldsymbol{A}=[0.237\quad 0.043\quad 0.063\quad 0.125\quad 0.191\quad 0.172\quad 0.054\quad 0.115]$$

在上述权重计算中,当涉及 DO 时,需要将$\dfrac{C_i}{\overline{C}_{0i}}$换成$\dfrac{\overline{C}_{0i}}{C_i}$。

(3)模糊矩阵复合运算,得出评价结果。

在确定了上述两个模糊矩阵 $\boldsymbol{R}$ 和 $\boldsymbol{A}$ 之后,即可进行复合运算,进而得出综合评价指数。复合运算模型有 $M_1(\wedge,\vee)$、$M_2(\times,\vee)$、$M_3(\times,+)$和 $M_4(\wedge,+)$四种。"∧"和"∨"分别表示两者取小值和两者取大值,"×"和"+"分别表示两数相乘和两数相加。作者认为 $M_1(\wedge,\vee)$容易丢失某些信息,$M_2(\times,\vee)$和 $M_4(\wedge,+)$不突出主要因素,建议采用 $M_3(\times,+)$,即矩阵乘法运算的方法。运算结果为

$$\boldsymbol{B}=\boldsymbol{A}\cdot\boldsymbol{R}=[0.097\quad 0.000\quad 0.178\quad 0.381\quad 0.343]$$

得出的指数是对应于 U 集合上的各项隶属度。对哪一类水质标准的隶属度最大，说明水体越接近该类标准，就应确定为哪一类水质。结果表明Ⅳ类标准的隶属度最大，为 0.381，结论为该水体质量属于Ⅳ类。

如果在模糊矩阵复合运算结果中出现两个最大值，要考虑次大值贴近哪个。例如，某一复合运算结果为 $\boldsymbol{B}=[0.18\quad 0.3\quad 0.3\quad 0.1\quad 0.0]$，结果表明Ⅱ类水质、Ⅲ类水体的隶属度都是 0.3，Ⅰ类水质的隶属度为 0.18，Ⅳ类水质的隶属度为 0.1，故结论应偏向Ⅰ类水质方向，最终结论定为Ⅱ类水质。

5.3　灰色系统理论在环境质量综合评价中的应用

灰色系统的概念是黑箱概念的一种拓展。控制论中的黑箱是指当人们考察对象（系统）时，无法直接观测其内部结构，只能或只需通过考察其外部输入、输出来认识的现实系统。相对于黑箱而言，白箱则是指能直接观测对象内部结构的现实系统。从信息的观点来看：黑箱代表信息完全未知或信息不确定的系统；白箱是指信息完全确知的系统；灰箱则是指既含有已知信息，又含有未确定信息的系统。

灰色系统理论就是用已知的白化参数，通过分析、建模、控制和优化等程序，将灰色问题淡化和白化。它主要研究灰色系统理论的建模思想、建模方法、关联分析、灰色预测、系统分析、灰色决策和控制等有关问题。

5.3.1　灰关联分析法

灰关联分析法是在灰色系统理论的基础上发展起来的一种新的分析方法。灰关联分析法的实质为灰色系统中多个序列（离散数列）之间接近度的序列分析，这种接近度称为数据间的关联度。

采用灰关联分析法进行环境评价，就是通过确定实测样本序列（子序列）与标准序列（母序列）间的关联度确定环境质量级别的方法，按关联度最大，将评价的样本归在相应的级别中。下面介绍采用灰关联分析法进行环境质量评价的步骤及方法。

1. 建立样本矩阵与标准矩阵

首先，定义 $\boldsymbol{X}_{mn}$ 是某质量群体对应于 n 个环境因子与 m 个空间点的样本矩阵，记为

$$\boldsymbol{X}_{mn}=\begin{bmatrix} X_1(1) & X_1(2) & \cdots & X_1(n) \\ X_2(1) & X_2(2) & \cdots & X_2(n) \\ \vdots & \vdots & & \vdots \\ X_m(1) & X_m(2) & \cdots & X_m(n) \end{bmatrix} \tag{5-20}$$

其次，定义环境质量标准矩阵 $\boldsymbol{S}_{Ln}$ 为

$$\boldsymbol{S}_{Ln}=\begin{bmatrix} S_1(1) & S_1(2) & \cdots & S_1(n) \\ S_2(1) & S_2(2) & \cdots & S_2(n) \\ \vdots & \vdots & & \vdots \\ S_L(1) & S_L(2) & \cdots & S_L(n) \end{bmatrix} \tag{5-21}$$

其中，$X_j(i)(i=1,2,\cdots,n;j=1,2,\cdots,m)$ 为第 i 个环境因子在第 j 个空间点的监测值；$S_l(i)(i=1,2,\cdots,n;l=1,2,\cdots,L)$ 为第 i 个环境因子对应的第 l 级水质标准。

2. 对样本矩阵和标准矩阵归一化

考虑到各项指标的量级可能不完全相同，单位也不尽一样。因此在采用灰色关联分析法

进行评价之前,有必要将样本矩阵式(5-20)和标准矩阵式(5-21)中的元素归一化,将其转变为[0,1]内的数值。为了达到此目的,我们不妨先做个规定:将矩阵归一化后,第1级标准对应的元素为1,第L级(最后一级)标准对应的元素为0,第1～L级标准对应的元素的取值均在[0,1]之间。归一化方法可以采用下述分段线性变换方法。

对于数值越大污染越严重的污染物指标,可采用式(5-22)和式(5-23)对矩阵$\boldsymbol{S}_{Ln}$和矩阵$\boldsymbol{X}_{mn}$中的元素进行归一化变换,即

$$b_l(i)=\frac{S_L(i)-S_l(i)}{S_L(i)-S_1(i)},\quad i=1,2,\cdots,n,\ l=1,2,\cdots,L \tag{5-22}$$

$$a_j(i)=\begin{cases}1, & X_j(i)\leqslant S_1(i),\ i=1,2,\cdots,n,\ j=1,2,\cdots,m\\ \dfrac{S_L(i)-X_j(i)}{S_L(i)-S_1(i)}, & S_1(i)<X_j(i)<S_L(i),\ i=1,2,\cdots,n,\ j=1,2,\cdots,m\\ 0, & X_j(i)\geqslant S_L(i),\ i=1,2,\cdots,n,\ j=1,2,\cdots,m\end{cases} \tag{5-23}$$

式中　$b_l(i)$——标准矩阵中第i项指标归一化后的元素;

$a_j(i)$——样本矩阵中第i项指标归一化后的元素;

$S_1(i)$、$S_L(i)$——第i项指标对应的第1级和第L级标准值;

$S_l(i)$、$X_j(i)$——所要归一化的第i项指标对应的第l类标准值和第j个断面的实测值。

归一化后的样本矩阵和标准矩阵分别为

$$\boldsymbol{A}_{mn}=\begin{bmatrix}a_1(1) & a_1(2) & \cdots & a_1(n)\\ a_2(1) & a_2(2) & \cdots & a_2(n)\\ \vdots & \vdots & & \vdots\\ a_m(1) & a_m(2) & \cdots & a_m(n)\end{bmatrix},\quad \boldsymbol{B}_{Ln}=\begin{bmatrix}b_1(1) & b_1(2) & \cdots & b_1(n)\\ b_2(1) & b_2(2) & \cdots & b_2(n)\\ \vdots & \vdots & & \vdots\\ b_L(1) & b_L(2) & \cdots & b_L(n)\end{bmatrix} \tag{5-24}$$

确定归一化后的样本矩阵为子序列,归一化后的标准样本为母序列。

对于DO等水质指标,数值越大污染程度越轻,可采用式(5-25)和式(5-26)对矩阵$\boldsymbol{S}_{Ln}$和矩阵$\boldsymbol{X}_{mn}$进行归一化变换,即

$$b_l(i)=\frac{S_l(i)-S_L(i)}{S_1(i)-S_L(i)} \tag{5-25}$$

$$a_j(i)=\begin{cases}1, & X_j(i)\geqslant S_1(i)\\ \dfrac{X_j(i)-S_L(i)}{S_1(i)-S_L(i)}, & S_1(i)>X_j(i)>S_L(i)\\ 0, & X_j(i)\leqslant S_L(i)\end{cases} \tag{5-26}$$

对于pH值,则可按两个状态变换,即

$$b_l(i)=\begin{cases}1.0, & 6\leqslant S_l(i)\leqslant 9\\ 0, & \text{其他}\end{cases} \tag{5-27}$$

$$a_j(i)=\begin{cases}1.0, & 6\leqslant X_j(i)\leqslant 9\\ 0, & \text{其他}\end{cases} \tag{5-28}$$

或改为以7.5 mg/L为中点,[6,9]为区间的三角分布等。

3. 计算关联离散函数

实测样本单个因子与质量标准间的关联程度,可以用下列关联离散函数表示:

$$\xi_{jl}(i)=\frac{1-\Delta_{jl}^{m}(i)}{1+\Delta_{jl}^{m}(i)} \tag{5-29}$$

式中　$\Delta_{jl}^{m}(i)=|b_l(i)-a_j(i)|$；

m——不小于 1 的整数，一般取 1～4。

$\Delta_{jl}(i)$反映了第 j 个断面（$j=1,2,\cdots,m$）的第 i 项指标（$i=1,2,\cdots,n$）与各 l 分级指标（$l=1,2,\cdots,L$）的类别差，显然 $0\leqslant\Delta_{jl}(i)\leqslant1$。当 $\Delta_{jl}(i)=0$ 时，表明第 i 项指标与第 l 级标准同类，这时 $\xi_{jl}(i)=1$，关联性最大；反之，当 $\Delta_{jl}(i)=1$ 时，表明第 i 项指标与第 l 级标准异类，这时 $\xi_{jl}(i)=0$，关联性最小。对于 $0<\Delta_{jl}(i)<1$ 情况，则反映了某种程度的关联性。

为了综合第 j 个断面的 n 项指标对各级标准的关联离散函数，需要求出该断面所有的 $\xi_{jl}(i)$值，用下列矩阵表示

$$\boldsymbol{\xi}_{nL}=\begin{bmatrix}\xi_{j1}(1) & \xi_{j2}(1) & \cdots & \xi_{jL}(1)\\ \xi_{j1}(2) & \xi_{j2}(2) & \cdots & \xi_{jL}(2)\\ \vdots & \vdots & & \vdots\\ \xi_{j1}(n) & \xi_{j2}(n) & \cdots & \xi_{jL}(n)\end{bmatrix} \tag{5-30}$$

将各项指标的关联离散函数与对应的权系数之积求和，得到第 j 个断面对于第 l 级标准的关联度，即

$$r_{jl}=\sum_{i=1}^{n}W_j(i)\xi_{jl}(i) \tag{5-31}$$

式中　$W_j(i)$——第 j 个断面第 i 个指标的权重值，可采用模糊数学的方法或层次分析法等确定。

如此，最终得到第 j 个断面对各级标准的关联度 $\boldsymbol{r}_{jl}=(r_{j1}\quad r_{j2}\quad\cdots\quad r_{jL})$，其值实则可以利用权系数矩阵和关联离散系数矩阵复合运算得到。

在计算各断面对各项指标的关联度后，便可建立下列综合各断面的关联度矩阵，即

$$\boldsymbol{r}_{mL}=\begin{bmatrix}r_{11} & r_{12} & \cdots & r_{1L}\\ r_{21} & r_{22} & \cdots & r_{2L}\\ \vdots & \vdots & & \vdots\\ r_{m1} & r_{m2} & \cdots & r_{mL}\end{bmatrix} \tag{5-32}$$

矩阵 $\boldsymbol{r}_{mL}$ 从整体上描述了每个空间点（断面）各项指标相对于各级标准的关联度。基于灰关联分析原理，第 j 个断面的评价结果，应取式(5-32)矩阵中第 j 行向量中关联度 $r_{jl}(k)$最大者对应的质量级别。

5.3.2　灰色聚类法

聚类分析是用数学方法定量地确定聚类对象间的亲疏关系并进行分类的一种多元分析方法。灰色聚类是普通聚类方法的一种拓展，是在聚类分析方法中引进灰色理论的白化函数而形成的一种新的聚类方法。灰色聚类分析法步骤如下。

1. 确定聚类样本

把聚类对象作为样本。若有 m 个样本（监测点），每个样本各有 n 个指标（污染因子），且每个指标有 L 个灰类（环境质量标准分级），则由 m 个样本的 n 个指标可构成一个 $m\times n$ 阶的白化数矩阵；同样，由 L 个灰类的 n 个指标可构成 $L\times n$ 阶的灰类矩阵。

2. 数据的标准化处理

为了对各样本指标进行综合分析和使聚类结果具有可比性，在灰色聚类过程中需要对样本指标的白化数 $X_j(i)$和灰类 $S_l(i)$进行无量纲化处理。

1）白化数的标准化处理

对于聚类样本指标的原始白化数 $X_j(i)$ 的标准化处理值按下述公式计算：

$$d_j(i)=\frac{X_j(i)}{C_{0i}} \tag{5-33}$$

式中 $d_j(i)$——第 j 个样本（测点）第 i 项指标的标准化值；

$X_j(i)$——第 j 个样本（测点）第 i 项指标的实测值，mg/L；

C_{0i}——第 i 个指标（污染因子）的参考标准，mg/L。

2）灰类的标准化处理

为便于原始白化数与灰类之间的比较分析，仍用 C_{0i} 进行无量纲化，即

$$k_l(i)=\frac{S_l(i)}{C_{0i}} \tag{5-34}$$

式中 $k_l(i)$——第 i 项指标第 l 个灰类的标准化处理值；

$S_l(i)$——第 i 项指标第 l 个灰类的灰类值。

3. 确定白化函数

白化函数反映聚类指标对灰类的亲疏关系。白化函数可以用白化函数曲线或关系式表达。对于第 j 个断面第 i 项指标的灰类 1、灰类 $l(l=1,2,\cdots,L-1)$ 和灰类 L 的白化函数的表达式分别为

$$f_{i1}(d)=\begin{cases}1, & d\leqslant k_1\\ \dfrac{k_2-d}{k_2-k_1}, & k_1<d<k_2\\ 0, & d\geqslant k_2\end{cases} \tag{5-35}$$

$$f_{il}(d)=\begin{cases}0, & d\leqslant k_{l-1},d\geqslant k_{l+1}\\ \dfrac{d-k_{l-1}}{k_l-k_{l-1}}, & k_{l-1}<d<k_l\\ \dfrac{k_{l+1}-d}{k_{l+1}-k_l}, & k_l<d<k_{l+1}\\ 1, & d=k_l\end{cases} \tag{5-36}$$

$$f_{iL}(d)=\begin{cases}0, & d\leqslant k_{L-1}\\ \dfrac{d-k_{L-1}}{k_L-k_{L-1}}, & k_{L-1}<d<k_L\\ 1, & d\geqslant k_L\end{cases} \tag{5-37}$$

上述各关系式可以用如图 5-2 所示的白化函数曲线表示。

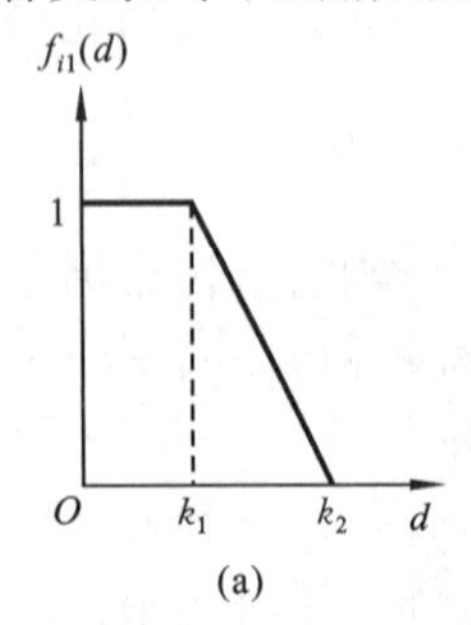

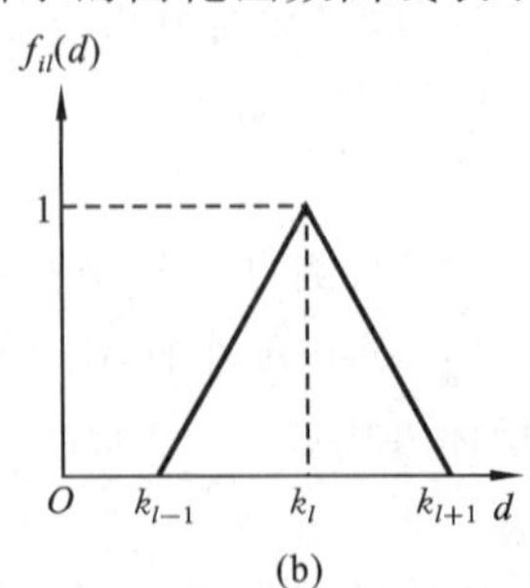

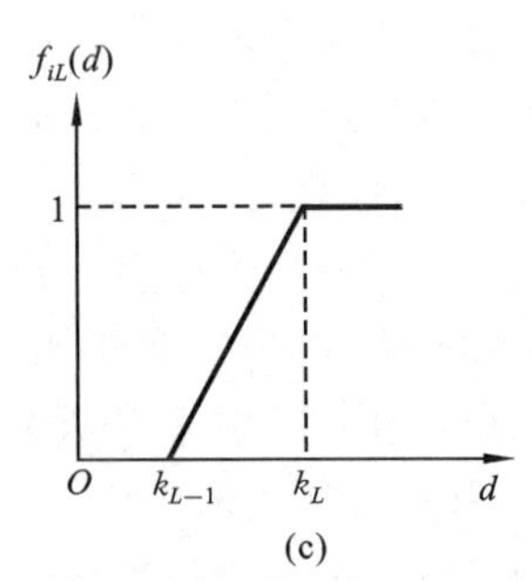

图 5-2 白化函数曲线

4. 求聚类权

聚类权是衡量各个污染因子对同一灰类的权重，即每一个污染因子对每一个灰类均有权值。第 i 个污染指标对第 l 个灰类的权值计算公式如下：

$$W_l(i)=\frac{k_l(i)}{\sum_{i=1}^{n}k_l(i)}=\frac{\dfrac{S_l(i)}{C_{0i}}}{\sum_{i=1}^{n}\dfrac{S_l(i)}{C_{0i}}} \tag{5-38}$$

5. 求聚类系数

聚类系数反映了聚类监测点对灰类的亲疏程度。第 j 个监测点对第 l 个灰类的聚类系数 ε_{jl} 按下式计算：

$$\varepsilon_{jl}=\sum_{i=1}^{n}f_{il}(d_j(i))W_l(i) \tag{5-39}$$

6. 聚类

根据聚类系数的大小来判断监测点所属的类别，其方法是将每个监测点对各个灰类的聚类系数组成聚类行向量。在每一行向量中聚类系数最大值所对应的灰类即是这个监测点所属的类别，把各个监测点所属的灰类进行归纳，便是灰色聚类结果。

5.3.3 应用举例

1. 灰关联分析法应用举例

例 5-2 某水体的水质监测值及标准值见表 5-3，试用灰关联分析法确定水体水质级别。

解 (1) 分别将样本矩阵和标准矩阵归一化，归一化后的实测样本矩阵和标准矩阵分别为

$$\boldsymbol{A}_{1n}=[0.000\quad 1.000\quad 0.800\quad 0.000\quad 0.406\quad 0.000\quad 1.000\quad 0.000]$$

$$\boldsymbol{B}_{nL}=\begin{bmatrix}1.000 & 1.000 & 0.857 & 0.571 & 0.000\\ 1.000 & 0.727 & 0.545 & 0.182 & 0.000\\ 1.000 & 1.000 & 0.800 & 0.400 & 0.000\\ 1.000 & 0.513 & 0.513 & 0.000 & 0.000\\ 1.000 & 1.000 & 0.969 & 0.918 & 0.000\\ 1.000 & 1.000 & 0.947 & 0.000 & 0.000\\ 1.000 & 1.000 & 1.000 & 0.000 & 0.000\\ 1.000 & 0.769 & 0.000 & 0.000 & 0.000\end{bmatrix}$$

(2) 计算实测样本各污染因子与各级质量标准间的关联离散函数为

$$\boldsymbol{\xi}_{nL}=\begin{bmatrix}0.000 & 0.000 & 0.077 & 0.273 & 1.000\\ 1.000 & 0.546 & 0.375 & 0.100 & 0.000\\ 0.667 & 0.667 & 1.000 & 0.429 & 0.111\\ 0.000 & 0.322 & 0.322 & 1.000 & 1.000\\ 0.256 & 0.256 & 0.281 & 0.324 & 0.420\\ 0.000 & 0.000 & 0.027 & 1.000 & 1.000\\ 1.000 & 1.000 & 1.000 & 0.000 & 0.000\\ 0.000 & 0.130 & 1.000 & 1.000 & 1.000\end{bmatrix}$$

(3) 建立实测样本各污染因子的权系数矩阵为

$$\boldsymbol{W}_{1n}=[0.237\quad 0.043\quad 0.063\quad 0.125\quad 0.191\quad 0.172\quad 0.054\quad 0.115]$$

(4) 对矩阵 $\boldsymbol{W}_{1n}$ 和矩阵 $\boldsymbol{\xi}_{nL}$ 进行复合运算，确定实测样本对各级标准的关联度，即

$$r_{1L}=W_{1n}\cdot\xi_{nL}=[0.188\quad 0.225\quad 0.365\quad 0.570\quad 0.736]$$

(5) 确定水质级别,该水体对Ⅴ级标准的关联度最大,故确定该水体为Ⅴ类水体。

2. 灰色聚类法应用举例

例 5-3　某市区 5 个监测点的 SO_2、NO_x 和 TSP 三种大气污染物 24 h 平均浓度值如表 5-4 所示。试用灰色聚类法确定空气环境质量级别。

表 5-4　某市区的大气污染物 24 h 平均浓度值　(单位:$\mu g/m^3$)

污染物	测点				
	1	2	3	4	5
SO_2	54	94	75	35	54
NO_x	27	42	32	32	38
TSP	518	520	415	290	796

解　1) 确定聚类样本,进行灰类划分

聚类样本如表 5-4。根据《环境空气质量标准》(GB 3095—2012),对应 2 个环境质量级别,划分出 2 个灰类,灰类值见表 5-5。

表 5-5　大气环境灰类划分　(单位:$\mu g/m^3$)

污染物	灰类	
	1	2
SO_2	50	150
NO_x	100	100
TSP	120	300

2) 数据的标准化处理

(1) 采用式(5-33)进行白化数的标准化处理,即

$$d_j(i)=\frac{X_j(i)}{C_{0i}}$$

式中的 C_{0i} 取表 5-5 中的灰类 2 对应的各污染物标准浓度值。处理后的白化数构成如下聚类白化数矩阵:

$$\boldsymbol{d}_{mn}=\begin{bmatrix}0.36 & 0.27 & 1.72\\ 0.62 & 0.42 & 1.73\\ 0.50 & 0.32 & 1.38\\ 0.23 & 0.32 & 0.96\\ 0.36 & 0.38 & 2.65\end{bmatrix}$$

(2) 采用式(5-34)进行灰类的标准化处理,即

$$k_l(i)=\frac{S_l(i)}{C_{0i}}$$

式中 C_{0i} 的取值同上。处理后的灰类矩阵为

$$\boldsymbol{k}_{Ln}=\begin{bmatrix}0.33 & 1.00 & 0.40\\ 1.00 & 1.00 & 1.00\end{bmatrix}$$

3) 确定白化函数

根据白化函数的计算式(5-35)至式(5-37),得到表 5-6 的计算结果。

表 5-6 白化函数计算结果

测点1			测点2			测点3		
SO_2	NO_x	TSP	SO_2	NO_x	TSP	SO_2	NO_x	TSP
0.955	1	0	0.567	1	0	0.746	1	0
0.045	0	1	0.433	0	1	0.254	0	1
测点4			测点5					
SO_2	NO_x	TSP	SO_2	NO_x	TSP			
1	1	0.067	0.955	1	0			
0	0	0.933	0.045	0	1			

4）计算聚类权

根据式(5-38)，得到表5-7的计算结果。

表 5-7 污染物对各灰类的权值

污 染 物	灰 类	
	1	2
SO_2	0.191	0.333
NO_x	0.578	0.333
TSP	0.231	0.333

5）计算聚类系数

根据式(5-39)，得到表5-8的计算结果。以第1个测点为例，其计算过程为

$$\varepsilon_{11} = f_{11}(d_{11})W_{11} + f_{21}(d_{12})W_{21} + f_{31}(d_{13})W_{31}$$
$$= 0.955 \times 0.191 + 1 \times 0.578 + 0 \times 0.231 = 0.760$$
$$\varepsilon_{12} = f_{12}(d_{11})W_{12} + f_{22}(d_{12})W_{22} + f_{32}(d_{13})W_{32}$$
$$= 0.045 \times 0.333 + 0 \times 0.333 + 1 \times 0.333 = 0.348$$

表 5-8 各测点聚类系数及所属等级类别

测 点	灰 类		所属等级类别
	1	2	
1	0.760	0.348	一
2	0.686	0.477	一
3	0.720	0.418	一
4	0.784	0.311	一
5	0.760	0.348	一

5.4　环境质量综合评价的层次分析法

5.4.1　层次分析法原理及分析步骤

1. 层次分析法原理

层次分析法(AHP)是美国匹兹堡大学教授沙提(A. L. Saaty)在20世纪70年代初提出的,它是一种定性分析和定量分析相结合,系统化、层次化的分析方法,其本质是一种决策思维方式。该方法把复杂的问题按照主次或支配关系分组而形成有序的递阶层次结构,使之条理化,然后根据一定判断准则就每一层的相对重要性给予定量表示,即利用数学方法确定表达每一层中所有元素的相对重要性的权值,最后通过排序结果分析来解决问题。

2. 层次分析法的基本步骤

运用层次分析法进行环境评价时,可分为四步进行:①分析系统中各因素之间的关系,建立系统的递阶层次结构;②对同一层次的各元素关于上一层次中某准则的重要性进行两两比较,构造判断矩阵;③由判断矩阵计算被比较元素对于该准则的相对权重;④计算各层元素对系统目标的合成权重,并进行排序,最终按最大权重原则确定相应的污染程度。归纳上述四步为:建立层次分析结构模型,构造判断矩阵,计算各环境因子的重要性权重,计算对系统目标的合成权重,进而确定污染程度。

1) 建立递阶层次结构

首先,根据对问题的了解和初步分析,把复杂问题按特定的目标、准则等分解成各个组成部分(因素),把这些因素按属性的不同分层排列。同一层次的因素对下一层次的某些因素起支配作用,同时它又受上一层次因素的支配,形成了一个自上而下的递阶层次。最简单的递阶层次分为3层。最上面的层次是系统目标,被称为目标层;中间的层次是准则层,其中排列了是否达到目标的各种准则;最底层是方案层,包括为实现方案的各种决策措施。

每一层次中各元素所支配的元素一般不要超过9个。这是因为支配的元素过多会给两两比较判断带来困难。一个好的层次结构对于解决问题是极为重要的,因而层次结构必须建立在决策者对所面临问题有全面深入认识的基础上。

2) 构造判断矩阵

层次分析法所采用的导出权重的方法是两两比较法。针对上一层次某因素,对本层次各因素的相对重要性进行两两比较,目的是确定各因素对于上一层次某因素的权重。n个被比较元素构成一个两两比较判断矩阵$\mathbf{A}$,即

$$\mathbf{A} = (a_{ij})_{n\times n} \tag{5-40}$$

为使判断矩阵中每个因素定量化,采用“1～9”比较标度法,标度的含义见表5-9。

表5-9　比较标度及其含义

a_{ij}	含　义	a_{ij}	含　义
1	两者比较,一样重要	—	—
3	前者比后者稍重要	1/3	前者比后者稍次要
5	前者比后者重要	1/5	前者比后者次要

续表

a_{ij}	含　义	a_{ij}	含　义
7	前者比后者重要得多	1/7	前者比后者次要得多
9	前者比后者极为重要	1/9	前者比后者极为次要
2,4,6,8	上述相邻判断的中间值	1/2,1/4,1/6,1/8	上述相邻判断的中间值

从表 5-9 标度的规定可知，对判断矩阵的元素 a_{ij}，其性质：$a_{ij}>0$；$a_{ii}=1$；$a_{ij}=1/a_{ji}$。

3）确定单一层次元素相对权重，进行层次单排序

层次单排序是根据判断矩阵计算对于上一层次某元素本层所有元素的权重排序。

常用的相对权重的计算方法有方根法和和积法。

(1) 方根法。

将判断矩阵 **A** 中的元素按行求积，开 n 次方，再归一化，得到的列向量即为权重向量，计算公式为

$$W_i=\frac{\left(\prod_{j=1}^{n}a_{ij}\right)^{\frac{1}{n}}}{\sum_{k=1}^{n}\left(\prod_{j=1}^{n}a_{kj}\right)^{\frac{1}{n}}},\quad i,j=1,2,\cdots,n \tag{5-41}$$

(2) 和积法。

将判断矩阵 **A** 按列规范化，再按行相加求和，即

$$\overline{W_i}=\sum_{j=1}^{n}\frac{a_{ij}}{\sum_{i=1}^{n}a_{ij}} \tag{5-42}$$

再规范化，即得权重向量为

$$W_i=\frac{\overline{W_i}}{\sum_{i=1}^{n}\overline{W_i}} \tag{5-43}$$

4）判断矩阵的一致性检验

用两两比较法得到的比较矩阵可能发生判断不一致，因此需要进行一致性检验。所谓一致性，即指当 x_1 比 x_2 重要、x_2 比 x_3 重要时，则认为 x_1 一定比 x_3 重要。一致性判断的步骤如下。

(1) 计算一致性指标 CI。

$$\mathrm{CI}=\frac{\lambda_{\max}-n}{n-1} \tag{5-44}$$

当判断完全一致时，$\lambda_{\max}=n$，CI=0；当判断不一致时，$\lambda_{\max}>n$，CI>0。为了进行一致性检验，必须计算矩阵的最大特征根 $\lambda_{\max}$，其计算公式为

$$\lambda_{\max}=\frac{1}{n}\sum_{i=1}^{n}\frac{[\mathrm{AW}]_i}{W_i} \tag{5-45}$$

式中　$[\mathrm{AW}]_i$——判断矩阵 **A** 与权重矩阵 **W** 中向量的乘积。

(2) 查找平均随机一致性指标 RI。

对 1～9 阶矩阵，RI 可由表 5-10 查得。

表 5-10　平均随机一致性指标

阶　　数	1	2	3	4	5	6	7	8	9
RI	0	0	0.58	0.9	1.12	1.26	1.36	1.41	1.45

(3) 计算一致性比例 CR。

$$CR = \frac{CI}{RI} \tag{5-46}$$

只要满足 $CR<0.1$,就认为判断矩阵的一致性可以接受;否则认为判断矩阵的一致性偏差太大,需要对判断矩阵做适当调整,直至使其满足 $CR<0.1$ 为止。对于一、二阶矩阵总是一致的,其 $CR=0$。

5) 计算各层元素对目标层的合成权重,进行层次总排序

利用层次单排序的结果,综合得出各层次各元素对于总目标的相对权重,这就是层次总排序。层次总排序需要自上而下,将单层次的权重进行合成,并最终进行总排序一致性检验。

设目标层为 A,第二层为 B,第三层为 C。并设 CI 为层次总排序一致性指标,RI 为总排序随机一致性指标,CR 为总排序一致性比例,其表达式分别为

$$CI = \sum_{i=1}^{m} W_i (CI)_i \tag{5-47}$$

$$RI = \sum_{i=1}^{m} W_i (RI)_i \tag{5-48}$$

$$CR = \frac{CI}{RI}$$

式中　W_i——第二层(B 层)对于目标层各元素的权重;

$(CI)_i$——第三层(C 层)判断矩阵对于 B 层的一致性指标;

$(RI)_i$——第三层(C 层)判断矩阵对于 B 层的随机一致性指标。

5.4.2　应用实例

例 5-4　以某水库水环境评价为例,某水库水质递阶层次结构如图 5-3 所示。

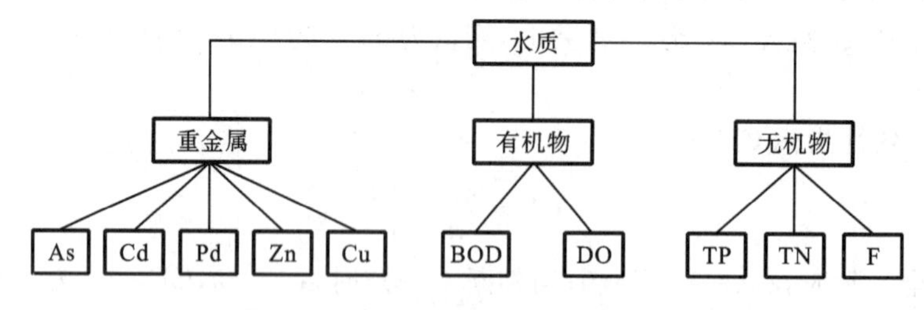

图 5-3　某水库水质递阶层次结构图

根据专家打分,定性和定量相结合,综合考虑多种因素,反复推敲,构造出判断矩阵。判断矩阵和单排序结果见表 5-11 至表 5-14,层次总排序结果见表 5-15。

表 5-11 水质因子判断矩阵及权重计算结果

A	B_1（重金属）	B_2（有机物）	B_3（无机物）	权重 $\overline{W}$	权重归一化 W	$[AW]_i$	检验
B_1（重金属）	1	5	5	2.924	0.714	2.144	$\lambda_{max}=3$
B_2（有机物）	1/5	1	1	0.585	0.143	0.429	CI=0
B_3（无机物）	1/5	1	1	0.585	0.143	0.429	CR=0

表 5-12 重金属因子判断矩阵及权重计算结果

B_1	C_1（As）	C_2（Cd）	C_3（Pb）	C_4（Zn）	C_5（Cu）	权重 $\overline{W}$	权重归一化 W	$[AW]_i$	检验
C_1（As）	1	3	5	5	7	3.500	0.499	2.609	$\lambda_{max}=5.276$ CI=0.069 RI=1.12 CR=0.062
C_2（Cd）	1/3	1	3	3	5	1.719	0.245	1.272	
C_3（Pb）	1/5	1/3	1	3	3	0.903	0.129	0.694	
C_4（Zn）	1/5	1/3	1/3	1	3	0.582	0.083	0.442	
C_5（Cu）	1/7	1/5	1/3	1/3	1	0.316	0.045	0.236	

表 5-13 有机物因子判断矩阵及权重计算结果

B_2	C_6（BOD）	C_7（DO）	权重 $\overline{W}$	权重归一化 W	$[AW]_i$	检验
C_6（BOD）	1	1	1	0.5	1	$\lambda_{max}=2$ CI=0 CR=0
C_7（DO）	1	1	1	0.5	1	

表 5-14 无机物因子判断矩阵及权重计算结果

B_3	C_8（TP）	C_9（TN）	C_{10}（F）	权重 $\overline{W}$	权重归一化 W	$[AW]_i$	检验
C_8（TP）	1	3	3	2.080	0.600	1.800	$\lambda_{max}=3$
C_9（TN）	1/3	1	1	0.693	0.200	0.600	CI=0
C_{10}（F）	1/3	1	1	0.693	0.200	0.600	CR=0

总排序一致性检验为

$$CI=\sum_{i=1}^{m}W_i(CI)_i=0.714\times0.069+0+0=0.049$$

$$RI=\sum_{i=1}^{m}W_i(RI)_i=0.714\times1.12+0+0.143\times0.58=0.883$$

$CR=\dfrac{CI}{RI}=0.0018<0.1$，可以认为层次总排序结果具有满意的一致性。

表 5-15　层次总排序计算结果

C_i	$B_1(W_1=0.714)$ p_1	$B_2(W_2=0.143)$ p_2	$B_3(W_3=0.143)$ p_3	层次总排序 $W=p_jW_j$	序号	检　验
C_1	0.499			0.356	1	$CI=0.049$ $RI=0.883$ $CR=\frac{CI}{RI}=0.055$
C_2	0.245			0.175	2	
C_3	0.129			0.092	3	
C_4	0.083			0.059	6	
C_5	0.045			0.032	7	
C_6		0.5		0.071 5	5	
C_7		0.5		0.071 5	5	
C_8			0.6	0.085 8	4	
C_9			0.2	0.028 6	8	
C_{10}			0.2	0.028 6	8	

注　p_1 为重金属各因子的权重值，p_2 为有机物各因子的权重值，p_3 为无机物各因子的权重值。

5.5　环境影响评价的 GIS 技术

5.5.1　地理信息系统的定义

1. 地理信息

地理信息(geographic information)是指与所研究对象空间地理分布有关的信息，它表示地表物体和环境固有的数据、质量、分布特征、联系和规律。

2. 地理信息系统

地理信息系统(geographic information system，GIS)具有一般信息系统的四大功能，是以采集、贮存、管理、分析和描述整个或部分地球表面(包括大气层在内)与空间和地理分布有关的数据的空间信息系统。

地理信息最早于 20 世纪 60 年代中期作为一门应用技术出现于加拿大和美国。经过 40 多年的发展，目前该系统已是一门多技术交叉的空间信息科学，它依赖于地理学、测绘学、统计学等基础学科，又取决于计算机硬件与软件技术、航天技术、遥感技术、人工智能与专家系统技术的进步与成就。它的内容主要包括：①有关的计算机软、硬件；②空间数据的获得；③空间数据的表达及数据结构；④空间数据的处理；⑤空间数据的管理；⑥空间数据分析；⑦空间数据的显示与可视化；⑧GIS 的应用；⑨GIS 项目的管理、开发、质量保证与标准化；⑩GIS 机构设置与人员培训等。

地理信息系统又是一门以应用为目的的信息产业，它的应用可深入到各行各业，特别是在自然资源和环境等方面展现出很强的能力和独特的效果。该系统已成为从事经济规划、管理及环境影响评价与保护的一种现代化手段。

5.5.2　地理信息系统在环境影响评价中的应用

1. 环境保护对GIS技术的需求

绝大部分支持环境管理和决策的环境信息都与地理空间数据息息相关。大到全球环境问题的分析，小至某个建设项目的环境影响评价，都涉及有关地理空间数据与自然、社会、经济及环境属性数据的综合分析。利用GIS技术，能够有效地进行空间数据的生成和管理，并将空间数据和属性数据相连接，进行两者的综合分析。同时，GIS技术能够提供图形和图像的直观显示报告，是环境管理和规划决策中重要的技术支持工具。环境保护对GIS技术的需求包括以下几个方面：

(1) 进行环境空气质量、水环境质量和固体废物的监测、评价和污染趋势预报；

(2) 支持自然生态环境监测、预报与评估；

(3) 进行重大工程的环境生态监测和环境事故追踪调查；

(4) 进行全球环境研究及维护国家权益的环境监测工作。

2. 环境影响评价中常用的GIS软件

1) ESRI系列软件

ESRI公司(美国环境系统研究所公司)成立于1969年，位于美国加利福尼亚州，该公司的ArcGIS软件在环境系统领域的应用非常广泛，常见的应用有环境的评估研究、资源循环利用监测、水体质量与污染检测及扩散评估、大气质量与污染检测及扩散评估、大气和臭氧监测评估、放射性危险评估、地下水保护、建设许可评价、海湾保护、点源和非点源水污染分析、生物资源分析和监测、水源保护、潮间栖息地分析、生态区域分析、危险物扩散的紧急反应等。

2) Mapinfo产品系列

Mapinfo公司成立于美国特洛伊市，该公司早期的产品主要是桌面地图信息系统软件——Mapinfo。近年来，随着技术的进步，Mapinfo已由过去单一的产品，发展为支持C/S、B/S、Wireless，包含空间Web发布系统、数据库引擎、路径搜索引擎、中间件产品等多层次的产品体系框架。

3) MapGIS产品系列

MapGIS系列产品由中地公司开发，该产品系列适用于环境管理、环境质量监测和环境质量评价。该产品系列的主要功能为：①地理数据和专业数据管理；②污染源管理；③动态数据成图；④环境质量监测；⑤评价模型。

4) SuperMap产品系列

SuperMap GIS系列产品由北京超图地理信息技术有限公司开发。

5) GeoStar产品系列

GeoStar(吉奥之星)是武汉大学开发的、面向大型数据管理的地理信息系统软件。

3. GIS软件在环境影响评价中的应用

1) 环境影响评价基础数据库建设

(1) 环境保护数据信息组成：①环境保护有关的法律、法规、部门规章、环境保护规划等文件信息；②国家环境标准(基础标准、质量标准、排放标准、方法标准、样品标准、环境影响评价技术导则与规范)和有关的国外环境标准信息；③参与评价的主要环境因子；④国控点例行监测资料；⑤环境经济损益指标；⑥环境影响评价专家数据库；⑦环境影响预测模型(气、水、噪声预测模型)及相关技术参数;⑧相关软件和工具(污染源申报与统计软件);⑨自然与社会环境地理信息系统,包括城镇、村落分布,城市性质,工业结构,农、牧、林业结构,环境规划,地形,地貌,水文,土壤,生物多样性,环境敏感区(需要特殊保护的地区、生态敏感与脆弱区、社会关注区),重点环境保护地区("三河"、"三湖"、"两控区"、南水北调、三峡库区及其上游、长江流域、黄河流域、松花江流域)等。

(2) 与环境影响评价相关的其他信息组成:①与环境影响评价相关的综合信息,《中华人民共和国环境影响评价法》确定应进行环境影响评价的规划及相关标准、统计信息等;②与环境影响评价相关的专业信息,包括国土资源信息、水利信息、国家经济统计信息、气象信息(主要城市污染气象等)、国家海洋信息、城市建设信息、农业(含林业)发展信息、科技信息、其他工业信息、交通信息、旅游发展信息等。

2) 基于 GIS 的水环境影响评价决策支持系统(DSS)设计

该系统包括建立基于 GIS 的水环境现状评价子系统、水环境预测分析子系统及水环境污染分析子系统等。

(1) 系统功能。系统按功能分为以下 6 个子系统:①数据库管理子系统,完成系统属性数据和空间数据的输入、修改、删除及查询管理;②模型库管理子系统,完成系统所有模型的建立、修改、删除及查询等;③统计分析子系统,包括研究区域内的各种数据统计,与专题地图关联的属性数据和各种有关部门的数据统计;④水环境现状评价子系统,确定项目建设前水环境背景的状况,对水体质量进行模拟、评价;⑤水环境预测分析子系统,定量地预测未来的开发行动或建设项目向受纳水体排放的污染物的量,从时间与空间上分析水污染因子在水体中的运动规律和存在形式,分析建设项目投产后水环境质量的变化;⑥水环境污染分析子系统,解释污染物质在水体中的输送和降解规律,提出建设项目和区域环境污染源的控制和防治对策。

(2) 系统结构设计:按 DSS 系统的标准结构设计分为数据库、模型库、方法库和知识库 4 个库。

3) 城市环境地理信息系统建设

目前我国已形成国家、省(自治区、直辖市)、地(市)、区(县)四级的各级环境保护管理机构。城市环境地理信息系统包括业务子系统(MIS)、办公自动化子系统(OA)、地理信息子系统(GIS)和网上发布子系统(WEB)。

业务子系统是整个系统的核心。它由 22 个模块组成:污染源监测、环境质量监测、环境质量评价、监测收费、建设项目管理、排污申报、排污许可证、危险废物管理、废水管理、废气管理、粉尘管理、噪声管理、烟尘及大气管理、四大行业管理、关停并转管理、验收项目管理、日常管理、排污收费、监督管理、系统管理、统计年报和城市考核。这些模块覆盖了环境管理的业务工作。

办公自动化子系统分为日常公共办公和个人办公,共计 17 个模块。这些模块既能满足日常公共办公需要,又能满足个人办公需要。同时,针对环境管理的特性,开发了信访管理、行政处罚和行政复议管理模块。

地理信息子系统中包括了地图编辑、污染源分布、环境质量和城市环境综合整治考核四个模块。

网上发布子系统分为内部 WEB 和外部 WEB。内部 WEB 为领导和局内工作人员提供综合信息查询功能;外部 WEB 为环境保护局向公众发布环境信息提供窗口。

4）环境监测信息系统

环境监测信息系统是环境管理的重要基础。每年的环境监测数据数以万计，所以手工管理方法已经不适应环境管理的要求，采用环境监测信息系统辅助管理已成为必然趋势。该系统为环境监测信息的收集、处理、共享和信息发布提供完整的方法和手段，也为环境管理和决策提供有效的支持。

5）地理信息系统在建设项目选址中的应用

以GIS在固体有害废物安全填埋场选址中的应用为例，介绍地理信息系统在建设项目选址中的应用途径。

（1）场址环境背景资料的收集与管理。GIS所特有的基本功能决定了它能充分利用遥感资料这一重要的信息源，为填埋场选址提供大量及时、准确、综合和大范围的各种环境信息，包括地形坡度、河网分布、分水岭位置、土地利用状况、土壤类型、植被覆盖率、地层岩性及地质构造等大量自然地理和地质的环境背景资料。利用不同时期的遥感资料能实现对场址环境背景的动态跟踪，获取动态的时间参数序列，这对地下水位动态变化、水质污染监测及工程环境勘察等极为实用。

利用GIS可以将填埋场选址所需要的各种基础性图件（如地形地貌图、岩性土壤分区图、地质图、构造地质图、水文地质图、工程地质分区图等）及专门性图件（如场地等水位线图、水化学参数图、工程地质参数图，以及物探、钻探成果图等）存入GIS数据库系统，并可随时调用进行分析计算，使选址工作能够在综合利用各种前期成果图件的基础上更加深入地进行。此外，GIS数据库可与固体有害废物安全填埋场数据库管理系统相连并互相转换，实现数据库资源的共享，并能提供新的数据资源。

（2）场址基本条件的量化分析与空间分析。固体有害废物安全填埋场场址的基本条件是由多种因素决定的。充分利用GIS丰富的数据资源和各种表格计算能力，可以对表征场址自然地理、地质、水文地质及工程地质基本条件的某些参数设定变量，相互之间进行各种函数的统计分析，确定关联方式和相关系数，其表格计算和分析过程可直接与GIS数据库管理系统相连，结果可以表格形式输出或进一步参与图件的分析及分类。

GIS的图件分析和计算功能为填埋场场址的条件分析提供了高效、灵活、直观的工具。不同图件之间的运算可使选址人员从不同角度对场址条件进行多层次、多因素的综合评判。在填埋场选址工作中，野外调查、勘探和各种试验所获取的第一手资料，其参数往往是呈点状或线状分布，但是场址条件分析常常需要空间分布的参数。GIS的功能决定了其特别适宜于空间目标的分析，利用GIS的各种空间插值方法便可快速、高效地获取空间参数，形成空间参数图。利用各种自然地理、地质、水文地质与工程地质参数的空间分布图，选址人员可以对各种参数进行不同方向的变异性分析，从量化角度对场址条件进行空间分析。

（3）填埋场选址的地理信息综合评判。地理信息综合评判是由专门为固体有害废物安全填埋场选址而设计的系统实现的。该系统通过GIS获取各种来源的空间数据，并通过系统运行向选址人员输出各种待选场址的综合评判结果。

习　题

1. 试述环境质量综合评价的各种一般方法的原理及应用。
2. 试述模糊数学法的原理及应用。

3. 试述灰关联分析法及灰色聚类法的原理及应用。

4. 试述层次分析法的原理及应用。

5. 试述地理信息相应的概念及其在环境影响评价中的应用。

6. 某河段四个断面的水质监测数据如表 5-16 所示,按照《地表水环境质量标准》(GB 3838—2002),分别采用模糊数学法、灰关联分析法和灰色聚类法确定水体水质级别。

表 5-16　河流水质监测数据表

监测断面	BOD_5/(mg/L)	DO/(mg/L)	COD_{Cr}/(mg/L)	Zn/(mg/L)	酚/(mg/L)	Hg/(mg/L)	As/(mg/L)	CN/(mg/L)
1-1 断面	16.3	8.20	20	2.0	0.06	0.001 0	0.05	0.20
2-2 断面	19.2	6.73	30	2.5	0.05	0.000 1	0.05	0.05
3-3 断面	31.1	5.40	40	2.0	0.07	0.001 0	0.05	0.20
4-4 断面	27.0	11.50	25	1.0	0.08	0.000 5	0.03	0.05

7. 某工程建设项目环境影响评价。综合评价项目的上层归结为 5 个指标需要考虑,即经济效益、社会效益、工程建设影响、生态环境改善、移民生活水平提高等,将其分别设为 x_1、x_2、x_3、x_4、x_5。经专家评分比较得到判断矩阵如表 5-17 所示。试确定各项指标的权重并进行一致性检验。

表 5-17　判断矩阵表

项　目	x_1	x_2	x_3	x_4	x_5
x_1	1	2	4	1/9	1/2
x_2	1/2	1	3	1/6	1/3
x_3	1/4	1/3	1	1/9	1/7
x_4	9	6	9	1	3
x_5	2	3	7	1/3	1

第6章　大气环境影响预测与评价

6.1　大气环境影响预测方法与内容

6.1.1　大气环境影响预测方法

1. 大气污染与大气污染源

1）大气污染

大气污染(atmospheric pollution)是指大气中污染物或由它转化而成的二次污染物浓度超过了环境质量标准，给人类正常生活和生态环境带来直接或间接不良影响，对人和物造成伤害的现象。

凡是能使空气质量变坏的物质都是大气污染物，目前已知约有100多种大气污染物；对大气污染物有多种分类方法，如可以按照化学成分、存在形态、形成方式等进行分类，见图6-1。

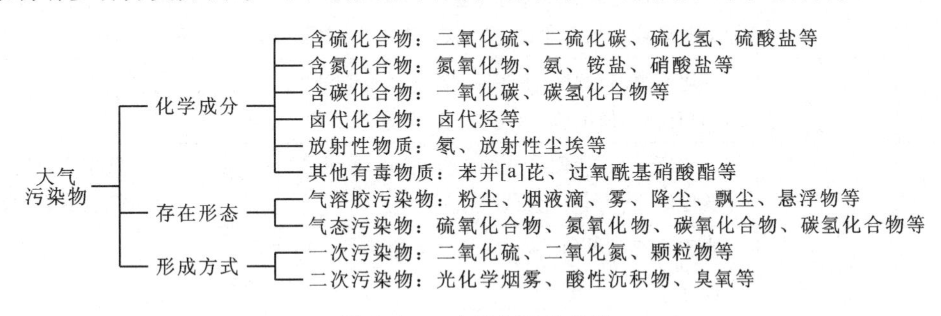

图6-1　大气污染物分类

2）大气污染源

大气污染源是指向大气环境排放有害物质或对大气环境产生有害影响的场所、设备和装置。大气污染源最常见的分类是按污染物质的来源进行划分，可分为自然源和人为源。

自然源是由于自然原因而形成的大气污染物来源。主要的自然源包括火山喷发排放的SO_2、H_2S、CO_2、CO、HF及火山灰等颗粒物；森林火灾排放的CO、CO_2、SO_2、NO_2、碳氢化合物等；森林植物释放的烯类碳氢化合物等；海浪飞沫携带的颗粒物，主要为硫酸盐与亚硫酸盐；闪电产生的臭氧与氮氧化物；动植物腐烂产生的臭气……

人为源是形成大气污染尤其是局地环境空气污染的主要原因。人为源主要有四类：工业污染源，锅炉燃料燃烧产生的有害气体，由于原料及工艺原因产生的有害废气和粉尘；生活污染源，由于炊事、取暖等燃烧燃料产生的有害气体；交通污染源，驱动汽车、火车、飞机、轮船时向大气排放的污染物；农业污染源，化肥、农药的飞散及废物的腐烂等。

大气污染源还有多种分类方法，见图6-2。

表6-1列出了主要大气污染物的来源。

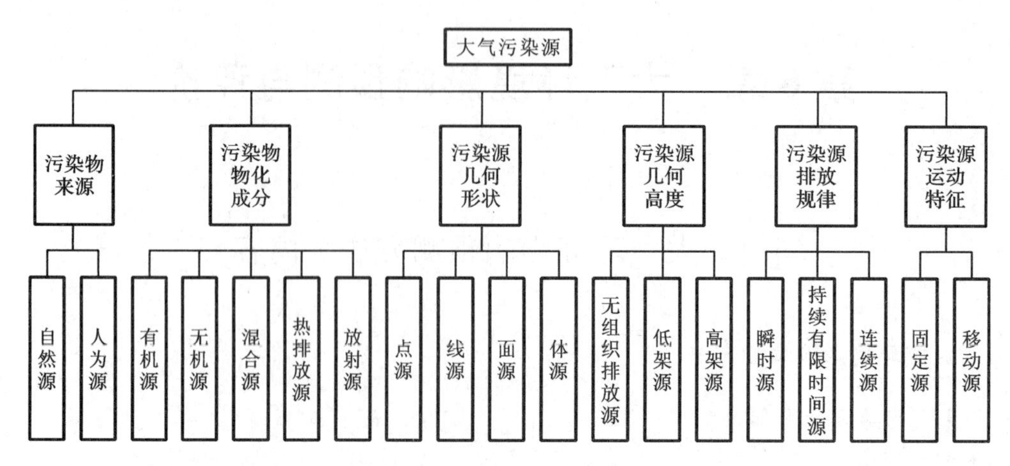

图 6-2　大气污染源分类

表 6-1　主要大气污染物来源

大气污染物	化学符号	主要来源	备注
尘		使用燃煤为燃料的冶金、建材、火电等工业；加工对象或产品含尘的，如饲料、磷肥生产等	粒径 10 μm 以下的称为飘尘，10 μm 以上的称为降尘
硫氧化物	SO_2、SO_3	有化石燃料燃烧或使用硫化物为加工对象的，如有色金属冶炼、火电、石化、硫酸等工业	环境中可能形成二次污染
氮氧化物	NO_x	硝酸厂尾气，使用硝酸的工业，如电镀、稀有金属提炼、化工等；化石燃料燃烧	在环境中与碳氢化合物(在合适条件下)可形成光化学烟雾
碳氧化合物	CO、CO_2	使用化石燃料的工业，包括工业窑炉、火电、焦化等	
氟化物	MF_x	磷肥、建材、电解铝、钢铁、含氟产品生产	包括 HF、SiF_4 等
氯及氯化物	Cl_2、MCl_x	氯碱厂、制氯及漂白粉厂、盐酸生产及使用工厂、氯乙烯生产等氯化物制造厂等	MCl_x包括 HCl 及其他氯化物
氨	NH_3	焦化厂、合成氨厂、硝酸厂、氨使用企业	
硫化氢	H_2S	人造纤维、石油炼制、造纸、煤气厂、硫化物杀虫剂及二硫化碳生产厂	
二硫化碳	CS_2	二硫化碳生产及使用工厂，如人造纤维厂等	
苯、甲苯、二甲苯	C_6H_6、C_7H_8、C_8H_{10}	焦化、炼油、制酚、纺织、化学漆制造、人造革生产、炸药、制鞋、漆与胶使用企业等	俗称“三苯”
非甲烷烃		石化、人造革、橡胶、制鞋、汽修厂等	
砷化物	As	硫酸制造、磷肥、含砷杀虫剂生产厂等	
石棉		石棉开采、选矿、加工厂及石棉制品生产厂等	
汞	Hg	仪表工业、灯泡生产厂等	灯泡生产厂包括日光灯、节能灯、高压及低压汞灯等
铬	Cr	电镀、合金厂等	

2. 大气环境影响预测方法概述

建设项目或规划项目建成投运后，对评价区的大气环境影响的程度、范围需要通过大气环境影响预测来进行判断；并依据大气环境影响预测的结果对建设项目或规划项目的选址、建设规模是否合理、环境保护措施是否可行，进而对建设项目或规划项目的可行性进行判断。大气环境影响的预测方法主要通过建立数学模型来模拟污染物在大气中传输、扩散、转化、消除等物理、化学机制。由于影响大气污染物在空气中浓度变化的因素很复杂，不同地形条件、气象条件、污染源情况、预测时间尺度与空间尺度对应不同的预测模型，因此，大气环境影响预测模型分类方法多种多样，大气环境影响预测模型的分类参见图 6-3。

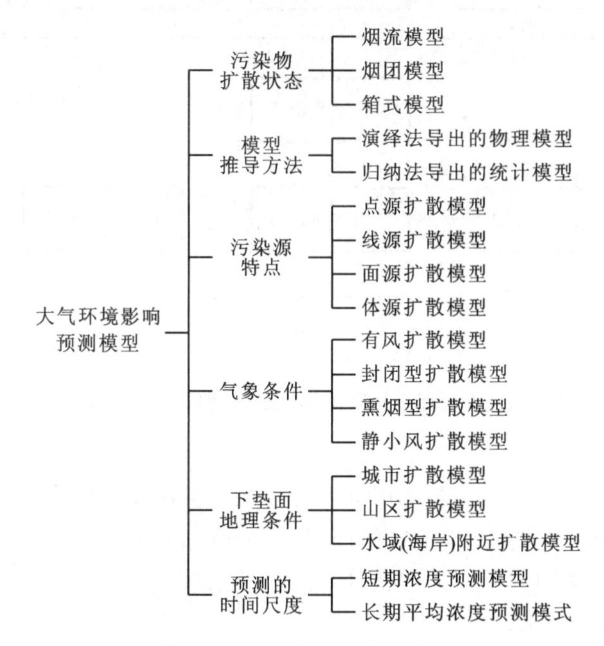

图 6-3　大气环境影响预测模型分类

在环境影响评价工作中，运用最为普遍的是高斯(Gauss)模式。从湍流统计理论分析，污染物在空间的概率密度在平稳均匀湍流场下服从正态分布(高斯分布)，概率密度的标准差(扩散参数)一般采用“统计理论方法”或其他经验方法确定。高斯模式的优点很明显：在物理意义上比较直观，其最基本的数学表达式很容易从通常的数学手册或概率统计书籍中查到，而且模式是以初等数学模型表达，对于各物理量之间的关系、模式的推演十分简便；当把平原地区看成除地表外三维无界空间时，连续源烟流沿主导风向运动，在下风向一定范围内的预测值与实测值比较一致；在复杂情况下(复杂地形、化学反应、沉积等)，适当修正的高斯模式，其预测结果也能满足应用要求。但高斯模式的应用还是有限制的，由于高斯模式的应用是建立在匀流场条件下(即风速、扩散参数等不随时间、空间位置的变化而变化)，在复杂流场情况下，预测精度有所欠缺。

3. 法规大气环境影响预测模型

法规(regulatory)大气环境影响预测模型是指由政府部门颁布实施或认证、普遍应用的大气环境影响预测模型。这种模型通常采用初等数学形式表达，其参数取得简单、便捷，一般由常规气象参数、物理常数或经验数据求得。例如，我国在《环境影响评价技术导则——大气环境》(HJ/T 2.2—2018)中推荐的模式，我国香港特别行政区在《Technical Memorandum to

Issue Air Pollution Abatement Notice to Control Air Pollution from Stationary Processes》中推荐的模式，以及美国 EPA 所推荐的一系列包括 AERMOD、CALPUFF、BLP 等的关于大气扩散的模式。目前，大多数的法规大气环境影响预测模型属于正态模式类型。

4. 大气环境影响预测模型选用的一般步骤

大气环境影响预测模型选用时应注意模型的应用条件，如排放方式、空间尺度、气象条件等，其一般的选择步骤参见图 6-4。

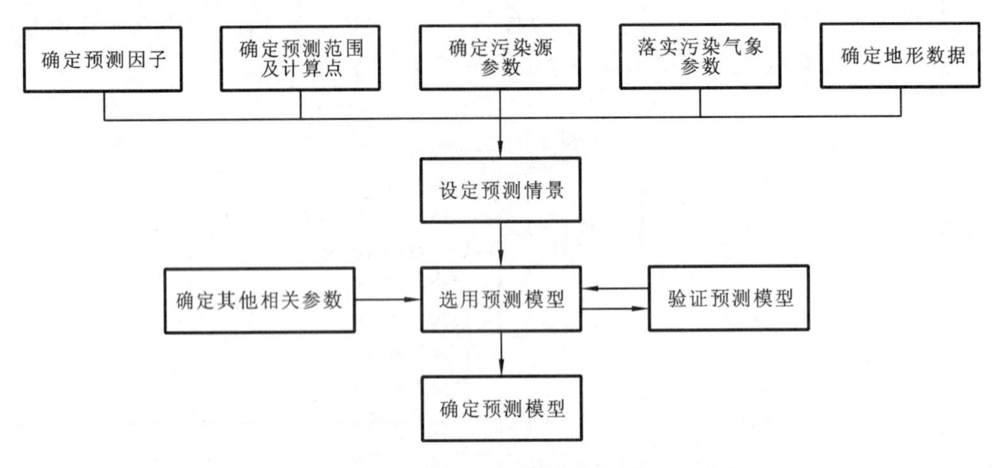

图 6-4　大气环境影响预测模型选用的一般步骤

1）确定预测因子

预测因子由评价因子来确定，一般选用有环境空气质量标准的评价因子，应注意选用建设项目的特征污染物和预测区域内污染严重的因子。选择的预测因子的数量不要太多，一般为 3～5个，但对排放大气污染物种类较多的项目，可适当增加预测因子。

2）确定预测范围及计算点

预测范围应覆盖评价范围，同时还应考虑污染源的排放高度、评价范围的主导风向、地形和周围环境敏感区的位置等。计算污染源对评价范围的影响时，一般取东西向为 x 坐标轴、南北向为 y 坐标轴，项目位于预测范围的中心区域。

预测的计算点可分三类：环境空气敏感区，预测范围内的网格点，以及区域最大地面浓度点。

所有的环境空气敏感区中的环境空气保护目标都应作为计算点。

预测范围内的网格点的分布应具有足够的分辨率，以尽可能精确预测污染源对评价范围的最大影响。预测网格可以根据具体情况采用直角坐标网格或极坐标网格，并应覆盖整个评价范围。预测范围内的网格点设置方法见表 6-2。

表 6-2　预测范围内的网格点设置方法

预测范围内的网格点设置方法	直角坐标网格	极坐标网格
布点原则	网格等间距或近密远疏法	径向等间距或距源中心近密远疏法
预测网格点：与源中心距离≤1 000 m	50～100 m	50～100 m
网格距：与源中心距离＞1 000 m	100～500 m	100～500 m

区域最大地面浓度点的预测网格设置，应依据计算出的网格点浓度分布而定，在高浓度分布区，计算点间距应不大于 50 m。

对于临近污染源的高层住宅楼，应适当考虑不同代表高度上的预测受体。

3）确定污染源计算清单

污染源的计算清单包括点源、线源、面源与体源的源强计算清单。在源强清单列出前，要注意对污染源的周期性排放情况进行调查。

在预测模式中，污染源参数包括污染源几何形态、空间位置、烟囱参数、源强、污染物性质等。污染源按照几何形态可以划分为点源、线源、面源与体源；污染源的空间位置指烟囱（或拟合点）空间坐标；烟囱参数包括烟囱基底高度、烟囱几何高度、内径、烟气出口流速与温度等；源强参数包括污染物排放速率、浓度；污染物性质主要考虑颗粒物的粒径分布与密度，这是因为粒径在 15～100 μm 的颗粒物需要特别采用颗粒物模式进行预测（粒径小于 15 μm 的污染物可以作为气态污染物进行预测）。此外，还应注意污染物的反应性。

4）落实污染气象参数

污染气象参数是反映大气运动与大气污染物相互作用的一系列相关参数，主要包括影响大气污染物在大气的平流输送、湍流扩散与清除机制等的参数。通常所采用的大气环境影响预测模型需要相关的地面和大气边界层平流输送、湍流扩散参数。

需要落实的污染气象参数有四个主要资料来源：所在地附近地面气象观测站的长期观测资料、常规高空气象探测资料、补充气象观测资料、环境质量现状监测时的同步气象观测资料。

地面气象观测站的资料是其中最重要的。在选用地面观测站观测资料时，应遵循先基准站，次基本站，后一般站的原则，收集每日实际逐次观测资料。其常规调查项目包括时间（年、月、日、时）、风向（以角度或按 16 个方位表示）、风速、干球温度、低云量、总云量。此外，根据不同评价等级预测精度要求及预测因子特征，可选择调查的观测资料包括湿球温度、露点温度、相对湿度、降水量、降水类型、海平面气压、观测站地面气压、云底高度、水平能见度等。

常规高空气象探测资料一般应每日至少调查 1 次（北京时间 8 点）距地面 1 500 m 高度以下的高空气象探测资料；观测的常规调查项目有时间（年、月、日、时）、探空数据层数、每层的气压、高度、气温、风速、风向（以角度或按 16 个方位表示）。

必要时需要在评价范围内设立补充的地面气象站，站点设置应符合相关地面气象观测规范的要求。观测内容与常规地面气象观测站的地面气象观测资料的要求相同。

在进行环境质量现状监测时，应同步收集项目位置附近有代表性且与各环境空气质量现状监测时间相对应的常规地面气象观测资料。必要时在监测地点开展同步常规地面气象观测。

在预测计算过程中，计算小时平均浓度须采用长期气象条件，进行逐时或逐次计算。选择污染最严重的（针对所有计算点）小时气象条件和对各环境空气保护目标影响最大的若干个小时气象条件（可视对各环境空气敏感区的影响程度而定）作为典型小时气象条件。

计算日平均浓度须采用长期气象条件，进行逐日平均计算。选择污染最严重的（针对所有计算点）日气象条件和对各环境空气保护目标影响最大的若干个日气象条件（可视对各环境空气敏感区的影响程度而定）作为典型日气象条件。

5）收集地形数据

地表起伏对污染物的传输、扩散会有一定影响，因此扩散模式在非平坦地形使用时一般需要进行修正。需要落实的地形数据至少应当包含各预测计算点的三维坐标，即预测区域坐标系内的 x 坐标、y 坐标及海拔。

应注意,收集的原始地形数据分辨率不得小于 90 m,地形数据的来源应予以说明,地形数据的精度应结合评价范围及预测网格点的设置进行合理选择。

6) 设定预测情景

预测情景应当结合项目特点与评价工作等级、周围环境特征来设定。在已经确定污染源类别的情况下,预测情景的设定一般包含以下内容:污染源排放方案、预测因子、预测内容、计算点(见图 6-5)。

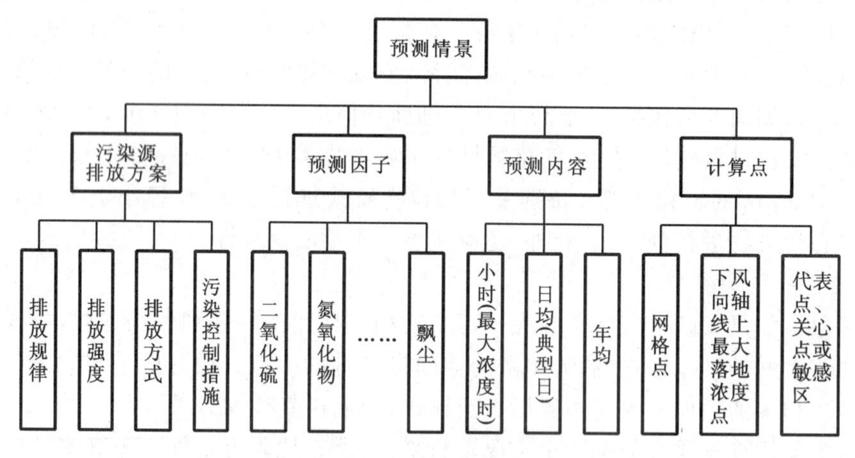

图 6-5　预测情景内容

污染源可分为新增加污染源、削减污染源和被取代污染源,以及其他在建、拟建项目相关污染源。新增污染源分正常排放和非正常排放两种情况。非正常排放是指非正常工况下的污染物排放,如点火开炉、设备检修、污染物排放控制措施达不到应有效率、工艺设备运转异常等情况下的排放。

排放方案分为工程设计或可行性研究报告中现有排放方案和环境影响评价报告所提出的推荐排放方案。排放方案的内容根据项目选址、污染源的排放方式及污染控制措施等进行选择。

常规预测情景的组合方式见表 6-3。

表 6-3　常规预测情景组合

序号	污染源	污染源排放形式	预测内容	预测因子	计算点	评价内容
达标区评价项目	新增污染源	正常排放	短期浓度和长期浓度	主要污染物	环境空气保护目标、网格点	最大浓度贡献值占标率
	新增污染源 —“以新带老”污染源(如有) —区域削减污染源(如有) +其他在建、拟建污染源(如有)	正常排放	短期浓度和长期浓度	主要污染物	环境空气保护目标、网格点	叠加环境质量现状浓度后的保证率日平均质量浓度和年平均质量浓度的占标率,或短期浓度的达标情况

续表

序号	污　染　源	污染源排放形式	预测内容	预测因子	计算点	评价内容
达标区评价项目	新增污染源	非正常排放	1 h 平均质量浓度	主要污染物	环境空气保护目标、网格点	最大浓度贡献值占标率
不达标区评价项目	新增污染源	正常排放	短期浓度和长期浓度	主要污染物	环境空气保护目标、网格点、最大地面浓度点	最大浓度贡献值占标率
	新增污染源 －“以新带老”污染源（如有） －区域削减污染源（如有） ＋其他在建、拟建污染源（如有）	正常排放	短期浓度和长期浓度	主要污染物	环境空气保护目标、网格点	叠加达标规划目标浓度后的保证率日平均质量浓度和年平均质量浓度的占标率，或短期浓度的达标情况；评价年平均质量浓度变化率
	新增污染源	非正常排放	1 h 平均质量浓度	主要污染物	环境空气保护目标、网格点	最大浓度贡献值占标率
区域规划	不同规划期/规划方案污染源	正常排放	短期浓度和长期浓度	主要污染物	环境空气保护目标、网格点	保证率日平均质量浓度和年平均质量浓度的占标率、年平均质量浓度变化率
大气环境防护距离	新增污染源 －“以新带老”污染源（如有） ＋项目全厂现有污染源	正常排放	短期浓度	主要污染物		大气环境防护距离

7）选用与验证预测模型

大气环境影响预测模型的应用条件所限，应根据具体环境条件、项目特点选用合适模型，必要时还应当进行验证。大气环境影响预测模型的验证方法包括示踪剂（如 SF_6）法、室内模拟（风洞、水槽）实验等。

8）确定其他相关参数

在进行大气环境影响预测时，在预测模式中还应当关注大气污染物的化学转化与颗粒物的重力沉降。

在计算小时平均浓度时,可不考虑SO_2的转化;在计算日平均或更长时间平均浓度时,应考虑化学转化;SO_2转化可取半衰期为4 h。对于一般的燃烧设备,在计算小时或日平均浓度时,可以假定[NO_2]/[NO_x]=0.9;在计算年平均浓度时,可以假定[NO_2]/[NO_x]=0.75;在计算机动车排放NO_2和NO_x的比例时,应根据不同车型的实际情况而定。

9)确定预测模型将确定的参数代入选定的模型,得到预测模型。

6.1.2 大气环境影响预测与评价

1. 大气环境影响预测目的

预测的目的,是为评价提供涵盖建设项目(或规划)建成实施后在各种情况下的基础定量数据。具体包括:

(1)了解建设项目或规划建成后,对大气环境质量影响的程度;

(2)确定建设项目或规划建成后,大气污染物影响的范围及空间分布情况;

(3)比较项目各种建设方案或规划实施方案对大气环境质量的影响;

(4)给出各污染源对关注点的污染物浓度贡献;

(5)优化关注区域的污染源布局,并对其实施总量控制。

2. 大气环境影响预测内容

大气环境影响预测内容一般包括项目或规划在投产运行期正常和非正常排放两种情况下污染物浓度预测内容;对于不同的评价等级,预测内容略有差异。

一级评价项目应采用进一步预测模型开展大气环境影响预测与评价。预测情景设计见表6-3。

二级评价项目不进行进一步预测与评价,只对污染物排放量进行核算。

三级评价项目不进行进一步预测与评价。

3. 评价方法

1)环境影响叠加

(1)达标区环境影响叠加。

预测评价项目建成后各污染物对预测范围的环境影响,应用本项目的贡献浓度,叠加(减去)区域削减污染源以及其他在建、拟建项目污染源环境影响,并叠加环境质量现状浓度。计算方法见式(6-1)。

$$C_{叠加(x,y,t)}=C_{本项目(x,y,t)}-C_{区域削减(x,y,t)}+C_{拟在建(x,y,t)}+C_{现状(x,y,t)} \tag{6-1}$$

式中 $C_{叠加(x,y,t)}$——在t时刻,预测点(x,y)叠加各污染源及现状浓度后的环境质量浓度,$\mu g/m^3$;

$C_{本项目(x,y,t)}$——在t时刻,本项目对预测点(x,y)的贡献浓度,$\mu g/m^3$;

$C_{区域削减(x,y,t)}$——在t时刻,区域削减污染源对预测点(x,y)的贡献浓度,$\mu g/m^3$;

$C_{拟在建(x,y,t)}$——在t时刻,其他在建、拟建项目污染源对预测点(x,y)的贡献浓度,$\mu g/m^3$;

$C_{现状(x,y,t)}$——在t时刻,预测点(x,y)的环境质量现状浓度,$\mu g/m^3$。

其中本项目预测的贡献浓度除新增污染源环境影响外,还应减去“以新带老”污染源的环境影响,计算方法见式(6-2)。

$$C_{本项目(x,y,t)}=C_{新增(x,y,t)}-C_{以新带老(x,y,t)} \tag{6-2}$$

式中　$C_{新增(x,y,t)}$——在 t 时刻，本项目新增污染源对预测点(x,y)的贡献浓度，$\mu g/m^3$；

$C_{以新带老(x,y,t)}$——在 t 时刻，“以新带老”污染源对预测点(x,y)的贡献浓度，$\mu g/m^3$。

(2) 不达标区环境影响叠加。

对于不达标区的环境影响评价，应在各预测点上叠加达标规划中达标年的目标浓度，分析达标规划年的保证率日平均质量浓度和年平均质量浓度的达标情况。叠加方法可以用达标规划方案中的污染源清单参与影响预测，也可直接用达标规划模拟的浓度场进行叠加计算。计算方法见式(6-3)。

$$C_{叠加(x,y,t)}=C_{本项目(x,y,t)}-C_{区域削减(x,y,t)}+C_{拟在建(x,y,t)}+C_{规划(x,y,t)} \tag{6-3}$$

式中　$C_{规划(x,y,t)}$——在 t 时刻，预测点(x,y)的达标规划年目标浓度，$\mu g/m^3$。

2) 保证率日平均质量浓度

对于保证率日平均质量浓度，首先按式(6-1)、式(6-2)或式(6-3)的方法计算叠加后预测点上的日平均质量浓度，然后对该预测点所有日平均质量浓度按从小到大的顺序进行排序，根据各污染物日平均质量浓度的保证率(p)，计算排在 p 百分位数的第 m 个序数，序数 m 对应的日平均质量浓度即为保证率日平均浓度 C_m。其中序数 m 计算方法见式(6-4)。

$$m=1+(n-1)\times p \tag{6-4}$$

式中　p——该污染物日平均质量浓度的保证率，按《环境空气质量评价技术规范(试行)》(HJ 663)规定的对应污染物年评价中 24 h 平均百分位数取值，%；

n——1 个日历年内单个预测点上的日平均质量浓度的所有数据个数；

m——百分位数 p 对应的序数(第 m 个)，向上取整数。

3) 浓度超标范围

以评价基准年为计算周期，统计各网格点的短期浓度或长期浓度的最大值，所有最大浓度超过环境质量标准的网格，即为该污染物浓度超标范围。超标网格的面积之和即为该污染物的浓度超标面积。

4) 区域环境质量变化评价

当无法获得不达标区规划达标年的区域污染源清单或预测浓度场时，也可评价区域环境质量的整体变化情况。按式(6-5)计算实施区域削减方案后预测范围的年平均质量浓度变化率 k。当 $k\leqslant-20\%$时，可判定项目建设后区域环境质量得到整体改善。

$$k=(\overline{C}_{本项目(a)}-\overline{C}_{区域削减(a)})/\overline{C}_{区域削减(a)}\times100\% \tag{6-5}$$

式中　k——预测范围年平均质量浓度变化率，%；

$\overline{C}_{本项目(a)}$——本项目所有网格点的年平均质量浓度贡献值的算术平均值，$\mu g/m^3$；

$\overline{C}_{区域削减(a)}$——区域削减污染源所有网格点的年平均质量浓度贡献值的算术平均值，$\mu g/m^3$。

5) 大气环境防护距离确定

采用进一步预测模型模拟评价基准年内本项目所有污染源(改建、扩建项目应包括全厂现有污染源)对厂界外主要污染物的短期贡献浓度分布。厂界外预测网格分辨率不应超过 50 m。

在底图上标注从厂界起所有超过环境质量短期浓度标准值的网格区域，将自厂界起至超标区域的最远垂直距离作为大气环境防护距离。

6) 污染物排放量核算

污染物排放量核算对象包括项目的新增污染源及改建、扩建污染源(如有)。

核算污染物排放量时应根据最终确定的污染治理设施、预防措施及排污方案，确定项目所有新增及改建、扩建污染源大气排污节点、排放污染物、污染治理设施与预防措施以及大气排放口基本情况。

核算所用项目各排放口排放大气污染物的排放浓度、排放速率及污染物年排放量，应为通过环境影响评价且环境影响评价结论为可接受时对应的各项排放参数。项目大气污染物年排放量包括项目各有组织排放源和无组织排放源在正常排放条件下的预测排放量之和。污染物年排放量按式(6-6)计算。

$$E_{年排放} = \sum_{i=1}^{n}(M_{i有组织} \times H_{i有组织})/1000 + \sum_{i=1}^{m}(M_{i有组织} \times H_{i有组织})/1000 \tag{6-6}$$

式中　$E_{年排放}$——项目年排放量，t/a；

$M_{i有组织}$——第 i 个有组织排放源排放速率，kg/h；

$H_{i有组织}$——第 i 个有组织排放源年有效排放时间，h/a；

$M_{j无组织}$——第 j 个无组织排放源排放速率，kg/h；

$H_{j无组织}$——第 j 个无组织排放源年有效排放时间，h/a。

项目各排放口非正常排放量核算，应结合非正常排放预测结果，优先提出相应的污染控制与减缓措施。当出现 1 h 平均质量浓度贡献值超过环境质量标准时，应提出减少污染排放直至停止生产的相应措施。明确列出发生非正常排放的污染源、非正常排放原因、排放污染物、非正常排放浓度与排放速率、单次持续时间、年发生频次及应对措施等。

6.2　大气污染物扩散点源扩散模式

经典的大气污染扩散模式是以高斯大气扩散模式为基础的。高斯大气扩散模式是一种简单实用的大气扩散模式，其建立采用笛卡儿坐标系，原点取污染物排放口在地面的垂直投影点上，主导风向为 x 轴，y 轴在水平面上与 x 轴垂直，z 轴垂直于平面 Oxy，正向指向天顶。

6.2.1　无界高斯烟流扩散模式

对于处在无界限空间的连续点源烟流，如果满足高斯模式，则有如下假设。

(1) 污染物在各个断面上呈正态分布，即在 y 轴和 z 轴上分别有

$$C = C_0\exp(-ay^2),\quad C = C_0\exp(-bz^2) \tag{6-7}$$

式中　a、b——待定系数。

(2) 大气流动有主导风向，风速在预测范围是均匀稳定的，即 U 为常数。

(3) 在 x 轴方向上，平流输送作用远大于扩散作用，即

$$U\frac{\partial C}{\partial t} \gg \frac{\partial}{\partial x}(E_{t,x}\frac{\partial C}{\partial x})$$

式中　$E_{t,x}$——x 轴方向的扩散系数。

因此，在 x 轴方向的扩散作用可以忽略不计。

(4) 污染源源强连续且均匀，在预测范围内没有其他同类的源、汇；同时污染物在迁移、扩散过程中，污染物质是守恒的，即污染物在大气中只有物理运动，没有化学、生物变化，即

$$Q = \int_{-\infty}^{+\infty}\int_{-\infty}^{+\infty} CU\mathrm{d}y\mathrm{d}z \tag{6-8}$$

(5) 浓度分布不随时间改变，即

$$\frac{\partial C}{\partial t} = 0$$

由式(6-7)可以得到下风向任何一点污染物浓度的分布函数，即

$$C(x,y,z) = A(x)\exp(-ay^2)\exp(-bz^2) \tag{6-9}$$

式中　$A(x)$——待定函数。

由概率论和统计理论，可以写出方差的表达式

$$\sigma_y^2 = \frac{\int_0^{+\infty} y^2 C\mathrm{d}y}{\int_0^{+\infty} C\mathrm{d}y},\quad \sigma_z^2 = \frac{\int_0^{+\infty} z^2 C\mathrm{d}z}{\int_0^{+\infty} C\mathrm{d}z} \tag{6-10}$$

将式(6-10)代入式(6-9)中，解得

$$a = \frac{1}{2\sigma_y^2},\quad b = \frac{1}{2\sigma_z^2} \tag{6-11}$$

将式(6-9)与式(6-11)代入式(6-8)中，解得

$$A(x) = \frac{Q}{2\pi U\sigma_y\sigma_z} \tag{6-12}$$

将式(6-11)与式(6-12)代入式(6-9)中，得无界高斯烟流扩散模式为

$$C(x,y,z) = \frac{Q}{2\pi U\sigma_y\sigma_z}\exp\left(\frac{-y^2}{2\sigma_y^2}\right)\exp\left(\frac{-z^2}{2\sigma_z^2}\right) \tag{6-13}$$

式中　$C(x,y,z)$——下风向某点处，大气污染物浓度贡献值，$\mathrm{mg/m^3}$；

x、y、z——预测点位空间坐标，m；

Q——源强，mg/s；

U——污染源口平均风速，m/s；

σ_y——垂直于平均风向的水平横向(y 方向)扩散参数，m；

σ_z——铅直方向(z 方向)扩散参数，m。

式(6-13)表明，无边界的空间里，连续点源所排放的污染物有如下规律。

① 在平流输送下，污染物随 x 距离的增加，其水平及垂直分布范围逐渐扩大，浓度不断降低，其 y、z 方向的污染物浓度呈正态分布且随 x 距离的增加 σ_y、σ_z 也逐步增大(见图 6-6)。

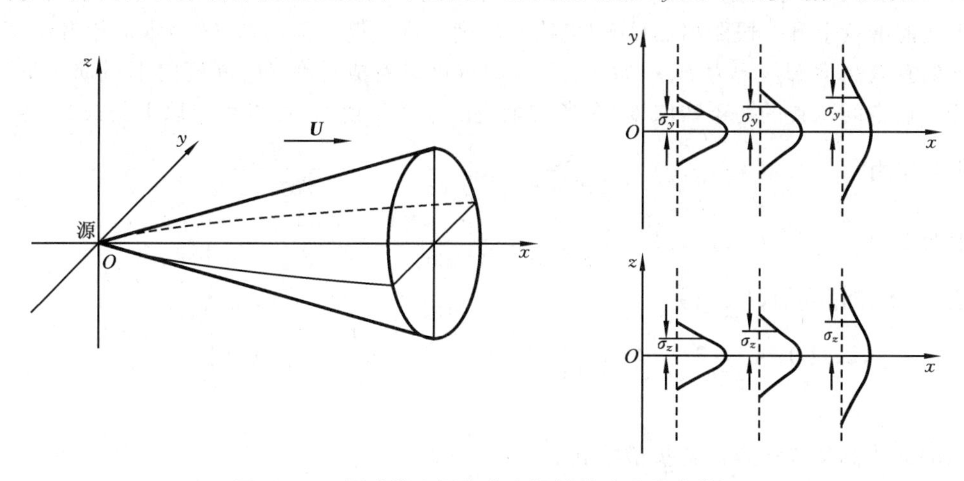

图 6-6　无界连续点源各方向污染物浓度分布特征

② $C(x,y,z)$与污染源的源强 Q 成正比。

③ $C(x,y,z)$与风速U成反比;U越大,$C(x,y,z)$衰减得越快。

④ 在沿下风向的垂直截面上,烟流中心的污染物浓度最高,即无界烟流下风向轴线浓度最高,此时,$C(x,y,z)$可表达为

$$C(x,0,0)=\frac{Q}{2\pi U\sigma_y\sigma_z} \tag{6-14}$$

6.2.2　有风点源正态烟羽扩散模式

现实存在的大气污染点源主要是指烟气由排气筒(烟囱)排放的大气污染源;排气筒口距离地面的高度是有限的,烟流排出后向下风向扩散,作为扩散的边界,地面起到反射作用,假设地面为光滑、平坦的硬表面,对污染物无吸收,则烟流触地完全反射,反射的烟流可视为以地面为镜面的虚源所排放的烟流(见图6-7)。

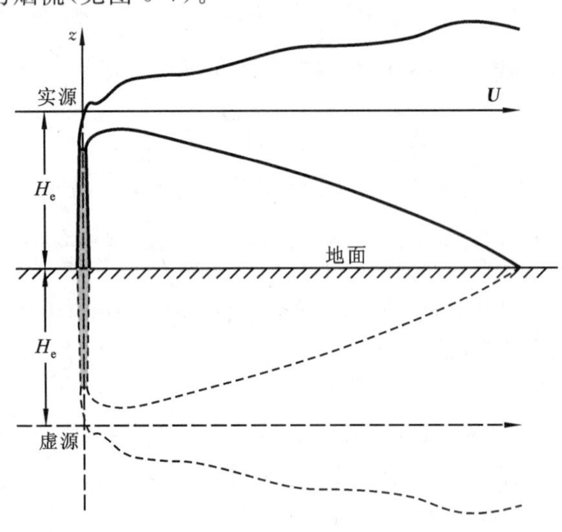

图6-7　烟流的地面反射

有风时(指距地面10 m高处的平均风速$U_{10}\geqslant 1.5$ m/s),烟流在y、z方向形成的夹角较小,能很好地符合无界高斯烟流扩散模式的条件设定。烟流排出排气筒后,在动量与热浮力的作用下还能继续上升一段距离ΔH(烟气抬升高度),排气筒几何高度H与烟流抬升高度构成排气筒的有效高度H_e,记为$H_e=H+\Delta H$。烟流可以看成是在H_e高度向下风向扩散,其下风向任一点空间位置的污染物浓度,在考虑烟流的地面反射时,可以列出以下公式。

实源作用:
$$C(x,y,z)=\frac{Q}{2\pi U\sigma_y\sigma_z}\exp\left[\frac{-y^2}{2\sigma_y^2}+\frac{-(z-H_e)^2}{2\sigma_z^2}\right]$$

虚源作用:
$$C(x,y,z)=\frac{Q}{2\pi U\sigma_y\sigma_z}\exp\left[\frac{-y^2}{2\sigma_y^2}+\frac{-(z+H_e)^2}{2\sigma_z^2}\right]$$

实、虚源作用叠加,整理得

$$C(x,y,z,H_e)=\frac{Q}{2\pi U\sigma_y\sigma_z}\exp\left(\frac{-y^2}{2\sigma_y^2}\right)\left\{\exp\left[\frac{-(z-H_e)^2}{2\sigma_z^2}\right]+\exp\left[\frac{-(z+H_e)^2}{2\sigma_z^2}\right]\right\} \tag{6-15}$$

式(6-15)即为高架连续点源的扩散模式。

此时,若地面对大气污染物完全吸收,那么公式中无反射项,即虚源贡献为零,式(6-15)变为

$$C(x,y,z,H_e)=\frac{Q}{2\pi U\sigma_y\sigma_z}\exp\left(\frac{-y^2}{2\sigma_y^2}\right)\exp\left[\frac{-(z-H_e)^2}{2\sigma_z^2}\right] \tag{6-16}$$

若大气污染物排放源为地面源，即 H_e 近似为零，考虑地面刚性、对污染物全反射的情况下，可表达为

$$C(x,y,z)=\frac{Q}{\pi U\sigma_y\sigma_z}\exp\left(\frac{-y^2}{2\sigma_y^2}\right)\exp\left(\frac{-z^2}{2\sigma_z^2}\right) \tag{6-17}$$

式(6-17)与式(6-13)相比较，可以发现，式(6-17)的浓度值恰巧为无界模式的两倍。

1. 地面浓度

在实际工作中，我们更为关心的是烟流扩散对地面的影响。高架连续点源烟流落地时，$z=0$，地面任一点浓度公式为

$$C(x,y,0,H_e)=\frac{Q}{\pi U\sigma_y\sigma_z}\exp\left(\frac{-y^2}{2\sigma_y^2}\right)\exp\left(\frac{-H_e{}^2}{2\sigma_z^2}\right) \tag{6-18}$$

若为地面源，由式(6-17)可得

$$C(x,y,0)=\frac{Q}{\pi U\sigma_y\sigma_z}\exp\left(\frac{-y^2}{2\sigma_y^2}\right) \tag{6-19}$$

2. 地面轴线浓度

参看图 6-6，烟流沿风向轴线上的污染物浓度最大；地面轴线上，$z=0$、$y=0$，对于高架连续点源，有

$$C(x,0,0,H_e)=\frac{Q}{\pi U\sigma_y\sigma_z}\exp\left(\frac{-H_e{}^2}{2\sigma_z^2}\right) \tag{6-20}$$

对于地面源，有

$$C(x,0,0)=\frac{Q}{\pi U\sigma_y\sigma_z} \tag{6-21}$$

图 6-8 显示了高架源与地面源的地面轴线污染物浓度(C)分布情况，其中，高架源造成的轴线浓度先随轴线距离(x)的增加而快速增大，在距源一定距离上，地面轴线浓度达到最大值，而后随着地面轴线距离的增加浓度逐渐降低；地面源所造成的地面污染物轴线分布情况则是在排放源处为最大，并随着与源距离(x)的增加而降低。

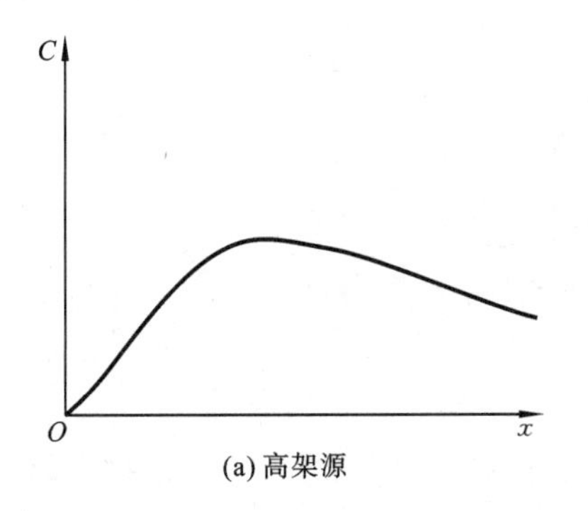

(a) 高架源

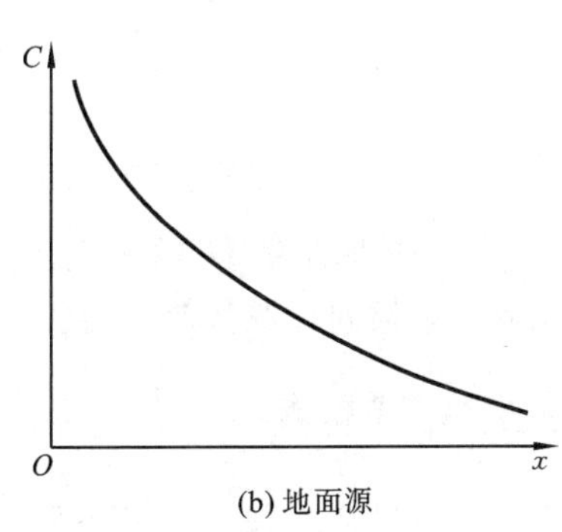

(b) 地面源

图 6-8　高架源与地面源的地面轴线污染物浓度分布

3. 高架连续点源最大落地浓度

高架连续点源最大落地浓度反映了高架源对地面污染物的最大贡献。

参看图 6-6，可以发现 σ_y、σ_z 随着下风向距离 x 的增长逐步变大，x 可以表达为 $x=Ut$，由此构造关系式为

$$\sigma_y^2=2E_{y,t}t=2E_{y,t}\,\frac{x}{U} \tag{6-22}$$

$$\sigma_z^2 = 2E_{z,t}t = 2E_{z,t}\frac{x}{U} \tag{6-23}$$

将式(6-22)、式(6-23)代入式(6-20),得

$$C(x,0,0,H_e) = \frac{Q}{2\pi x\sqrt{E_{y,t}E_{z,t}}}\exp(-\frac{UH_e^2}{4xE_{z,t}}) \tag{6-24}$$

将式(6-24)对 x 进行求导,得

$$\frac{dC}{dx} = \frac{Q}{2\pi x^2\sqrt{E_{y,t}E_{z,t}}}\exp\left(-\frac{UH_e^2}{4xE_{z,t}}\right) - \frac{Q}{2\pi x\sqrt{E_{y,t}E_{z,t}}}\left(\frac{UH_e^2}{4x^2E_{z,t}}\right)\exp\left(-\frac{UH_e^2}{4xE_{z,t}}\right) \tag{6-25}$$

当$\frac{dC}{dx}=0$时,可以得到高架连续点源出现最大落地浓度时的距离为

$$x_{max} = \frac{UH_e^2}{4E_{z,t}} \tag{6-26}$$

令式(6-23)中 $x=x_{max}$,代入式(6-26),则有

$$\sigma_z\Big|_{x=x_{max}} = \frac{H_e}{\sqrt{2}} \tag{6-27}$$

将式(6-26)、式(6-23)、式(6-27)顺序代入式(6-24),则可得到高架连续点源最大落地浓度公式

$$C_{max} = C(x_{max},0,0,H_e) = \frac{2Q\sqrt{E_{z,t}}}{\pi eUH_e^2\sqrt{E_{y,t}}} = \frac{2Q\sigma_z}{\pi eUH_e^2\sigma_y} = \frac{Q}{\pi eU\sigma_y\sigma_z} \tag{6-28}$$

法规模式中,C_{max} 通过式(6-20)对 x 进行求导,由$\frac{dC}{dx}=0$ 求解得到,其中,$\sigma_y=\gamma_1 x^{\alpha_1}$,$\sigma_z=\gamma_2 x^{\alpha_2}$,解得

$$C_{max} = \frac{2Q}{\pi eUH_e^2P_1} \tag{6-29}$$

$$P_1 = \frac{2\gamma_1\gamma_2^{-\frac{\alpha_1}{\alpha_2}}}{\left(1+\frac{\alpha_1}{\alpha_2}\right)^{\frac{1}{2}\left(1+\frac{\alpha_1}{\alpha_2}\right)}H_e^{\left(1-\frac{\alpha_1}{\alpha_2}\right)}\exp\left[\frac{1}{2}\left(1-\frac{\alpha_1}{\alpha_2}\right)\right]} \tag{6-30}$$

$$x_{max} = \left(\frac{H_e}{\gamma_2}\right)^{\frac{1}{\alpha_2}}\left(1+\frac{\alpha_1}{\alpha_2}\right)^{-\left(\frac{1}{2\alpha_2}\right)} \tag{6-31}$$

式中 α_1、α_2——横向扩散参数、垂直向扩散参数回归指数;
γ_1、γ_2——横向扩散参数、垂直向扩散参数回归系数。

6.2.3 静小风扩散模式

在小风(1.5 m/s>U_{10}≥0.5 m/s)、静风(U_{10}<0.5 m/s)情况下,大气污染物在 x 方向的扩散就不可忽略了。

静小风扩散模式是从静止无界烟团扩散模式推导简化而来的;模式以排气筒地面位置为原点,平均风向为 x 轴,地面任一点(x,y)小于 24 h 取样时间的浓度 C_L(mg/m^3)的表达式为

$$C_L(x,y) = \frac{2Q}{(2\pi)^{\frac{3}{2}}\gamma_{02}\eta}\times G \tag{6-32}$$

式中,η 与 G 分别为

$$\eta^2 = x^2+y^2+\frac{\gamma_{01}^2}{\gamma_{02}^2}H_e^2 \tag{6-33}$$

$$G=\left[1+\sqrt{2\pi}\times s\times\exp\left(\frac{s^2}{2}\right)\times\phi(s)\right]\exp\left(\frac{-U^2}{2\gamma_{01}^2}\right) \tag{6-34}$$

$$\phi(s)=\frac{1}{\sqrt{2\pi}}\int_{-\infty}^{s}\exp(-p^2/2)\mathrm{d}p \tag{6-35}$$

$$s=\frac{Ux}{\gamma_{01}\eta} \tag{6-36}$$

应用式(6-32)～式(6-36)计算 c_L 时，首先要求出 s，再根据 s 从数学手册查找正态分布函数 $\phi(s)$ 进行计算。其中，γ_{01}、γ_{02} 分别是横向和垂直向扩散参数的回归系数（$\sigma_x=\sigma_y=\gamma_{01}t$，$\sigma_z=\gamma_{02}t$），$t$ 为扩散时间。

6.2.4　封闭性扩散模式

如果在排气筒出口上方存在一个稳定的逆温层，底层则是中性或不稳定结构，那么大气污染物向上的扩散会受到逆温层的限制，同时由于地面的反射，污染物的扩散如同被限制在逆温层与地面之间的封闭型空间内（见图 6-9）。

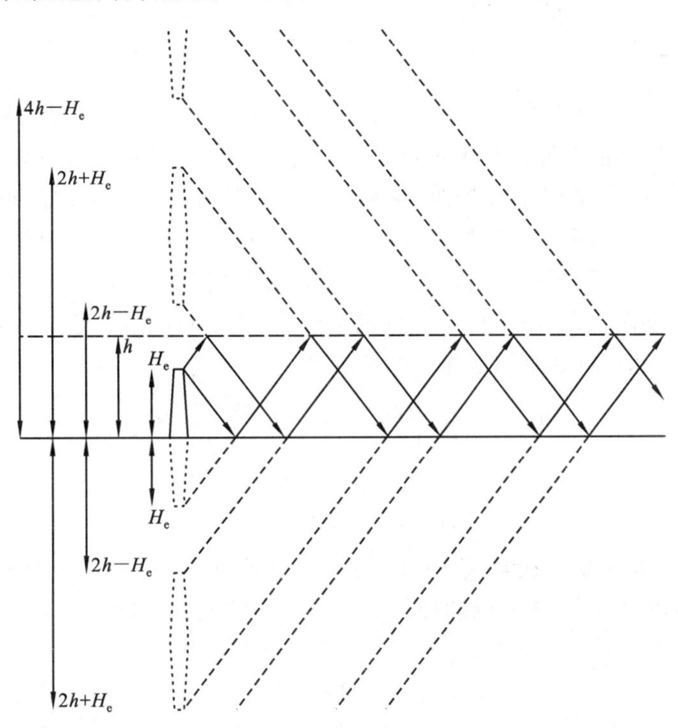

图 6-9　混合层多次反射示意图

在封闭性空间内，空间内一点的污染物浓度可以看成是实源及其虚源多次反射作用所得浓度之和。

封闭型扩散公式可以表述如下：

$$C(x,y,z,H_e)=\frac{Q}{2\pi U\sigma_y\sigma_z}\exp\left(\frac{-y^2}{2\sigma_y^2}\right)\cdot\sum_{n=-\infty}^{+\infty}\left\{\exp\left[\frac{-(z-H_e+2nh)^2}{2\sigma_z^2}\right]+\exp\left[\frac{-(z+H_e+2nh)^2}{2\sigma_z^2}\right]\right\} \tag{6-37}$$

式中　h——混合层厚度（由地面到逆温层底部的高度），m；

n——烟流在地面和逆温层底之间发生的反射次数,n 一般取 $-4\sim4$。

若只需要求得到地面浓度,则式(6-37)可以表达为

$$C(x,y,0,H_e)=\frac{Q}{\pi U\sigma_y\sigma_z}\exp\left(\frac{-y^2}{2\sigma_y^2}\right)\sum_{n=-\infty}^{+\infty}\exp\left[\frac{-(H_e+2nh)^2}{2\sigma_z^2}\right] \tag{6-38}$$

地面轴线的浓度公式可表达为

$$C(x,0,0,H_e)=\frac{Q}{\pi U\sigma_y\sigma_z}\sum_{n=-\infty}^{+\infty}\exp\left[\frac{-(H_e+2nh)^2}{2\sigma_z^2}\right] \tag{6-39}$$

当污染物经过多次反射,其在垂直方向上的浓度趋于均匀,通过对式(6-38)的无穷和求积分,可求得污染物在垂直方向上均匀分布的地面浓度表达式为

$$C(x,y,0,H_e)=\frac{Q}{\sqrt{2\pi}U\sigma_y h}\exp\left(\frac{-y^2}{2\sigma_y^2}\right) \tag{6-40}$$

通常认为,当 $\sigma_z=1.6h$ 时,污染物在混合层内混合均匀;当 $\sigma_z<1.6h$ 时,采用式(6-38)来计算地面浓度;当 $\sigma_z>1.6h$ 时,采用式(6-40)进行计算。需要指出,使用式(6-38)和式(6-40)对 $\sigma_z=1.6h$ 处进行计算的结果不同,即两者计算结果不连续。

6.2.5 熏烟扩散模式

晴朗夜间,由于地面辐射冷却,大气底层形成贴地逆温层;日出后,靠近地面的低层空气被日照加热使逆温层自下而上逐渐被破坏,但上部仍保持逆温;当逆温层在烟囱高度之上时,烟云就好像被盖子盖住,只能向下部扩散,像熏烟一样直扑地面。污染源附近污染物的浓度很高,地面污染严重,这是最不利于扩散和稀释的气象条件。在逆温消退至排气筒烟流顶部时,对地面浓度贡献最大,此后随逆温层高度上升,混合层厚度继续增加,熏烟逐渐消退。

假设逆温消退过程,浓度在垂直方向均匀分布,水平方向仍呈正态分布,此时熏烟型扩散模式与封闭型模式近似,熏烟时的地面浓度公式为

$$C_f=\frac{Q}{\sqrt{2\pi}Uh_f\sigma_{yf}z_f}\exp\left(\frac{-y^2}{2\sigma_{yf}^2}\right)\phi(P) \tag{6-41}$$

$$\sigma_{yf}=\sigma_y+H/8 \tag{6-42}$$

$$P=(h_f-H_e)/\sigma_z \tag{6-43}$$

式中,$\phi(P)$ 的表达式及确定方法与式(6-35)的 $\phi(s)$ 相同;σ_y 和 σ_z 应选取逆温层破坏前稳定层的数值;h_f、σ_y、σ_z 都为下风距离 x_f(或时间 t_f,$t_f=x_f/U$)的函数,当给定 x_f 时,h_f 由以下两式确定:

$$h_f=H+\Delta h_f \tag{6-44}$$

$$x_f=A(\Delta h_f^2+2H\Delta h_f) \tag{6-45}$$

式中,A 与 Δh_f 按下式计算

$$A=\rho_a c_p U/(4K_c) \tag{6-46}$$

$$\Delta h_f=\Delta H+P\sigma_z \tag{6-47}$$

$$K_c=4.186\exp\left[-0.99\left(\frac{d\theta}{dz}\right)+3.22\right]\times10^3 \tag{6-48}$$

式中 ΔH——烟气抬升高度,m;

ρ_a——大气密度,g/m^3;

c_p——环境大气定压比热容,J/(g·K);

K_c——湍流热传导系数,J/(m·s·K);

$\frac{d\theta}{dz}$——位温梯度，K/m，$\frac{d\theta}{dz} \approx \frac{dT_a}{dz} + 0.0098$，$T_a$ 为大气温度，如无实测值，$\frac{d\theta}{dz}$可在 0.005～0.015 K/m之间选取，弱稳定(D、E)可取下限，强稳定(F)可取上限。

计算过程中，c_f 最大值可以通过迭代法求出，P 的初始值可取 2.15。c_f 分布值可以 x_f 为自变量，由式(6-42)～式(6-48)解出 P、h_f 与 c_f。

6.2.6　颗粒物扩散模式

颗粒物从粒子直径上可以划分为降尘、总悬浮颗粒物与飘尘；直径大于 100 μm 的粒子称为降尘，在重力作用下很快下降，在一般天气情况下不会远距离输送；粒子直径小于 10 μm 的称为飘尘，也称为可吸入颗粒物；粒子直径介于降尘、飘尘之间的一般称为总悬浮颗粒物。

尘粒子与气体扩散相比较，除同样承受气流输送和大气扩散过程制约外，还在重力作用下向地面沉降；尘粒子到达地表时，由于静电吸附、化学反应等因素的影响，一部分粒子被地面阻留。在这个思路的基础上，可以提出颗粒物的地面浓度扩散模式，即部分反射的倾斜烟云扩散模式为

$$C_p = \frac{(1+\alpha)Q}{2\pi U\sigma_y\sigma_z}\exp\left[-\frac{y^2}{2\sigma_y^2} - \frac{\left(V_g \frac{x}{U} - H_e\right)^2}{2\sigma_z^2}\right] \tag{6-49}$$

式中　C_p——地面浓度，mg/m³；

α——尘粒子的地面反射系数，其定值见表 6-4；

V_g——尘粒子沉降速度，cm/s。

$$V_g = \frac{d^2\rho g}{18\mu} \tag{6-50}$$

式中　d——尘粒子直径，cm；

ρ——尘粒子密度，g/cm³；

g——重力加速度，980 cm/s²；

μ——空气动力黏性系数，一般取 1.8×10^{-4} g/(cm · s)。

表 6-4　地面反射系数 α

粒度范围/μm	15～30	31～47	48～75	76～100
平均粒径/μm	22	38	60	85
反射系数 α	0.8	0.5	0.3	0

6.2.7　长期平均浓度公式

6.2.1～6.2.6 小节所述的模式适用于短时间的浓度预测，一般指 30 min 左右的平均浓度，前提要求在预测范围内风速、风向稳定等；通过取样时间的修正可以适当扩展到预测 1～24 h的平均浓度。但是，若要预测较长时间段(年、季、月、旬，乃至若干日)的大气污染物浓度，由于风向、风速、大气稳定度都发生了变化，必须改用长期浓度平均公式计算。常用的长期浓度平均公式为联合频率加权计算公式。

联合频率的全称是风向方位-风速-稳定度联合频率。

具体一段时间内的联合频率为

$$\sum_{i}\sum_{j}\sum_{k} f_{ijk} = 1 \tag{6-51}$$

式中,i、j、k 分别为风向方位、稳定度、风速段的序号,其加和总数取决于所划分的稳定度和风速段的数目,其中风向方位 i 一般取 16;j 的总数不宜小于 3(稳定、中性、不稳定);在不单独考虑静风频率时,k 的总数也不应小于 3。

对于任一风向方位 i 的孤立源下风距离 x 处的长期平均浓度 $\overline{C}(x)_i$ 可按下式计算:

$$\overline{C}(x)_i = \sum_{j}\left(\sum_{k}\overline{C}_{ijk} f_{ijk} + \sum_{k}\overline{C}_{Lijk} f_{Lijk}\right) \tag{6-52}$$

式中　f_{ijk}——有风时的风向方位-风速-稳定度联合频率;

$\overline{C}_{ijk}$——有风、联合频率为 f_{ijk} 时,下风距离 x 处的平均浓度,常用扇形公式式(6-53)表达;

f_{Lijk}——静小风时的风向方位-风速-稳定度联合频率;

$\overline{C}_{Lijk}$——静小风,在联合频率为 f_{Lijk} 时,下风距离 x 处的平均浓度,计算方法见 6.2.3 小节静小风计算模式。

采用式(6-52)计算时,当有效源高较大($H_e>200$ m),且得自常规地面气象资料的 f_{Lijk} 不太大($f_{Lijk}<20\%$)时,f_{Lijk} 可以不单独统计,此时 $\overline{C}(x)_i$ 表达式右侧括号中仅包括前一项。

鉴于长期平均浓度公式计算中,方位划分为 16 个,每个方位实质上代表的是 π/8 方位角的扇形区,$\overline{C}_{ijk}$ 可以表达为

$$\overline{C}_{ijk} = \frac{Q}{(2\pi)^{\frac{3}{2}} U\sigma_z\left(\frac{x}{n}\right)}\sum_{m=-k}^{k}\left\{\exp\left[-\frac{(2mh-H_e)^2}{2\sigma_z^2}\right]+\exp\left[-\frac{(2mh+H_e)^2}{2\sigma_z^2}\right]\right\} \tag{6-53}$$

式中　n——风向方位数,一般取 16。

如果评价区内的排气筒数目多于 1 个,则评价范围内任一点(x,y)的长期平均浓度为

$$\overline{C}(x,y) = \sum_{i}\sum_{j}\sum_{k}\left(\sum_{r}\overline{C}_{rijk} f_{ijk} + \sum_{r}\overline{C}_{Lrijk} f_{ijk}\right) \tag{6-54}$$

式中　r——第 r 个污染物排放源。

6.2.8　日平均浓度计算

计算日平均浓度的方法有典型日法、换算法与保证率法。

1. 典型日法

典型日法是最常用的计算日平均浓度的方法。典型气象条件是指对环境敏感区或关心点易造成严重污染的风向、风速、稳定度和混合层高度等的组合条件。确定典型日的方法有两种:①通过大气污染潜势分析或从大气质量现状监测结果找出不利于扩散的气象条件下地面出现较高污染浓度的日子,即不利的典型日;②按全年内各气象要素(稳定度、风向、风速等)的组合划分为多种类型(有利于扩散和不利于扩散的),每种类型就算作一种典型日。根据典型日的逐时(次)气象数据,计算小时平均浓度,再按照选取的气象观测次数 n 求其平均值,即得日平均浓度,其表达式为

$$\overline{C}(x,y)_d = \frac{1}{n}\sum_{i=1}^{n} C(x,y)_i \tag{6-55}$$

式中　$C(x,y)_i$——第 i 次的小时平均浓度。

2. 换算法

换算法是在缺乏地面气象观测资料时常采用的一种方法,通常采用的计算式为

$$\overline{C}(x,y)_{\mathrm{d}} = 0.33C(x,y) \tag{6-56}$$

式中　$C(x,y)$——计算点的小时平均浓度。

也可采用如下换算方式：

$$\overline{C}(x,y)_{\mathrm{d}} = C(x,y) \times \left(\frac{60}{1\,440}\right)^{0.3} \tag{6-57}$$

3. 保证率法

保证率法在国际上比较通用，其计算步骤参见式(6-4)。

6.3　非点源扩散模式

通常接触的大气污染源根据几何形状，可以划分为点源、线源、面源与体源。通常把排放大气污染物的排气筒作为点源；流动源（主要是汽车等排放污染物的交通工具）作为线源，常被视为线源的还有交通干线、高速路、城市区域内的铁路机车及内河航船，此外也常把城市近郊机场的飞机作为线源；低矮点源、无组织排放源及城市区域的中小街巷常被视为面源；居民楼、多层工厂等被视为体源。

线源与面源在环境影响评价中较为常见，本节非点源扩散模式主要介绍线源与面源扩散模式。

6.3.1　线源扩散模式

在实际工作中，较为常见的是直线型线源。对于直线型线源，采用高斯烟流点源模式，在考虑风向的基础上沿线源长度积分，可以较方便地得出线源对下风向某点的浓度贡献，即

$$C = \frac{Q_L}{U}\int_0^L f\mathrm{d}l \tag{6-58}$$

$$f = \frac{1}{2\pi\sigma_y\sigma_z}\exp\left(\frac{-y^2}{2\sigma_y^2}\right)\left\{\exp\left[\frac{-(z+H_{\mathrm{e}})^2}{2\sigma_z^2}\right]+\exp\left[\frac{-(z-H_{\mathrm{e}})^2}{2\sigma_z^2}\right]\right\} \tag{6-59}$$

式中　Q_L——考虑风向因素后的线源源强，mg/(m·s)；

L——线源长度，m。

1. 风向与线源垂直

在平坦地形上，平直高速路对于路边近处的大气敏感目标而言，可以视为一无限长线源。对于无限长直线源，式(6-58)可以写为

$$C(x,0,z,H_{\mathrm{e}}) = \frac{Q_L}{U}\int_{-\infty}^{+\infty} f\mathrm{d}y \tag{6-60}$$

式中　Q_L——线源源强，mg/(m·s)。

鉴于 $\int_0^{+\infty}\exp(-t^2)\mathrm{d}t = \frac{\sqrt{\pi}}{2}$，$\int_{-\infty}^{+\infty}\exp\left(\frac{-y^2}{2\sigma_y^2}\right)\mathrm{d}y = \sqrt{2\pi}\sigma_y$。因此，式(6-59)的积分结果为

$$C(x,0,z,H_{\mathrm{e}}) = \frac{Q_L}{\sqrt{2\pi}U\sigma_z}\left\{\exp\left[\frac{-(z+H_{\mathrm{e}})^2}{2\sigma_z^2}\right]+\exp\left[\frac{-(z-H_{\mathrm{e}})^2}{2\sigma_z^2}\right]\right\} \tag{6-61}$$

地面浓度为

$$C(x,0,0,H_{\mathrm{e}}) = \frac{\sqrt{2}Q_L}{\sqrt{\pi}U\sigma_z}\exp\left(-\frac{H_{\mathrm{e}}^2}{2\sigma_z^2}\right) \tag{6-62}$$

对于有限长线源，以风向为 x 轴并通过关心点，线源的两个端点分别为 y_1、y_2，且有

$y_1 < y_2$,则有限长线源为

$$C(x,0,z,H_e) = \frac{Q_L}{U}\int_{y_1}^{y_2} f\mathrm{d}y \tag{6-63}$$

设 $p = y/\sigma_y$,即有 $p_1 = y_1/\sigma_y$、$p_2 = y_2/\sigma_y$,式(6-63)可化为

$$C(x,0,z,H_e) = \frac{Q_L}{\sqrt{2\pi}U\sigma_z}\left\{\exp\left[\frac{-(z+H_e)^2}{2\sigma_z^2}\right] + \exp\left[\frac{-(z-H_e)^2}{2\sigma_z^2}\right]\right\} \cdot \int_{p_1}^{p_2}\frac{1}{\sqrt{2\pi}}\exp\left(\frac{p^2}{2}\right)\mathrm{d}p \tag{6-64}$$

简化为

$$C(x,0,z,H_e) = \frac{Q_L}{\sqrt{2\pi}U\sigma_z}\left\{\exp\left[\frac{-(z+H_e)^2}{2\sigma_z^2}\right] + \exp\left[\frac{-(z-H_e)^2}{2\sigma_z^2}\right]\right\}[\phi(p_2) - \phi(p_1)] \tag{6-65}$$

污染物地面浓度为

$$C(x,0,0,H_e) = \frac{\sqrt{2}Q_L}{\sqrt{\pi}U\sigma_z}\exp\left(-\frac{H_e^2}{2\sigma_z^2}\right)[\phi(p_2) - \phi(p_1)] \tag{6-66}$$

式中,$\phi(p)$ 表达式同式(6-35)(将 s 换成 p)。

2. 风向与线源平行

当风向与线源平行时,只有上风向的线源才对关心点的污染物浓度有贡献,设有

$$\sigma_y(y) = 4.651 \times 10^{-3} y[\tan(a - b\ln y)], \quad \sigma_z(r) = \gamma_{\parallel} r^{\alpha_{\parallel}} \tag{6-67}$$

$$\sigma_z/\sigma_y = e \tag{6-68}$$

$$r = (y^2 + H_e^2/e^2)^{1/2} \tag{6-69}$$

式中 a、b——横向扩散参数的回归系数,取值见表 6-5;

$\gamma_{\parallel}$、$\alpha_{\parallel}$——垂直向扩散参数的回归系数与回归指数,取值见表 6-6;

e——常规扩散参数比,e 为 0.5~0.7,靠近线源中心线时取小值,反之取大值;

r——线源上各点到关心点的等效距离,m;

y——线源上各点到关心点的横向距离,m。

对于无限长线源,则有

$$C(x,y,0,H_e) = \frac{Q_L}{\sqrt{2\pi}U\sigma_z(r)} \tag{6-70}$$

表 6-5 横向扩散参数的回归系数

大气稳定度等级	a	b
不稳定	30.833	1.809 6
中性	26.564	1.770 6
稳定	20.000	1.085 7

表 6-6 垂直向扩散参数回归系数、回归指数值

大气稳定度等级	$\gamma_{\parallel}$	$\alpha_{\parallel}$
不稳定	0.176 97	0.931 98
中性	0.146 9	0.923 32
稳定	0.110 2	0.914 65

对于有限长线源，设坐标原点于线源中点，则线源长度为 $2x_0$，地面浓度为

$$C(x,0,0)=\frac{Q_L}{\sqrt{2\pi}U\sigma_z(r)}[\mathrm{erf}(\xi_1)-\mathrm{erf}(\xi_2)] \tag{6-71}$$

式中

$$\mathrm{erf}(\xi)=\frac{2}{\sqrt{\pi}}\int_0^{\xi}\exp(-t^2)\mathrm{d}t \tag{6-72}$$

$$\xi_1=\frac{r}{\sqrt{2}[\sigma_y(x-x_0)]} \tag{6-73}$$

$$\xi_2=\frac{r}{\sqrt{2}[\sigma_y(x+x_0)]} \tag{6-74}$$

3. 风向与线源呈任意交角

当风向与线源呈任意交角且交角 $\theta\leqslant 90°$，可采用简单内插法估算地面浓度，其值为

$$C_\theta(x,0,0)=\sin^2\theta(C_\perp)+\cos^2\theta(C_\parallel) \tag{6-75}$$

6.3.2　面源扩散模式

面源一般是指无组织排放或在不大范围内较均匀分布且数量多、源强及源高都不大的点源。常用面源扩散模式有两种：一种是采用对点源实行空间积分的方法（点源积分法）；另一种则是采用对点源修正的方法。

1. 点源积分法

点源积分法首先将评价区网格化，注意设接受点为坐标原点；其次，对接受点上风向每个可能影响到接受点的网格进行积分，有风时的积分路径参见图 6-10，图中仅给出 E、NE、ENE 三个风向方位，其余 13 个方位可利用 x 轴、y 轴对称关系导出。

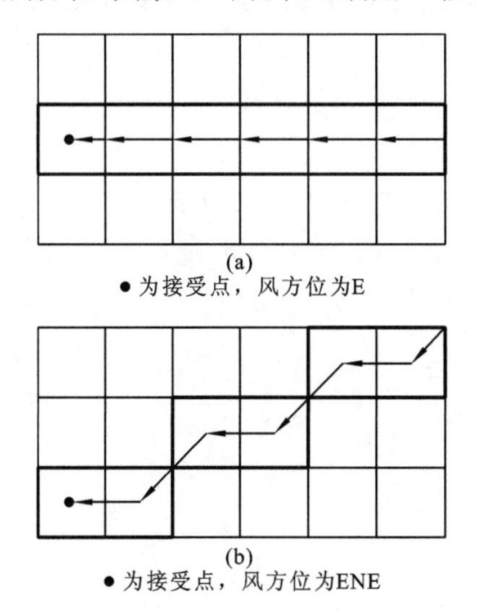

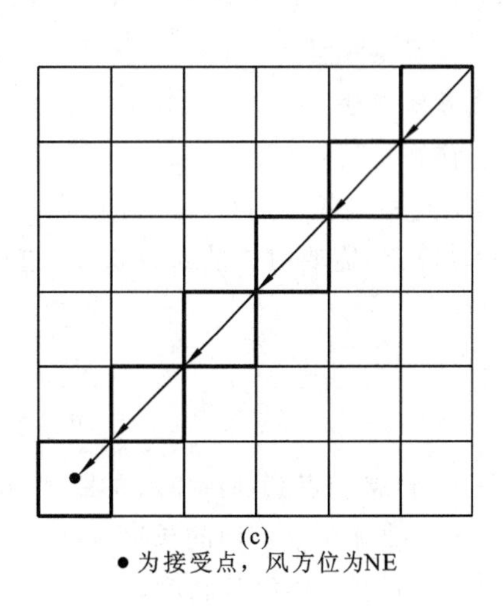

图 6-10　有风时面源模式风向路径

令面源对接受点的浓度贡献值为 C_s，则 C_s 可表达为

$$C_s=\frac{1}{\sqrt{2\pi}}\sum Q_j\beta_j \tag{6-76}$$

$$\beta_j=\frac{2\eta}{U_j\,\overline{H}_j^{2\eta}\gamma\alpha}[\Gamma_j(\eta,\tau_j)-\Gamma_{j-1}(\eta,\tau_{j-1})] \tag{6-77}$$

式中 Q_j——第 j 个网格单位面积、单位时间排放量,mg/(m^2 · s);

$\overline{H}_j$——第 j 个网格污染源平均排放高度,m;

U_j——第 j 个网格在$\overline{H}_j$ 高度处的平均风速,m/s;

α、γ——垂直向扩散参数 σ_z 的回归指数和回归系数,$\sigma_z=\gamma x^{\alpha}$,$\alpha$、$\gamma$ 即为式(6-100)中的 α_2、γ_2;

$$\eta=\frac{(\alpha-1)}{2\alpha}; \tag{6-78}$$

$$\tau_j=\frac{\overline{H}_j^2}{2\gamma^2 x_j^{2\alpha}}; \tag{6-79}$$

$\Gamma(\eta,\tau)$——不完全伽马函数,由下式确定:

$$\Gamma(\eta,\tau)=\frac{a}{\tau+\left(b+\dfrac{1}{\tau}\right)^c} \tag{6-80}$$

$$a=2.32\alpha+0.28 \tag{6-81}$$

$$b=10.00-5.00\eta \tag{6-82}$$

$$c=0.88+0.82\eta \tag{6-83}$$

除有风外,风速<1.5 m/s 时,也可以按式(6-76)~式(6-83)计算;但当风速<1 m/s 时,一律取 1 m/s。风速<1.5 m/s 时,积分路径参见图 6-11。

当面源面积 S 较小时($S\leqslant 1.5\ km^2$),C_s 宜按下式计算:

$$C_s=\frac{Q}{\sqrt{2\pi}}\beta_j(\eta,\tau) \tag{6-84}$$

式中 $\tau=\overline{H}^2/(2\gamma^2 x^{2\alpha})$,$x$ 为沿上风向自接受点到面源最远边缘的距离,一般情况下,也可按 $x=\sqrt{S/\pi}$取值。

2. 点源修正法

1) 直接修正法

当面源面积 S 较小时($S\leqslant 1.5\ km^2$),面源之外的接受点的 C_s 可以按 6.2 节的点源扩散模式进行计算,但需要对扩散参数 σ_y、σ_z 进行修正,修正后的 σ_y、σ_z 分别为

$$\sigma_y=\gamma_1 x^{\alpha_1}+\frac{a_y}{4.3} \tag{6-85}$$

$$\sigma_z=\gamma_2 x^{\alpha_2}+\frac{\overline{H}}{2.15} \tag{6-86}$$

式中 x——自接受点到面源中心的距离,m;

a_y——面源在 y 方向的长度,m;

$\overline{H}$——面源平均排放高度,m。

2) 虚点源后置法

虚点源后置法也称为点源后退法;与直接修正法类似,也是把面源看成点源处理,C_s 按点源扩散模式进行计算。该方法的思想核心如下。

(1) 面源内所有排放的污染物可以看成在面源中心向上风向后退 x_y、x_z 距离的虚拟点源。

(2) σ_y、σ_z 由下式确定:

$$\sigma_y'=\sigma_y(x+x_y) \tag{6-87}$$

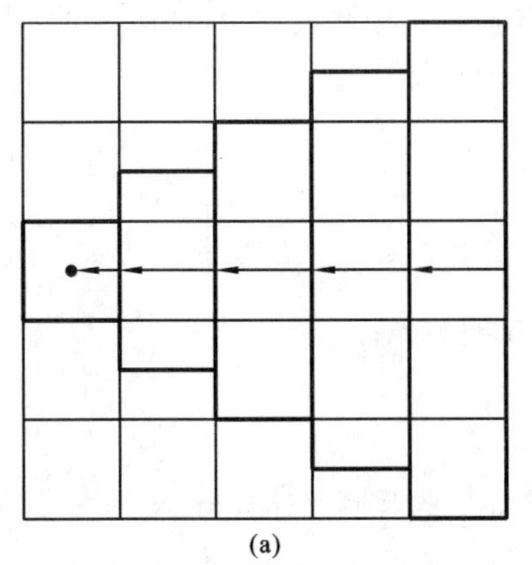

(a)
风速小于1.5 m/s，·为接受点，风方位为E

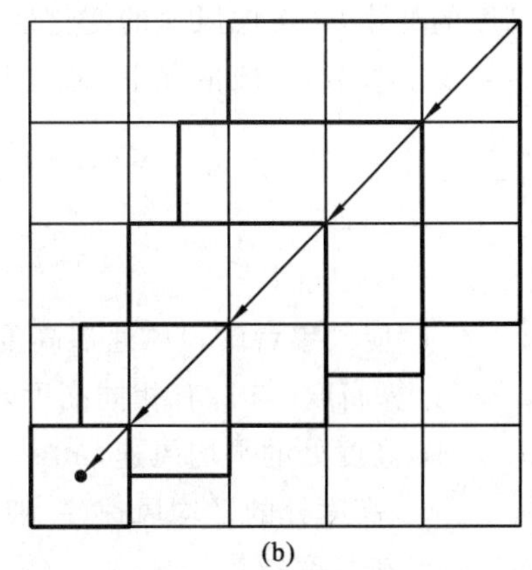

(b)
风速小于1.5 m/s，·为接受点，风方位为NE

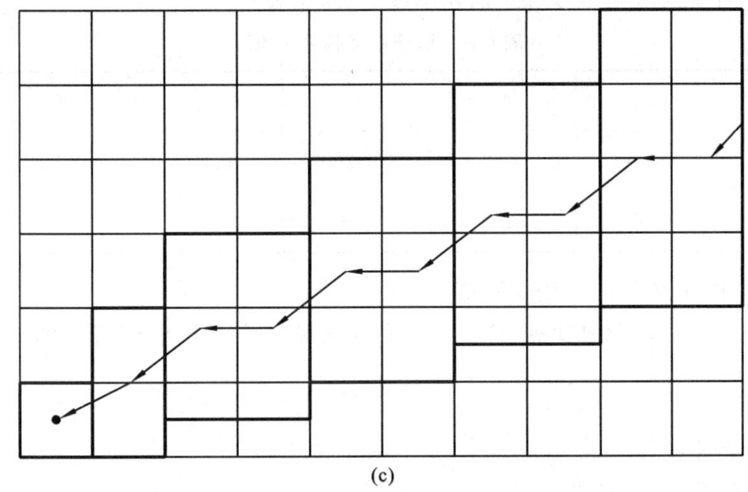

(c)
风速小于1.5 m/s，·为接受点，风方位为ENE

图6-11 小风时面源模式风向路径

$$\sigma_z' = \sigma_z(x + x_z) \tag{6-88}$$

式中 x——自接受点到面源中心的距离。

(3) x_y、x_z 分别由下式反推求得：

$$\gamma_1 x_y^{\alpha_1} = \frac{a_y}{4.3} \tag{6-89}$$

$$\gamma_2 x_z^{\alpha_2} = \frac{\overline{H}}{2.15} \tag{6-90}$$

6.4 大气环境影响预测模型中参数的选择与计算

6.4.1 平均风速

根据《地面气象观测规范 总则》(GB/T 35221—2017)的规定，风速器风杯中心安装在观测场高10～12 m处，因此一般气象部门提供的风速资料是距地面10 m高度定时的观测值。实际情况下，在大气边界层，风向、风速随着距地高度的增加而变化；但在一般情况下，不考虑风向随高度的变化,只考虑风速的变化情况。在大气环境影响预测模型中,烟囱口的平均风速是一个很重要的参数,一般情况下,采用幂律分布模式计算,即

$$u_z = u_{z_0}\left(\frac{z}{z_0}\right)^m, \quad z \leqslant 200 \tag{6-91}$$

$$u_z = u_{z_0}\left(\frac{200}{z_0}\right)^m, \quad z > 200 \tag{6-92}$$

式中　z_0——相应气象台(站)风速器高度(一般指 10 m 处),m;

z——计算高度(与 z_0 有相同高度基准),m;

u_z——z 高度处的平均风速,m/s;

u_{z_0}——z_0 高度处的平均风速(一般指距地高 10 m 处的观测风速),m/s;

m——风速高度指数。

风速高度指数与大气稳定度和地面粗糙度有关,见表 6-7。

表 6-7　风速高度指数 m 值

稳定度	A	B	C	D	E	F
城市	0.10	0.15	0.20	0.25	0.30	0.30
农村	0.07	0.07	0.10	0.15	0.25	0.25

在实际工作中,m 值最好采用实测值。

平均风速的计算方法除幂律外,还使用一种对数风速扩线来进行计算,即

$$u = \frac{u'}{K}\ln\left(\frac{z}{z_f}\right) \tag{6-93}$$

式中　u'——摩擦速度,m/s;

K——卡门常数,一般取 0.35;

z_f——地面粗糙度长度,m。

u'、z_f 一般通过不同高度处观测到的平均风速回归求解得来。

式(6-93)可以构造成 $u = a\ln z + b$ 的形式,其中,$a = \frac{u'}{K}$、$b = -\frac{u'}{K}\ln z_f$。

当 $u=0$ 时,即直线在 $\ln z$ 轴上的截距为

$$\ln z\big|_{u=0} = \ln z_f \tag{6-94}$$

此时,有

$$u' = \frac{n\sum u_i \ln z_i - \sum u_i \sum \ln z_i}{K\left[n\sum(\ln z_i)^2 - \left(\sum \ln z_i\right)^2\right]} \tag{6-95}$$

式中　n——不同高度处风速观测次数;

u_i——在高度 z_i 处的风速,$i=1,2,\cdots,n$。

6.4.2　大气稳定度分级

1. 大气稳定度的判定条件

在大气中,气团受到外力的作用,会产生向上或向下的垂直运动;这种偏离平衡位置的垂直运动能否维持,由大气层结即大气温度和湿度的垂直分布决定。这种影响气团垂直运动的

特性称为大气稳定度(又称为大气静力稳定度、层结稳定度)。

判断大气稳定度,通常是使一气团受力离开平衡位置,向上或向下移动,撤除外力,若气团到达新位置后存在继续移动的趋势,则认为大气呈不稳定状态;若气团存在回到原平衡位置的趋势,则大气是稳定的;如果气团既不远离原平衡位置也不返回,则认为大气呈中性状态。稳定与不稳定大气条件参看图6-12。

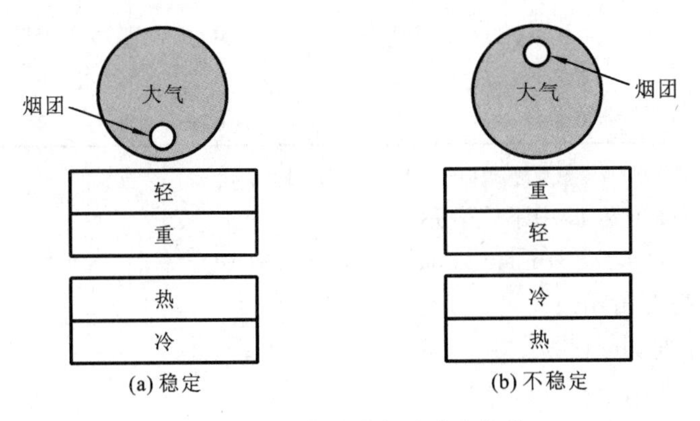

图6-12　大气稳定与不稳定条件

烟团处于稳定状态时,烟团上方大气环境温度较高、密度较小,因此烟团不易上升;当烟团上方大气环境温度较低、密度较大时,有利于烟团向上移动,表观即为烟团处于不稳定状态。

利用气温的垂直递减率 γ 与干绝热递减率 γ_d,可以很方便地判断大气层结的稳定度;实际运用中,气温的垂直递减率一般由探空气温曲线斜率替代。判定大气稳定度的条件参见图6-13。

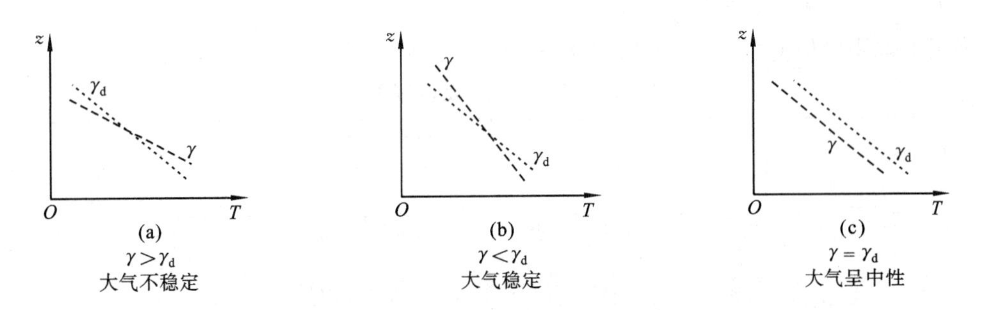

图6-13　判定大气稳定度的条件

气温垂直递减率的数学表达式为

$$\gamma=-\frac{dT}{dz} \tag{6-96}$$

在对流层,平均的气温垂直递减率为0.65 ℃/(100 m)。干绝热递减率为0.98 ℃/(100 m)。

2. 大气稳定度等级的划分方法

大气稳定度有多种分类方法。目前,较常使用的是修订的帕斯奎尔(Pasquill)分类方法(简记为P.S),该方法把稳定度分为6个等级,即

A——极不稳定;B——不稳定;C——弱不稳定;D——中性;E——较稳定;F——稳定

确定大气稳定度等级时,首先由云量与太阳高度角按表6-8查出太阳辐射等级数。

表 6-8　太阳辐射等级数

云量(1/10)		太阳辐射等级数				
总云量	低云量	夜间	$h_0 \leqslant 15°$	$15° < h_0 \leqslant 35°$	$35° < h_0 \leqslant 65°$	$h_0 > 65°$
≤4	≤4	−2	−1	+1	+2	+3
5～7	≤4	−1	0	+1	+2	+3
≥8	≥4	−1	0	0	+1	+1
≥5	5～7	0	0	0	0	+1
≥8	≥8	0	0	0	0	0

注　云量(全天空十分制)观测规则与《地面气象观测规范》相同。

表 6-8 中,太阳高度角 h_0 用下式表达:

$$h_0 = \arcsin[\sin\varphi\sin\sigma + \cos\varphi\cos\sigma\cos(15t + \lambda - 300)] \tag{6-97}$$

式中　h_0——太阳高度角,deg;

φ——当地纬度,deg;

λ——当地经度,deg;

t——进行观测时的北京时间,h;

σ——太阳倾角,deg。

太阳倾角 σ 可按下式计算:

$$\sigma = [0.006\ 918 - 0.399\ 912\cos\theta_0 + 0.070\ 257\sin\theta_0 - 0.006\ 758\cos(2\theta_0) + 0.000\ 907\sin(2\theta_0) - 0.002\ 697\cos(3\theta_0) + 0.001\ 480\sin(3\theta_0)]180/\pi \tag{6-98}$$

式中　θ_0——$360d_n/365$,deg;

d_n——一年中的日期序数,0,1,2,…,364。

确定了太阳辐射等级后,再根据地面风速查表 6-9 确定大气稳定度。

表 6-9　大气稳定度等级

地面风速/(m/s)	太阳辐射等级					
	+3	+2	+1	0	−1	−2
≤1.9	A	A～B	B	D	E	F
2～2.9	A～B	B	C	D	E	F
3～4.9	B	B～C	C	D	D	E
5～5.9	C	C～D	D	D	D	D
≥6	D	D	D	D	D	D

注　地面风速(m/s)是指距地面 10 m 高度处、10 min 的平均风速,如果使用气象台(站)资料,其观测规则与《地面气象观测规范》相同。

3. 大气稳定度与烟流形状

在不同的大气稳定层结下的烟流形状不同,常见的六种情形参见图 6-14。

(1) 不稳定:烟流形态为环链形或链条形、翻卷形、波浪形。烟流在扩展过程呈不规律的波浪状,这是由于大气处于不稳定层结条件,存在较大尺度的湍流,导致烟流各部分的运动速度与方向不规则。在这种情况下,烟流消散很快;但对于高架源,在源近处的下风向,可能存在较高的地面浓度。

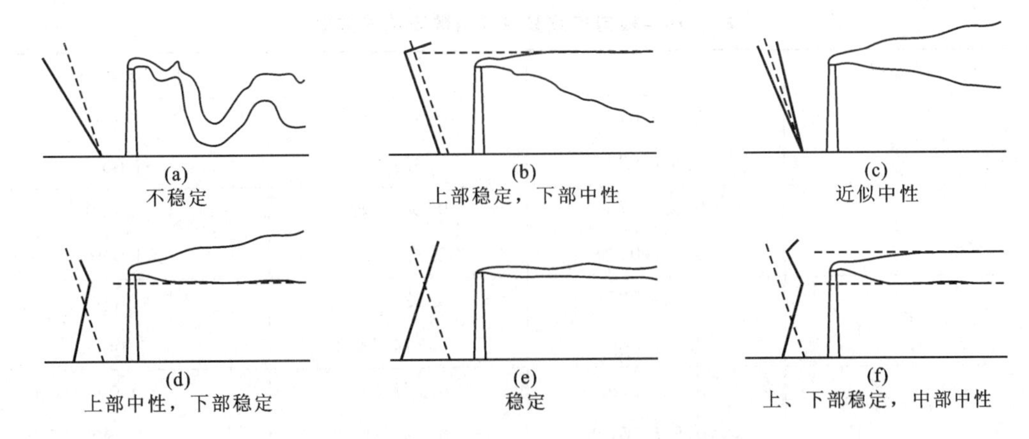

图 6-14　常见大气稳定层结下的烟流形状

——— γ　- - - - - γ_d

（2）上部稳定，下部中性：烟流形态为熏烟形（或漫烟形）。由于上部大气层结稳定，烟流向上受到抑制，向下扩散至地面，使地面浓度增高造成局部地区严重污染。

（3）近似中性：烟流呈圆锥形。此时大气层结的气温垂直递减率 γ 与干绝热递减率 γ_d 相近。这时的烟流外形在离开排放口一段距离后，为一清晰的圆锥形。

（4）上部中性，下部稳定：烟流形态为屋脊形（或城堡形、爬升形）。下部大气层结稳定，烟流向下扩散受到抑制，此时烟流不易落地，对于高架源排放十分有利。

（5）稳定：烟流形态呈扇形（或平展形）。在稳定情况下，烟流在垂直方向上的扩散受到抑制，水平方向的扩散远大于垂直方向的，导致烟流在水平方向上呈扇形展开。如果为地面源，此时会造成很大的地面污染，但对于高架源，烟流不易落地，地面污染较小。

（6）上、下部稳定，中部中性：烟流形态一般为受限型。烟流不易向上、下部稳定层结扩散，但在中部受限空间扩散，对于高架源，烟流不易落地，地面污染较小。

6.4.3　大气扩散参数

1. 有风时扩散参数的确定

1）0.5 h 取样时间

横向扩散参数 σ_y 与垂直向扩散参数 σ_z 的表达式分别为

$$\sigma_y = \gamma_1 x^{\alpha_1} \tag{6-99}$$

$$\sigma_z = \gamma_2 x^{\alpha_2} \tag{6-100}$$

式中　γ_1、α_1——横向扩散参数的回归系数和回归指数；

γ_2、α_2——垂直向扩散参数的回归系数和回归指数；

x——下风距离，m。

平原地区农村及城市远郊区的扩散参数选取方法：A、B、C 级稳定度直接由表 6-10 及表 6-11查得，D、E、F 级稳定度则需要向不稳定方向提半级后再由表 6-10 及表 6-11 查得。

工业区或城区中点源的扩散参数选取方法：A、B 级稳定度不提级，C 级稳定度提到 B 级，D、E、F 级稳定度则需要向不稳定方向提一级后由表 6-10 及表 6-11 查得。

丘陵山区的农村或城市的扩散参数选取方法同工业区。

表 6-10　横向扩散参数幂函数表达式数据

稳定度等级	α_1	γ_1	下风距离/m
A	0.901 074	0.425 809	0～1 000
	0.850 934	0.602 052	>1 000
B	0.914 370	0.281 846	0～1 000
	0.865 014	0.396 353	>1 000
B～C	0.919 325	0.229 500	0～1 000
	0.875 086	0.314 238	>1 000
C	0.924 279	0.177 154	0～1 000
	0.885 157	0.232 123	>1 000
C～D	0.926 849	0.143 940	0～1 000
	0.886 940	0.186 396	>1 000
D	0.929 418	0.110 726	0～1 000
	0.888 723	0.146 669	>1 000
D～E	0.923 118	0.098 563 1	0～1 000
	0.892 794	0.124 308	>1 000
E	0.920 818	0.086 400 1	0～1 000
	0.896 864	0.101 947	>1 000
F	0.929 418	0.055 363 4	0～1 000
	0.888 723	0.073 334 8	>1 000

表 6-11　垂直向扩散参数幂函数表达式数据

稳定度等级	α_2	γ_2	下风距离/m
A	1.121 54	0.079 990 4	0～300
	1.523 60	0.008 547 71	300～500
	2.108 81	0.000 211 545	>500
B	0.964 435	0.127 190	0～500
	1.093 56	0.057 025 1	>500
B～C	0.941 015	0.114 682	0～500
	1.007 70	0.075 718 2	>500
C	0.917 595	0.106 803	0
C～D	0.838 628	0.126 152	0～2 000
	0.756 410	0.235 667	2 000～10 000
	0.815 575	0.136 659	>10 000
D	0.826 212	0.104 634	0～1 000
	0.632 023	0.400 167	1 000～10 000
	0.555 360	0.810 763	>10 000

续表

稳定度等级	α_2	γ_2	下风距离/m
D～E	0.776 864	0.111 771	0～2 000
	0.572 347	0.528 992	2 000～10 000
	0.499 149	1.038 10	>10 000
E	0.788 370	0.092 752 9	0～1 000
	0.565 188	0.433 384	1 000～10 000
	0.414 743	1.732 41	>10 000
F	0.784 400	0.062 076 5	0～1 000
	0.525 969	0.370 015	1 000～10 000
	0.322 659	2.406 91	>10 000

2）大于 0.5 h 取样时间

垂直向扩散参数不变，横向扩散参数及稀释系数满足下式：

$$\sigma_{y_{\tau_2}} = \sigma_{y_{\tau_1}} \left(\frac{\tau_2}{\tau_1}\right)^q \tag{6-101}$$

或 σ_y 的回归指数 α_1 不变，回归系数 γ_1 满足下式：

$$\gamma_{1\tau_2} = \gamma_{1\tau_1} \left(\frac{\tau_2}{\tau_1}\right)^q \tag{6-102}$$

式中　$\sigma_{y_{\tau_2}}$、$\sigma_{y_{\tau_1}}$——对应取样时间为 τ_2、τ_1 时的横向扩散参数，m；

$\gamma_{1\tau_2}$、$\gamma_{1\tau_1}$——对应取样时间为 τ_2、τ_1 时的横向扩散参数的回归系数；

q——时间稀释指数，由表 6-12 确定。

表 6-12　时间稀释指数 q

适用时间范围/h	q
$1 \leqslant \tau < 100$	0.3
$0.5 \leqslant \tau < 1$	0.2

在应用表 6-10 计算取样时间大于 0.5 h 的 $\sigma_{y_{\tau_2}}$ 或 $\gamma_{1\tau_2}$ 时，应先根据 0.5 h 取样时间值计算时间为 0.5 h 的 σ_y 或 γ_1，以其作为 $\sigma_{y_{\tau_1}}$ 或 $\gamma_{1\tau_1}$ 来计算 $\sigma_{y_{\tau_2}}$ 或 $\gamma_{1\tau_2}$。

2. 小风和静风时扩散参数的确定

0.5 h 取样时间的扩散参数按表 6-13 选取；当取样时间大于 0.5 h 时，可参照式(6-101)及式(6-102)计算。

表 6-13　小风和静风时扩散参数的系数 γ_{01}、γ_{02}

($\sigma_x = \sigma_y = \gamma_{01} T, \sigma_z = \gamma_{02} T$)

稳定度等级	γ_{01}		γ_{02}	
	$U_{10} < 0.5$ m/s	1.5 m/s $> U_{10} \geqslant 0.5$ m/s	$U_{10} < 0.5$ m/s	1.5 m/s $> U_{10} \geqslant 0.5$ m/s
A	0.93	0.76	1.57	1.57
B	0.76	0.56	0.47	0.47
C	0.55	0.35	0.21	0.21

续表

稳定度等级	γ_{01}		γ_{02}	
	$U_{10}<0.5$ m/s	1.5 m/s$>U_{10}\geqslant 0.5$ m/s	$U_{10}<0.5$ m/s	1.5 m/s$>U_{10}\geqslant 0.5$ m/s
D	0.47	0.27	0.12	0.12
E	0.44	0.24	0.07	0.07
F	0.44	0.24	0.05	0.05

注　小风时,1.5 m/s$>U_{10}\geqslant 0.5$ m/s;静风时,$U_{10}<0.5$ m/s。

6.4.4　有效源高

最常见的固定源为烟囱,烟囱排出的污染物出了烟囱口,一般还会上升一段距离。图6-15展示了烟气抬升的主要物理过程。

烟气抬升的距离主要取决于烟气温度 T_s与环境温度 T_a的差异,以及烟气的出口速度v_s。

排气筒有效高度 H_e(见图 6-16)可以用下式表达:

$$H_e = H + \Delta H \tag{6-103}$$

式中　H——排气筒距地面几何高度,m;

ΔH——烟气抬升高度,m。

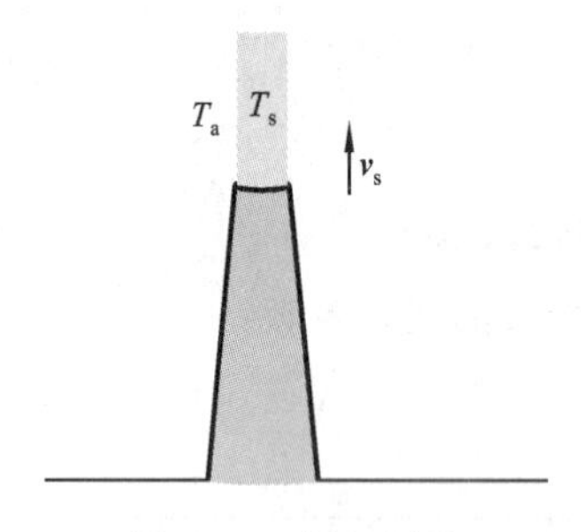

图 6-15　烟气抬升

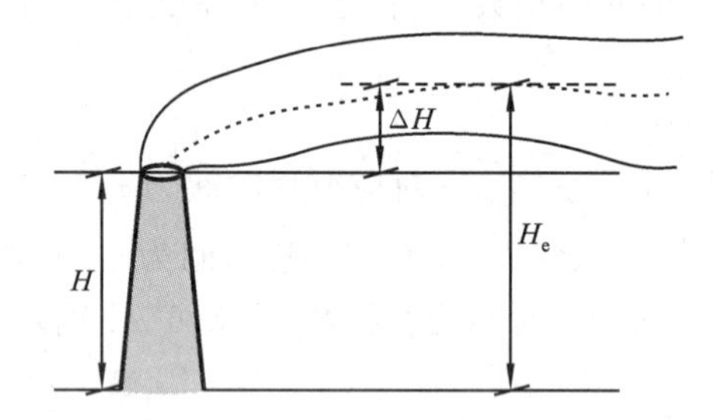

图 6-16　排气筒有效高度

计算烟气抬升高度的公式很多,目前国内主要采用《制定地方大气污染物排放标准的技术方法》(GB/T 3840—1991)推荐的烟气抬升公式。

1. 有风时,中性和不稳定条件

(1) 当烟气热释放速率 $Q_h\geqslant 2\ 100$ kJ/s 且烟气出口温度与环境大气温度的差值 $\Delta T\geqslant$ 35 K时,ΔH 采用下式计算:

$$\Delta H = n_0 Q_h^{n_1} H^{n_2} U^{-1} \tag{6-104}$$

$$Q_h = 0.35 p_a Q_v \frac{\Delta T}{T_s} \tag{6-105}$$

$$\Delta T = T_s - T_a \tag{6-106}$$

式中　n_0——烟气热状况及地表状况系数,见表 6-14;

n_1——烟气热释放速率指数,见表 6-14;

n_2——排气筒高度指数,见表 6-14;

Q_h——烟气热释放速率,kJ/s;

H——排气筒距地面几何高度,m,当 H 超过 240 m 时,取 $H=240$ m;

p_a——大气压力,hPa,如果无实测值,可取临近气象台(站)季或年平均值;

Q_v——实际排烟率,m^3/s;

ΔT——烟气出口温度与环境大气温度的差值，K；

T_s——烟气出口温度，K；

T_a——环境大气温度，K，如果无实测值，可取临近气象台(站)季或年平均值；

U——排气筒出口处平均风速，如果无实测值，确定方法参见 6.4.1 小节。

表 6-14　n_0、n_1、n_2 的选取

Q_h	地表状况(平原)	n_0	n_1	n_2
$Q_h \geqslant 21\ 000$ kJ/s	农村或城市远郊区	1.427	1/3	2/3
	城市及近郊区	1.303	1/3	2/3
2 100 kJ/s$\leqslant Q_h <$21 000 kJ/s 且 $\Delta T \geqslant 35$ K	农村或城市远郊区	0.332	3/5	2/5
	城市及近郊区	0.292	3/5	2/5

(2) 当 1 700 kJ/s$<Q_h<$2 100 kJ/s 时，ΔH 采用下式计算：

$$\Delta H = \Delta H_1 + (\Delta H_2 - \Delta H_1)\frac{Q_h - 1\ 700}{400} \tag{6-107}$$

$$\Delta H_1 = 2(1.5v_s D + 0.01Q_h)/U - 0.048(Q_h - 1\ 700)/U \tag{6-108}$$

式中　v_s——排气筒出口处烟气排出速度，m/s；

D——排气筒出口直径，m；

ΔH_2——按式(6-104)～式(6-106)计算，m；n_0、n_1、n_2 按表 6-14 中 Q_h 值较小的一类选取；

Q_h、U——与式(6-104)～式(6-106)的定义相同。

(3) 当 $Q_h \leqslant 1\ 700$ kJ/s 或者 $\Delta T < 35$ K 时，ΔH 采用下式计算：

$$\Delta H = 2(1.5v_s D + 0.01Q_h)/U \tag{6-109}$$

式中，各参数定义见式(6-104)～式(6-108)。

2. 有风时，稳定条件

ΔH 采用下式计算：

$$\Delta H = Q_h^{1/3}\left(\frac{dT_a}{dz} + 0.009\ 8\right)^{-1/3} U^{-1/3} \tag{6-110}$$

式中　$\frac{dT_a}{dz}$——排气筒几何高度以上的大气温度梯度，K/m；

Q_h、U——与式(6-104)～式(6-106)的定义相同。

3. 小风和静风时，稳定条件

ΔH 采用下式计算：

$$\Delta H = 5.50Q_h^{1/4}\left(\frac{dT_a}{dz} + 0.009\ 8\right)^{-3/8} \tag{6-111}$$

式中　$\frac{dT_a}{dz}$——取值宜小于 0.01 K/m。

6.4.5　混合层厚度

混合层厚度又称为混合层高度，是指大气中污染物得到混合和进行扩散的高度。它主要取决于当地的地表粗糙度、风速及太阳辐射。混合层厚度越大，说明污染物进行稀释的空间就越大。图 6-17 表示：当干绝热递减率 γ_d 与气温的垂直递减率 γ 相交时，交点处的高度为最大混合层厚度(MMD)。

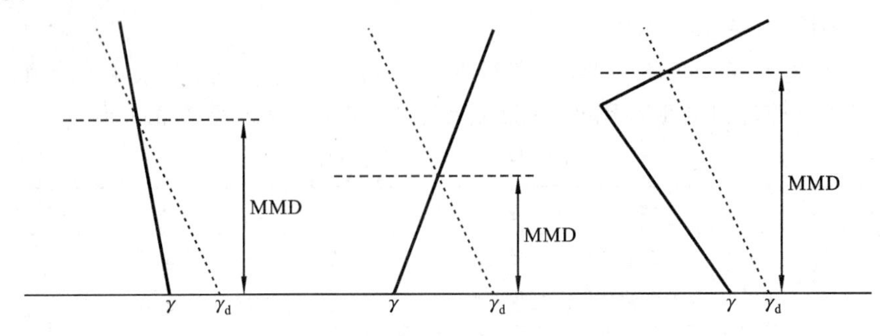

图 6-17　最大混合层厚度的确定

混合层厚度有多种确定方法,如采用低空探测资料绘图求得,也可以利用常规地面气象资料、利用经验公式求取等。目前,在环境影响评价中,确定混合层厚度多采用国家标准《制定地方大气污染物排放标准的技术方法》(GB/T 3840—1991)对混合层高度的规定。

6.4.6　防护距离

烟气在地面、近地面排放时,大气污染物对污染源近处影响较大(参见式(6-19)及图6-8)。地面及近地面的大气污染物排放源主要由无组织排放源构成。无组织排放是指大气污染物不经过排气筒的无规则排放。无组织排放源是指设置于露天环境中具有无组织排放的设施,或指具有无组织排放的建筑构造(如车间、工棚等)。低矮排气筒的大气污染物排放属于有组织排放,但在一定气象条件下会造成与无组织排放相同的后果。因此,习惯上将排气筒高度小于 15 m 的排放源也视为无组织排放源。

无组织排放的有害气体进入呼吸带大气层时,其浓度如超过 GB 3095 与 HJ 2.2 规定的其他污染物空气质量浓度参考限值,则无组织排放源所在的生产单元(生产区、车间或工段)与居住区之间应设置防护距离,包括大气环境防护距离与卫生防护距离。当两者涵盖范围不一致时,取大者。

1. 大气环境防护距离

大气环境防护距离是为保护人群健康,减少正常排放条件下大气污染物对居住区的环境影响,在项目场界以外设置环境防护距离,以确保大气环境防护区域外的污染物贡献浓度满足环境质量标准。在大气环境防护距离内不应有长期居住的人群。

大气环境防护距离设置前提,应是项目厂界浓度满足大气污染物厂界浓度限值,但厂界外大气污染物短期贡献浓度超过环境质量浓度限值的情形;若项目厂界浓度超过大气污染物厂界浓度限值,应要求削减排放源源强或调整工程布局,待满足厂界浓度限值后,再核算大气环境防护距离。

2. 卫生防护距离

卫生防护距离是为防控无组织排放的大气污染物的健康危害,产生大气有害物质的生产单元(生产车间或作业场所)的边界至敏感区边界的最小距离。敏感区是指居民区、学校、医院等对大气污染比较敏感的区域。卫生防护距离分为初值与终值。卫生防护距离初值系依据目标企业特征大气有害物质的属性,采用 GB/T39499—2020《大气有害物质无组织排放卫生防护距离推导技术导则》指定公式推算的数值,公式如下:

$$\frac{Q_c}{C_m} = \frac{1}{A}\sqrt{BL^C + 0.25r^2}L^D \qquad (6\text{-}112)$$

式中　C_m——大气有害物质环境空气质量的标准限值，mg/m^3；当特征大气有害物质在 GB3095 中有二级标准日均值时，可取其二级标准日均值的三倍；但对于致癌物质、毒性可积累物质如苯、铅、汞等，直接取其二级标准日均值；当特征大气有害物质在 GB3095 中无规定时，可按 HJ2.2 中 1 h 平均标准值取值；恶臭污染物取 GB14554 中规定的臭气浓度一级标准值；

L——大气有害物质卫生防护距离初值，m；

r——大气有害物质无组织排放源所在生产单元的等效半径，m；根据该生产单元的占地面积 S 计算，$r=\sqrt{S/\pi}$；

A、B、C、D——卫生防护距离初值计算系数，无因次，根据工业企业所在地区近 5 年平均风速及大气污染源构成类别从表 6-15 中查取；

Q_c——大气有害物质的排放量，kg/h。

在选取特征大气有害物质时，应首先考虑其对人体健康损害的毒性特点，并结合污染源特征，确定单个大气有害物质的无组织排放量及等标排放量(Q_c/C_m)，最终确定特征大气有害物质 1～2 种；当目标企业存在多种有毒有害污染物时，根据等标排放量大小确定主要特征大气有害物质，大者优先。当前两种污染物的等标排放量相差在 10%以下时，需要同时选择这两种特征大气有害物质分别计算卫生防护距离初值。

卫生防护距离终值基于计算得到的卫生防护距离初值得出：卫生防护距离初值 $L<50$ m 时，卫生防护距离终值为 50 m；50 m$\leqslant L<100$ m 时，卫生防护距离终值为 100 m；100 m$\leqslant L<1\,000$ m 时，卫生防护距离终值的级差为 100 m；$L\geqslant 1\,000$ m 时，卫生防护距离终值的级差为 200 m。

表 6-15　卫生防护距离初值计算系数

卫生防护距离初值计算系数	工业企业所在区近 5 年平均风速/(m/s)	卫生防护距离 L/m								
		$L\leqslant 1\,000$			$1\,000<L\leqslant 2\,000$			$L>2\,000$		
		工业企业大气污染源构成类型*								
		Ⅰ	Ⅱ	Ⅲ	Ⅰ	Ⅱ	Ⅲ	Ⅰ	Ⅱ	Ⅲ
A	<2	400	400	400	400	400	400	80	80	80
	2～4	700	470	350	700	470	350	380	250	190
	>4	530	350	260	530	350	260	290	190	110
B	<2	0.01			0.015			0.015		
	>2	0.021			0.036			0.036		
C	<2	1.85			1.79			1.79		
	>2	1.85			1.77			1.77		
D	<2	0.78			0.78			0.57		
	>2	0.84			0.84			0.76		

注　Ⅰ类：与无组织排放源共存的排放同种有害气体的排气筒的排放量大于或等于标准规定的允许排放量的 1/3 者。

Ⅱ类：与无组织排放源共存的排放同种有害气体的排气筒的排放量小于标准规定的允许排放量的 1/3，或虽无排放同种大气污染物之排气筒共存，但无组织排放的有害物质的允许浓度指标是按急性反应指标确定者。

Ⅲ类：无排放同种有害物质的排气筒与无组织排放源共存，且无组织排放的有害物质的允许浓度是按慢性反应指标确定者。

当企业某生产单元的无组织排放存在多种特征大气有害物质时，如果分别推导出的卫生防护距离初值在同一级别，则该企业的卫生防护距离终值应提高一个级别；卫生防护距离初值不在同一级别的，以卫生防护距离终值较大者为准。

6.5　大气环境影响评价

大气环境影响评价是从预防性环境保护的角度出发，采用适当的评价手段，对项目实施的大气环境影响的程度、范围和概率进行分析、预测和评估，以避免、消除或减少项目对大气环境的负面影响，为项目的厂址选择、污染源设置、制定大气污染防治措施及其他有关的工程设计提供科学依据或指导性意见。

大气环境影响评价的工作程序一般分为三个阶段：第一阶段，主要工作包括研究有关文件、环境空气质量现状调查、初步工程分析、环境空气敏感区调查、评价因子筛选、评价标准确定、气象特征调查、地形特征调查、编制工作方案、确定评价工作等级和评价范围等；第二阶段，主要工作包括污染源的调查与核实、环境空气质量现状监测、气象观测资料调查与分析、地形数据收集和大气环境影响预测与评价等；第三阶段，主要工作包括给出大气环境影响评价结论与建议、完成环境影响评价文件的编写等。大气环境影响评价工作程序参见图 6-18。

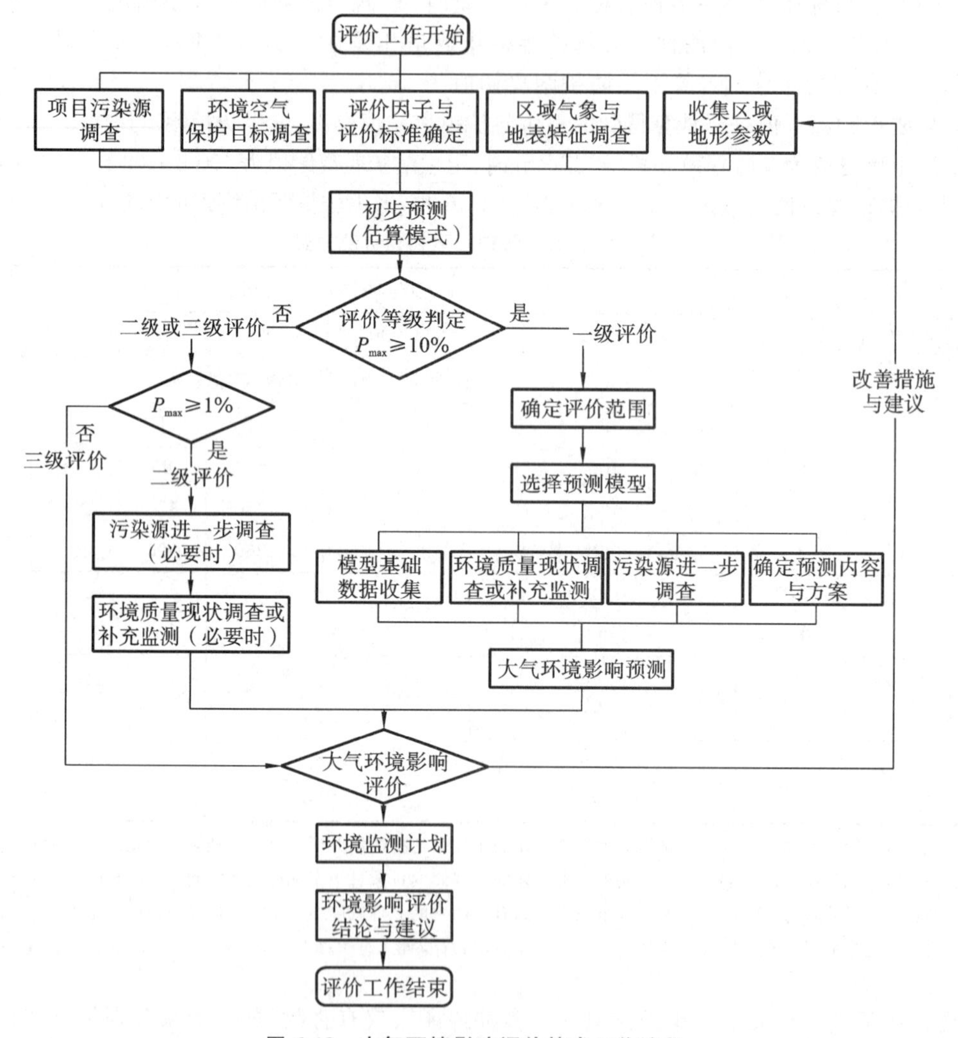

图 6-18　大气环境影响评价技术工作流程

6.5.1　环境影响识别与评价因子筛选

应根据建设项目的特点、环境影响的主要特征，结合区域环境功能要求、环境保护目标、评价标准和环境制约因素，在大气环境影响因素识别的基础上筛选确定大气环境影响评价因子。大气环境影响评价因子主要为项目排放的基本污染物及其他污染物。常见工业企业的特征大气污染物参见表 6-16。

表 6-16　常见工业企业的特征大气污染物

工业部门	企业	产生的主要大气污染物
电力	火力发电厂	烟尘、二氧化硫、氮氧化物、一氧化碳、苯并芘
冶金	钢铁厂	烟尘、二氧化硫、一氧化碳、氧化铁尘、锰尘、氧化钙尘
	有色金属冶炼厂	尘(含各种重金属：铅、锌、镉、铜等)、二氧化硫
	炼焦厂	烟尘、二氧化硫、一氧化碳、硫化氢、苯、酚、萘、烃类
石化、化工	炼油厂	烟尘、二氧化硫、烃类、苯、酚
	石油化工厂	二氧化硫、硫化氢、氰化物、氮氧化物、氯化物、烃类
	氮肥厂	粉尘、氮氧化物、一氧化碳、氨、酸雾
	磷肥厂	粉尘、氟化氢、四氟化硅、硫酸气溶胶
	氯碱厂	氯气、氯化氢、汞(蒸气)
	硫酸厂	二氧化硫、氮氧化物、砷、硫酸气溶胶
	化学纤维厂	烟尘、硫化氢、氨、二氧化碳、甲醇、丙酮、二氯甲烷
	合成纤维厂	丁二烯、苯乙烯、乙烯、异丁烯、异戊二烯、丙烯腈、二氯乙烷、二氯乙烯、乙硫醇、氯化甲烷
	农药厂	砷、汞、氯、农药
	冰晶石厂	氟化氢
	染料厂	二氧化硫、氮氧化物
建材	水泥厂	烟尘、水泥尘、二氧化硫
	砖瓦厂	烟尘、一氧化碳等
机械	机械加工厂	烟尘、金属尘
轻工	造纸厂	烟尘、硫醇、硫化氢、二氧化硫
	仪器仪表厂	汞、氯化氢、铬酸
	灯泡厂	烟尘、汞

当建设项目排放的 SO_2 和 NO_x 年排放量大于或等于 500 t/a 时，评价因子应增加二次 $PM_{2.5}$，见表 6-17。

当规划项目排放的 SO_2、NO_x 及 VOCs 年排放量达到表 6-17 规定的量时，评价因子应相应增加二次 $PM_{2.5}$ 及 O_3。

表 6-17　二次污染物评价因子筛选

类　　别	污染物排放量/(t/a)	二次污染物评价因子
建设项目	SO_2、NO_x之和≥500	$PM_{2.5}$
规划项目	SO_2、NO_x之和≥500	$PM_{2.5}$
	NO_x、VOCs之和≥2000	O_3

6.5.2　评价标准确定

确定各评价因子所适用的环境质量标准及相应的污染物排放标准。其中环境质量标准选用《环境空气质量标准》(GB 3095)中的环境空气质量浓度限值,如已有地方环境质量标准,应选用地方环境质量标准中的浓度限值。

对于 GB 3095 及地方环境质量标准中未包含的污染物,可参照《环境影响评价导则　大气环境》(HJ 2.2)附录 D 中的浓度限值。

对上述标准中都未包含的污染物,可参照选用其他国家、国际组织发布的环境质量浓度限值或基准值,但应作出说明,经生态环境主管部门同意后执行。

6.5.3　评价等级判定

选择项目污染源正常排放的主要污染物及排放参数,采用估算模型分别计算项目污染源的最大环境影响,然后按评价工作分级判据进行分级。

根据项目污染源初步调查结果,分别计算项目排放主要污染物的最大地面空气质量浓度占标率 P_i(第 i 个污染物的最大地面浓度占标率),以及第 i 个污染物的地面空气质量浓度达到标准值的10%时所对应的最远距离 $D_{10\%}$。其中 P_i定义见式(6-113)。

$$P_i=\frac{C_i}{C_{0i}}\times 100\% \tag{6-113}$$

式中　P_i——第 i 个污染物的最大地面浓度占标率,%;

C_i——采用估算模式计算出的第 i 个污染物的最大地面浓度,mg/m^3;

C_{0i}——第 i 个污染物的环境空气质量标准,mg/m^3。一般选用《环境空气质量标准》(GB 3095)中 1 h 平均质量浓度的二级浓度限值,如项目位于一类环境空气功能区,应选择相应的一级浓度限值;对该标准中未包含的污染物,使用 6.5.2 确定的各评价因子 1 h 平均质量浓度限值。对仅有 8 h 平均质量浓度限值、日平均质量浓度限值或年平均质量浓度限值的,可分别按 2 倍、3 倍、6 倍折算为 1 h 平均质量浓度限值。

编制环境影响报告书的项目在采用估算模型计算评价等级时,应输入地形参数。

评价等级按表 6-18 的分级判据进行划分。最大地面浓度占标率 P_i按式(6-113)计算,如污染物数大于 1,取 P 值中最大者 P_{max}。

表 6-18　评价等级判别表

评价工作等级	评价工作分级判据
一级	$P_{max}\geq 10\%$
二级	$1\%\leq P_{max}<10\%$
三级	$P_{max}<1\%$

评价等级的判定还应遵守以下规定：

(1) 同一项目有多个污染源(两个及以上)时，则按各污染源分别确定评价等级，并取评价等级最高者作为项目的评价等级。

(2) 对电力、钢铁、水泥、石化、化工、平板玻璃、有色等高耗能行业的多源项目或以使用高污染燃料为主的多源项目，并且编制环境影响报告书的，项目评价等级提高一级。

(3) 对等级公路、铁路项目，分别按项目沿线主要集中式排放源(如服务区、车站大气污染源)排放的污染物计算其评价等级。

(4) 对新建包含 1 km 及以上隧道工程的城市快速路、主干路等城市道路项目，按项目隧道主要通风竖井及隧道出口排放的污染物计算其评价等级。

(5) 对新建、迁建及飞行区扩建的枢纽及干线机场项目，应考虑机场飞机起降及相关辅助设施排放源对周边城市的环境影响，评价等级取一级。

6.5.4　评价范围确定

一级评价项目根据建设项目排放污染物的最远影响距离($D_{10\%}$)确定大气环境影响评价范围，即以项目厂址为中心区域，自厂界外延 $D_{10\%}$，以此矩形区域作为大气环境影响评价范围。当 $D_{10\%}$ 超过 25 km 时，确定评价范围为边长 50 km 的矩形区域；当 $D_{10\%}$ 小于 2.5 km 时，评价范围边长取 5 km。

二级评价项目大气环境影响评价范围边长取 5 km。

三级评价项目不需设置大气环境影响评价范围。

对于新建、迁建及飞行区扩建的枢纽及干线机场项目，评价范围还应考虑受影响的周边城市，最大边长取 50 km。

规划的大气环境影响评价范围以规划区边界为起点，外延规划项目排放污染物的最远影响距离($D_{10\%}$)的区域。

6.6　大气环境污染防治对策

大气环境污染防治的目的包括三方面的内容：

(1) 维护大气的清洁，防治大气污染；

(2) 保护和改善生活环境和生态环境，保障人体健康；

(3) 促进经济和社会的可持续发展。

大气环境污染防治的内容非常丰富，具有综合性和系统性，涉及环境规划管理、能源利用、污染治理等方面；从采取对策的结果上有三个层次：避免、消除、减轻负面的环境影响。

对于一个建设项目，提出的大气污染防治对策要从规划、技术、管理各方面入手，并针对项目实施的各阶段提出具体的对策。

6.6.1　建设阶段对策

项目建设阶段的大气污染主要体现在两个方面：施工场地扬尘和燃料废气排放。

1. 防治施工场地(及辅助设施)扬尘常用对策

防治施工场地(及辅助设施)扬尘常用对策如下：

(1) 合理组织施工，缩短施工时间，并使单位时间内施工场地最小化；

(2) 场地施工面适当喷水保持湿润;

(3) 及时在裸土上进行覆盖,常采用植被、沙、石等,小面积的可用毡布等覆材遮盖;

(4) 采用建材合理放置或移种树木,设置人工围栏等措施减小施工场地风速;

(5) 对于大面积的施工场地,还可以采用化学稳定剂固化表土;

(6) 对于施工辅助设施,如取土场、建筑材料转运场、土方堆场及无铺砌道路,可采取上述方法控制场地扬尘。

2. 施工机械与运输车辆和燃料废气排放防治对策

施工机械与运输车辆和燃料废气排放防治对策如下:

(1) 施工前做好施工机械与运输车辆使用规划,减少施工机械使用时间和运输车次;

(2) 合理安排运输车辆频次、密度,降低单位时间燃料废气排放量。

6.6.2 运行阶段对策

建设项目正常运行时,应当按照节能减排的原则,在满足环境质量要求、污染物达标排放、满足污染物排放控制指标要求及清洁生产的前提下提出其主要大气污染物排放量,为此,建设项目应当对其大气污染采取适当控制措施。

由于各地区(或城市)的大气污染特征、条件及大气污染综合防治的方向和重点不尽相同,建设项目间行业性质、生产工艺、规模等的差异,难以找到适合一切情况的综合防治措施,因此需要因地制宜地提出相应的对策。

运行阶段常用的大气污染控制措施一般从以下几个方面着手。

(1) 污染源头控制。推行清洁生产,改进生产工艺,严格操作过程,尽可能减少生产过程中的污染物。

(2) 综合利用,提高资源利用率。综合利用包括:进入生产系统资源的综合利用、循环利用、重复利用、资源化利用等,可以提高资源利用率。

(3) 合理利用能源。能源利用是造成大气污染的重要来源,合理利用能源可以直接或间接减少大气污染物的排放。通常采取的措施包括以下几个方面。

① 节约能源、余热利用。这些措施可以减小单位产值的能源消耗,提高能源利用效率,不仅可以减少污染物的排放,还可以减少热污染。

② 调整能源结构和用能方式。使用高热值、低大气污染物排放的燃料将有助于减轻大气污染。对于用能方式,在条件许可情况下,不提倡厂内自备的小锅炉。

③ 采用先进的清洁煤技术。煤燃烧排放的废气对大气造成严重污染,应积极采用先进的清洁煤技术,主要包括燃烧前的选煤、型煤、气化、液化等技术,燃烧中的循环流化床脱硫、低氮燃烧、煤气化联合循环发电和热电联产等技术,燃烧后的烟气除尘、脱硫、脱氮和其他各种废气净化技术。

(4) 利用工程技术控制废气排放。提出的工程治理措施应当经济、实用,最好采用能达到治理目的要求的现有技术。主要的工程治理技术有以下几个方面。

① 提出设备设计标准。根据污染物浓度预测结果和污染物排放量的分析,对生产设备提出设备设计参数要求,对大气污染物治理设施提出治理效率要求。

② 安装除尘净化装置。微尘和有害气体是大气的主要污染物,根据污染物的特性可分别采用除尘、吸收、吸附、催化转化、燃烧转化、冷凝、生物净化(吸收、过滤等)、电子束照射、膜分离等方法进行捕捉、处理、回收利用而使空气得以净化。

③ 选择有利于污染物扩散的排放方式。排放方式不同,其扩散效果也不一样,较常采用的是高烟囱排放和集束烟囱排放。提高烟囱的有效高度不仅能使烟气得到充分的稀释,同时,也是减轻地面污染的措施之一。烟囱高,当地的落地浓度虽然减少了,但排烟范围却扩大了。所以采用上述措施,尚不能从根本解决污染问题。集束烟囱排放,就是将几个(一般是2～4个)排烟设备集中到一个烟囱中排放,以使排放的烟气温度增加,提高烟气出口速度。这种高温、高速的烟流将呈环状吹向天空,扩散效果良好,从而使矮烟囱起到高烟囱的作用。

6.6.3 环境规划与管理的建议

(1) 评价区污染物控制规划。当拟建项目所在区域的大气污染物背景浓度很高,甚至出现超标时,应提出具体可行的区域排放总量的平衡方案或削减方案,着眼点在于以下几个方面:

① 调整区域产业政策,淘汰高污染、低产值企业;

② 合理规划区域工业布局,减小对局部区域的污染影响;

③ 提出评价区内主要污染源的污染物共同削减方案。

(2) 提出厂址及总图布置的合理化建议。特别要注意大气污染物排放源与敏感目标的方位、距离关系,以及厂区内生产区与非生产区的位置关系:

① 拟建项目尽量避开在敏感目标上风向选址;

② 拟建项目的生活区不应设置在生产区主导风向、次主导风向下风向区域。

(3) 根据当地污染现状和环境容量,对拟建项目提出合理的发展规模要求。

(4) 加强环境管理。大气污染防治重在管理,具体内容为以下几个方面:

① 提出对拟建项目环境管理机构设置及人员配备的要求,明确各级管理机构及人员的职责;

② 提出对污染治理设施的运行、维护、检修的具体要求;

③ 提出拟建项目大气污染监测机构的设置、设备要求,以及对监测项目、频次、布点、监测数据保管、提交等的要求;

④ 提出后评估的阶段要求。

(5) 对一些敏感区域还应当提出项目建成投产后的大气环境监测规划。

6.7 大气环境影响评价导则推荐模式及案例分析

6.7.1 大气环境影响评价导则推荐模式

HJ 2.2—2018《环境影响评价技术导则　大气环境》(以下简称《大气导则》)推荐的大气污染物计算模式,都有其相应的适用条件,在环境影响评价大气环境预测计算过程中,要根据预测的具体要求进行选取。

《大气导则》推荐的大气污染物计算模式包括估算模型(AERSCREEN)、进一步预测模型(AERMOD、ADMS、AUSTAL2000、EDMS/AEDT、CALPUFF)以及CMAQ等光化学网格模型。

大气污染物计算模式的选用,需要从预测范围、污染源的排放形式、污染物性质、气象条件以及预测等级要求等使用条件进行判断。

《大气导则》推荐的大气污染物计算模式的简要选用条件见表 6-19。

表 6-19　推荐模型适用情况

<table>
<tr><th>模型名称</th><th>适用性</th><th>适用污染源</th><th>适用排放形式</th><th>推荐预测范围</th><th>适用污染物</th><th>输出结果</th><th>其他特性</th></tr>
<tr><td>AERSCREEN</td><td>用于评价等级及评价范围判定</td><td>点源(含火炬源)、面源(矩形或圆形)、体源</td><td>连续源</td><td rowspan="5">局地尺度(50 km以下)</td><td rowspan="5">一次污染物、二次$PM_{2.5}$(系数法)</td><td>短期浓度最大值及对应距离</td><td>可以模拟熏烟和建筑物下洗</td></tr>
<tr><td>AERMOD</td><td rowspan="6">用于进一步预测</td><td>点源(含火炬源)、面源、线源、体源</td><td rowspan="6">连续源、间断源</td><td rowspan="6">短期和长期平均质量浓度及分布</td><td>可以模拟建筑物下洗、干湿沉降</td></tr>
<tr><td>ADMS</td><td>点源、面源、线源、体源、网格源</td><td>可以模拟建筑物下洗、干湿沉降,包含街道窄谷模型</td></tr>
<tr><td>AUSTAL2000</td><td>烟塔合一源</td><td>可以模拟建筑物下洗</td></tr>
<tr><td>EDMS/AEDT</td><td>机场源</td><td>可以模拟建筑物下洗、干湿沉降</td></tr>
<tr><td>CALPUFF</td><td>点源、面源、线源、体源</td><td>城市尺度(50 km到几百千米)</td><td>一次污染物、二次$PM_{2.5}$</td><td>可以用于特殊风场,包括长期静、小风和岸边熏烟</td></tr>
<tr><td>光化学网格模型(CMAQ或类似模型)</td><td>网格源</td><td>区域尺度(几百千米)</td><td>一次污染物、二次$PM_{2.5}$、O_3</td><td>网格化模型,可以模拟复杂化学反应及气象条件对污染物浓度的影响等</td></tr>
</table>

注　①生态环境部模型管理部门推荐的其他模型,按相应推荐模型适用情况进行选择。
②对光化学网格模型(CMAQ 或类似的模型),在应用前应根据应用案例提供必要的验证结果。

6.7.2　推荐模型参数及说明

1. 污染源参数

(1) 估算模型应采用满负荷运行条件下排放强度及对应的污染源参数。

(2) 进一步预测模型应包括正常排放和非正常排放下排放强度及对应的污染源参数。

(3) 对于源强排放有周期性变化的,还需根据模型模拟需要输入污染源周期性排放系数。

2. 污染源清单数据及前处理

光化学网格模型所需污染源包括人为源和天然源两种形式。其中人为源按空间几何形状分为点源(含火炬源)、面源和线源。道路移动源可以按线源或面源形式模拟，非道路移动源可按面源形式模拟。

点源清单应包括烟囱坐标、地形高程、排放口几何高度、出口内径、烟气量、烟气温度等参数。面源应按行政区域提供或按经纬度网格提供。

点源、面源和线源需要根据光化学网格模型所选用的化学机理和时空分辨率进行前处理，包括污染物的物种分配和空间分配、点源的抬升计算、所有污染物的时间分配以及数据格式转换等。模型网格上按照化学机理分配好的物种还需要进行月变化、日变化和小时变化的时间分配。

光化学网格模型需要的天然源排放数据由天然源估算模型按照光化学网格模型所选用的化学机理模拟提供。天然源估算模型可以根据植被分布资料和气象条件，计算不同模型模拟网格的天然源排放。

3. 气象数据

(1) 估算模型 AERSCREEN：所需最高和最低环境温度，一般需选取评价区域最近 20 年以上资料统计结果。最小风速可取 0.5 m/s，风速计高度取 10 m。

(2) AERMOD 和 ADMS：地面气象数据选择距离项目最近或气象特征基本一致的气象站的逐时地面气象数据，要素至少包括风速、风向、总云量和干球温度。根据预测精度要求及预测因子特征，可选择观测资料包括湿球温度、露点温度、相对湿度、降水量、降水类型、海平面气压、地面气压、云底高度、水平能见度等。其中对观测站点缺失的气象要素，可采用经验证的模拟数据或采用观测数据进行插值得到。

高空气象数据选择模型所需观测或模拟的气象数据，要素至少包括一天早晚两次不同等压面上的气压、离地高度和干球温度等，其中离地高度 3000 m 以内的有效数据层数应不少于 10。

(3) AUSTAL2000：地面气象数据选择距离项目最近或气象特征基本一致的气象站的逐时地面气象数据，要素至少包括风向、风速、干球温度、相对湿度，以及采用测量或模拟气象资料计算得到的稳定度。

(4) CALPUFF：地面气象资料应尽量获取预测范围内所有地面气象站的逐时地面气象数据，要素至少包括风速、风向、干球温度、地面气压、相对湿度、云量、云底高度。若预测范围内地面观测站少于 3 个，可采用预测范围外的地面观测站进行补充，或采用中尺度气象模拟数据。

高空气象资料应获取最少 3 个站点的测量或模拟气象数据，要素至少包括一天早晚两次不同等压面上的气压、离地高度、干球温度、风向及风速，其中离地高度 3000 m 以内的有效数据层数应不少于 10。

(5) 光化学网格模型：光化学网格模型的气象场数据可由 WRF 或其他区域尺度气象模型提供。气象场应至少涵盖评价基准年 1 月、4 月、7 月、10 月。气象模型的模拟区域范围应略大于光化学网格模型的模拟区域，气象数据网格分辨率、时间分辨率与光化学网格模型的设定相匹配。在进行气象模型的物理参数化方案选择时，应注意与光化学网格模型所选择参数化方案的兼容性。非在线的 WRF 等气象模型计算的气象数据提供给光化学网格模型应用时，需要经过相应的数据前处理，处理的过程包括光化学网格模拟区域截取、垂直差值、变量选择和计算、数据时间处理以及数据格式转换等。

4. 地形数据

原始地形数据分辨率不得小于 90 m。

5. 地表参数

(1) 估算模型 AERSCREEN 和 ADMS 的地表参数时，根据模型特点取项目周边 3 km 范围内占地面积最大的土地利用类型来确定。

(2) AERMOD 地表参数一般根据项目周边 3 km 范围内的土地利用类型进行合理划分，或采用 AERSURFACE 直接读取可识别的土地利用数据文件。

(3) AERMOD 和 AERSCREEN 所需的区域湿度条件划分可根据中国干湿地区划分进行选择。

(4) CALPUFF 模型采用其可以识别的土地利用数据来获取地表参数，土地利用数据的分辨率一般不小于模拟网格分辨率。

6. 模型计算设置

(1) 城市/农村选项：当项目周边 3 km 半径范围内一半以上面积属于城市建成区或者规划区时，选择城市；否则选择农村。

当选择城市时，城市人口数按项目所属城市实际人口或者规划的人口数输入。

(2) 岸边熏烟选项：对估算模型 AERSCREEN，当污染源附近 3 km 范围内有大型水体时，需选择岸边熏烟选项。

(3) 计算点和网格点设置：估算模型 AERSCREEN 在距污染源 10～25 km 处默认为自动设置计算点，最远计算距离不超过污染源下风向 50 km；采用估算模型 AERSCREEN 计算评价等级时，对于有多个污染源的，可取污染物等标排放量 P_0 最大的污染源坐标作为各污染源位置。污染物等标排放量 P_0 计算见式(6-114)。

$$P_0 = Q/C_0 \times 10^{12} \tag{6-114}$$

式中　P_0——污染物等标排放量，m^3/a；

Q——污染源排放污染物的年排放量，t/a；

C_0——污染物的环境空气质量浓度标准，$\mu g/m^3$，取值同式(6-113)中 C_{0i}。

AERMOD 和 ADMS 预测网格点的设置应具有足够的分辨率以尽可能精确预测污染源对预测范围的最大影响。网格点间距可以采用等间距或近密远疏法进行设置，距离源中心 5 km 的网格间距不超过 100 m，距离源中心 5～15 km 的网格间距不超过 250 m，与源中心距离大于 15 km 的网格间距不超过 500 m。

CALPUFF 模型中需要定义气象网格、预测网格和受体(包括离散受体)网格。其中气象网格范围和预测网格范围应大于受体网格范围，以保证有一定的缓冲区域考虑烟团的迂回和回流等情况。预测网格间距根据预测范围确定，应选择足够的分辨率以尽可能精确预测污染源对预测范围的最大影响。预测范围小于 50 km 的网格间距不超过 500 m，预测范围大于 100 km 的网格间距不超过 1 000 m。

光化学网格模型模拟区域的网格分辨率根据所关注的问题确定，并能精确到可以分辨出新增排放源的影响。模拟区域的大小应考虑边界条件对关心点浓度的影响。为提高计算精度，预测网格间距一般不超过 5 km。

对于邻近污染源的高层住宅楼，应适当考虑不同代表高度上的预测受体。

(4) 建筑物下洗：如果烟囱实际高度小于根据周围建筑物高度计算的最佳工程方案

(GEP)烟囱高度，且位于 GEP 的 $5L$ 影响区域内时，则要考虑建筑物下洗的情况。GEP 烟囱高度计算见式(6-115)。

$$\text{GEP 烟囱高度} = H + 1.5L \tag{6-115}$$

式中　H——从烟囱基座地面到建筑物顶部的垂直高度，m；

L——建筑物高度(BH)或建筑物投影宽度(PBW)的较小者，m。

GEP 的 $5L$ 影响区域：每个建筑物在下风向会产生一个尾迹影响区，下风向影响最大距离为距建筑物 $5L$ 处，迎风向影响最大距离为距建筑物 $2L$ 处，侧风向影响最大距离为距建筑物 $0.5L$ 处，即虚线范围内为建筑物影响区域，见图 6-19。不同风向下的影响区是不同的，所有风向构成的一个完整的影响区域，即虚线范围内，称为 GEP 的 $5L$ 影响区域，即建筑物下洗的最大影响范围，见图 6-20。图中烟囱 1 在建筑物下洗影响范围内，而烟囱 2 则在建筑物下洗影响范围外。

考虑建筑物下洗进一步预测时，需要输入建筑物角点横坐标和纵坐标，建筑物高度、宽度与方位角等参数。

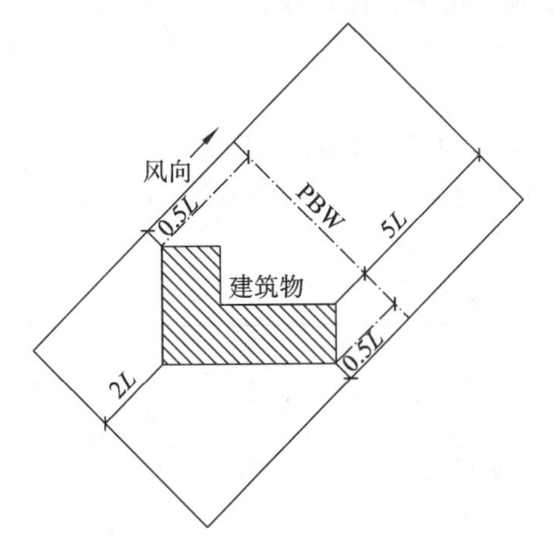

图 6-19　建筑物影响区域

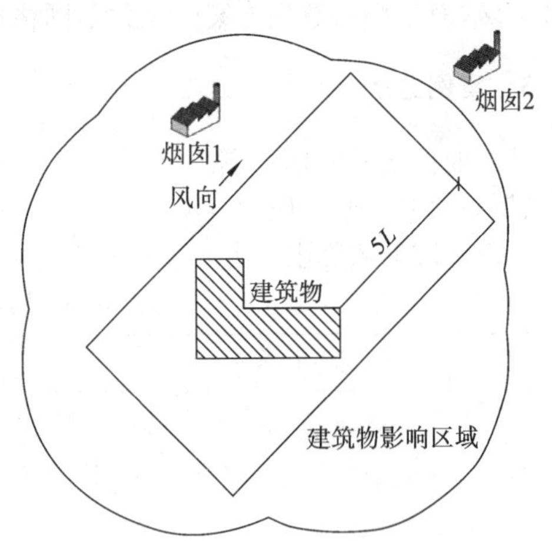

图 6-20　GEP 的 $5L$ 影响区域

7. 其他选项

1) AERMOD 模型

(1) 颗粒物干沉降和湿沉降：当 AERMOD 计算考虑颗粒物湿沉降时，地面气象数据中需要包括降雨类型、降雨量、相对湿度和站点气压等气象参数。

考虑颗粒物干沉降时需要输入的参数是干沉降速度，用户可根据需要自行输入干沉降速度，也可输入气体污染物的相关沉降参数和环境参数自动计算干沉降速度。

(2) 气态污染物转化：AERMOD 模型的 SO_2 转化算法，模型中采用特定的指数衰减模型，需输入的参数包括半衰期或衰减系数。通常半衰期和衰减系数的关系为：衰减系数(s^{-1})＝0.693/半衰期(s)。AERMOD 模型中缺省设置的 SO_2 指数衰减的半衰期为 14 400 s。

AERMOD 模型的 NO_2 转化算法，可采用 PVMRM(烟羽体积摩尔率法)、OLM(O_3 限制法)或 ARM2 算法(环境比率法 2)。当能获取有效环境中 O_3 浓度及烟道内 NO_2 与 NO_x 比例数据时，优先采用 PVMRM 或 OLM 方法。如果采用 ARM2 选项，对 1 h 浓度采用内定的比例值上限 0.9，年均浓度内置比例下限 0.5。当选择 NO_2 化学转化算法时，NO_2 源强应输入 NO_x 排放源源强。

2）CALPUFF 模型

CALPUFF 在考虑化学转化时需要 O_3 和 NH_3 的现状浓度数据。

O_3 和 NH_3 的现状浓度可采用预测范围内或邻近的例行环境空气质量监测点监测数据，或将其他有效现状监测资料进行统计分析获得。

3）光化学网格模型

（1）初始条件和边界条件：光化学网格模型的初始条件和边界条件可通过模型自带的初始边界条件处理模块产生，以保证模拟区域范围、网格数、网格分辨率、时间和数据格式的一致性。初始条件使用上一个时次模拟的输出结果作为下一个时次模拟的初始场；边界条件使用更大模拟区域的模拟结果作为边界场，如子区域网格使用母区域网格的模拟结果作为边界场，外层母区域网格可使用预设的固定值或者全球模型的模拟结果作为边界场。

（2）参数化方案选择：针对相同的物理、化学过程，光化学网格模型往往提供几种不同的算法模块。在模拟中根据需要选择合适的化学反应机理、气溶胶方案和云方案等参数化方案，并保证化学反应机理、气溶胶方案以及其他参数之间的相互匹配。在应用中，应根据使用的时间和区域，对不同参数化方案的光化学网格模型应用效果进行验证比较。

6.7.3　案例分析

某企业位于平原地区，有一自备 4 t/h 的锅炉，锅炉烟气采用麻石塔水膜除尘器脱尘后外排，其锅炉、烟囱参数见表 6-20。SO_2 的《环境空气质量标准》(GB 3095—2012)1 h 平均取样时间的二级标准的浓度限值为 0.50 mg/m^3。

表 6-20　锅炉、烟囱技术参数表

锅炉参数		烟囱参数	
锅炉形式	链条炉排	烟囱高度	35 m
蒸发量	4 t/h	烟囱直径	600 mm
蒸汽压力	1.25 MPa	风机风量	7 255 m^3/h
蒸汽温度	193℃	烟气进口温度	>153 ℃
给水温度	20℃	烟气出口温度	85 ℃
煤耗	631.5 kg/h		
热效率	72.81%		

该项目 SO_2 的排放速率为 6.47 kg/h。当地常年主导风向为北东，项目锅炉烟囱距离厂界最近距离为 24 m、最远端为 168 m，厂内最高建筑办公-研发楼离锅炉烟囱 120 m，办公-研发楼与锅炉房沿南北向平行布置，办公-研发楼长、宽、高为 52 m、24 m、18 m。

以 SO_2 计算为例，从计算结果可以看出，该项目最大 1 h 浓度出现在下风向 180 m 处，浓度为 97.07 μg/m^3，换算成最大占标率 $P_{max}=19.414\%$，有 $P_{max}>10\%$；同时，$D_{10\%}$ 出现在 1 000 m 左右，$D_{10\%}$ 大于锅炉烟囱距离厂界的最近距离。由此，可以判定该项目大气环境评价工作等级为一级。

习　　题

1. 点源扩散模式(有风、静风和小风时)与熏烟模式的适用条件分别是什么？

2. 进行大气环境影响评价时，气象资料调查包含哪些内容？
3. 常见的烟羽形状有哪些？产生的原因是什么？
4. 说明烟羽抬升各公式的适用条件及公式中各项的物理意义。
5. 简述大气污染源调查时，点源调查统计的内容。
6. 某工厂地处城市远郊，有自备电站，烟囱高度为120 m，烟囱出口内径为5 m，烟气排放速率为14.5 m/s，烟气温度为105 ℃。地面10 m处大气温度为19 ℃，温度梯度为0.7 ℃/(100 m)，气压为10^5 Pa，大气为中性层结，源高处平均风速为4.2 m/s。计算此条件下的烟羽抬升高度。

第7章 水环境影响预测与评价

7.1 地表水环境影响预测技术环节

7.1.1 水体中污染物的迁移与转化

任何一条天然河流的河水都有其天然水质，常称为“背景值”或者“本底值”。由于大气、土壤、水的自然再循环机制具有一定的自净能力，除特殊地区下垫面的特殊性造成“本底”(即已污染)外，一般不受或较少受到人类活动影响的天然河流的河水水质都是好的。污染物质排入河流之后，在不超过一定限度的情况下，存在着一种正常的生态平衡，在这种平衡生态系统中，只要没有过量的营养物质和废物，不需人类帮助，污染物进入河流后通过凝聚、吸附、沉淀、再浮、挥发等都能使河水净化，生态系统能自动保持水体清洁，这就是河流的自净能力。

由于现代工业文明的发展及人口的剧增，排入水体(江、河、湖、海)中的废物含量超过了水体的自净能力，使水质变坏，水的用途受到影响。了解污染物在水体中迁移转化规律十分重要，它可以帮助我们更经济、更有效地解决污染物造成的环境问题。

1. 环境中污染物的特性

不同污染物在水体中迁移转化特性均不同，根据污染物在水环境中的迁移、衰减特点，污染物可分为四类：持久性污染物、非持久性污染物、酸碱及废热。

持久性污染物进入环境后，随着水体介质的推流迁移和分散稀释作用不断改变所处空间位置，同时降低浓度，但其总量一般不发生改变。持久性污染物通常包括在水环境中难降解、毒性大、易长期积累的有毒物质，重金属和很多高分子有机化合物都属于持久性污染物。

非持久性污染物进入环境后，除了随介质运动改变空间位置和降低浓度外，还因降解和转化作用使浓度进一步降低(衰减)。非持久性污染物的衰减通常有两种方式：一是由污染物质自身的运动变化规律决定的，如放射性物质的蜕变；二是在环境因素的作用下，由于化学的或生物的反应而不断衰减，如可生化降解的有机物在微生物作用下的氧化分解过程。通常，用于表征水体水质状况的 BOD_5、COD 等指标，均视为非持久性污染物。酸碱污染物有各种废酸、废碱等，表征酸碱污染物的主要水质参数是 pH 值。废热主要由排放热废水所引起，表征废热的水质参数是水温。

不同类型的污染物在环境水体中表现出不同的环境行为特性，主要表现在：①环境残留持久性，以持久性污染物为代表，因具有较强的抗降解转化能力而在环境中长期残存；②环境迁移性和循环性，人类活动和自然因素的作用在不同的环境、生物体之间迁移并循环，如 DDT；③环境可转化性，化学污染物进入环境后，由于受到物理、化学和生物的作用而发生各种各样的转化；④环境生物浓缩性，通过生物吸收逐步富集，污染物在生物体内的浓度高于在环境中的浓度。

2. 污染物在水环境中的迁移转化和降解

污染物进入环境水体后，随着流体介质发生迁移、转化和生物降解。

1）迁移过程

污染物在水环境中的迁移是指污染物在环境中的空间位置移动及其引起的污染物浓度变化过程。迁移方式主要包括推流迁移和分散稀释两种。迁移过程只能改变污染物的空间位置，降低水中污染物的浓度，不能减少其总量。影响迁移的因素包括内部因素和外部因素。内部因素是指污染物的物理、化学性质，外部因素则包括环境条件，如酸碱度、胶体数量种类等。

a. 推流迁移

推流迁移是指污染物在气流或水流作用下产生的转移作用。定义单位时间内通过单位面积的物质量为通量，单位为 $mg/(m^2 \cdot s)$，则在推流作用下污染物的迁移通量可以表示为

$$\Delta m_{1x} = u_x C, \quad \Delta m_{1y} = u_y C, \quad \Delta m_{1z} = u_z C \tag{7-1}$$

式中　Δm_{1x}、Δm_{1y}、Δm_{1z} —— x、y、z 方向上的污染物推流迁移通量；

u_x、u_y、u_z ——环境介质在 x、y、z 方向上的流速分量；

C ——污染物在环境介质中的浓度。

b. 分散稀释

分散稀释是指污染物在环境介质中通过分散作用得到稀释，分散的机理有分子扩散、湍流扩散和弥散作用三种。

(1) 分子扩散是由分子的随机运动引起的质点分散现象。分子扩散过程为各向同性，服从斐克(Fick)第一定律，即分子扩散的质量通量与扩散物质的浓度梯度成正比，即

$$\Delta m_{2x} = -D_m \frac{\partial C}{\partial x}, \quad \Delta m_{2y} = -D_m \frac{\partial C}{\partial y}, \quad \Delta m_{2z} = -D_m \frac{\partial C}{\partial z} \tag{7-2}$$

式中　Δm_{2x}、Δm_{2y}、Δm_{2z} —— x、y、z 方向上的污染物分子扩散通量；

D_m ——分子扩散系数，常温下，分子扩散系数 D_m 在水流中为 $10^{-10} \sim 10^{-9}\ m^2/s$；

“−”——质点的迁移指向负梯度方向。

(2) 湍流扩散又称为紊流扩散，是指污染物质点之间及污染物质点与水介质之间由于各自不规则的运动而发生的相互碰撞、混合，是在湍流流场中质点的各种状态（流速、压力、浓度等）的瞬时值相对于其时段平均值的随机脉动而导致的分散现象，即

$$\Delta m_{3x} = -D_{1x} \frac{\partial \overline{C}}{\partial x}, \quad \Delta m_{3y} = -D_{1y} \frac{\partial \overline{C}}{\partial y}, \quad \Delta m_{3z} = -D_{1z} \frac{\partial \overline{C}}{\partial z} \tag{7-3}$$

式中　Δm_{3x}、Δm_{3y}、Δm_{3z} —— x、y、z 方向上的污染物湍流扩散通量；

D_{1x}、D_{1y}、D_{1z} —— x、y、z 方向上的湍流扩散系数，常温下，湍流扩散系数 D_{1x} 和 D_{1z} 在河流中为 $10^{-6} \sim 10^{-4}\ m^2/s$；

$\overline{C}$ ——时段平均的污染物浓度。

(3) 弥散作用是由于流体的横断面上各点的实际流速分布不均匀所产生的剪切而导致的分散现象。弥散作用可以定义为：由空间各点湍流流速（或其他状态）的时平均值与流速时平均值的空间平均值的系统差别所产生的分散现象。弥散作用所导致的扩散通量也可以用斐克第一定律来描述，即

$$\Delta m_{4x} = -D_{2x} \frac{\partial \overline{\overline{C}}}{\partial x}, \quad \Delta m_{4y} = -D_{2y} \frac{\partial \overline{\overline{C}}}{\partial y}, \quad \Delta m_{4z} = -D_{2z} \frac{\partial \overline{\overline{C}}}{\partial z} \tag{7-4}$$

式中　Δm_{4x}、Δm_{4y}、Δm_{4z} —— x、y、z 方向上的污染物弥散扩散通量；

D_{2x}、D_{2y}、D_{2z} —— x、y、z 方向上的弥散扩散系数；

$\overline{\overline{C}}$ ——污染物时间平均浓度的空间平均值。

湖泊中弥散作用很小,而在流速较大的水体(如河流和河口)中弥散作用很强,河流的弥散系数 D_{2x} 为 $10^{-2}\sim10\ m^2/s$,而河口的弥散系数很大,达 $10\sim10^3\ m^2/s$。

从数值上而言,分子扩散系数 D_m、湍流扩散系数 D_1、弥散扩散系数 D_2 三者存在一定区别,$D_m \ll D_1 \ll D_2$;从量纲上而言,三者相同,均为加速度量纲(m^2/s),因此在大尺度下,可将三者合并表达为扩散系数,统一用 E_x、E_y、E_z 表示。同时在实际计算中通常认为 $C=\overline{C}=\overline{\overline{C}}$,因此分散稀释通量可表示为

$$\Delta m_x = -E_x\frac{\partial C}{\partial x},\quad \Delta m_y = -E_y\frac{\partial C}{\partial y},\quad \Delta m_z = -E_z\frac{\partial C}{\partial z} \tag{7-5}$$

式中 Δm_x、Δm_y、Δm_z —— x、y、z 方向上的污染物分散稀释通量;

E_x、E_y、E_z —— x、y、z 方向上的扩散系数。

2) 转化过程

转化过程是指污染物在环境中通过物理、化学作用改变其形态或转变成另一种物质的过程。转化与迁移有所不同,迁移只是空间位置的相对移动,转化则是物质量上的改变,但两者往往相伴而行。物理转化主要是指通过蒸发、渗透、凝聚、吸附、悬浮及放射性蜕变等一种或多种物理变化,天然水体中含有各种胶体,具有混凝沉淀作用和吸附作用,从而使有些污染物随着这些作用从水体中去除;化学转化则是指通过各种化学反应而发生的转化,如氧化还原反应、水解反应、配合反应、光化学反应等,流动的水体通过水面波浪不断地将大气中的氧溶于水体,这些溶解氧与水体中的污染物将发生氧化反应,同时水体中也会发生还原作用,但这类反应多在微生物的作用下进行。

3) 生物降解过程

生物降解过程是指污染物进入生物机体后,在有关酶系统的催化作用下的代谢变化过程。生物降解能力最强大的是微生物,其次是植物和动物。水体中的微生物(尤其是细菌)种类繁多、数量巨大、代谢途径多样、代谢速度惊人。在溶解氧充分的情况下,微生物将一部分有机污染物当作食饵消耗掉,将另一部分有机污染物氧化分解成无害的简单无机物,从而实现对各种各样的化学污染物的降解转化,生物降解的快慢与有机污染物的数量和性质有关。另外,水体温度、溶解氧的含量、水流状态、风力、天气等物理和水文条件及水面条件(如有无影响复氧作用的油膜、泡沫等)均对生物降解有影响。

图 7-1 是典型的受污染水体水样在实验室测得的 BOD 曲线。从图中可知,水体中污染物的降解可分为两个阶段,第一阶段称为碳氧化阶段,主要是不含氮有机物的氧化,同时也包含

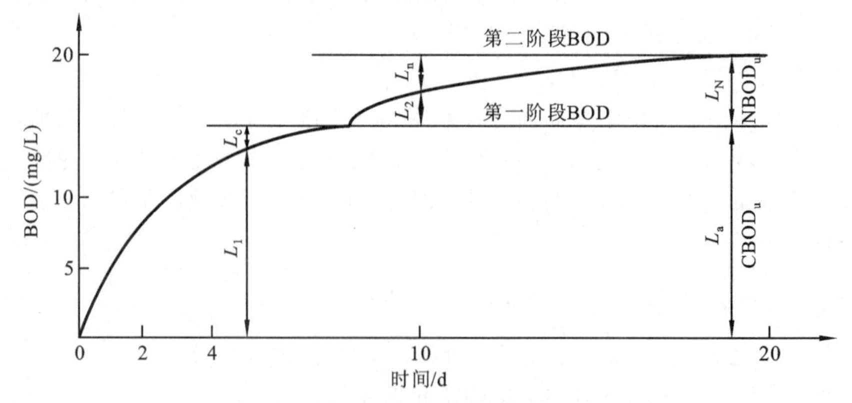

图 7-1 受污染水体的 BOD 曲线

部分含氮有机物的氨化及氨化后生成的不含氮有机物的继续氧化，这一阶段一般要持续 7～8 d，氧化的最终产物为水和 CO_2，该阶段的 BOD 被称为碳化需氧量，常以 L_a 或 $CBOD_u$ 表示。第二阶段为氨氮硝化阶段，此阶段的需氧量常以 L_N 或 $NBOD_u$ 表示。当然第一阶段与第二阶段并不是完全独立的，在受污染较轻的水体中，往往第一阶段和第二阶段是同时进行的，而受污染较严重的水体一般是先进行碳化阶段再进行硝化阶段。L_a 和 L_N 之和反映了水体受有机物污染的程度。水质标准中通常用于衡量有机污染的指标 BOD_5（5 日生化需氧量），这实际上仅反映了部分污染物碳化的需氧量。

（1）有机物的生化降解。一般认为水体中有机物的生化降解可用一级反应动力方程式表达，即

$$\frac{dL_c}{dt}=-k_1L_c \tag{7-6}$$

由于 $L_c = L_a - L_1$，故式(7-6)可改写为

$$\frac{d(L_a-L_1)}{dt}=-k_1(L_a-L_1) \tag{7-7}$$

解得

$$L_1 = L_a[1-\exp(-k_1t)] \tag{7-8}$$

式中　L_c——t 时刻的剩余碳化需氧量，mg/L；

L_a——水中总的碳化需氧量（可理解为起始时刻的 BOD 值），mg/L；

L_1——已降解的 BOD 值，mg/L；

k_1——有机物碳化衰减速率系数（耗氧系数），d^{-1}；

t——污染物在水体中的停留时间，d。

温度对 k_1 有影响，一般以 20 ℃的 $k_{1,20}$ 为基准，对于温度为 T 时的 k_1 按下式计算：

$$k_{1,T} = k_{1,20}\theta_1^{T-20} \tag{7-9}$$

式中　θ_1——温度系数，当 10 ℃＜ T ＜35 ℃时，θ 取 1.047。

（2）硝化作用。硝化作用是指天然水体中含氮化合物经过一系列的生化反应过程，由氨氮氧化为硝酸盐的过程。硝化反应也具有一级反应性质。

$$\frac{dL_n}{dt}=-k_NL_n \tag{7-10}$$

解得

$$L_n = L_N\exp(-k_Nt) \tag{7-11}$$

式中　L_n——t 时刻的剩余硝化需氧量，mg/L；

L_N——水中总的硝化需氧量，mg/L；

k_N——有机物硝化衰减速率系数，d^{-1}。

k_N 同样也受温度的影响，其与温度的函数关系为

$$k_{N,T} = k_{N,20}\theta_N^{T-20} \tag{7-12}$$

式中　$k_{N,20}$——20 ℃时硝化衰减速率系数；

θ_N——温度系数，当 10 ℃＜ T ＜30 ℃时，θ_N 取 1.08。

水体中有机物在衰减变化过程中不仅发生氧化、硝化作用，同时还进行着脱氮作用、硫化作用、细菌的衰减作用（随着水体自净过程的进行，细菌也在逐渐减少）等。

4) 水体的耗氧与复氧过程

在有机物不断衰减的同时,水中的溶解氧不断地被消耗,随着水中溶解氧的降低,水面处气-液的氧平衡被破坏,大气中的氧就开始溶入水中,水体中耗氧-复氧过程不断地进行着。

水体中溶解氧在以下过程被消耗:碳氧化阶段耗氧、含氮化合物硝化耗氧、水生植物呼吸耗氧、水体底泥耗氧等。一般而言,这些耗氧过程所导致的溶解氧变化均可用一级反应方程式表达。对于复氧过程,则主要来自大气复氧和水生植物的光合作用。

a. 大气复氧

氧气由大气进入水体的传质速率与水体中的氧亏量 D 成正比。氧亏量是指水体中的溶解氧($C(\mathrm{O})$)与当时水温下水体的饱和溶解氧($C(\mathrm{O_s})$)间的差距,即 $D=C(\mathrm{O_s})-C(\mathrm{O})$。设 k_2 为大气复氧速率系数,则

$$\frac{\mathrm{d}D}{\mathrm{d}t}=-k_2D \tag{7-13}$$

k_2 为河流流态及温度的函数。如以 20 ℃的 $k_{2,20}$ 为基准,对于温度为 T 时的 k_2 按下式计算:

$$k_{2,T}=k_{2,20}\theta_{\mathrm{r}}^{T-20} \tag{7-14}$$

式中　θ_{r} ——大气复氧速率系数的温度系数,通常 $\theta_{\mathrm{r}}=1.024$。

饱和溶解氧 $C(\mathrm{O_s})$ 是温度、盐度和大气压力的函数,在 101 kPa 压力下,温度为 T(℃)时,淡水中的饱和溶解氧可以用下式计算:

$$C(\mathrm{O_s})=\frac{468}{31.6+T} \tag{7-15}$$

当水体中含盐量较高时(如河口),可用海尔(Hyer,1971)经验公式(式(7-16)),也可以使用《环境影响评价技术导则　地表水环境》推荐的公式(式(7-17))计算饱和溶解氧:

$$C(\mathrm{O_s})=14.6244-0.367134T+0.0044972T^2-0.0966S+0.00205ST+0.0002739S^2 \tag{7-16}$$

$$c(\mathrm{O_s})=(491-2.65S)/(33.5+T) \tag{7-17}$$

式中　T——水温,℃;

S ——水中含盐量,‰。

b. 光合作用

水生植物的光合作用是水体复氧的另一重要来源。奥康纳(O'Connor,1965)假定光合作用的速率随着光照强弱的变化而变化,中午光照最强时,产氧速率最快,夜晚没有光照时,产氧速率为零。如果将产氧速率取为一天中的平均值,则有

$$\left[\frac{\partial C(\mathrm{O})}{\partial t}\right]_{\mathrm{P}}=P \tag{7-18}$$

式中　P ——一天中产氧速率的平均值;

$C(\mathrm{O})$ ——光合作用产氧量。

7.1.2　水环境影响预测方法概述

水环境影响评价方法通常分为定性分析法和定量分析法两大类,定性分析法包括专业判断法和类比调查法;定量分析法通常包括数学模型法和物理模型法。

1. 定性分析方法

1）专业判断法

专业判断法可以定性地反映建设项目的环境影响，它是根据专家的专长和经验，运用专家判断法、智暴法、情景分析法或德尔斐法，经验地推断建设项目对水环境的影响。当水环境影响问题较特殊，一般环境影响评价人员难以准确识别其环境影响特征或者无法应用常规方法进行预测时，可选用此方法。

2）类比调查法

类比调查法属定性或半定量方法，是参照现有相似工程对水体的影响来预测拟建项目对水环境的影响。类比工程要求与拟建工程性质相似，且纳污水体的规模、流态、水质也相似。但由于类比工程项目的条件和水环境条件往往与拟建项目有一定的差异，因此，类比调查法所得的结果往往较粗略。一般在评价工作级别较低，且评价时间较短，无法取得足够的参数时，用类比法求得数学模型中所需的若干参数。

定性分析法具有省时、省力、耗资少等优点，主要用于三级和部分二级的评价项目，并且在某种情况下也可给出较明确的结论。例如，分析判断建设项目对受纳水体的影响是否在功能和水质要求允许范围之内，或肯定产生不可接受的影响等。

2. 定量预测法

1）数学模型法

数学模型是依据人们的实践经验或对客观系统的观测结果归纳出的一套反映系统内部状态变化与输入、输出之间数量关系的数学公式和具体算法。在水环境影响预测中，数学模型法是利用表达水体净化机制的数学方程预测建设项目引起的水体水质变化。由于数学模型法相对较简单，并可以给出定量的结果，在水环境影响预测中应优先考虑，同时也是最常用的方法。但由于模型只是实际的简要缩影，一个切合实际的模型是基于对所研究的系统的各部分、各要素的深刻认识，基于对大量实际资料、数据的占有及对实际问题变化规律的认识归纳抽象出来的，因此在应用模型时一定要看到它的局限性，必须严格遵守它的适用条件。

2）物理模型法

物理模型也称为形象模型，是依据相似理论，在一定比例缩小的环境模型上模拟污染物在大气、地表水、地下水中的迁移转化的过程及噪声的传播衰减过程，如环境风洞试验、物理水力模型、噪声实验室等。在水环境影响评价中，应用物理模型法，能反映比较复杂的水环境特点，且定量化程度较高，再现性好。但物理模型的建造和运行需要投入大量人力、物力和财力，且耗时较长。因此一般仅在无法利用数学模型预测，评价级别较高且对预测结果要求较严时，方采用此法。

7.1.3 预测条件的确定

在选定预测方法后，还必须确定必要的预测条件。预测条件包括预测范围、预测点布设、预测水质参数、预测时期和预测时段等。

1. 预测范围

建设项目地表水环境影响评价范围指建设项目整体实施后可能对地表水环境造成的影响范围。

地表水环境预测的范围与地表水环境现状调查的范围相同或略小（特殊情况也可以略大）。确定预测范围的原则与现状调查相同，应能包括建设项目对周围水环境影响较显著的区域,并能全面说明与地表水环境相联系的环境基本状况,能充分满足环境影响预测的要求。该原则同样也适用于地下水环境影响预测范围的确定。

建设项目对水环境的影响类型分为水污染影响型与水文要素影响型两类。

(1) 水污染影响型建设项目评价范围,根据评价等级、工程特点、影响方式及程度、地表水环境质量管理要求等确定。

一级、二级及三级 A,其评价范围应符合以下要求:

①应根据主要污染物迁移转化状况,至少需覆盖建设项目污染影响所及水域;

②受纳水体为河流时,应满足覆盖对照断面、控制断面与消减断面等关心断面的要求;

③受纳水体为湖泊、水库时,一级评价,其评价范围宜不小于以入湖(库)排放口为中心、半径为 5 km 的扇形区域;二级评价,其评价范围宜不小于以入湖(库)排放口为中心、半径为 3 km 的扇形区域;三级 A 评价,其评价范围宜不小于以入湖(库)排放口为中心、半径为 1 km 的扇形区域;

④受纳水体为入海河口和近岸海域时,评价范围按照 GB/T 19485 执行;

⑤影响范围涉及水环境保护目标的,评价范围至少应扩大到水环境保护目标内受到影响的水域;

⑥同一建设项目有两个及两个以上废水排放口,或排入不同地表水体时,按各排放口及所排入地表水体分别确定评价范围;有叠加影响的,叠加影响水域应作为重点评价范围。

三级 B,其评价范围应符合以下要求:

①应满足其依托污水处理设施环境可行性分析的要求;

②涉及地表水环境风险的,应覆盖环境风险影响所及的水环境保护目标水域。

(2) 水文要素影响型建设项目评价范围,根据评价等级、水文要素影响类别、影响及恢复程度确定,评价范围应符合以下要求:

①水温要素影响评价范围为建设项目形成水温分层水域,以及下游未恢复到天然(或建设项目建设前)水温的水域;

②径流要素影响评价范围为水体天然性状发生变化的水域,以及下游增减水影响水域;

③地表水域影响评价范围为相对建设项目建设前日均或潮均流速及水深或高(累计频率 5%)低(累计频率 90%)水位(潮位)变化幅度超过 5%的水域;

④建设项目影响范围涉及水环境保护目标的,评价范围至少应扩大到水环境保护目标内受影响的水域;

⑤存在多类水文要素影响的建设项目,应分别确定各水文要素影响评价范围,取各水文要素评价范围的外包线作为水文要素的评价范围。

预测范围内的河段可以分为充分混合段、混合过程段和上游河段。充分混合段是指污染物浓度在断面上均匀分布的河段。当断面上任意一点的浓度与断面平均浓度之差小于平均浓度的 5%时,可以认为达到均匀分布。混合过程段是指排放口下游达到充分混合以前的河段。上游河段是指排放口上游的河段(见图 7-2)。混合过程段的长度 L 可由式(7-19)估算,也可由式(7-20)计算:

$$L=\frac{(0.4B-0.6a)Bu}{(0.058H+0.0065B)\sqrt{gHI}} \tag{7-19}$$

$$L=0.11+0.7\left[0.5-\frac{a}{B}-1.1\left(0.5-\frac{a}{B}\right)^2\right]^{\frac{1}{2}}\frac{uB^2}{E_y} \tag{7-20}$$

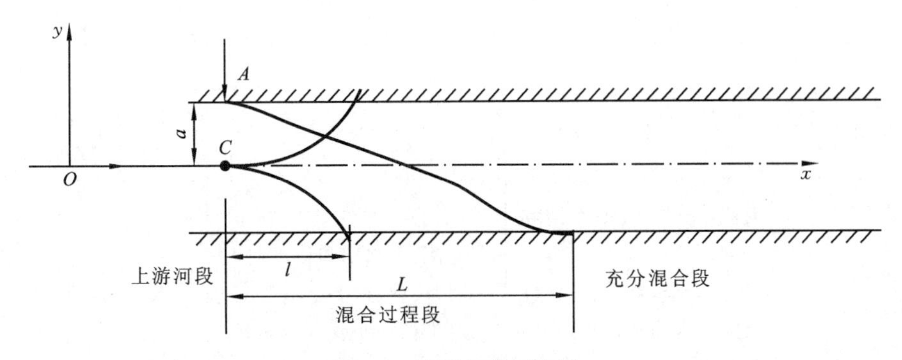

图 7-2　预测河段示意图

式中　u——河流断面平均流速，m/s；

B——河面宽度，m；

H——河流平均深度，m；

g——重力加速度，m/s^2；

I——水力坡降；

a——排放口距岸边距离(m)，当污染源为岸边排放时(见图 7-2 中点 A)，a 取 0；

E_y——污染物横向扩散系数，m^2/s。

2. 预测点布设

预测点的布设应能全面地反映拟建项目对该范围内水环境影响，并综合考虑点位布设的可操作性、代表性和经济性。应将常规监测点、补充监测点、水环境保护目标、水质水量突变处及控制断面等作为预测重点；当需要预测排放口所在水域形成的混合区范围时，应适当加密预测点位。具体预测点的布设还需要根据实际情况进行调整。

对于地下水，其预测点宜选在已有的取水井、观测井和试验井附近，以便进行验证。

3. 预测时期

建设项目地表水环境影响预测、评价时期根据受影响地表水体类型、评价等级等确定，其中三级 B 评价，可不考虑预测、评价时期。水环境影响预测的时期应满足不同评价等级的评价时期要求(表 7-1)。

水污染影响型建设项目，水体自净能力最不利以及水质状况相对较差的不利时期、水环境现状补充监测时期应作为重点预测时期；水文要素影响型建设项目，以水质状况相对较差或对评价范围内水生生物影响最大的不利时期为重点预测时期。

表 7-1　预测评价时期确定

受影响地表水体类型	评价等级		
	一级	二级	水污染影响型(三级 A)/水文要素影响型(三级)
河流、湖库	丰水期、平水期、枯水期；至少丰水期和枯水期	丰水期和枯水期；至少枯水期	至少枯水期

续表

受影响地表水体类型	评价等级		
	一级	二级	水污染影响型(三级 A)/水文要素影响型(三级)
入海河口(感潮河段)	河流:丰水期、平水期和枯水期; 河口:春季、夏季和秋季; 至少丰水期和枯水期,春季和秋季	河流:丰水期和枯水期; 河口:春、秋 2 个季节; 至少枯水期或 1 个季节	至少枯水期或 1 个季节
近岸海域	春季、夏季和秋季; 至少春、秋 2 个季节	春季或秋季; 至少 1 个季节	至少 1 次调查

注　①感潮河段、入海河口、近岸海域在丰、枯水期(或春夏秋冬四季)均应选择大潮期或小潮期中一个潮期开展评价(无特殊要求时,可不考虑一个潮期内高潮期、低潮期的差别)。选择原则如下:依据调查监测海域的环境特征,以影响范围较大或影响程度较重为目标,定性判别和选择大潮期或小潮期作为调查潮期。

②冰封期较长且作为生活饮用水与食品加工用水的水源或有渔业用水需求的水域,应将冰封期纳入评价时期。

③具有季节性排水特点的建设项目,根据建设项目排水期对应的水期或季节确定评价时期。

④水文要素影响型建设项目对评价范围内的水生生物生长、繁殖与洄游有明显影响的时期,需将对应的时期作为评价时期。

⑤复合影响型建设项目分别确定评价时期,按照覆盖所有评价时期的原则综合确定。

4. 预测情景

预测情景应根据建设项目特点分别选择建设期、生产运行期和服务期满后三个阶段进行设置。

生产运行期应预测正常排放、非正常排放两种工况对水环境的影响,如建设项目具有充足的调节容量,可只预测正常排放对水环境的影响;应对建设项目污染控制和减缓措施方案进行水环境影响模拟预测;受纳水体环境质量不达标区域,应考虑区(流)域环境质量改善目标要求情景下的模拟预测。

5. 预测内容

预测分析内容根据影响类型、预测因子、预测情景、预测范围地表水体类别、所选用的预测模型及评价要求确定。

水污染影响型建设项目的预测内容主要包括:①各关心断面(控制断面、取水口、污染源排放核算断面等)水质预测因子的浓度及变化;②到达水环境保护目标处的污染物浓度;③各污染物最大影响范围;④湖泊、水库及半封闭海湾等,还需关注富营养化状况与水华、赤潮等;⑤排放口混合区范围。

水文要素影响型建设项目的预测内容主要包括:①河流、湖泊及水库的水文情势预测分析,主要包括水域形态、径流条件、水力条件以及冲淤变化等内容,具体包括水面面积、水量、水温、径流过程、水位、水深、流速、水面宽、冲淤变化等,湖泊和水库需要重点关注湖库水域面积或蓄水量及水力停留时间等因子;②感潮河段、入海河口及近岸海域水动力条件预测分析主要包括流量、流向、潮区界、潮流界、纳潮量、水位、流速、水面宽、水深、冲淤变化等因子。

6. 预测评价因子的筛选

对于地表水环境预测评价因子,应分析建设项目建设阶段、生产运行阶段和服务期满后

(可根据项目情况选择,下同)各阶段对地表水环境质量、水文要素的影响行为,并根据建设项目对水环境影响的类别进行筛选。

(1) 水污染影响型建设项目评价因子的筛选应符合以下要求:按照污染源源强核算技术指南,开展建设项目污染源与水污染因子识别,结合建设项目所在水环境控制单元或区域水环境质量现状,筛选出水环境现状调查评价与影响预测评价的因子。

①行业污染物排放标准中涉及的水污染物应作为评价因子;

②在车间或车间处理设施排放口排放的第一类污染物应作为评价因子;

③水温应作为评价因子;

④面源污染所含的主要污染物应作为评价因子;

⑤建设项目排放的,且为建设项目所在控制单元的水质超标因子或潜在污染因子(指近三年来水质浓度值呈上升趋势的水质因子),应作为评价因子。

(2) 水文要素影响型建设项目评价因子,应根据建设项目对地表水体水文要素影响的特征确定。河流、湖泊及水库主要评价水面面积、水量、水温、径流过程、水位、水深、流速、水面宽、冲淤变化等因子,湖泊和水库需要重点关注湖底水域面积或蓄水量及水力停留时间等因子。感潮河段、入海河口及近岸海域主要评价流量、流向、潮区界、潮流界、纳潮量、水位、流速、水面宽、水深、冲淤变化等因子。

(3) 建设项目可能导致受纳水体富营养化的,评价因子还应包括与富营养化有关的因子(如总磷、总氮、叶绿素 a、高锰酸盐指数和透明度等。其中,叶绿素 a 为必须评价的因子)。

7.1.4　模型概化

当选用解析方法进行水环境影响预测时,可对预测水域进行合理的概化。对于不同的预测水体,其概化要求不尽相同。

(1) 河流水域概化:

①预测河段及代表性断面的宽深比≥20 时,可视为矩形河段;

②河段弯曲系数>1.3 时,可视为弯曲河段,其余可概化为平直河段;

③对于河流水文特征值、水质急剧变化的河段,应分段概化,并分别进行水环境影响预测;河网应分段概化,分别进行水环境影响预测。

(2) 湖库水域概化:根据湖库的入流条件、水力停留时间、水质及水温分布等情况,分别概化为稳定分层型、混合型和不稳定分层型。

(3) 受人工控制的河流,根据涉水工程(如水利水电工程)的运行调度方案及蓄水、泄流情况,分别视其为水库或河流进行水环境影响预测。

(4) 入海河口、近岸海域概化:

①可将潮区界作为感潮河段的边界;

②采用解析方法进行水环境影响预测时,可按潮周平均、高潮平均和低潮平均三种情况,概化为稳态进行预测;

③预测近岸海域可溶性物质水质分布时,可只考虑潮汐作用;预测密度小于海水的不可溶物质时,应考虑潮汐、波浪及风的作用;

④注入近岸海域的小型河流可视为点源,忽略其对近岸海域流场的影响。

7.2　地表水环境影响预测中常用的水质模型

7.2.1　水质模型概述

水质模型是指用于描述水体的水质要素在各种因素作用下随时间和空间的变化关系的数学模型。水质模型是环境系统数学模型的重要组成部分。环境系统数学模型按其性质和结构一般可以分为三类。①白箱模型：以客观事物的变化规律为基础建立起来的纯机理模型，输入、输出、内部机理十分明确。根据质量守恒定律建立微分方程是建立白箱模型最常用的方法。②灰箱模型：当对所研究的环境要素或过程已有一定程度的了解但又不完全清楚，或对其中一部分比较了解而对其他部分不甚清楚时，须用一个或多个经验系数才能加以定量化，以及以斯特里特-菲尔普斯模型(Streeter-Phelps Modeling，简称 S-P 模型)为代表的描述河流中溶解氧和生化需氧量耦合关系的一系列水质模型。③黑箱模型：一种纯经验模型，模型建立时仅考虑输入-输出间的关系，完全不追究系统内部状态变化的机理(即不考虑过程)。黑箱模型虽然实用，但往往缺乏普遍性。

环境系统数学模型还可根据空间维数进行分类。①一维：输入变量仅考虑一个维度，模型的输入-输出关系可表达为 $C=f(x)$ 。②二维：模型的输入-输出关系可表达为 $C=f(x,y)$ 。③三维：输入变量考虑了立体的三个维度的变化，输入-输出关系可表达为 $C=f(x,y,z)$ 。还有一种零维模型，在零维模型中，系统处于完全混合状态，系统中各要素都均匀分布。

如果按时间性质分，模型还可以分为“动态模型”和“稳态模型”。动态模型中，变量随时间而变化，模型提供的是环境要素随距离和时间而变化的信息；稳态模型则是假设变量不随时间变化，即输入-输出关系式中不含有“t”这个时间变量。

在环境影响预测中，白箱模型即纯机理模型的建立较为困难；黑箱模型实用但缺乏普遍性，最为常用的是灰箱模型。一个灰箱模型的建立一般需要经历 5 个基本阶段，即模型的推导、标定、验证(检验)、灵敏度分析和应用(见图 7-3)。

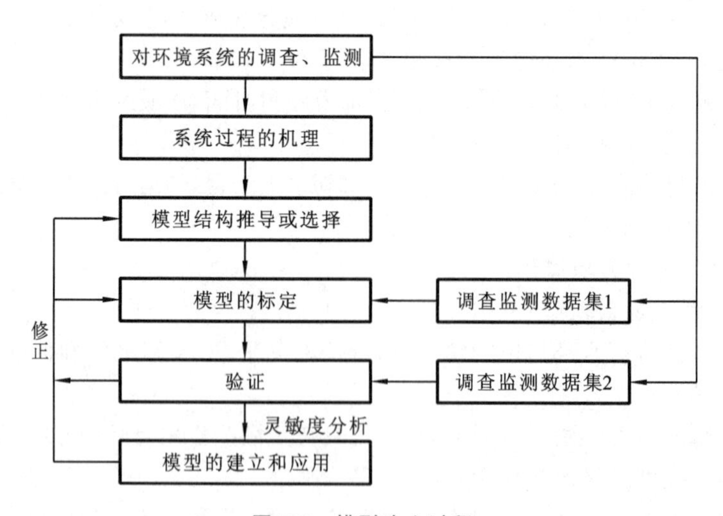

图 7-3　模型建立过程

最早的水质模型是 1925 年由 Streeter 和 Phelps 提出的 S-P 模型。在此后的 20 年间，由于研究手段的限制等原因，水质模型研究并未在 S-P 模型基础上有太大进展。直到 20 世纪 50—60 年代，随着人们对环境保护和污染控制认识的加深，特别是计算机技术的迅速发展，水质模型的研究才得以较快发展，其发展大致可以分为以下 5 个阶段。

第一阶段：20 世纪 50 年代，水质模型发展仅限于对 S-P 模型的改进。初期的改进比较简单，一般为只考虑生化需氧量 BOD 及溶解氧 DO 耦合的双线性系统模型，如 Camps 模型、Dobbins 模型等。对河流和河口问题采用一维的计算方法。

第二阶段：20 世纪 60 年代末，随着计算机的应用和对生物化学耗氧过程认识的深入，模型中考虑的因素越来越多，如 BOD、DO、有机氮、氨氮、亚硝酸盐氮和硝酸盐氮等，模型结构为多线性系统，空间维数为一维和二维，如 O'Conner 模型等。与此同时，一些随机水质模型开始出现。1978 年，美国环保局推出了 QUAL-Ⅱ河流有机污染综合水质模型，这是一种较为复杂的非线性氧平衡生态模型。目前，该模型已被广泛地用于河流水质预测和水质规划管理工作中。

第三阶段：20 世纪 80 年代，兴起了形态模型，即一种能反映污染物和不同存在状态和化学形态下水环境行为的模型。形态模型是一种复杂的生态模型，目前还很不成熟，有待进一步研究和发展。

第四阶段：20 世纪 80 年代后期，随着对水环境变化复杂性认识的深入，各相关学科相互渗透、相互激励，水环境数学模型的研究进入到多介质环境综合生态系统模型。模型内部结构为多种相互作用的非线性系统，空间维数已发展到三维，模型中的状态变量大大增加，有的已达几十个。多介质水环境综合生态模型，实质上是从系统理论角度来研究污染物在环境中从宏观到微观的综合效应。自从 1985 年 Cohen 提出该模型以来，这方面的工作已有很大进展，但主要集中在理论模型的探讨方面，如各种界面过程的构建、参数估计方法及模型灵敏度分析等。

第五阶段：20 世纪 90 年代以来，随着计算机技术的发展和环境水力学各种理论的成熟，尤其是随着 RS、GPS 及 GIS 这 3 个被称为"3S"技术的发展及它们在水质模型研究中的应用，专家们可以做到实时、动态地应用模型分析和解决水环境问题，使得水质模型将在环境管理、决策中发挥更有效的作用。

在我国，水质模型的研究起步较晚，但在学习、吸收国际先进经验的基础上发展较快。近年来，在有机污染物水质模型理化参数测定和计算、水环境有机污染非确定性分析和水动力学与水质变化耦合求解方面都有较大的发展。

7.2.2　河流常用水质模型

建立水质模型的目的是把各种因素之间的定量关系确定下来，这是一个十分困难的过程，但人们对污染物的时空变化过程和危害程度都有赖于水质模型，因此在实际的建立和应用过程中，根据实际情况对不同因素的影响进行简化，甚至忽略。河流的水质模型众多，对于非均匀场（河流的流量、流速为变值），通常需要通过特殊的数值解法求解；对于均匀场，在一定假设条件下，多数已建立了水质模型的解析方程。

均匀场河流水质模型根据排放方式的不同（稳态、非稳态）、污染物性质的不同（持久性污染物、非持久性污染物、酸碱污染物、热污染物）及分析维度的不同（零维、一维、二维、三维）均有不同的表达方式。

1. 零维水质模型

零维水质模型(也称为箱式水质模型)的应用多局限于湖泊水质预测等,当零维水质模型应用于河流水质时,通常被称为河流完全混合模型。虽然河流零维水质模型是最简单的一类模型,但在均匀场水质模型系统中,零维水质模型扮演着重要的角色,它是一维水质模型的基础。因为在一维水质模型的推导及应用中,其通用的假设与初始条件为:在起始断面,排放的废水与河流立即充分混合。在此假设中,其约束条件为“废水与河流充分混合”,即是基于零维水质模型的。

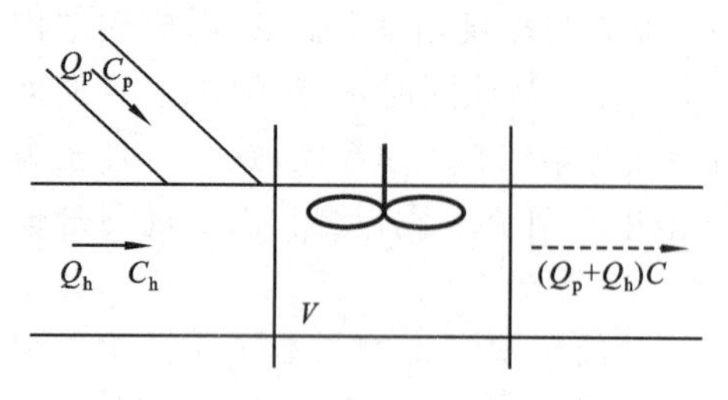

图 7-4　河流稳态零维模型示意图

假定河流流量为 Q_h,污染物浓度为 C_h,废水排放流量为 Q_p,污染物浓度为 C_p,在某一河段内充分混合,该河段体积为 V,则出流流量为($Q_p + Q_h$),浓度为 C,同时 C 也是充分混合河段中污染物浓度(见图 7-4)。不考虑污染物的源与汇项。

对于持久性污染物,在 Δt 时间里,根据质量守恒定律有

$$V\frac{\mathrm{d}C}{\mathrm{d}t}\Delta t = (C_pQ_p\Delta t + C_hQ_h\Delta t) - (Q_p + Q_h)C\Delta t$$

均匀场稳态情况下,$\frac{\mathrm{d}C}{\mathrm{d}t}=0$,则有

$$C = \frac{C_pQ_p + C_hQ_h}{Q_p + Q_h} \tag{7-21}$$

式(7-21)适用于稳态持久性污染物。对于非持久性污染物,当混合体积 V 很小时,式(7-21)同样适用。

2. 一维水质模型

1) 稳态一维水质模型的解析解

一维水质模型是指描述一个空间方向上存在环境质量变化的模型。假定浓度沿 x 方向变化,y、z 方向不变。假设 u_x、E_x 是常数,根据质量守恒定律,可建立一维水质基本模型,即

$$\frac{\partial C}{\partial t} = E_x\frac{\partial^2 C}{\partial x^2} - u_x\frac{\partial C}{\partial x} - kC \tag{7-22}$$

式中　C——污染物浓度;

E_x——纵向扩散系数;

u_x——河流断面平均流速;

k——污染物衰减系数。

在稳态情况下,即 $\frac{\partial C}{\partial t} = 0$,假定边界条件为 $x = 0, C = C_0; x \to +\infty, C = 0$,解式(7-22)得

$$C = C_0\exp\left[\frac{u_x x}{2E_x}\left(1 - \sqrt{1 + \frac{4kE_x}{u_x^2}}\right)\right] \tag{7-23}$$

对于一般河流,推流导致的污染物迁移作用要比扩散作用大得多,可忽略扩散作用,则式(7-22)可简化为

$$\frac{\partial C}{\partial t} = -u_x\frac{\partial C}{\partial x} - kC \tag{7-24}$$

同样在稳态情况下，可解得

$$C = C_0 \exp\left(-k\frac{x}{u_x}\right) \tag{7-25}$$

在式(7-23)、式(7-25)中的初始边界条件 C_0 均可采用零维模型(式(7-21))来确定。从式中可以看出，随着距离的增长，污染物浓度不断降低。

2) 非稳态一维水质模型的解析解

非稳态指的是水体中的污染物浓度随时间变化的情况，即 $\frac{\partial C}{\partial t} \neq 0$，较有现实意义的是研究突发性排污情况下污染物的分布特征。河流突发性排污包括两种情况，一是在河段内瞬时投放质量为 W 的污染物；二是在 Δt 时间内持续投放质量为 W 的污染物。

设于河流的某断面处瞬时投入质量为 W 的污染物，污染物瞬时完全溶解，在初始断面完全混合。同样建立微分方程式(7-22)。令 $\delta(t) = \begin{cases} 1, & t = 0 \\ 0, & t > 0 \end{cases}$，则此时初始条件和边界条件为

$$C(x,0) = 0,\quad C(+\infty,t) = 0$$

$$C(0,t) = \frac{W}{Q}\delta(t) \tag{7-26}$$

可根据数理方程基本知识，应用拉普拉斯(Laplace)变换求解方程(7-22)，得

$$C(x,t) = \frac{Wx}{2Qt\sqrt{\pi E_x t}}\exp(-kt)\exp\left[-\frac{(x-u_x t)^2}{4E_x t}\right] \tag{7-27}$$

实际上瞬时点源排放都不大可能在“瞬间”完成，对于在一段时间 Δt 内持续投放质量为 W 的污染物，则下游任一空间和时间的污染物浓度应理解成每一污染团块在此处的浓度之和，即

$$C(x,t) = \int_0^{\Delta t} \frac{Wx}{Au_x(t-\tau)\sqrt{4\pi E_x(t-\tau)}}\exp[-k(t-\tau)]\exp\left\{-\frac{[x-u_x(t-\tau)]^2}{4E_x(t-\tau)}\right\}\mathrm{d}\tau \tag{7-28}$$

此时初始条件和边界条件为

$$C(x,0) = 0,\quad C(+\infty,t) = 0$$

$$C(0,t) = \begin{cases} \frac{W}{Q}\delta(t), & 0 \leqslant t \leqslant \tau \\ 0, & t > \tau \end{cases} \tag{7-29}$$

当 $t \leqslant \Delta t$ 时，有

$$C(x,t) = \frac{1}{2}\frac{W}{Q_h \Delta t}\exp\left(\frac{u_x x}{2E_x}\right)[\exp(A_1)\mathrm{erfc}(A_2) + \exp(-A_1)\mathrm{erfc}(A_3)] \tag{7-30}$$

当 $t > \Delta t$ 时，有

$$C(x,t) = \frac{1}{2}\frac{W}{Q_h \Delta t}\exp\left(\frac{u_x x}{2E_x}\right)[\exp(A_1)\mathrm{erfc}(A_2) + \exp(-A_1)\mathrm{erfc}(A_3) - \exp(A_1)\mathrm{erfc}(A_4) - \exp(-A_1)\mathrm{erfc}(A_5)] \tag{7-31}$$

其中

$$A_1 = \frac{x}{\sqrt{E_x}}\sqrt{\frac{u_x^2}{4E_x} + k}$$

$$A_2 = \frac{x}{2\sqrt{E_x t}} + \sqrt{t}\sqrt{\frac{u_x^2}{4E_x} + k}$$

$$A_3 = \frac{x}{2\sqrt{E_x t}} - \sqrt{t}\sqrt{\frac{u_x^2}{4E_x} + k}$$

$$A_4 = \frac{x}{2\sqrt{E_x(t-\Delta t)}} + \sqrt{t-\Delta t}\sqrt{\frac{u_x^2}{4E_x} + k}$$

$$A_5 = \frac{x}{2\sqrt{E_x(t-\Delta t)}} - \sqrt{t-\Delta t}\sqrt{\frac{u_x^2}{4E_x} + k}$$

$$\mathrm{erfc}(x) = 1 - \mathrm{erf}(x)$$

$$\mathrm{erf}(x) = \frac{2}{\sqrt{\pi}}\int_0^x \exp(-t^2)\mathrm{d}t = x - \frac{x^3}{1!\times 3} + \frac{x^5}{2!\times 5} - \frac{x^7}{3!\times 7} + \cdots$$

对于突发性污染事件,往往最为关注的是污染物通过某一位置(如水源地)的时间、最大浓度值等。对于瞬时排放的污染物,其污染物浓度分布-时间过程线具有一定的正态分布特征(参见式(7-27)),在扩散作用很小的河流中,在 x 断面处出现最大浓度值的时间可近似取

$$t_{\max} = \frac{x}{u_x} \tag{7-32}$$

当没有衰减作用时,相应的最大浓度为

$$C_{\max} = \frac{Wu_x}{2Q\sqrt{\pi E_x}}\sqrt{\frac{u_x}{x}} = \frac{Wu_x}{2Q\sqrt{\pi E_x t_{\max}}} \tag{7-33}$$

3. 二维水质模型及三维水质模型

假定在三维空间中,在 z 方向不存在浓度梯度,即 $\frac{\partial C}{\partial z} = 0$,就构成了 x、y 平面上的二维问题。与一维水质模型的推导相似,可建立 x、y 方向的二维水质模型方程,即

$$\frac{\partial C}{\partial t} = E_x\frac{\partial^2 C}{\partial x^2} + E_y\frac{\partial^2 C}{\partial y^2} - u_x\frac{\partial C}{\partial x} - u_y\frac{\partial C}{\partial y} - kC \tag{7-34}$$

1) 稳态下二维水质模型的解析解

在无边界均匀流场中,稳态条件下,式(7-34)的解析解为

$$C(x,y) = \frac{C_p Q_p}{4\pi h\sqrt{E_x E_y}}\exp\left[-\frac{(y - u_y x/u_x)^2}{4E_y x/u_x}\right]\exp\left(-\frac{kx}{u_x}\right) \tag{7-35}$$

式中 u_y —— y 方向的流速分量;

E_y —— y 方向的扩散系数;

h ——平均水深。

实际河流并非无限水域,而是具有两岸和河底。污染物的扩散受到边界的限制,可根据镜像原理推导有边界时二维水质模型。根据河流的具体状况(河面宽度,平直河流还是弯曲河流)、排放口特性(排放口距岸边的距离)及污染物的特性(持久性污染物、非持久性污染物等),二维水质模型有相应不同的表达方式,式(7-36)为常用的岸边排放二维稳态混合模式,式(7-37)为非岸边排放模式。

$$C(x,y) = \frac{C_p Q_p}{h\sqrt{\pi E_y x u_x}}\left\{\exp\left(-\frac{u_x y^2}{4E_y x}\right) + \exp\left[-\frac{u_x(2B-y)^2}{4E_y x}\right]\right\}\exp\left(-\frac{kx}{u_x}\right) \tag{7-36}$$

$$C(x,y) = \frac{C_p Q_p}{2h\sqrt{\pi E_y x u_x}}\left\{\exp\left(-\frac{u_x y^2}{4E_y x}\right) + \exp\left[-\frac{u_x(2a+y)^2}{4E_y x}\right] + \exp\left[-\frac{u_x(2B-2a-y)^2}{4E_y x}\right]\right\}\exp\left(-\frac{kx}{u_x}\right) \tag{7-37}$$

式中　B——河面宽度；

a——排污口距岸边的距离。

2) 瞬时点源二维水质模型的解析解

发生突发性污染事件时，质量为 W 的污染物瞬时排放，在无边界阻碍的情况下，其边界条件为 $y=\pm\infty$，$\dfrac{\partial C}{\partial y}=0$，式(7-34)的解析解为

$$C(x,y,t)=\frac{W}{4\pi ht\sqrt{E_xE_y}}\exp\left[-\frac{(x-u_xt)^2}{4E_xt}-\frac{(y-u_yt)^2}{4E_yt}\right]\exp(-kt) \tag{7-38}$$

当为河中排放，仅考虑一个边界反射，点源到边界的距离为 a 时，可将式(7-38)修正为

$$C(x,y,t)=\frac{W}{4\pi ht\sqrt{E_xE_y}}\left\{\exp\left[-\frac{(x-u_xt)^2}{4E_xt}-\frac{(y-u_yt)^2}{4E_yt}\right]+\exp\left[-\frac{(x-u_xt)^2}{4E_xt}-\frac{(2a+y-u_yt)^2}{4E_yt}\right]\right\}\exp(-kt) \tag{7-39}$$

当为岸边排放时，即 $a=0$，式(7-39)可转变为

$$C(x,y,t)=\frac{W}{2\pi ht\sqrt{E_xE_y}}\exp\left[-\frac{(x-u_xt)^2}{4E_xt}-\frac{(y-u_yt)^2}{4E_yt}\right]\exp(-kt) \tag{7-40}$$

在实际预测中最为关注的是污染带的超标范围(纵向长度、横向宽度、面积)，何时达到最大、最大超标面积是多少，可应用极值原理等推导出二维瞬时源污染带若干几何参数计算公式及最大超标面积的估算公式。

由于在实际中横向流速分量 u_y 远小于纵向流速分量 u_x，如果忽略横向流速分量 u_y，并设为持久性污染物，当 $x=u_xt$，$y=0$ 时，浓度最大，即污染水团中心位置为

$$\begin{cases}x=u_xt\\y=0\end{cases}$$

污染水团中心浓度或最大浓度为

$$C_{\max}(t)=\frac{W}{4\pi ht\sqrt{E_xE_y}} \tag{7-41}$$

若令 $C(x,y,t)=C_0$，C_0 为预先给定的浓度值，则河心瞬时源在任一时刻 t，浓度为 C_0 的等浓度轨线是椭圆，椭圆内部污染带浓度均大于 C_0，椭圆外部浓度均低于 C_0。若取 $C_0=C_s-\overline{C}$，C_s 为评价河段所执行的水质标准，$\overline{C}$ 为评价河段现状本底浓度，则椭圆覆盖水面区域即为超标污染带区域。t 时刻超标污染带面积为

$$S(t)=4\pi t\sqrt{E_xE_y}\ln\frac{C_{\max}}{C_0} \tag{7-42}$$

超标污染带(浓度大于 C_0)面积达最大值时的条件为

$$C_{\max}=C_0\mathrm{e} \tag{7-43}$$

超标污染带面积达最大值的相应时刻为

$$t_{\max}=\frac{W}{4\pi hC_0\mathrm{e}\sqrt{E_xE_y}} \tag{7-44}$$

最大超标污染带面积为

$$S_{\max}=\frac{W}{hC_0\mathrm{e}} \tag{7-45}$$

式(7-45)即为河心瞬时点源造成超标污染带最大面积 $S_{\max}$ 计算公式。$S_{\max}$ 与污染物瞬时

投放量 W 成正比,与河流平均深度(或水体有效扩散深度)h 及预先指定浓度 C_0 成反比。

对于岸边排放瞬时点源最大超标污染带面积,采用类似的方法可以得到:超标污染带面积达最大值的条件仍为 $C_{max}=C_0\mathrm{e}$,超标面积最大值计算公式仍为 $S_{max}=\dfrac{W}{hC_0\mathrm{e}}$,但超标面积达到最大值的时间为河心排放情形的 2 倍,即

$$t_{max}=\frac{W}{2\pi hC_0\mathrm{e}\sqrt{E_xE_y}} \tag{7-46}$$

3)三维水质模型

当在 x、y、z 方向都存在浓度梯度时,与一维、二维模型建立的原理相同,可建立三维基本模型,即

$$\frac{\partial C}{\partial t}=E_x\frac{\partial^2 C}{\partial x^2}+E_y\frac{\partial^2 C}{\partial y^2}+E_z\frac{\partial^2 C}{\partial z^2}-u_x\frac{\partial C}{\partial x}-u_y\frac{\partial C}{\partial y}-u_z\frac{\partial C}{\partial z}-kC \tag{7-47}$$

由于我们所处的空间为三维空间,式(7-47)可以认为是环境中污染物迁移、转化的基本方程,它和环境流体介质的运动方程耦合运用,就可以模拟污染物在环境介质中的迁移、转化过程。但是实际上要解这个方程很困难,在实际工作中往往根据实际情况做各种简化。

4. S-P 耦合模型

河水中溶解氧浓度(DO)是表征水质洁净程度的重要参数之一,而排入河流的 BOD 在衰减过程中不断消耗着溶解氧。斯特里特(H. Streeter)和菲尔普斯(E. Phelps)于 1925 年提出了描述一维河流中 BOD 和 DO 消长变化规律的 S-P 模型,它是研究 DO 与 BOD 关系的最早的、最简单的耦合模型,迄今仍得到广泛的应用,也是研究各种修正模型和复杂模型的基础。

S-P 模型的基本假设:①河流为一维恒定流,污染物在河流断面上完全混合;②河流中的 BOD 的衰减和溶解氧的复氧都是一级反应,反应速度是定常的;③河流中的耗氧是由 BOD 衰减引起的,而河流中的溶解氧来源则是大气复氧。根据该三点假设,可以写出如下的 BOD 和 DO 的耦合方程,即

$$\frac{\mathrm{d}L}{\mathrm{d}t}=-k_1L \tag{7-48}$$

$$\frac{\mathrm{d}D}{\mathrm{d}t}=k_1L-k_2D \tag{7-49}$$

式中 L ——河水中的 BOD 值(即式(7-6)中的 L_c),mg/L;

D ——河水中的氧亏值,mg/L;

k_1 ——河水中 BOD 衰减(耗氧)系数,d^{-1};

k_2 ——河流复氧系数,d^{-1};

t ——河流的流动时间,d。

式(7-48)和式(7-49)的解析解为

$$L=L_0\exp(-k_1t) \tag{7-50}$$

$$D=\frac{k_1L_0}{k_2-k_1}[\exp(-k_1t)-\exp(-k_2t)]+D_0\exp(-k_2t) \tag{7-51}$$

式中 L_0 ——河水起始点的 BOD 值;

D_0 ——河水中起始点的氧亏值。

式(7-51)表示河流的氧亏变化规律。如果以河流的溶解氧来表示,则为 S-P 氧垂公式,即

$$C(\mathrm{O})=C(\mathrm{O_s})-D$$

$$= C(O_s) - \frac{k_1 L_0}{k_2 - k_1}[\exp(-k_1 t) - \exp(-k_2 t)] - D_0 \exp(-k_2 t) \tag{7-52}$$

式中　$C(O)$ ——河水中的溶解氧，mg/L；

$C(O_s)$ ——饱和溶解氧，mg/L。

根据 S-P 氧垂公式绘制的溶解氧沿程变化曲线称为氧垂曲线(见图 7-5)。

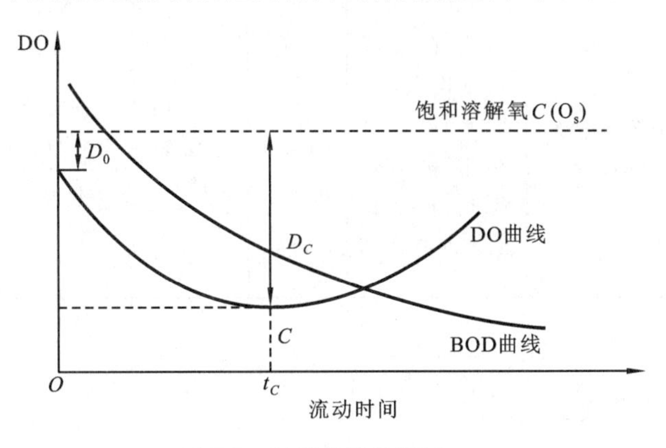

图 7-5　氧垂曲线示意图

从图 7-5 中可以看出，沿河水流动方向的溶解氧分布为一悬索型曲线。氧垂曲线的最低点 C 称为临界氧亏点，临界氧亏点的亏氧量称为最大亏氧值。在临界氧亏点左侧，耗氧大于复氧，水中的溶解氧逐渐减少，污染物浓度因生物净化作用而逐渐减少。达到临界氧亏点时，耗氧和复氧取得平衡；临界点右侧，复氧量超过了耗氧量，水中溶解氧逐渐增多，水质逐渐恢复。在临界点，河水的氧亏量最大，且变化速率为零，则由下式可以计算出临界氧亏值：

$$\frac{dD}{dt} = k_1 L - k_2 D = 0 \tag{7-53}$$

由此得

$$D_C = \frac{k_1}{k_2} L_0 \exp(-k_1 t_C) \tag{7-54}$$

式中　D_C ——临界氧亏值，mg/L；

t_C ——由起始点到达临界点的流动时间，d。

临界氧亏发生的时间 t_C 可以由下式计算：

$$t_C = \frac{1}{k_2 - k_1} \ln\left\{\frac{k_2}{k_1}\left[1 - \frac{D_0(k_2 - k_1)}{L_0 k_1}\right]\right\} \tag{7-55}$$

S-P 模型在水质影响预测中有广泛应用，后人在 S-P 模型的基础上，结合河流自净过程中的不同影响因素，提出了一些修正模型。如托马斯(H. Thomas Jr，1937)引入悬浮物沉降作用对 BOD 衰减的影响；奥康纳(D. O'Connor，1961)考虑了含氮污染物的影响。

5. 河流数学模型的选用

河流数学模型众多，在选用模型时应特别注意模型的适用条件和适用范围，模型选用恰当与否，直接影响着预测结果的可信度。在利用数学模式预测河流水质时，应注意河流数学模型的适用条件(表 7-2)。

表 7-2　河流数学模型的适用条件

模型分类	模型空间分类						模型时间分类	
	零维模型	纵向一维模型	河网模型	平面二维	立面二维	三维模型	稳态	非稳态
适用条件	水域基本均匀混合	沿程横断面均匀混合	多条河道相互连通，使得水流运动和污染物交换相互影响的河网地区	垂向均匀混合	垂向分层特征明显	垂向及平面分布差异明显	水流恒定、排污稳定	水流不恒定或排污不稳定

7.2.3　湖泊、水库水质模型

1. 湖泊、水库水文及水质特征

湖泊水库系长期占有陆地封闭洼地的蓄水体，湖泊是天然形成的。水库是以发电、蓄洪、航运、灌溉等为目的而人工拦河筑坝形成的，它们的水流状况类似，水面积一般较大、水流缓慢、换水周期长，水体自净能力较弱，体现出与河流不同的水文、水质特征，主要集中体现在湖泊、水库的水温垂直分层现象和水体的富营养化问题上。

1）湖泊、水库的水温结构特性

湖泊、水库内的水温状况，既受气象的影响，也受湖泊、水库大小、水深、水流缓急状况及水库调度运行的影响。一般情况下，对水深 8 m 以下的浅水湖泊，可将水体看成一个均匀的混合体；当湖泊、水库较深时，则常常存在温度分层现象。

湖泊、水库通过水面与外界之间进行热交换。在夏季，水体表层受热快，水温升高，形成湖泊、水库表温水层，而底层光照少，受热少，水温较低，温水在冷水之上，这种上层暖（轻）、下层冷（重）的密度结构使湖泊、水库形成稳定的水温结构，湖泊、水库的水在垂直方向的密度梯度使上、下水体间很难发生掺渗，形成稳定的温跃层。一般水体在垂直方向从上到下分为三层（见图 7-6）：上部温水层、中部温跃层（又称为斜温层）、底部均温层。在上部温水层中，受风的动力作用，水层混合比较剧烈，导致水温垂向分布均匀化，水温通常较高，因此称为温水层；中部温跃层温度梯度最大，混合能力最弱；底部均温层，通常水温比较低，又称为底部冷水层。

到了秋末冬初，由于气温的下降，湖泊、水库表层水冷却，密度增大，向下沉降，温跃层逐渐消失，湖泊、水库上部形成一个温度均匀的掺混层，其厚度随时间而逐渐增加，当对流现象达到整个水深时，就出现了整个湖泊、水库的水质循环，称为“翻池”。翻池现象有时在春末夏初也可能出现。

2）湖泊、水库水体的富营养化

湖泊、水库除水体入口和出口外，其余均为沿岸带围绕而成，具有较强的封闭性，可认为属于静水环境，水体的大气复氧能力十分有限，水体的富营养化程度成为湖泊、水库水质表征的一项重要指标。

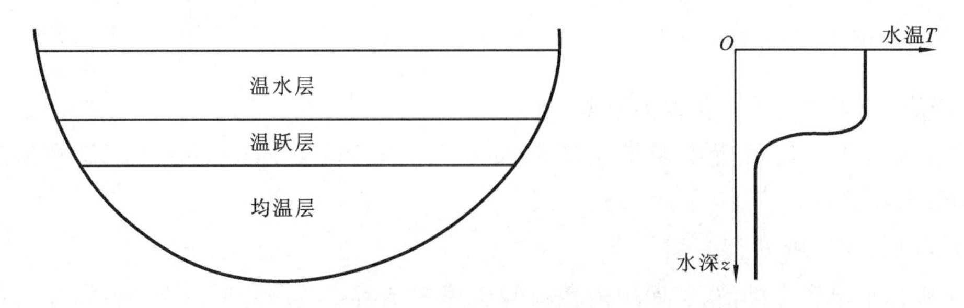

图 7-6　夏季湖泊、水库的水温分层现象

根据湖泊和水库中营养物质含量的高低，可以把它们分为贫营养型和富营养型。贫营养型湖泊、水库中养分少，生物有机体数量不多，生物产量低。反之，富营养型湖泊、水库的养分多，生产率高。湖泊、水库的富营养化就是指湖泊、水库由低浮游生物生产率（贫营养型）转变成高浮游生物生产率（富营养型）的过程。从湖泊、水库的发展历程来看，湖泊、水库从贫营养向富营养过渡是一个正常的过程，在自然状态下，这个过程进展相当缓慢。但人类的活动已大大加速了湖泊、水库富营养化的进程。

湖泊、水库的富营养化好发于夏季，水体的热分层现象促使了水体富营养化的发生。在夏季，光照充足，表层温度高，在有充足物资（营养盐）供应的情况下，水体中藻类的光合作用大大加强，藻类大量繁殖，而且夏季水体的热分层现象也将导致下层水体溶解氧降低，在缺氧状况下底泥中的磷释放，进一步提高水体中磷的含量，加剧水体富营养化的发生。水体富营养化状况在春秋季会得到一定程度的缓解，因为在春秋季，表层水体温度与底层水温逐渐趋向于一致。

2. 湖泊、水库水质模型

1）湖泊、水库完全混合箱式水质模型

对于停留时间很长、水质基本处于稳定状态的中小型湖泊和水库，可以视为一完全混合的反应器，其水质变化可用零维水质模型来描述。设 V 为湖泊、水库的容积；Q 为输入介质流量，同时也是输出介质流量；C_p 为输入介质中污染物浓度；C 为输出介质中污染物浓度，也是反应器中污染物浓度（见图 7-7）；k 为污染物的衰减反应速率。在不考虑污染物的源与汇的情况下，根据质量守恒原理，有

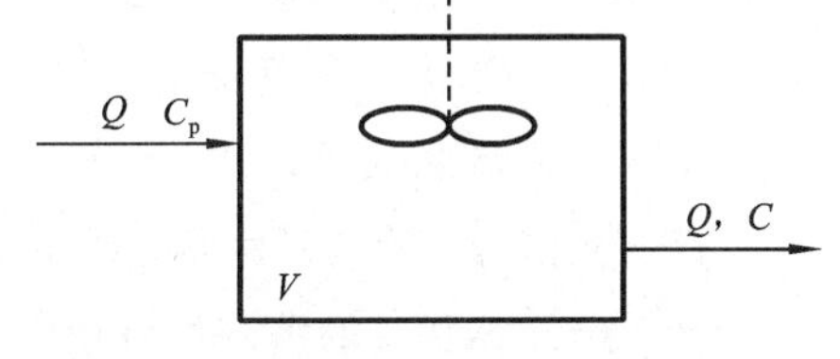

图 7-7　湖泊、水库箱式模型示意图

$$V\frac{\mathrm{d}C}{\mathrm{d}t}=QC_p-QC-kVC \tag{7-56}$$

解得稳态（即 $\frac{\mathrm{d}C}{\mathrm{d}t}=0$）解为

$$C=\frac{QC_p}{Q+kV}=\frac{C_p}{1+\frac{V}{Q}k}=\frac{C_p}{1+t_w k} \tag{7-57}$$

非稳态（即 $\frac{\mathrm{d}C}{\mathrm{d}t}\neq 0$）解为

$$C=\frac{QC_p}{Q+kV}+\frac{kVC_p}{Q+kV}\exp\left[-\left(k+\frac{Q}{V}\right)t\right] \tag{7-58}$$

式中　t——预测时间；

t_w ——理论停留时间，$t_w = \dfrac{V}{Q}$。

2) 湖泊、水库的富营养化预测模型

湖泊、水库营养盐负荷预测模型经典的有沃伦威德(Vollenweider)负荷模型和迪龙(Dillon)负荷模型等。

(1) Vollenweider 负荷模型。

沃伦威德最早提出湖泊、水库中磷负荷与水体中藻类生物量存在一定关系，1976 年提出了营养盐负荷模型，即

$$[P] = \frac{L_p}{q(1+\sqrt{T_R})} \tag{7-59}$$

式中　[P]——磷的年平均浓度，mg/m^3；

L_p ——单位水面面积的年总磷负荷，mg/m^2；

q ——单位水面面积的年入流水量，m^3/m^2；

T_R ——容积与年出流水量的比值，m^3/m^3。

(2) Dillon 负荷模型。

在沃伦威德模型的基础上，Dillon 和 Rigler 收集了南安大约 18 个湖的数据，提出适合估算春季对流期磷的湖内平均浓度的磷负荷模型，即

$$[P] = \frac{L_p T_R(1-\varphi)}{\bar{h}},\quad \varphi = 1 - \frac{q_0\,[P]_0}{\sum_{i=1}^{N} q_i\,[P]_i},\quad \bar{h} = \frac{\bar{V}}{A} \tag{7-60}$$

式中　[P]——春季对流时期磷平均浓度，mg/L；

φ ——磷滞留系数；

q_0 ——湖泊出流水量，m^3/a；

$[P]_0$ ——出流磷浓度，mg/L；

N ——入流源数目；

q_i ——由源 i 的入湖水量，m^3/a；

$[P]_i$ ——入流 i 的磷浓度，mg/L；

$\bar{h}$ ——平均深度，m；

$\bar{V}$ ——湖泊平均蓄水体积，m^3；

A ——湖泊平均水面积，m^2。

Dillon 负荷模型最大的特点在于它引入磷滞留系数 φ，解决了模型中湖库污染物衰减系数 k 难以用实验室测定的问题。

对于湖泊、水库夏季水温分层情况，则需要采用分层箱式水质模型来描述水质的变化趋势。分层箱式水质模型分为夏季模型和冬季模型，夏季模型考虑上、下分层现象，上层和下层各视为完全混合箱体；冬季则整个湖区视为一个箱体。

3. 湖库数学模型的选用

在利用数学模式预测湖库水质时，湖库数学模型的适用条件参见表 7-3。

表 7-3　湖库数学模型的适用条件

模型分类	模型空间分类						模型时间分类	
	零维模型	纵向一维模型	平面二维	垂向一维	立面二维	三维模型	稳态	非稳态
适用条件	水流交换作用较充分、污染物质分布基本均匀	污染物在断面上均匀混合的河道型水库	浅水湖库，垂向分层不明显	深水湖库，水平分布差异不明显，存在垂向分层	深水湖库，横向分布差异不明显，存在垂向分层	垂向及平面分布差异明显	流场恒定、源强稳定	流场不恒定或源强不稳定

7.2.4　水质模型的参数估值

水质模型预测结果的准确性往往依赖于模型中的参数取值，如水质模型中的扩散系数 E_x 和 E_y、河水中 BOD 衰减（耗氧）系数 k_1、河流复氧系数 k_2 等。对模型参数的估值有多种方法。①基于回归拟合的方法包括图解法、一元线性回归分析、多元线性回归分析等。②基于试验或经验的方法：物理意义明确的参数可通过试验测定的方法辅助确定，如耗氧速率等；但对于复杂环境系统的模拟模型，一般很难通过试验测定来确定模型参数，通常采用率定的方式进行参数识别；对于某些参数，特别是一些使用频率很高的参数，人们经过长期研究提出了很多经验公式，这些公式在一定条件下适用。③基于搜索的方法：根据搜索方式的不同，可分为网格法、最优化方法和随机采样方法等。

根据同步估值参数的多少，采用不同的估值方法：对单参数估值，通常采用回归法或试验法；对于多参数最优化估值，通常根据现场实测的水质监测资料，利用最优化方法和计算机技术进行多参数同时估值。

1. 水质模型的单参数估值

1）扩散系数 E_x、E_y 的估值

（1）经验公式。

一个流量恒定、无河湾的顺直河段，如果河流的宽度很大而水深相对较浅，其垂直向扩散系数 E_z、横向扩散系数 E_y、纵向扩散系数 E_x 的表达式分别为

$$E_z = \alpha_z h u^* \tag{7-61}$$

$$E_y = \alpha_y h u^* \tag{7-62}$$

$$E_x = \alpha_x h u^* \tag{7-63}$$

式中　h——平均水深，m；

α_z、α_y、α_x——系数；

u^*——剪切流速（也称为摩阻流速），m/s。

剪切流速的计算公式为

$$u^* = \sqrt{gHI} \tag{7-64}$$

式中　g——重力加速度，m/s²；

I——水力坡度（水面比降）。

在室内实验室测得的 α_z、α_y、α_x 值均偏小，一般不能直接应用于天然河流；在天然河流条件下，取值变动较大。一般河流的 α_z 为 0.067 左右；对于 α_y，费歇尔 (Fischer)总结了许多矩形明渠 α_y 的资料，得出 α_y 为 0.1～0.2，平均为 0.15，有些灌溉渠道达 0.25。根据我国的一些实测数据统计，当 $B/H \leqslant 100$ 时，α_y 的近似计算公式为

$$\alpha_y = 0.058H + 0.0065B \tag{7-65}$$

式中 H ——河流断面平均水深，m；

B ——河流水面宽度，m。

天然河流的 α_x 变化幅度很大，对于河宽为 15～60 m 的河流，α_x 为 14～650(多数在 140～300)。

(2) 示踪试验法。

示踪试验法是向水体中投放示踪物质，追踪测定其浓度变化，据以计算所需要的环境水力学参数的方法。示踪物质有无机盐类(如 NaCl、LiCl 等)、荧光物质(如罗丹明 B 或 W)和放射性同位素等。可以根据水力条件，采用不同的排放方式，应用不同的拟合手段，求出横向扩散系数 E_y、纵向扩散系数 E_x 等。如果按瞬时源方式投放，可应用非线性逼近法求解 E_x；如果按连续源方式投放，可应用矩量改变法计算 E_y 等。有学者通过数学推导，提出通过一次示踪实验同时确定 E_x 和 E_y 的线性回归法。

在河面较宽的顺直河段，对于中心瞬时排放的持久性污染物，其浓度公式可依据式(7-38)写成

$$C(x,y,t) = \frac{W}{4\pi ht\sqrt{E_x E_y}} \exp\left[-\frac{(x-u_x t)^2}{4E_x t} - \frac{(y-u_y t)^2}{4E_y t}\right] \tag{7-66}$$

即对于投放点下游任意固定点 (x,y)，浓度 C 是时间 t 的一元函数，它关于时间 t 的一阶导数为

$$C'_t = C\left[-\frac{1}{t} + \frac{1}{t^2}\left(\frac{x^2}{4E_x} + \frac{y^2}{4E_y}\right) - \left(\frac{u_x^2}{4E_x} + \frac{u_y^2}{4E_y}\right)\right] \tag{7-67}$$

若令：$T = t^2$，$Y = t\left(1 + \frac{tC'_t}{C}\right)$，$A = -\left(\frac{u_x^2}{4E_x} + \frac{u_y^2}{4E_y}\right)$，$B = \frac{x^2}{4E_x} + \frac{y^2}{4E_y}$，则式(7-67)可改写为

$$Y = AT + B \tag{7-68}$$

变量 Y 与变量 T 呈线性关系。

因此，如果在某顺直河段进行河中心排放瞬时源示踪实验中，在投放点下游(x,y)处设站观测，定时采样、分析，则可得到示踪剂浓度随时间变化的实测数列 $\{C(t_1),C(t_2),\cdots,C(t_n)\}$。$C'_t$ 可由差商近似，或者根据一阶导数几何意义直接由浓度随时间变化的 C-t 曲线上量得，从而可以计算每一时刻 t 对应的 Y 和 T 值。于是从示踪实验的实测数列就可得到点列 $\{(T_i,Y_i)\,|\,i=1,2,\cdots,n\}$。假设后者变化规律可以用式(7-68)来拟合，应用一元线性回归方法可求得系数 A 与 B。当河流的平均纵向流速 u_x 和平均横向流速 u_y 为已知时，由方程组

$$\begin{cases} \dfrac{u_x^2}{4E_x} + \dfrac{u_y^2}{4E_y} = -A \\ \dfrac{x^2}{4E_x} + \dfrac{y^2}{4E_y} = B \end{cases} \tag{7-69}$$

可解得 E_x 及 E_y，即

$$\begin{cases} E_x = \dfrac{x^2 u_y^2 - y^2 u_x^2}{4(Ay^2 + Bu_y^2)} \\ E_y = \dfrac{y^2 u_x^2 - x^2 u_y^2}{4(Ax^2 + Bu_x^2)} \end{cases} \tag{7-70}$$

2）耗氧系数 k_1 的估值

（1）实验室测定值修正法。

实验室测定 k_1 的理想方法是用自动 BOD 测定仪，描绘出要研究河段水样的 BOD 历程曲线。在没有自动检测仪时，可将同一种水样分 10 瓶（或更多瓶）放入 20 ℃培养箱培养，分别测定 1～10 d 或更长时间的 BOD 值。

由式(7-50)可知，水体中的 BOD 值 $L = L_0\exp(-k_1 t)$，L_0 为 $t=0$ 时的 BOD，则已降解的 BOD 为

$$y(t) = L_0 - L = L_0[1 - \exp(-k_1 t)]$$

用级数展开，有

$$1 - \exp(-k_1 t) = k_1 t\left[1 - \frac{k_1 t}{2} + \frac{(k_1 t)^2}{6} - \frac{(k_1 t)^3}{24} + \cdots\right]$$

由于

$$k_1 t\left(1 + \frac{k_1 t}{6}\right)^{-3} = k_1 t\left[1 - \frac{k_1 t}{2} + \frac{(k_1 t)^2}{6} - \frac{(k_1 t)^3}{24} + \cdots\right]$$

两式很接近，故可将 $y(t)$ 写成

$$y(t) = L_0 k_1 t\left(1 + \frac{k_1 t}{6}\right)^{-3} \tag{7-71}$$

即

$$\left[\frac{t}{y(t)}\right]^{\frac{1}{3}} = (L_0 k_1)^{-\frac{1}{3}} + \frac{k_1^{\frac{2}{3}}}{6L_a^{\frac{1}{3}}} t$$

令 $a = (L_0 k_1)^{-\frac{1}{3}}$，$b = \dfrac{k_1^{\frac{2}{3}}}{6L_a^{\frac{1}{3}}}$，应用线性回归方法可求得 a、b，进而可求得 k_1 值，即

$$k_1 = 6\frac{b}{a},\quad L_0 = \frac{1}{k_1 a^3} \tag{7-72}$$

一般来说，实验室测定的 k_1 可以直接用于湖泊和水库的模拟。但对于河流中生化降解，实验室测定的 k_1 一般比实际的 k_1 小，因此须做修正。波斯柯(K. Bosko，1966)提出应按河流的水力坡度 I、平均流速 $\overline{u}$ 和水深 h 对实验室测定的 k_1 进行修正，即

$$k_1' = k_1 + (0.11 + 54I)\frac{\overline{u}}{h} \tag{7-73}$$

在实际应用中，k_1' 仍写成 k_1。

（2）两点法。

利用式(7-53)的关系，通过测定河流上、下两断面的 BOD 值求 k_1，则有

$$k_1 = \frac{1}{t}\ln\left(\frac{L_A}{L_B}\right) \tag{7-74}$$

式中　L_A、L_B——河流上游断面 A 和下游断面 B 的 BOD 值；

t——两个断面间的流动时间。

此法应用的条件是：在断面 A 和断面 B 之间无废水和支流流入。这种方法虽简单，但是误差较大。为减少误差，上、下游可多取几个断面，得到几个 k_1，然后取平均值。

3) 复氧系数 k_2 的估值

对于复氧系数 k_2，有许多经验公式，其中以奥康纳-道宾斯(O'Connor-Dobbins，简称欧-道)公式使用得最普遍。

当 $C_z \geqslant 17$ 时，有

$$k_2 = \frac{294\ (D_m u_x)^{0.5}}{h^{1.5}} \tag{7-75}$$

当 $C_z < 17$ 时，有

$$k_2 = \frac{824 D_m^{0.5} I^{0.25}}{h^{1.25}} \tag{7-76}$$

其中

$$C_z = \frac{1}{n} h^{1/6}, \quad D_m = 1.774 \times 10^{-4} \times 1.037^{T-20}$$

式中 u_x ——平均流速；

h ——平均水深；

I ——水力坡度；

C_z ——谢才系数；

D_m ——分子扩散系数；

n ——河床糙率，对于河床为砂质、河床较平整的天然河道，n 值为 0.020～0.024，而对于河床为卵石块、床面不平整的河道，n 值为 0.035～0.040；

T ——水温。

2. 水质模型的多参数同时估值

在没有条件逐项测定模型中的各个参数时，可采用多参数同时估值法。多参数同时估值法是根据实测的水文、水质数据，利用数学上的优化方法，同时确定多个环境水力学参数和模型参数的方法。目前已有很多方法被采用，如最速下降法、计算机扫描计算-图解-梯度搜索法、复合形法、正交优化法、遗传算法、模拟退火算法、参数反演算法等，其中最速下降法是较为常用的方法。该法是从给定初始点出发，在该点的一阶负梯度方向(即该点的目标函数值下降速率最快的方向)，按一定的步长进行搜索。通过点的移动，逐步改善目标函数值并得到新的起点。如此反复迭代计算，直到目标函数值满足预定要求，此时得到的点的数值就是优化估算的参数值。

多参数优化法所需要的数据，因被估值的环境模型系数和水力学参数及采用的数学模型不同而异。采用多参数同时估值法时，往往由于基础的监测数据的不足，所获得的结果可靠性较差。

7.2.5　水质模型的检验

水质模型的检验是指利用与模型参数估值所用数据无关的污染负荷、流量、水温等数据进行水质计算，验证模型计算结果与现场实测数据是否较好的相符。模型的计算结果和试验观测数据之间的吻合程度可以采用图形表示法、相关系数法、相对误差法等方法进行判断。

1. 图形表示法

模型验证最简单的方法是将观测数据 y_i 和模型计算值 y'_i 对应点绘在直角坐标图上。根据给定的误差要求画出一个区域(如图 7-8 所示)，如果模型计算值和观测值很接近，则所有的观测点都应该落在该区域内。用图形表示模型的验证结果非常直观，但由于不能用数值来表示，其结果不便于相互比较。

2. 相关系数法

相关系数 r 是用来度量计算值和观测值的吻合程度的量，即

$$r=\frac{\sum_{i=1}^{n}(y_i-\overline{y})(y_i'-\overline{y_i'})}{\sqrt{\sum_{i=1}^{n}(y_i-\overline{y})^2(y_i'-\overline{y_i'})^2}} \tag{7-77}$$

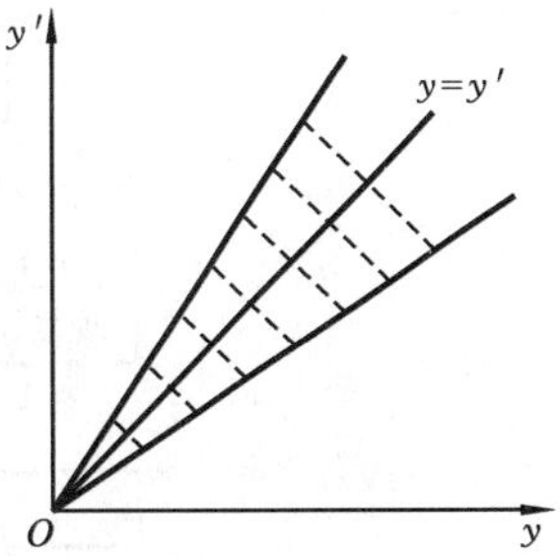

式中 y_i、y_i'——测量值和计算值；

$\overline{y}$、$\overline{y_i'}$——测量值和计算值的平均值。

图 7-8 图形表示法

相关系数 r 越大，相关性越好，当 $r=1$ 时，y_i 与 y_i' 完全线性相关，模型的计算结果和观测值十分吻合；当 $r=0$ 时，y_i 与 y_i' 完全没有相关性，说明建立的模型计算结果不可信。

3. 相对误差法

相对误差 e_i 的定义为

$$e_i=\frac{|y_i-y_i'|}{y_i} \tag{7-78}$$

可通过作图法绘制误差累计频率曲线来求得相对误差 e_i，进而检验模型精度，其步骤如下：

(1) 将 n 组观测值与计算值按 e_i 的定义式来计算，得到 n 个相对误差值 e_i；

(2) 将这 n 个误差值从小到大排列，以求得小于某一误差值的误差出现频率，以及累计频率为10%、50%、90%的误差；

(3) 分析这三个误差值，检验模型的精确度。

一般认为这种表达方法在上、下区界(10%、90%)附近的统计分布很差，因此通常采用中值误差(累计频率为50%)作为衡量模型精确度的度量。如果中值误差不大于10%，则认为模型的精确度可以满足要求。中值误差的数值可按下式计算：

$$e_{0.5}=0.6745\sqrt{\frac{\sum_{i=1}^{n}\left(\frac{y_i-y_i'}{y_i}\right)^2}{n-1}} \tag{7-79}$$

7.3 地表水环境影响评价

7.3.1 地表水环境影响评价工作程序与评价工作等级

1. 地表水环境影响评价的技术工作程序

地表水环境影响评价的工作程序一般分为三个阶段。整个工作程序详见图7-9。

第一阶段，研究有关文件，进行工程方案和环境影响的初步分析，开展区域环境状况的初步调查，明确水环境功能区或水功能区管理要求，识别主要环境影响，确定评价类别。根据不同评价类别进一步筛选评价因子，确定评价等级与评价范围，明确评价标准、评价重点和水环境保护目标。

第二阶段，根据评价类别、评价等级及评价范围等，开展与地表水环境影响评价相关的污染源、水环境质量现状、水文水资源与水环境保护目标调查与评价，必要时开展补充监测；选择适合的预测模型，开展地表水环境影响预测评价，分析与评价建设项目对地表水环境质量、水

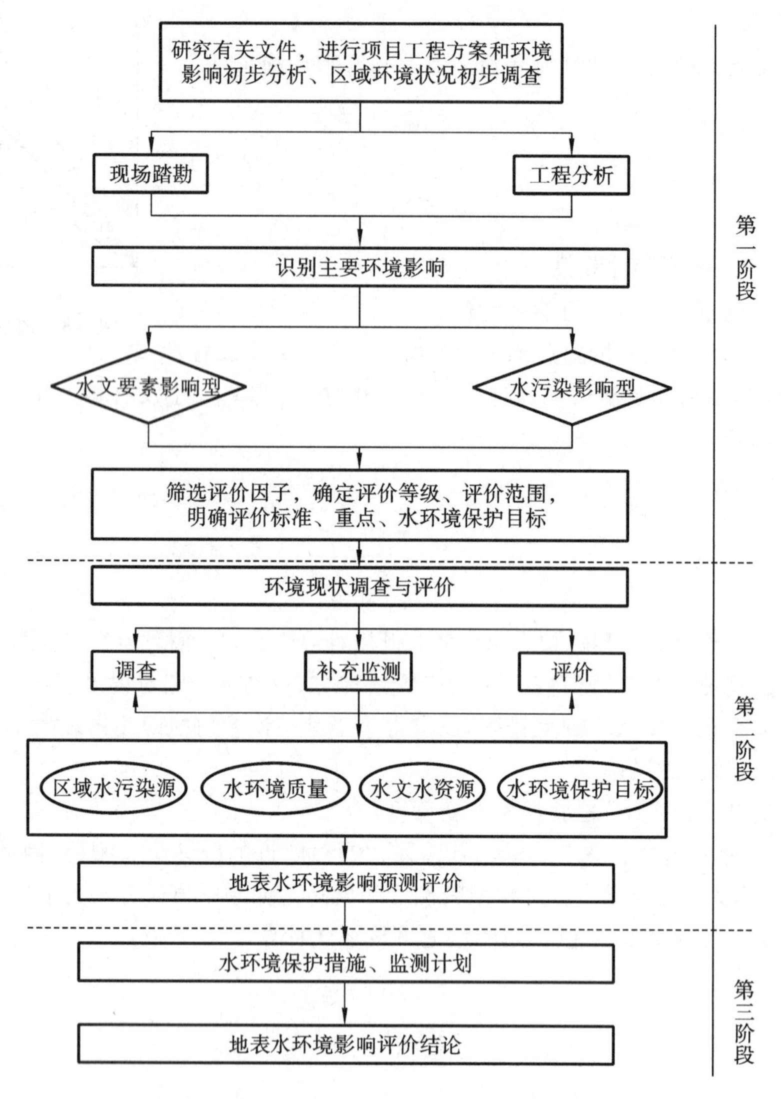

图 7-9　地表水环境影响评价的工作程序

文要素及水环境保护目标的影响范围与程度，在此基础上核算建设项目的污染源排放量、生态流量等。

第三阶段，根据建设项目地表水环境影响预测与评价的结果，制定地表水环境保护措施，开展地表水环境保护措施的有效性评价，编制地表水环境监测计划，给出建设项目污染物排放清单和地表水环境影响评价的结论，完成环境影响评价文件的编写。

2. 地表水环境影响评价等级划分

《环境影响评价技术导则　地表水环境》(HJ 2.3)将建设项目地表水环境影响评价等级按照影响类型、排放方式、排放量或影响情况、受纳水体环境质量现状、水环境保护目标等综合确定。

水污染影响型建设项目根据排放方式和废水排放量划分评价等级，见表 7-4。其中，直接排放建设项目评价等级分为一级、二级和三级 A，根据废水排放量、水污染物污染当量数确定。间接排放建设项目评价等级为三级 B。

表 7-4　水污染影响型建设项目环境影响评价分级判据

评价等级	判定依据	
	排放方式	废水排放量 Q/(m^3/d)、水污染物当量数 W(无量纲)
一级	直接排放	$Q \geqslant 20\ 000$ 或 $W \geqslant 600\ 000$
二级	直接排放	其他
三级 A	直接排放	$Q < 200$ 且 $W < 6\ 000$
三级 B	间接排放	

注　①水污染物当量数等于该污染物的年排放量除以该污染物的污染当量值(见表 7-5 至表 7-8),计算排放污染物的污染物当量数时,应区分第一类水污染物和其他类水污染物,统计第一类污染物当量数总和,然后与其他类污染物按照污染物当量数从大到小排序,取最大当量数作为建设项目评价等级确定的依据。

②废水排放量按行业排放标准中规定的废水种类统计,没有相关行业排放标准要求的通过工程分析合理确定,应统计含热量大的冷却水的排放量,可不统计间接冷却水、循环水以及其他含污染物极少的清净下水的排放量。

③厂区存在堆积物(露天堆放的原料、燃料、废渣等以及垃圾堆放场)、降尘污染的,应将初期雨污水纳入废水排放量,相应的主要污染物纳入水污染当量计算。

④建设项目直接排放第一类污染物的,其评价等级为一级;建设项目直接排放的污染物为受纳水体超标因子的,评价等级不低于二级。

⑤直接排放受纳水体影响范围涉及饮用水水源保护区、饮用水取水口、重点保护与珍稀水生生物的栖息地、重要水生生物的自然产卵场等保护目标时,评价等级不低于二级。

⑥建设项目向河流、湖库排放温排水引起受纳水体水温变化超过水环境质量标准要求,且评价范围有水温敏感目标时,评价等级为一级。

⑦建设项目利用海水作为调节温度介质,排水量 $\geqslant 5.00 \times 10^6\ m^3/d$ 时,评价等级为一级;排水量 $< 5.00 \times 10^6\ m^3/d$ 时,评价等级为二级。

⑧仅涉及清净下水排放的,如其排放水质满足受纳水体水环境质量标准要求,则评价等级为三级 A。

⑨依托现有排放口且对外环境未新增排放污染物的直接排放建设项目,评价等级参照间接排放,定为三级 B。

⑩建设项目生产工艺中有废水产生,但作为回水利用,不排放到外环境的,按三级 B 评价。

水污染物的污染当量值包括第一类水污染物、第二类水污染物当量值,一些相对特殊的水污染物如 pH 值、色度、大肠菌群数、余氯量等的污染当量值,此外,还包括无法进行实际监测或者物料衡算的禽畜养殖业、小型企业和第三产业等小型排污者的水污染物污染当量。具体见表 7-5 至表 7-8。

表 7-5　第一类水污染物污染当量值

污染物	污染当量值/kg	污染物	污染当量值/kg
总汞	0.000 5	总铅	0.025
总镉	0.005	总镍	0.025
总铬	0.04	苯并[a]芘	0.000 000 3
六价铬	0.02	总铍	0.01
总砷	0.02	总银	0.02

表 7-6 第二类水污染物污染当量值

污 染 物	污染当量值/kg	污 染 物	污染当量值/kg
悬浮物(SS)	4	五氯酚及五氯酚钠(以五氯酚计)	0.25
生化需氧量(BOD_5)	0.5	三氯甲烷	0.04
化学需氧量(COD_{Cr})	1	可吸附有机卤化物(AOX)(以 Cl 计)	0.25
总有机碳(TOC)	0.49	四氯化碳	0.04
石油类	0.1	三氯乙烯	0.04
动植物油	0.16	四氯乙烯	0.04
挥发酚	0.08	苯	0.02
总氰化物	0.05	甲苯	0.02
硫化物	0.125	乙苯	0.02
氨氮	0.8	邻二甲苯	0.02
氟化物	0.5	对二甲苯	0.02
甲醛	0.125	间二甲苯	0.02
苯胺类	0.2	氯苯	0.02
硝基苯类	0.2	邻二氯苯	0.02
阴离子表面活性剂(LAS)	0.2	对二氯苯	0.02
总铜	0.1	对硝基氯苯	0.02
总锌	0.2	2,4-二硝基氯苯	0.02
总锰	0.2	苯酚	0.02
彩色显影剂(CD-2)	0.2	间甲酚	0.02
总磷	0.25	2,4-二氯酚	0.02
单质磷(以 P 计)	0.05	2,4,6-三氯酚	0.02
有机磷农药(以 P 计)	0.05	邻苯二甲酸二丁酯	0.02
乐果	0.05	邻苯二甲酸二辛酯	0.02
甲基对硫磷	0.05	丙烯腈	0.125
马拉硫磷	0.05	总硒	0.02
对硫磷	0.05		

表 7-7　pH 值、色度、大肠菌群数、余氯量水污染物污染当量值

污染物		污染当量值	备注
pH 值	0～1,13～14	0.06 t 污水	pH 值 5～6 指 5≤pH<6,其余类推
	1～2,12～13	0.125 t 污水	
	2～3,11～12	0.25 t 污水	
	3～4,10～11	0.5 t 污水	
	4～5,9～10	1 t 污水	
	5～6	5 t 污水	
色度		5 t(水)·倍	
大肠菌群数(超标)		3.3 t 污水	
余氯量(用氯消毒的医院废水)		3.3 t 污水	

表 7-8　禽畜养殖业、小型企业和第三产业水污染物污染当量值

类型		污染当量值
禽畜养殖场	牛	0.1 头
	猪	1 头
	鸡、鸭等家禽	30 羽
小型企业		1.8 t 污水
餐饮娱乐服务业		0.5 t 污水
医院	消毒	0.14 床
		2.8 t 污水
	不消毒	0.07 床
		1.4 t 污水

水文要素影响型建设项目评价等级划分根据水温、径流与受影响地表水域等三类水文要素的影响程度进行判定,见表 7-9。

表 7-9　水文要素影响型建设项目评价等级判定

评价等级	水温	径流		受影响地表水域		
	年径流量与总库容之比 $\alpha/(\%)$	兴利库容与年径流量之比 $\beta/(\%)$	取水量与多年平均径流量之比 $\gamma/(\%)$	工程垂直投影面积及外扩范围 A_1/km^2；工程扰动水底面积 A_2/km^2；过水断面宽度占用比例或占用水域面积比例 $R/(\%)$		工程垂直投影面积及外扩范围 A_1/km^2；工程扰动水底面积 A_2/km^2
				河流	湖库	入海河口、近岸海域
一级	$\alpha\leqslant10$ 或稳定分层	$\beta\geqslant20$ 或完全年调节与多年调节	$\gamma\geqslant30$	$A_1\geqslant0.3$ 或 $A_2\geqslant1.5$ 或 $R\geqslant10$	$A_1\geqslant0.3$ 或 $A_2\geqslant1.5$ 或 $R\geqslant20$	$A_1\geqslant0.5$ 或 $A_2\geqslant3$

续表

<table>
<tr><td rowspan="3">评价等级</td><td>水温</td><td colspan="2">径流</td><td colspan="3">受影响地表水域</td></tr>
<tr><td rowspan="2">年径流量与总库容之比 $\alpha/(\%)$</td><td rowspan="2">兴利库容与年径流量之比 $\beta/(\%)$</td><td rowspan="2">取水量与多年平均径流量之比 $\gamma/(\%)$</td><td colspan="2">工程垂直投影面积及外扩范围 A_1/km^2；
工程扰动水底面积 A_2/km^2；
过水断面宽度占用比例或占用水域面积比例 $R/(\%)$</td><td>工程垂直投影面积及外扩范围 A_1/km^2；工程扰动水底面积 A_2/km^2</td></tr>
<tr><td>河流</td><td>湖库</td><td>入海河口、近岸海域</td></tr>
<tr><td>二级</td><td>$20>\alpha>10$
或不稳定分层</td><td>$20>\beta>2$
或季调节与不完全年调节</td><td>$30>\gamma>10$</td><td>$0.3>A_1>0.05$
或 $1.5>A_2>0.2$
或 $10>R>5$</td><td>$0.3>A_1>0.05$
或 $1.5>A_2>0.2$
或 $20>R>5$</td><td>$0.5>A_1>0.15$
或 $3>A_2>0.5$</td></tr>
<tr><td>三级</td><td>$\alpha\geqslant 20$
或混合型</td><td>$\beta\leqslant 2$
或无调节</td><td>$\gamma\leqslant 10$</td><td>$A_1\leqslant 0.05$
或 $A_2\leqslant 0.2$
或 $R\leqslant 5$</td><td>$A_1\leqslant 0.05$
或 $A_2\leqslant 0.2$
或 $R\leqslant 5$</td><td>$A_1\leqslant 0.15$
或 $A_2\leqslant 0.5$</td></tr>
</table>

注　①影响范围涉及饮用水水源保护区、重点保护与珍稀水生生物的栖息地、重要水生生物的自然产卵场、自然保护区等保护目标时，评价等级应不低于二级。

②跨流域调水、引水式电站、可能受到河流感潮河段影响时，评价等级不低于二级。

③造成入海河口(湾口)宽度束窄(束窄尺度达到原宽度的5%以上)时，评价等级应不低于二级。

④对不透水的单方向建筑尺度较长的水工建筑物(如防波堤、导流堤等)，其与潮流或水流主流向切线垂直方向投影长度大于2 km时，评价等级应不低于二级。

⑤允许在一类海域建设的项目，评价等级为一级。

⑥同时存在多个水文要素影响的建设项目，分别判定各水文要素影响评价等级，并取其中最高等级作为水文要素影响型建设项目评价等级。

7.3.2　地表水环境影响评价方法

水环境影响评价是在工程分析和影响预测的基础上，以法规、标准为依据，判断拟建项目运行后对纳污水体的影响程度是否超出了可接受水平。确定其评价范围的原则与环境现状调查相同。影响评价的方法在原则上应与现状评价的方法相配套，可以采用单项水质参数评价方法或多项水质参数综合评价方法。但特别要提醒注意的是，当预测值未包括环境质量现状值(背景值)时，评价时注意应叠加环境质量现状值。

单项水质参数评价方法有标准指数法和自净利用指数法。一般情况下，采用标准指数法进行单项水质参数评价。规划中几个建设项目在一定时期(如五年)内兴建并且根据同一地表水环境排污的情况可以采用自净利用指数进行单项水质参数评价。当环境现状已经超标时，采用标准指数法进行评价。标准指数法见现状评价章节。

自净利用指数法是在标准指数法的基础上考虑自净能力允许利用率 λ。自净能力允许利用率 λ 根据当地水环境自净能力的大小、现在和将来的排污状况及建设项目的重要性等因素决定，并应征得有关单位同意。位于地表水环境中点 j 的污染物 i，它的自净利用指数 $p_{i,j}$ 为

$$p_{i,j}=\frac{C_{i,j}-C_{\mathrm{h}j,j}}{\lambda(C_{si}-C_{\mathrm{h}i,j})} \tag{7-80}$$

式中　$C_{i,j}$ ——污染物 i 在预测点 j 的预测浓度值(已经叠加上本底)；

$C_{hi,j}$ ——污染物 i 在点 j 的现状监测值；

C_{si} ——水质评价标准。

DO 的自净利用指数为

$$p_{DO,j} = \frac{DO_{hj} - DO_j}{\lambda(DO_{hj} - DO_s)} \tag{7-81}$$

pH 的自净利用指数根据污染物酸碱性有所不同。

当排入酸性污染物时,有

$$p_{pH,j} = \frac{pH_{hj} - pH_j}{\lambda(pH_{hj} - pH_{sd})} \tag{7-82}$$

当排入碱性污染物时,有

$$p_{pH,j} = \frac{pH_j - pH_{hj}}{\lambda(pH_{su} - pH_{hj})} \tag{7-83}$$

式中　h——环境现状；

s——环境标准；

pH_{sd}——地面水水质标准中规定的 pH 值下限；

pH_{su}——地面水水质标准中规定的 pH 值上限。

当 $p_{i,j} \leqslant 1$ 时,说明污染物 i 在点 j 利用的自净能力没有超过允许的比例;否则说明超过允许利用的比例,此时应对拟建项目的生产工艺、水污染防治与废水排放方案等提出意见,提出避免、消除和减少水体影响的措施、对策和建议。

7.4　地下水环境影响预测评价

建设项目地下水环境影响评价是建设项目环境影响评价的有机组成部分。凡以地下水作为供水水源或对地下水环境可能产生明显影响的建设项目,均应开展地下水环境影响评价工作。其基本任务是:预测和评价建设项目实施过程中对地下水环境可能造成的直接影响和间接危害(包括地下水污染、地下水流场或地下水水位变化),并针对这种影响和危害提出防治对策,预防与控制地下水环境恶化,保护地下水环境,为建设项目选址决策、工程设计和环境管理提供科学依据。

7.4.1　地下水的赋存形式及污染

1. 地下水的赋存形式及性质

地下水是指存在于地表以下岩土的孔隙、裂隙和洞穴中的水。地表以下含水的岩土可分为两个带,上部为包气带,也称为非饱和带,岩土的空隙中除水以外还包含空气;下部为饱水带,也称为饱和带,岩土的空隙被水充满。狭义的地下水是指饱水带中的水。饱水带中的水能从地下汲出为人类所利用,是一种宝贵的天然资源,常见的有泉水和井水。

根据不同的分类方式,地下水有不同的赋存形式。

(1) 根据来源,地下水可分为:由大气降水和地表水渗入地下而形成的渗入水;由大气中的水汽进入岩土空隙冷凝而成的凝结水;在沉积岩沉积过程中生成的埋藏水;由岩浆在冷凝过程中析出的水汽凝结而成的初生水和某些矿物(如石膏、芒硝等)所含的结晶水在高温、高压下脱出而生成的脱出水。

(2) 根据受引力作用的条件不同,可分为结合水、毛细管水和重力水。结合水又分吸湿水(吸着水)和薄膜水。

(3) 根据埋藏条件的不同,可分为包气带水、潜水和承压水。包气带水是指潜水面以上包气带中所存在的水。其存在形式有吸湿水、薄膜水、毛细管水、气态水和暂时的渗入重力水。存在于包气带上部土壤层中的水称为土壤水。季节性地存在于包气带中的局部隔水层以上的水称为上层滞水。潜水是地表以下第一个稳定隔水层上面具有自由表面的重力水,它主要的补给来源是降水和地表水的渗入。承压水是充满于上、下两个隔水层之间的含水层中的地下水,它承受一定的压力,当钻孔打穿上覆隔水层时,水能从钻孔内上升到一定的高度。

(4) 根据含水空隙的类型,可分为孔隙水、裂隙水和岩溶水(喀斯特水)。孔隙水是指存在于岩石孔隙中的地下水,如松散的砂层、砾石层和砂岩中的地下水。裂隙水是存在于坚硬岩石的风化裂隙、构造裂隙、成岩裂隙中的水及某些黏土裂隙中的水。岩溶水是指存在于可溶性岩石(石灰岩、白云岩等)的溶孔、溶洞和溶蚀裂隙中的地下水。

地下水的运动一般按流线形态分为层流与紊流。当水在岩土空隙中渗流时,水的质点有秩序地、互不混杂地流动,称为层流运动。绝大多数天然地下水的运动都属层流运动。水的质点无秩序的、互相混杂的流动,称为紊流运动。在宽大的空隙(大的溶洞、宽大的裂隙和卵砾石的大空隙)中,如果水的流速较高,则易呈紊流运动。按运动要素(水位、流速等)是否随时间变化,地下水运动分为稳定流和非稳定流。当运动要素不随时间变化时,地下水的运动称为稳定流,否则为非稳定流。天然地下水流多数为非稳定流。

2. 地下水污染

地下水是一种宝贵的天然资源,据估算,全世界的地下水总量多达 1.5×10^{8} km^{3},几乎占地球总水量的十分之一。然而由于人类的活动,许多城市市区的地下水受到了严重污染。

地下水污染主要是指人类活动引起地下水化学成分、物理性质和生物学特性发生改变而使质量下降的现象。由于矿体、矿化地层及其他自然因素引起地下水某些组分富集或贫化的现象,称为“矿化”或“异常”,一般不属于“地下水污染”范畴。

地下水污染方式可分为直接污染和间接污染两种。直接污染的特点是污染物直接进入含水层,在污染过程中,污染物的性质不变,这是对地下水污染的主要方式。间接污染的特点是,地下水污染并非是由于污染物直接进入含水层引起的,而是由于污染物作用于其他物质,使这些物质中的某些成分进入地下水造成的。例如,由于污染引起的地下水硬度的增加、溶解氧的减少等。间接污染过程复杂,污染原因易被掩盖,要查清污染来源和途径较为困难。

地下水污染途径是多种多样的,大致可归为四类。①间歇入渗型。大气降水或其他灌溉水使污染物随水通过非饱水带,周期地渗入含水层,主要是污染潜水。淋滤固体废物堆引起的污染即属此类。②连续入渗型。污染物随水不断地渗入含水层,主要也是污染潜水。废水聚集地段(如废水渠、废水池、废水渗井等)和受污染的地表水体连续渗漏造成地下水污染即属此类。③越流型。污染物通过越流的方式从已受污染的含水层(或天然咸水层)转移到未受污染的含水层(或天然淡水层)。污染物或者是通过整个层间,或者是通过地层间的天窗,或者是通过破损的井管,污染潜水和承压水。如地下水的开采改变了越流方向,使已受污染的潜水进入未受污染的承压水。④径流型。污染物通过地下径流进入含水层,污染潜水或承压水。如污染物通过地下岩溶孔道进入含水层即为径流型污染。

地表以下地层复杂,地下水流动极其缓慢,因此,地下水污染具有过程缓慢、不易发现和难以治理的特点。地下水一旦受到污染，即使彻底消除其污染源，也得十几年甚至几十年才能使水质复原。至于要进行人工的地下含水层的更新，问题就更复杂了。

7.4.2　地下水环境影响评价工作程序与评价工作等级

1. 地下水环境影响评价工作程序

地下水环境影响评价工作可划分为准备阶段、现状调查与评价阶段、影响预测与评价阶段以及结论阶段。

各阶段主要工作内容如下。

(1) 准备阶段：搜集和分析国家和地方有关地下水环境保护的法律、法规、政策、标准及相关规划等资料；了解建设项目工程概况，进行初步工程分析，识别建设项目对地下水环境可能产生的直接影响；开展现场踏勘工作，识别地下水环境敏感程度；确定评价工作等级、评价范围、评价重点。

(2) 现状调查与评价阶段：开展现场调查、勘探、地下水监测、取样、分析、室内外试验和室内资料分析等工作，进行现状评价。

(3) 影响预测与评价阶段：进行地下水环境影响预测，依据国家、地方有关地下水环境的法规及标准，评价建设项目对地下水环境的直接影响。

(4) 结论阶段：综合分析各阶段成果，提出地下水环境保护措施与防控措施，制定地下水环境影响跟踪监测计划，完成地下水环境影响评价。

2. 地下水环境影响评价工作等级

评价工作等级的划分应依据建设项目行业分类和地下水环境敏感程度分级进行，可划分为一级、二级、三级。

(1) 敏感程度分级。

建设项目的地下水环境敏感程度可分为敏感、较敏感和不敏感三级，分级原则见表7-10。

表7-10　地下水环境敏感程度分级

敏感程度	地下水环境敏感特征
敏感	集中式饮用水水源(包括已建成的在用、备用、应急水源，在建和规划的饮用水水源)准保护区；除集中式饮用水水源以外的国家或地方政府设定的与地下水环境相关的其他保护区，如热水、矿泉水、温泉等特殊地下水资源保护区
较敏感	集中式饮用水水源(包括已建成的在用、备用、应急水源，在建和规划的饮用水水源)准保护区以外的补给径流区；未划定准保护区的集中式饮用水水源，其保护区以外的补给径流区；分散式饮用水水源地；特殊地下水资源(如矿泉水、温泉等)保护区以外的分布区等其他未列入上述敏感分级的环境敏感区
不敏感	上述地区之外的地区

注　"环境敏感区"是指《建设项目环境影响评价分类管理名录》中所界定的涉及地下水的环境敏感区。

(2) 建设项目分类。

建设项目的分类主要依据项目的行业类别(表7-11)和环境影响评价类别来进行，建设项目地下水环境影响评价项目类别分为四类：Ⅰ类、Ⅱ类、Ⅲ类、Ⅳ类。

表 7-11　地下水环境影响评价行业分类(节选)

行业类别	环境影响评价类别		地下水环境影响评价项目类别	
	报告书	报告表	报告书	报告表
A 水利				
1. 水库	①库容 $1.0\times10^7\ m^3$ 及以上;②涉及环境敏感区的	其他	Ⅲ类	Ⅳ类
2. 灌区工程	①新建 5 万亩及以上;②改造 30 万亩及以上	其他	再生水灌溉工程为Ⅲ类,其余为Ⅳ类	Ⅳ类
3. 引水工程	①跨流域调水;②大中型河流引水;③小型河流年总引水量占天然年径流量的 1/4 及以上;④涉及环境敏感区的	其他	Ⅲ类	Ⅳ类
4. 防洪治涝工程	新建大中型	其他	Ⅲ类	Ⅳ类
5. 河湖整治工程	涉及环境敏感区的	其他	Ⅲ类	Ⅳ类
6. 地下水开采工程	①日取水量 $1.0\times10^4\ m^3$ 及以上;②涉及环境敏感区的	其他	Ⅲ类	Ⅳ类
B 农、林、牧、渔、海洋				
7. 农业垦殖	①5000 亩及以上;②涉及环境敏感区的	其他	Ⅳ类	Ⅳ类
8. 农田改造项目		涉及环境敏感区的		Ⅳ类
9. 农产品基地项目		涉及环境敏感区的		Ⅳ类
10. 农业转基因项目、物种引进项目	全部		Ⅳ类	

注　1 亩=667 平方米。

(3) 评价工作等级的划分。

根据不同类型建设项目对地下水环境影响程度与范围的大小,地下水环境影响评价工作分为一级、二级、三级。建设项目地下水环境影响评价工作等级划分见表 7-12。

表 7-12　地下水环境影响评价工作等级划分

环境敏感程度	Ⅰ类项目	Ⅱ类项目	Ⅲ类项目
敏感	一	一	二
较敏感	一	二	三
不敏感	二	三	三

建设项目地下水环境影响评价工作等级划分还需要考虑以下几点。

①对于利用废弃盐岩矿井洞穴或人工专制盐岩洞穴、废弃矿井巷道加水幕系统、人工硬岩洞库加水幕系统，地质条件较好的含水层储油、枯竭的油气层储油等形式的地下储油库，危险废物填埋场应进行一级评价，不按表 7-9 划分评价工作等级。

②当同一建设项目涉及两个或两个以上场地时，各场地应分别判定评价工作等级，并按相应等级开展评价工作。

③线性工程根据所涉地下水环境敏感程度和主要站场位置(如输油站、泵站、加油站、机务段、服务站等)进行分段判定评价等级，并按相应等级分别开展评价工作。

3. 地下水环境影响评价要求

地下水环境影响评价应充分利用已有资料和数据。当已有资料和数据不能满足评价要求时，应开展相应评价等级要求的补充调查，必要时进行勘察试验。不同等级的地下水影响评价要求深浅有别。

(1) 一级评价要求。

①详细掌握调查评价区环境水文地质条件，主要包括含(隔)水层结构及分布特征、地下水补径排条件、地下水流场、地下水动态变化特征、各含水层之间以及地表水与地下水之间的水力联系等，详细掌握调查评价区内地下水开发利用现状与规划。

②开展地下水环境现状监测，详细掌握调查评价区地下水环境质量现状和地下水动态监测信息，进行地下水环境现状评价。

③基本查清场地环境水文地质条件，有针对性地开展现场勘察试验，确定场地包气带特征及其防污性能。

④采用数值法进行地下水环境影响预测，对于不宜概化为等效多孔介质的地区，可根据自身特点选择适宜的预测方法。

⑤预测评价应结合相应环保措施，针对可能的污染情景，预测污染物运移趋势，评价建设项目对地下水环境保护目标的影响。

⑥根据预测评价结果和场地包气带特征及其防污性能，提出切实可行的地下水环境保护措施与地下水环境影响跟踪监测计划，制定应急预案。

(2) 二级评价要求。

①基本掌握调查评价区的环境水文地质条件，主要包括含(隔)水层结构及其分布特征、地下水补径排条件、地下水流场等。了解调查评价区地下水开发利用现状与规划。

②开展地下水环境现状监测，基本掌握调查评价区地下水环境质量现状，进行地下水环境现状评价。

③根据场地环境水文地质条件的掌握情况，有针对性地补充必要的现场勘察试验。

④根据建设项目特征、水文地质条件及资料掌握情况，选用数值法或解析法进行影响预测，预测污染物运移趋势和对地下水环境保护目标的影响。

⑤提出切实可行的环境保护措施与地下水环境影响跟踪监测计划。

(3) 三级评价要求。

①了解调查评价区和场地环境水文地质条件。

②基本掌握调查评价区的地下水补径排条件和地下水环境质量现状。

③采用解析法或类比分析法进行地下水影响分析与评价。

④提出切实可行的环境保护措施与地下水环境影响跟踪监测计划。

(4) 其他技术要求。

①一级评价要求场地环境水文地质资料的调查精度不低于 1∶10 000 比例尺,评价区的环境水文地质资料的调查精度不低于 1∶50 000 比例尺。

②二级评价要求环境水文地质资料的调查精度能够清晰反映建设项目与环境敏感区、地下水环境保护目标的位置关系,并根据建设项目特点和水文地质条件复杂程度确定调查精度,一般以不低于 1∶50 000 比例尺为宜。

7.4.3 地下水环境影响预测与评价

1. 地下水环境影响预测

(1) 预测范围。

地下水环境影响预测范围一般与调查评价范围一致。预测层位应以潜水含水层或污染物直接进入的含水层为主,兼顾与其水力联系密切且具有饮用水开发利用价值的含水层。当建设项目场地天然包气带垂向渗透系数小于 1×10^{-6} cm/s 或厚度超过 100 m 时,预测范围应扩展至包气带。

(2) 预测时段。

地下水环境影响预测时段应选取可能产生地下水污染的关键时段,至少包括污染发生后 100 d、1 000 d,服务年限或能反映特征因子迁移规律的其他重要的时间节点。

(3) 情景设置。

在一般情况下,须对建设项目正常状况和非正常状况的情景分别进行预测。

已依据《生活垃圾填埋污染控制标准》(GB 16889)、《危险废物贮存污染控制标准》(GB 18597)、《危险废物填埋污染控制标准》(GB 18598)、《一般工业固体废物贮存、处置场污染控制标准》(GB 18599)、《石油化工工程防渗技术规范》(GB/T 50934)设计地下水污染防渗措施的建设项目,可不进行正常状况情景下的预测。

(4) 预测因子。

预测因子应包括以下几种:

①将特征因子按照重金属、持久性有机污染物和其他类别进行分类,并对每一类别中的各项因子采用标准指数法进行排序,分别取标准指数最大的因子作为预测因子;

②现有工程已经产生的且改、扩建后将继续产生的特征因子,改、扩建后新增加的特征因子;

③污染场地已查明的主要污染物;

④国家或地方要求控制的污染物。

(5) 预测源强。

地下水环境影响预测源强的确定应充分结合工程分析。正常状况下,预测源强应结合建设项目工程分析和相关设计规范确定;非正常状况下,预测源强可根据工艺设备或地下水环境保护措施系统老化或腐蚀程度等设定。

(6) 预测方法。

建设项目地下水环境影响预测方法包括数学模型法和类比分析法。其中,数学模型法包括数值法、解析法等。预测方法的选取应根据建设项目工程特征、水文地质条件及资料掌握程度来确定,当数值法不适用时,可用解析法或其他方法预测。在一般情况下,一级评价应采用数值法,不宜概化为等效多孔介质的地区除外;二级评价中水文地质条件复杂且适宜采用数值法时，优先采用数值法；三级评价可采用解析法或类比分析法。

(7) 预测内容。

建设项目地下水环境影响预测内容应包含以下几个方面：

①特征因子不同时段的影响范围、程度，最大迁移距离；

②预测期内场地边界或地下水环境保护目标处特征因子随时间的变化规律；

③当建设项目场地天然包气带垂向渗透系数小于 1×10^{-6} cm/s 或厚度超过 100 m 时，须考虑包气带阻滞作用，预测特征因子在包气带中的迁移；

④污染场地修复治理工程项目应给出污染物变化趋势或污染控制的范围。

2. 地下水环境影响评价

(1) 评价原则。

评价应以地下水环境现状调查和地下水环境影响预测结果为依据，对建设项目各实施阶段(建设期、运营期及服务期满后)不同环节及不同污染防控措施下的地下水环境影响进行评价。地下水环境影响预测未包括环境质量现状值时，应叠加环境质量现状值后再进行评价。应评价建设项目对地下水水质的直接影响，重点评价建设项目对地下水环境保护目标的影响。

(2) 评价方法。

采用标准指数法对建设项目地下水水质影响进行评价。对属于《地下水质量标准》水质指标的评价因子，应按其规定的水质分类标准值进行评价；对于不属于《地下水质量标准》水质指标的评价因子，可参照国家(行业、地方)相关标准的水质标准值进行评价。

(3) 评价结论。

评价建设项目对地下水水质影响时，可采用以下判据评价水质能否满足标准的要求。

①以下情况应得出可以满足标准要求的结论：

a. 建设项目各个不同阶段，除场界内小范围以外地区，均能满足《地下水质量标准》或国家(行业、地方)相关标准要求的；

b. 在建设项目实施的某个阶段，有个别评价因子出现较大范围超标，但采取环保措施后，可满足《地下水质量标准》或国家(行业、地方)相关标准要求的。

②以下情况应得出不能满足标准要求的结论：

a. 新建项目排放的主要污染物，改、扩建项目已经排放的及将要排放的主要污染物在评价范围内地下水中已经超标的；

b. 环保措施在技术上不可行，或在经济上明显不合理的。

7.5　水环境污染防治对策

水环境影响评价的目的就是根据水环境预测与评价的结果，分析论证建设项目在拟采取的水环境保护措施下污水达标排放、满足环境质量要求的可行性，提出避免、消除和减少水体影响的防治措施，并根据国家和地方总量控制要求、区域总量控制的实际情况及建设项目主要污染物排放指标分析情况，提出污染物排放总量控制指标和满足指标要求的环境保护措施。

就污染防治对策而言，从“源头控制”污染物的产生是水污染防治的最根本措施。其次是就项目内部和受纳水体的污染控制方案的改进提出有效的建议，加强“末端治理”。一般水环境污染防治对策包括污染消减和环境管理措施两部分。污染消减措施尽量做到具体、可行，以便对建设项目的环境工程设计起到指导作用；环境管理措施则包括环境监测制度设置、环境管理机构设置等。

这就需要不仅从项目角度着眼提出工业用水的污染治理措施,还必须从区域高度着眼提出水污染综合防治措施。

7.5.1　工业常用的水污染消减措施

(1) 推行节约用水和废水再用,减少新鲜水用量,大力提倡和加强废水回用;清污分流,一水多用,结合项目特点改善工艺流程或者对排放的废水采用适宜的处理措施,提高水的循环利用率,以削减废水产生量。

(2) 改进污水处理工艺,提倡污水集中处理。对达不到污染控制目标的水处理方法应提出改进措施,使污水做到达标排放。有条件的地方,提倡污水集中治理,污水纳入当地污水处理厂进行统一处理后外排。

(3) 加强非点源污染的控制和管理。对堆积型面源,如原料、燃料和废渣堆放场要选择地势适宜的场地,并采取防雨防渗措施,减少冲刷流失。在项目建设期间因为清理场地和基坑开挖、堆土造成的裸土层,应就地建设雨水拦蓄池和种植速生植被(如杜英、毛红椿、光皮桦、速生桉、意白杨、拐枣等),以减少沉积物进入地表水体。使用农用化学品的项目,可以从安排好化学品施用时间、施用强度、施用范围等方面着手,将因土壤侵蚀而进入水体的化学品减至最少。

(4) 不断加强吸收新的污染处理工艺和手段。现代科学技术的高速发展,使许多新型、高效的水治理手段不断涌现,应积极吸收新技术、新方法,提高水污染控制水平。如目前流行的利用人工湿地控制非点源污染(包括营养物、农药和沉积物污染等控制)的技术,人工湿地具有氮去除效果好、耐冲击负荷能力强、投资低和生态环境友好等优点。精心设计,合理运行人工湿地,能有效地改善湿地中的氮水平,为水污染控制,特别是水体的富营养化营养因子的控制提供新的思路。

7.5.2　环境管理措施

有效的管理是减少污染物产生的重要手段。水环境影响评价中应提出拟建项目建设期和投入运行后的环境监测方案和管理措施,环境监测方案应具体、明确,如监测点位的设置、监测项目的选择、监测频率的确定等。环境管理方案应切实可行,包括环境管理机构的设置、管理人员的配置、管理人员的责任,以及污染事故的报告制度等。

如果建设项目排污过于靠近特殊保护水域,即使采用某些治理措施仍难避免其有害影响,则应根据具体情况提出替代方案,如改变排污口位置、压缩排污量以及重新选址等。

7.5.3　污染物排放总量控制

科学利用水环境容量,结合调整工业布局和下水管网建设,优化排污口分布,合理分配污染负荷,综合防治,整体优化,这就需要技术措施和管理措施的结合。我国将主要污染物排放总量显著减少作为经济社会发展的约束性指标,着力解决突出的环境问题。自“九五”开始,各时期水总量控制目标如下:

(1) “九五”期间,全国水污染物排放总量控制因子包括化学需氧量、石油类、氰化物、砷、汞、铅、镉、六价铬等 8 项指标,控制目标为到 2000 年主要污染物排放总量“冻结”在 1995 年的水平,确保环境污染加剧的趋势得到基本控制;

(2) “十五”期间,水污染物总量控制目标为到 2005 年化学需氧量、氨氮排放量比 2000 年减少 10%，化学需氧量排放量控制在 1.3×10^7 t，氨氮排放量控制在 1.65×10^6 t，工业废水中重金属、氰化物、石油类等污染物得到有效控制；

（3）“十一五”期间，水污染物总量控制指标为化学需氧量，控制目标为到 2010 年全国化学需氧量排放总量比 2005 年减少 10%，由 1.414×10^7 t 减少到 1.273×10^7 t；

（4）“十二五”期间，水污染物总量控制指标为化学需氧量和氨氮，控制目标为到 2015 年全国化学需氧量、氨氮的排放总量分别比 2010 年减少 8%和 10%，即化学需氧量由 2.5517×10^7 t 减少到 2.3476×10^7 t，氨氮由 2.644×10^6 t 减少到 2.380×10^6 t。

正是由于国家对环境保护工作的高度重视，将其作为贯彻落实科学发展观的重要内容，近年来，污染治理设施快速发展，让江河湖泊休养生息全面推进，重点流域、区域污染防治不断深化，环境质量有所改善。截至 2018 年，全国地表水国控断面水质优于Ⅲ类的比重提高到 71.0%。总量控制作为水环境污染综合防治的重要手段，在水环境保护中发挥了重要作用。

另一方面，总量控制并不意味着对经济发展的限制。在水环境总量控制的流域，可以通过排污权交易保持排污总量不增长。排污权交易实质上是一种通过合理设计的所有权分配来校正环境污染行为的思想，或者说是一种利用市场来达到污染治理责任成本效率分配的机制。它在控制环境污染方面兼有环境质量保障和成本效率的特点，成为总量控制目标下最具潜力的环境政策。根据总量控制的要求，环保部门给排污单位颁发排污许可证，排污单位必须按排污许可证的要求排放。由于经济的不断发展，排污单位及其排污情况会发生变化，从而对排污许可证的需求也会发生变化。排污权交易正是为了满足排污单位的这一要求而产生的。

7.6 水环境影响评价案例分析

7.6.1 项目概况

青州造纸厂是我国大中型制浆造纸企业之一，位于福建省三明市沙县青州镇沙县与沙溪口水电站大坝之间，建于三面环山一面临水的小盆地上，沙溪经厂区穿过。企业于 1994 年扩建 15 万吨/年本色浆工程，增建漂白浆系统，扩建工程建于老厂区的北面，与老厂区隔沙溪相望，自成系统。该项目排放的污水含有大量有机污染物（见表 7-13）。扩建前，老厂区的污水未经处理直接排入库区；扩建后，扩建工程与老厂区的污水一并通过一级和二级处理。二级处理率：BOD_5 为 75%，COD_{Cr} 为 40%，SS 为 70%。一级处理率：BOD_5 为 10%，COD_{Cr} 为 20%，SS 为 70%。经处理后排放的废水仍对纳污水体沙溪河道水库有一定的影响。

表 7-13　项目污水排放源源强表

项　目	水量/(m^3/d)	处理前排放量/(t/d)			处理后排放量/(t/d)			备　注
		BOD_5	COD_{Cr}	SS	BOD_5	COD_{Cr}	SS	
老厂区	57 020	8.253	22.98	4.22	2.355	14.03	1.318	已投产
扩建工程	51 000	17	65.5	14.5	5.55	40.8	4.35	未投产
合　计	108 020	25.253	88.48	18.72	8.905	54.83	5.668	

该厂位于沙溪青州段水汾头附近，扩建项目排污口位于水汾头大桥附近沙溪左岸。沙溪

青州段既是青州造纸厂的纳污库区段又是沙溪口水电站库区影响的淹没河段。沙溪口建有电站,水电站库区形成Y形河道式水库(见图7-10)。根据1992年10月24—26日、11月25—28日实地勘测枯水期水文资料,青州造纸厂排污口至沙溪口水电站大坝前约长13 km,青州造纸厂排污口至富屯溪与沙溪汇合口长约7 km(称为第一河段),平均水面宽度为280 m,平均水深为15 m。自双溪汇合口至电站大坝前沿长约6 km(称为第二河段),平均水面宽为326 m,平均水深约21 m。在电站未建成之前,沙溪青州段水流湍急,据花竹水文站(测沙溪和富屯溪汇流后的西溪)监测资料,该河段年平均流量为778 m^3/s,年径流总量为2.45×10^{10} m^3,实测最大日平均流量为11 800 m^3/s,实测最小流量为96.0 m^3/s。而沙溪水文特征根据沙县(石桥)水文站资料为:年平均流量为297 m^3/s,年径流总量为9.37×10^9 m^3,实测最大日平均流量为6 440 m^3/s,实测最小流量为32.4 m^3/s。

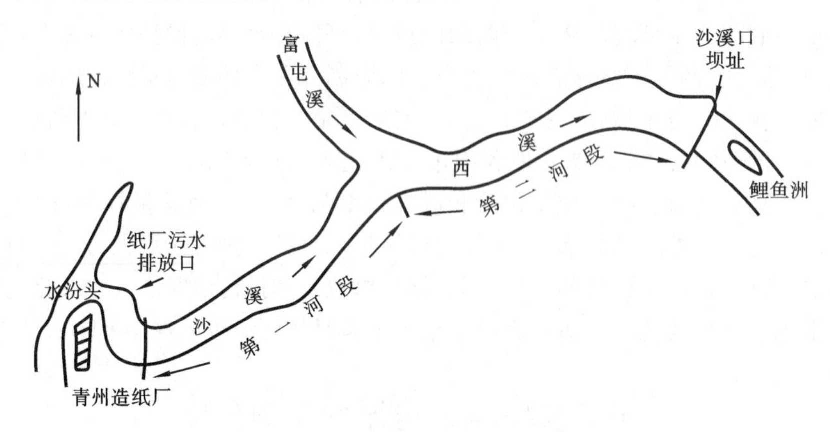

图7-10 项目纳污水体示意图

沙溪口电站水库属日调节性河道式水库。库容较小,在正常设计88.0 m水位(黄零)下,库容仅为1.54×10^8 m^3。库区河段流速大小不仅与上游来水量有关,还与电站运行方式下泄流量大小有关。在枯水期,上游来水较汛期稳定,流速大小与电站运行方式下泄流量大小关系较大。据枯水期实测资料,第一河段平均流速为0.037~0.062 m/s,第二河段平均流速为0.069~0.091 m/s。据分析,在枯水期如果电站一台机组运行,第一河段平均流速为0.033 m/s,第二河段平均流速约为0.069 m/s。如果电站两台机组运行,第一河段平均流速为0.066 m/s,第二河段平均流速约为0.091 m/s。除库区水深和流速变化外,其他水文特征值与天然河流相比没有明显突出的变化,库区水深、流速等水文特征值见表7-14。

表7-14 沙溪口水库区水文特征值

库 区 段	库区宽度/m	库区流量/(m^3/s)	平均水深/m	平均流速/(m/s)
青州造纸厂至沙溪口	320	98.6	18.2	0.021
沙溪口至花竹(西溪)	406	530	21.2	0.040

根据环保局的要求,青州造纸厂至沙溪口混合段水质要求达到《地表水环境质量标准》(GB 3838—2002)Ⅳ类,西溪要达到Ⅲ类水质要求。

两期(平水期、枯水期)的水质调查结果表明,沙溪口电站库区水质石油类超标严重,部分断面平水期DO超标、个别断面在枯水期NO_2-N超标外,其他评价指标(BOD_5、COD_{Cr}、挥发酚等)均符合标准要求。

7.6.2　评价等级的确定

该项目为水污染影响型建设项目，根据项目的具体情况，预测因子选用为 COD_{Cr}。根据地表水评价等级分析判据，本项目污水直接排放，污水排放量为 108 020 m^3/d，大于 20 000 m^3/d，因此地表水环境影响评价等级为一级。

7.6.3　水环境影响预测

1. 废水排放源源强

由于老厂区已投入生产，其污染贡献已体现在库区河段水质本底中，因此主要预测扩建工程投产后，COD_{Cr} 对沙溪口电站库区河段的影响。事故排放源源强见表 7-15。

2. 水环境影响预测模型选择

沙溪口水电站库区呈 Y 形，由于富屯溪汇入库区流量较大，因此受青州造纸厂污染的水域主要是沙溪自青州造纸厂排污口至电站大坝前沿 13 km 长的库区河段。虽然第二河段比第一河段深、宽，但两河段的共同特点是河宽、水深、流速较慢。因此，我们认为污染物在库区河段混合输移过程中，浓度横向分布是不均匀的，库区河段水质模拟宜采用二维水质模型（式(7-39)）进行。

3. 模型参数的识别

1）横向扩散参数 E_y 和纵向扩散参数 E_x

对于横向扩散参数 E_y 和纵向扩散参数 E_x，可通过现场示踪试验，运用相应数学手段获得。

课题组于 1992 年 11 月 25—26 日在沙溪口水电站库区第一河段进行两次玫瑰精投放实验。第一次采用连续点源的投放方式，投放时间 6 h，实验时，正值水电站仅开 1 台机组，河水平均流速仅为 0.033 m/s。设 5 个采样断面，每个断面设 9 个采样点，同步采样 5 次，共取得 225 个数据，在实验基础上，确定出河段横向扩散参数 E_y =0.013 3 m^2/s。

第二次示踪试验采用瞬时源投放方式，试验时水电站 2 台机组运行，河水平均流速为 0.059 m/s。设 3 个采样断面，每个断面设 3 个采样点，由 9 条船进行定点采样，每隔 5 min 采样一次，共取得 267 个数据，应用非线性逼近法确定此时河段纵向扩散参数 E_x =0.054 3 m^2/s。

由于库区河段水文特征、水力参数随电站运行情况不同，变化甚大，在试验基础上，根据库区河段水文特征变化规律，依据一定的公式，从理论上推导出在水电站各种运行情况下相应的混合输移参数，见表 7-15。

表 7-15　电站不同运行情形混合输移参数估值

机组运行台数	第一河段			第二河段		
	流速 u/(m/s)	横向扩散参数 E_y/(m^2/s)	纵向扩散参数 E_x/(m^2/s)	流速 u/(m/s)	横向扩散参数 E_y/(m^2/s)	纵向扩散参数 E_x/(m^2/s)
1 台	0.033	0.013 3	0.023 7	0.069	0.027 8	0.104
2 台	0.066	0.026 6	0.094 6	0.091	0.036 7	0.18
7 台	0.231	0.093 1	1.15	0.26	0.105	1.47

2）COD_{Cr} 衰减系数 k

COD_{Cr} 衰减系数 k，利用二维扩散方程相应的有限元线性方程组和沙溪口电站库区河段

COD_{Cr}现状监测值,用逐步调试方法求得。第一河段、第二河段枯水期 $k=0.2\ d^{-1}$,平水期 $k=0.3\ d^{-1}$。

4. 水环境影响预测结果及分析

采用有限元法解二维扩散方程。有限元法的基本步骤可分为以下几个步骤。

(1) 预测河段有限单元的划分:每一河段都沿河流流向分为互相平行的 m 个流带,垂直河流流向分为 n 个区段,这样两个预测河段均分割为 $m\times n$ 个有限单元。

(2) 预测方程组的建立:采用微元分析法,根据每一单元内部质量平衡关系,建立微分方程。

(3) 确定边界条件。

(4) 求解顺序:首先求解第一河段方程组,然后确定第二河段起始边界浓度,而后解第二河段对应方程组,最后可求得整个库区河段所有单元污染物浓度(增量)预测值。

1) 正常排放下影响分析

当上游来水稳定时,沙溪口水电站库区河段的流量和流速,主要由电站工作状态决定。枯水季节一般是 1 台或 2 台机组发电,库区河段河水流速较小。因此主要分析不利情况,即枯水季节,开 1 台机组的情况下,未来沙溪口库区河段 COD_{Cr}分布情况。

从计算结果可以看出,金沙断面(距排放口约 3.5 km)COD_{Cr}最大浓度增量为 10.185 mg/L,断面平均浓度增量为 2.529 mg/L,叠加本底 10.76 mg/L,则断面平均浓度为 13.29 mg/L,没有超过Ⅲ类水质标准,但靠左岸两个流带局部水域超过Ⅳ类水质标准。沙溪口断面(离排放口约 7 km)COD_{Cr}最大浓度增量为 5.42 mg/L,断面平均浓度增量为 1.885 mg/L,叠加本底 10.14 mg/L,则断面平均浓度为 12.02 mg/L,没有超过Ⅲ类水质标准。随着距排放口距离增大,影响降低,到大坝前沿,最大浓度增量已降至 2.18 mg/L,断面平均浓度增量为0.84 mg/L,对下游影响已经很小。当开 2 台机组时,流速增加近 1 倍,混合扩散能力加强,污染程度更小。

枯水期、平水期在电站不同工作情况下 COD_{Cr}浓度分布见表 7-16 和表 7-17。总之,青州造纸厂扩建工程投产后,未来库区段影响较大的是排放口至沙溪金沙断面靠左岸部分流带,金沙断面以下水域 COD_{Cr}平均浓度均符合Ⅲ类水质要求。

表 7-16 未来库区河段若干断面 COD_{Cr}浓度分布(枯水期)

断 面	距排放口距离/km	本底浓度/(mg/L)	浓度增量预测值/(mg/L)			浓度分布值/(mg/L)		
			1 台机组	2 台机组	7 台机组	1 台机组	2 台机组	7 台机组
金沙	3.5	10.76 (14.65)	2.529 (10.185)	1.329 (5.371)	0.394 (1.587)	13.29 (24.84)	12.04 (20.38)	11.15 (16.24)
沙溪口	7	10.14 (12.44)	1.885 (5.419)	1.040 (2.998)	0.320 (0.913)	12.02 (18.86)	11.18 (15.44)	10.46 (13.35)
新花竹	11	9.44 (11.41)	0.869 (2.600)	0.488 (1.467)	0.154 (0.498)	10.31 (14.01)	9.93 (12.87)	9.59 (11.87)
电站大坝	13	9.61 (10.67)	0.84 (2.184)	0.486 (1.235)	0.151 (0.391)	10.45 (12.85)	10.10 (11.91)	9.76 (11.06)

注 ①COD_{Cr}Ⅲ类水质标准为 20 mg/L。

②表中括号中数据为断面最大浓度值。

表 7-17　未来库区河段若干断面 COD_{Cr} 浓度分布(平水期)

断　面	距排放口距离/km	本底浓度/(mg/L)	浓度增量预测值/(mg/L)			浓度分布值/(mg/L)		
			1 台机组	2 台机组	7 台机组	1 台机组	2 台机组	7 台机组
金沙	3.5	9.61 (13.36)	2.529 (10.185)	1.329 (5.371)	0.394 (1.587)	12.14 (23.55)	10.94 (18.73)	10.04 (14.95)
沙溪口	7	8.91 (10.81)	1.885 (5.419)	1.040 (2.998)	0.320 (0.913)	9.80 (16.23)	8.95 (13.81)	8.23 (11.72)
新花竹	11	6.26 (9.82)	0.869 (2.600)	0.488 (1.467)	0.154 (0.498)	8.13 (12.42)	6.75 (11.29)	6.41 (10.24)
电站大坝	13	8.04 (10.90)	0.84 (2.184)	0.486 (1.235)	0.151 (0.391)	8.88 (13.08)	8.53 (12.14)	8.19 (11.29)

2) 事故影响分析

根据工厂污染物排放数据,新系统连成之后,若污水处理设备发生故障,污染物没经过处理直接排入库区,其 COD_{Cr} 排放量为 65.5 t/d(758.1 g/s)。按此排放量计算,开 1 台机组时沙溪口的 COD_{Cr} 的浓度值最高达 23.66 mg/L,已超过国家Ⅳ类水质标准。特别是第一河段的前面 3.5 km 处,COD_{Cr} 的最大增量已超过 21 mg/L,加上本底值达 35.75 mg/L,大大超过国家Ⅴ类水质标准,即造成从工厂的污染物排放口至沙溪口(第一河段)严重污染。预测结果见表 7-18。

表 7-18　事故排放第一河段主要断面 COD_{Cr} 浓度预测结果

断　面	距排放口距离/km	本底浓度/(mg/L)	浓度增量预测值/(mg/L)	浓度分布值/(mg/L)
金沙	3.5	10.76 (14.65)	5.24 (21.1)	16.0 (35.75)
沙溪口	7	10.14 (12.44)	3.90 (11.22)	14.04 (23.66)

注　① COD_{Cr} 水质标准为Ⅲ类 20 mg/L,Ⅳ类 30 mg/L,Ⅴ类 40 mg/L。
②表中括号中的数据为断面最大浓度值。

习　题

1. 试述污染物进入水体后发生的主要迁移、转化过程。
2. 水环境影响预测方法主要有哪些?
3. 一条河流可简化为一维均匀的流态。设初始断面的苯酚浓度为 40 μg/L,纵向扩散系数 $E_x=2.5\ m^2/s$,衰减系数 $k=0.2\ d^{-1}$,河流断面平均流速 $u_x=0.6$ m/s。试求以下三种条件下在下游 1 000 m 处的苯酚浓度:
   (1) 一般的解析解;
   (2) 忽视扩散作用时的解;
   (3) 当不考虑污染物衰减(即 $k=0$)时的解。
4. 某一河段,河水流量 $Q_h=6.0\ m^3/s$,河流 BOD_5 为 6.16 mg/L,河面宽 $B=50.0$ m,平均水深 $H=1.2$ m,河水平均流速 $u_x=0.1$ m/s,水力坡度 $I=0.9‰$。河流某一断面处有一岸边污水排放口稳定地向河流排放污水,其污水流量 $Q_p=19\ 440\ m^3/d$,污染物 BOD_5 为 81.4 mg/L,河流的 BOD_5 衰减系数 $k=0.3\ d^{-1}$,试计算混合过程段(污染带)长度。如果忽略污染物质在该段内的降解和沿程河流水量的变化,在距完全混合断面 10 km 的下游某断面处,污水中的 BOD_5 是多少?

5. 某一热电站位于某一工业园区,厂区西隔一道路与河流 A(Ⅲ类水体,多年平均流量 16.6 m^3/s)相邻,北接河流 B(主要功能为灌溉),东面为规划工业用地。热电站设计规模为 130 t/h 锅炉 2 台、25 MW 汽轮发电机组 1 台,采用循环流化床锅炉,汽轮机组为抽汽凝汽式。厂区采用直流供水系统,取水自西侧河流 A(河流 B 为备用水源),排水入西侧河流 A;直流循环水(温排水)排放量约为 5 930 m^3/d,经预测,温排水造成河流 A 周平均温升为 2.2 ℃;一般废水排放量为 449 t/d,COD_{Cr} 为 210 mg/s,处理达标后由厂内总排放口排入西侧河流 A。试判断该项目地表水环境评价等级。

第8章　声环境影响预测与评价

8.1　声环境影响评价概述

8.1.1　噪声源及其分类

通俗地讲，噪声就是在人们生活、学习和工作时所不需要的声音。物理学上它是指无规律的声波信号。但是从环境角度来看，噪声与人们所处的环境和主观感觉反应有着密切的关系。例如，在休闲的时候，音乐对人们是一种美好的享受，但如果它影响到人们的工作、睡眠、谈话和思考则成为一种噪声。

产生噪声的声源称为噪声源，噪声源有以下几种分类方法。

(1) 按照噪声产生的机理，可以分为机械噪声、空气动力噪声和电磁噪声三大类。机械设备在运转时，部件之间的相互撞击摩擦产生交变作用力，使得设备结构和运动部件发生振动产生的噪声称为机械噪声。空气压缩机、鼓风机等设备运转时，叶片高速旋转使得叶片两侧空气产生压力突变，以及气流经过进、排气口时激发声波产生的噪声，称为空气动力噪声。电动机、变压器等设备运行时，交替变化的电磁场引起金属部件与空气间隙周期性振动产生的噪声，称为电磁噪声。

(2) 按照噪声随时间的变化关系，可以分为稳态噪声和非稳态噪声两大类。稳态噪声的强度不随时间变化，非稳态噪声的强度随时间变化。

(3) 按照与人们日常活动的关系，可以分为工业生产噪声、建筑施工噪声、交通工具噪声、日常活动噪声等。工业噪声调查表明，电子工业和一般轻工业产生的噪声为 90 dB，纺织工业的噪声为 90～106 dB，机械工业的噪声为 80～120 dB，大型鼓风机、凿岩机等产生的噪声都在 120 dB 以上。同时建筑内各种设施及人群活动产生的生活噪声也是不可忽视的噪声源。

8.1.2　噪声的产生及传播途径

声音是由物体振动引起的，物体振动通过在介质中传播所引起人耳或其他接收器的反应，就是声。噪声是声的一种，它具有声波的一切特性，噪声的产生主要来源于物体(固体、液体、气体)的振动。

物体振动产生的声能，通过周围介质向外界传播，并且被感受目标所接收，所以在声学中把声源、介质、接收器称为声音的三要素。

传播途径是指噪声源所发出的声波传播到某区域(或接受者)所经过的路线。声波在传播过程中由于传播距离、地形变化、建筑物、树丛草坪、围墙等的影响使声能量明显衰减或者改变传播方向。

8.1.3　声环境影响评价相关标准

声环境影响评价相关标准如下：

(1)《声环境质量标准》(GB 3096—2008)；

(2)《机场周围飞机噪声环境标准》(GB 9660—1988);

(3)《工业企业厂界环境噪声排放标准》(GB 12348—2008);

(4)《社会生活环境噪声排放标准》(GB 22337—2008);

(5)《建筑施工场界环境噪声排放标准》(GB 12523—2011);

(6)《铁路边界噪声限值及其测量方法》(GB 12525—1990,2008 年 7 月 30 日发布修改方案,自 2008 年 10 月 1 日实施)。

8.2 噪声的衰减和反射效应

8.2.1 噪声衰减计算式

噪声在从声源传播到受声点的过程中,会受到传播发散、空气吸收、障碍物的反射和阻挡等因素的影响,使其产生衰减。

噪声影响评价针对不同对象,采用不同的噪声评价量,其噪声衰减计算采用不同的公式,常用的有以下两种。

1. 计算倍频带衰减

现场监测用 22~707 Hz 间的 5 个倍频带中心频率 31.5 Hz、63 Hz、125 Hz、250 Hz、500 Hz,所取得的倍频带数据以 L_{oct} 表示,可采用式(8-1)计算倍频带声压级衰减变化。常用于噪声户外传播声级衰减。计算分如下两步。

(1) 计算预测点的倍频带声压级:

$$L_{oct(r)} = L_{oct_{ref}(r_0)} - (A_{oct_{div}} + A_{oct_{bar}} + A_{oct_{atm}} + A_{oct_{exc}}) \tag{8-1}$$

式中 $L_{oct(r)}$ ——距声源 r 处的倍频带声压级;

$L_{oct_{ref}(r_0)}$ ——参考位置 r_0 处的倍频带声压级;

$A_{oct_{div}}$ ——声波几何发散引起的衰减量;

$A_{oct_{bar}}$ ——声屏障引起的衰减量;

$A_{oct_{atm}}$ ——空气吸收引起的衰减量;

$A_{oct_{exc}}$ ——附加衰减量。

(2) 根据各倍频带声压级合成计算出预测点的 A 声级:设各个倍频带声压级为 L_{pi},$L_{pi} = L_{oct(r)}$,则 A 声级为

$$L_A = 10\lg\left[\sum_{i=1}^{n} 10^{0.1(L_{pi}-\Delta L_i)}\right] \tag{8-2}$$

式中 L_i——第 i 个倍频带的 A 计权网络修正值(见表 8-1),dB;

n——总倍频带数。

表 8-1 A 计权网络修正值

频率/Hz	63	125	250	500	1 000	2 000	4 000	8 000	16 000
ΔL_i/dB	−26.2	−16.1	−8.6	−3.2	0	1.2	1.0	−1.1	−6.6

2. 计算 A 声级衰减

常用于各种噪声的预测计算,即

$$L_{A(r)} = L_{A_{ref}(r_0)} - (A_{div} + A_{bar} + A_{atm} + A_{exc}) \tag{8-3}$$

式中　$L_{A(r)}$ ——距声源 r 处的 A 声级；
$L_{A_{ref}(r_0)}$ ——参考位置 r_0 处的 A 声级；
A_{div} ——声波几何发散引起的 A 声级的衰减量；
A_{bar} ——声屏障引起的 A 声级衰减量；
A_{atm} ——空气吸收引起的 A 声级衰减量；
A_{exc} ——附加衰减量。

8.2.2　噪声随传播距离的衰减

噪声在传播过程中由于距离的增加而引起的发散衰减与噪声固有的频率无关。

1. 点声源随传播距离的增加引起的衰减

$$\Delta L_1 = 10\lg \frac{1}{4\pi r^2} \tag{8-4}$$

式中　ΔL_1 ——距离增加产生的衰减值，dB；
r ——点声源至受声点的距离，m；

在距离点声源 r_1 处至 r_2 处的衰减值为

$$\Delta L_1 = 20\lg \frac{r_1}{r_2} \tag{8-5}$$

当 $r_2 = 2r_1$ 时，$\Delta L_1 = -6$ dB，即点声源传播距离增加 1 倍，衰减 6 dB。

2. 线声源随传播距离的增加引起的衰减

$$\Delta L_1 = 10\lg \frac{1}{2\pi rl} \tag{8-6}$$

式中　ΔL_1 ——距离增加产生的衰减值，dB；
r ——线声源至受声点的距离，m；
l ——线声源的长度，m。

当 $\frac{r}{l} < \frac{1}{10}$ 时，可视为无限长线声源。此时，在距离线声源 r_1 处至 r_2 处的衰减值为

$$\Delta L_1 = 10\lg \frac{r_1}{r_2}$$

当 $r_2 = 2r_1$ 时，$\Delta L_1 = -3$ dB，即线声源传播距离增加 1 倍，衰减 3 dB。

当 $\frac{r}{l} > 1$ 时，可视为点声源。

3. 面声源随传播距离的增加引起的衰减

设面声源短边是 a，长边是 b，随着距离的增加，其衰减值与距离 r 的关系如下：

当 $r < \frac{a}{\pi}$ 时，在 r 处，$\Delta L_1 = 0$；

当 $\frac{b}{\pi} \geqslant r \geqslant \frac{a}{\pi}$ 时，在 r 处，距离 r 每增加 1 倍，ΔL_1 为 $-3 \sim 0$ dB；

当 $b \geqslant r > \frac{b}{\pi}$ 时，在 r 处，距离 r 每增加 1 倍，ΔL_1 为 $-6 \sim -3$ dB；

当 $r > b$ 时，在 r 处，距离 r 每增加 1 倍，ΔL_1 为 -6 dB。

8.2.3　空气吸收衰减

空气吸收声波会引起声衰减，空气吸收的衰减值与声波频率、大气压、温度、湿度有关，可

由下列公式计算：

$$\Delta L_2 = \alpha_0 r \tag{8-7}$$

式中 ΔL_2——空气吸收造成的衰减值,dB；

α_0——空气吸声系数,无量纲；

r——声波传播距离,m。

当 $r<200$ m 时,ΔL_2 近似为零。

在实际评价中,为了简化计算手续,又常把距离衰减和空气吸收衰减两项合并,并用下列公式计算(声源位于硬平面上)：

$$\Delta L_2 = 20\lg r + 6 \times 10^{-6} fr + 8 \tag{8-8}$$

式中 f——噪声的倍频带几何平均频率,Hz；

r——噪声源与受声点的距离,m；

$6 \times 10^{-6} fr$——由空气吸收而引起的衰减值,dB。

8.2.4 声屏障引起的衰减

1. 墙壁屏障效应

室内混响对建筑物的墙壁隔声影响十分明显,其总隔声量 TL 可用下列公式进行计算：

$$\mathrm{TL} = L_{p_1} - L_{p_2} + 10\lg\left(\frac{1}{4} + \frac{S}{A}\right) \tag{8-9}$$

所以,受墙壁阻挡的噪声衰减值为

$$\Delta L_3 = \mathrm{TL} - 10\lg\left(\frac{1}{4} + \frac{S}{A}\right) \tag{8-10}$$

式中 ΔL_3——墙壁阻隔产生的衰减值,dB；

L_{p_1}——室内混响噪声级,dB；

L_{p_2}——室外 1 m 处的噪声级,dB；

S——墙壁的阻挡面积,m^2；

A——受声室内吸声量,m^2；

若用不同类型的门窗组合墙时,则总隔声量应按下列公式计算：

$$\mathrm{TL} = 10\lg \frac{1}{\bar{\tau}} \tag{8-11}$$

$$\bar{\tau} = \frac{1}{S}\sum_{i=1}^{n}\tau_i S_i = \frac{\tau_1 S_1 + \tau_1 S_1 + \cdots + \tau_n S_n}{S_1 + S_2 + \cdots + S_n} \tag{8-12}$$

式中 $\bar{\tau}$——组合墙的平均透射系数,无量纲；

S——组合墙的总表面积,m^2,墙壁、门、窗的透射系数分别为 $\tau_{墙} = 5 \times 10^{-5}$,$\tau_{门} = 10 \times 10^{-2}$,$\tau_{窗} = 3.7 \times 10^{-2}$ 。

2. 户外建筑物的声屏障效应

对铁路列车、公路上的汽车,在近场条件下,可当作无限长线声源处理;当预测点与声屏障的距离远小于声屏障的长度时,屏障可当作无限长处理。声屏障的隔声效应与声源和接收点及屏障的位置、屏障高和屏障长度及结构性质有关。可根据它们之间的距离、声音的频率(一般铁路和公路的屏障用频率 500 Hz)算出菲涅耳数 N,然后,从图 8-1 曲线查出相对应的衰减值,声屏障衰减最大不超过 24 dB。菲涅耳数 N 的计算式为

$$N=\frac{2(A+B-d)}{\lambda} \tag{8-13}$$

式中　A——声源与屏障顶端的距离，m；

B——接收点与屏障顶端的距离，m；

d——声源与接收点间的距离，m；

λ——波长，m。

上述各表示距离的参数如图 8-2 所示。

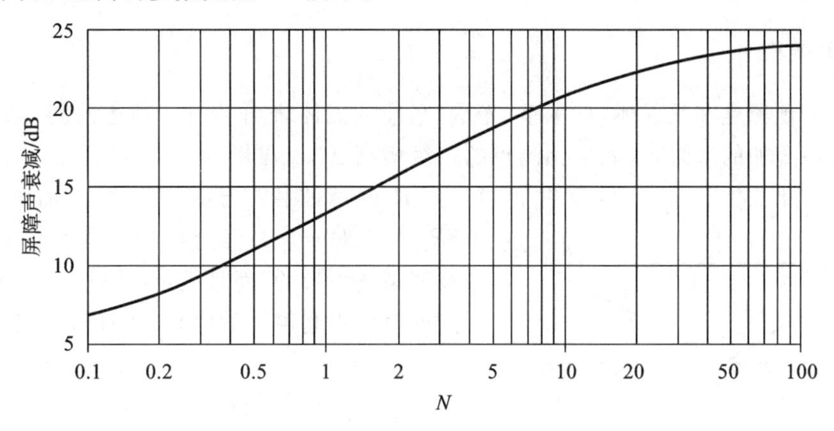

图 8-1　无限长声屏障、无限长线声源的衰减

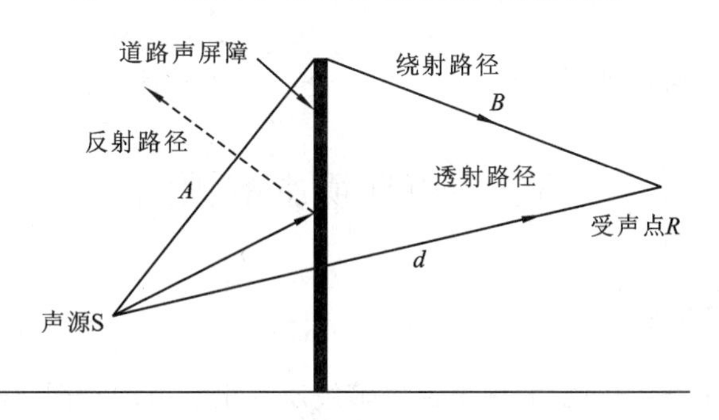

图 8-2　声屏障绕射路径图

3. 植物吸收的屏障效应

声波通过高于声线 1 m 以上的密集植物丛时，即会因植物阻挡而产生声衰减。在一般情况下，松树林带能使频率为 1 000 Hz 的声音衰减 3 dB/(10 m)；杉树林带为 2.8 dB/(10 m)；槐树林带为 3.5 dB/(10 m)；高 30 cm 的草地为 0.7 dB/(10 m)；阔叶林地带的声衰减值见表 8-2。

表 8-2　阔叶林地带的声衰减值　　(单位：dB/(10 m))

频率/Hz	250	500	1 000	2 000	4 000	8 000
衰减值	1	2	3	4	4.5	5

8.2.5　附加衰减

附加衰减包括声波在传播过程中由于云、雾、温度梯度、风而引起的声能量衰减及地面反射和吸收，或近地面的气象条件等因素所引起的衰减。在环境影响评价中，一般不考虑风、云、雾及温度梯度所引起的附加衰减。但是遇到下列情况时则必须考虑地面效应的影响：

(1) 预测点距声源 50 m 以上；

(2) 声源距地面高度和预测点距地面高度的平均值小于 3 m；

(3) 声源与预测点之间的地面被草地、灌木等覆盖。

地面效应引起的附加衰减量可按式(8-14)计算：

$$A_{\text{exc}} = 5\lg \frac{r}{r_0} \tag{8-14}$$

应当注意，在实际应用中，不管传播距离多远，地面效应引起的附加衰减量上限为 10 dB；在声屏障和地面效应同时存在的条件下，其衰减量之和的上限值为 25 dB。

8.2.6 反射效应

当点源与预测点在反射体(如平整、光滑、坚硬的固体表面)附近，到达预测点的声级是直达声与反射声叠加的结果，从而使预测点的声级增高 ΔL_r(见图 8-3)。

由图 8-3 可以看出，被点 O 反射而到达点 R 的声波相当于从虚声源 I 辐射的声波，即 $\overline{SR}=r$，$\overline{OR}=r_r$。经验表明，声源辐射的声波一般都是宽频带的，而且满足 $r-r_r \gg \lambda$ 的条件。因为反射而引起声波的增高 ΔL_r 值，可按以下关系确定($a=r/r_r$)：

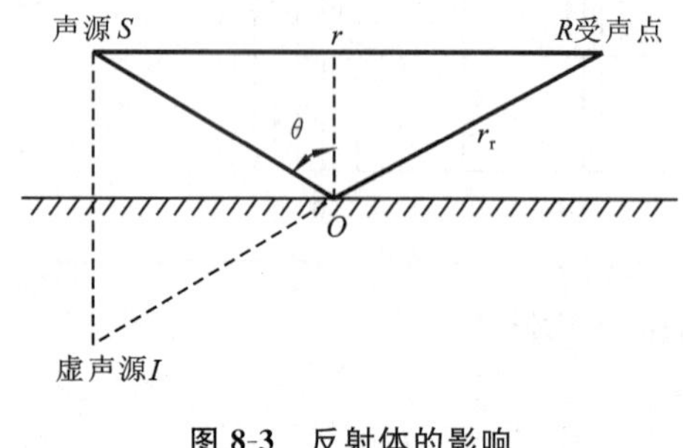

图 8-3　反射体的影响

当 $a \approx 1$ 时，$\Delta L_r = 3$ dB；

当 $a \approx 1.4$ 时，$\Delta L_r = 2$ dB；

当 $a \approx 2$ 时，$\Delta L_r = 1$ dB；

当 $a > 2.5$ 时，$\Delta L_r = 0$。

8.3 声环境影响预测

8.3.1 预测范围及预测点

噪声预测范围一般与所确定的噪声评价等级所规定的范围相同。根据建设项目声源特征(声级大小特征、频率特征和时空分布特征等)和周边敏感目标分布特征(集中与分散分布、地面水平与楼房垂直分布、建筑物使用功能等)可适当扩大预测范围。

1. 固定声源建设项目

(1) 一般项目边界向外 200 m 的评价范围可满足一级评价的要求。

(2) 二、三级评价范围可根据建设项目所在区域和相邻区域的声环境功能区类别及敏感目标等实际情况适当缩小；若依据建设项目声源计算得到的贡献值到 200 m 处，仍不能满足相应功能区标准值时，应将评价范围扩大到满足标准值的距离。

(3) 大型工程评价范围附近有敏感点的，应扩展至达标范围。

2. 流动声源建设项目

(1) 城市道路、公路、铁路、城市轨道交通地上线路和水运线路等建设项目，一般以道路中心线外两侧 200 m 以内的评价范围可满足一级评价的要求。

(2) 二级、三级评价范围可根据建设项目所在区域和相邻区域的声环境功能区类别及敏感目标等实际情况适当缩小。如依据建设项目声源计算得到的贡献值到 200 m 处，仍不能满足相应功能区标准值时，应将评价范围扩大到满足标准值的距离。

3. 机场评价项目

(1) 评价范围可根据飞行量计算到计权等效连续感觉噪声级 L_{WECPN} 为 70 dB 的区域。

(2) 一般主要航迹下离跑道两端各 6～12 km,侧向 1～2 km 内的评价范围可满足一级评价要求。

(3) 二、三级评价范围可适当缩小。

评价范围内所有的环境敏感目标都应作为预测点。

对于地面水平分布敏感目标注意按其所属的环境噪声功能区分不同距离段预测;对于楼房垂直分布敏感目标注意按不同层数的垂直声场分布来预测;预测点根据评价等级和环境管理需求不同可以是一个评价点也可以是一栋楼房或一个区域。

为了便于绘制等声级线图,可以用网格法确定预测点,网格的大小应根据具体情况确定。对于建设项目包含呈线状声源特征的情况,平行于线状声源走向的网格间距可大些(如 100～300 m),垂直于线状声源走向的网格间距应小些(如 20～60 m);对于建设项目包含呈点声源特征的情况,网格的大小一般为 20 m×20 m～100 m×100 m。

8.3.2 预测点声级计算和等声级图

1. 预测点噪声级的计算

(1) 建立坐标系,确定出各噪声源位置和预测点位置的坐标;并根据预测点与声源之间的距离把噪声源简化为点声源或线声源,或面声源。

(2) 根据已获得的噪声源声级数据和声波从各声源到预测点的传播条件,计算出噪声从各声源传播到预测点的声衰减量,算出各声源单独作用时在预测点产生的 A 声级 L_{Ai} 或等效感觉噪声级 L_{EPN}。

(3) 确定计算的时段 t ,并确定各声源发声持续时间 t_i 。

(4) 计算预测点在计算时段内的等效连续 A 声级,其公式为

$$L_{Aeq} = 10\lg \frac{\sum_{i=1}^{N} t_i\, 10^{0.1L_{Ai}}}{t} \tag{8-15}$$

在噪声环境影响评价中,由于声源较多,预测点数量也大,故应运用计算机完成预测。现在国内外已有不少成熟、定型的预测模型软件可供应用,如宁波环科院的 EIAN、德国的 Cadna/A、美国的 STAMINA 等。

2. 绘制等声级图

等声级线类似于地理学中的等高线。计算出各网格点上的噪声级后,采用数学方法(如双三次拟合法、按距离加权平均法、按距离加权最小二乘法)计算并绘制出等声级线。等声级线的间隔不大于 5 dB(一般选 5 dB)。对于 L_{eq},最低可画到 35 dB、最高可画到 75 dB 的等声级线,一般需要对应项目所涉及的声环境功能区的昼、夜间标准值要求,对于 L_{WECPN},一般应有 70 dB、75 dB、80 dB、85 dB、90 dB 的等值线。等声级图直观地表明了项目的噪声级分布,对分析功能区噪声超标状况提供了方便,同时为城市规划、城市环境噪声管理提供了依据。

8.3.3 声环境影响预测模型

1. 工业企业噪声环境影响预测

工业噪声源有室外和室内两种声源,应分别计算。一般来讲,进行环境噪声预测时所使用

的工业噪声源都可按点声源处理。

1）室外声源

（1）计算某个声源在预测点的倍频带声压级，即

$$L_{oct}(r)=L_{oct}(r_0)-20\lg\left(\frac{r}{r_0}\right)-\Delta L_{oct} \tag{8-16}$$

式中　$L_{oct}(r)$——点声源在预测点产生的倍频带声压级，dB；

$L_{oct}(r_0)$——参考位置 r_0 处的倍频带声压级，dB；

r——预测点距声源的距离，m；

r_0——参考位置距声源的距离，m；

ΔL_{oct}——各种因素引起的衰减量（包括声屏障、遮挡物、空气吸收、地面效应等引起的衰减量，其计算方法详见 8.1 节）。

如果已知声源的倍频带声功率级 L_{woct}，且声源可看作是位于地面上的，则

$$L_{oct}(r_0)=L_{woct}-20\lg r_0-8 \tag{8-17}$$

（2）由各倍频带声压级合成计算出该声源产生的声级 L_A。

2）室内声源

（1）如图 8-4 所示，首先计算出某个室内靠近围护结构处的倍频带声压级，即

$$L_{oct,1}=L_{woct}+10\lg\left(\frac{Q}{4\pi r_i^2}+\frac{4}{R}\right) \tag{8-18}$$

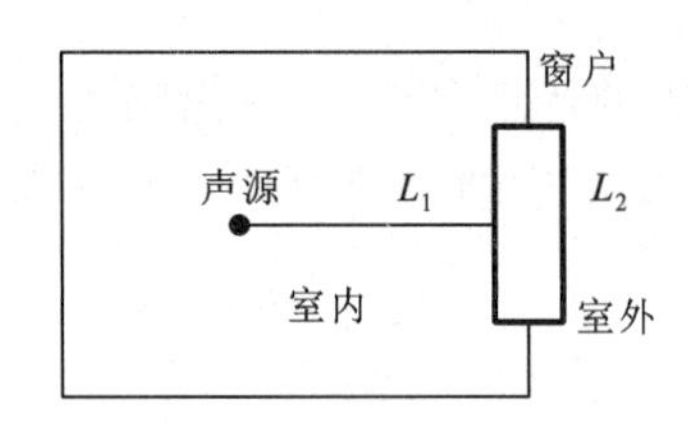

图 8-4　室内声源位置示意图

式中　$L_{oct,1}$——室内某个声源在靠近围护结构处产生的倍频带声压级；

L_{woct}——某个声源的倍频带声功率级；

r_i——室内某个声源与靠近围护结构处的距离；

R——房间常数；

Q——方向性因子（一般情况下，位于地面上声源的 Q 值等于 2）。

（2）计算出所有室内声源在靠近围护结构处产生的总倍频带声压级，即

$$L_{oct,1}(t)=10\lg\left[\sum_{i=1}^{N}10^{0.1L_{oct,1(i)}}\right] \tag{8-19}$$

（3）计算出室外靠近围护结构处的声压级，即

$$L_{oct,2}(t)=L_{oct,1}(t)-(tL_{oct}+6) \tag{8-20}$$

（4）将室外声压级 $L_{oct,2}(t)$ 和透声面积换算成等效的室外声源，计算出等效声源第 i 个倍频带的声功率级 L_{woct}：

$$L_{woct}=L_{oct,2}(t)+10\lg S \tag{8-21}$$

式中　S——透声面积，m^2。

（5）等效室外声源的位置为围护结构的位置，其倍频带声功率级为 L_{woct}，由此按室外声源方法计算等效室外声源在预测点产生的声级。

3）计算总声压级

设第 i 个室内声源在预测点产生的 A 声级为 $L_{A,in,i}$，在 t 时间内该声源工作时间为 $t_{in,i}$；第 j 个等效室外声源在预测点产生的 A 声级为 $L_{A,out,j}$，在 t 时间内该声源工作时间为 $t_{out,j}$，则预测点的总等效声级为

$$L_{eq}(t) = 10\lg \frac{1}{t}\left[\sum_{i=1}^{N} t_{in,i}\ 10^{0.1L_{A,in,i}} + \sum_{j=1}^{M} t_{out,j}\ 10^{0.1L_{A,out,j}}\right] \tag{8-22}$$

式中　t——计算等效声级的时间；

N——室外声源个数；

M——等效室外声源个数。

2. 工程施工噪声环境影响预测

(1) 应用表 8-3 确定各类工程在各个施工阶段场地上发出的等效声级 L_{eq}。

表 8-3　施工场地上的等效声级(dB)的典型范围

工程类型	住房建设		办公建筑、旅馆、学校、医院、公用建筑		工业小区、停车场、宗教、娱乐、休息、商店、服务中心		公共工程、道路与公路、下水道和管沟	
施工阶段	Ⅰ	Ⅱ	Ⅰ	Ⅱ	Ⅰ	Ⅱ	Ⅰ	Ⅱ
场地清理	83	83	84	84	84	83	84	84
开挖	88	75	89	79	89	71	88	78
基础	81	81	78	78	77	77	88	88
上层建筑	81	65	87	75	84	72	79	78
完工	88	72	89	75	89	74	84	84

注　① Ⅰ为所有重要的施工设备都在现场。
② Ⅱ为只有极少数必需的设备在现场。

(2) 确定整个施工过程中场地上的 L_{eq}，即

$$L_{eq} = 10\lg \frac{1}{t}\sum_{i=1}^{N} t_i\ 10^{0.1L_i} \tag{8-23}$$

式中　L_i——第 i 阶段(见表 8-3)的 L_{eq}，dB；

t_i——第 i 阶段延续的总时间；

t——从开始阶段($i=1$)到施工结束($i=N$)的总延续时间；

N——施工阶段数。

(3) 在距施工场地 x 处的 $L_{eq}(x)$ 的修正系数，即

$$\mathrm{ADJ} = -20\lg\left(\frac{x}{0.328}+250\right)+48 \tag{8-24}$$

式中　x——距场地边界的距离，m。

有

$$L_{eq}(x) = L_{eq} - \mathrm{ADJ} \tag{8-25}$$

3. 公路(道路)交通运输噪声环境影响预测

按照《环境影响评价技术导则——声环境》(HJ 2.4—2009)推荐的噪声预测模型进行预测。

1) 预测参数

(1) 工程参数：明确公路(或城市道路)建设项目各路段的工程内容，路面的结构、材料、坡度、标高等参数；明确公路(或城市道路)建设项目各路段昼间和夜间各类型车辆的比例、昼夜比例、平均车流量、高峰车流量、车速。

(2) 声源参数：按照大、中、小车型的分类，利用相关模式计算各类型车的声源源强，也可通过类比测量进行修正。

(3) 敏感目标参数：根据现场实际调查，给出公路(或城市道路)建设项目沿线敏感目标的分布情况，各敏感目标的类型、名称、规模、所在路段、桩号(里程)、与路基的相对高差及建筑物的结构、朝向和层数等。

2) 影响预测方法

(1) 公路(道路)交通运输噪声预测模式：

$$L_{eqi} = (\overline{L_{0E}})_i + 10\lg\frac{N_i}{V_i t} + 10\lg\frac{7.5}{r} + 10\lg\frac{\psi_1+\psi_2}{\pi} + \Delta L - 16 \tag{8-26}$$

式中 L_{eqi}——第 i 类车的小时等效声级，dB(A)；

$(\overline{L_{0E}})_i$——第 i 类车速度为 V_i、水平距离为 7.5 m 处的能量平均 A 声级，dB(A)；

N_i——昼间、夜间通过某个预测点的第 i 类车平均小时车流量，辆/h；

r——从车道中心线到预测点的距离，m，适用于 $r>7.5$ m 预测点的噪声预测；

V_i——第 i 类车的平均车速，km/h；

t——计算等效声级的时间，1 h；

ψ_1、ψ_2——预测点到有限长路段两端的张角(弧度)；

ΔL——由其他因素引起的修正量，dB(A)，可按式(8-27)、式(8-28)、式(8-29)计算。

$$\Delta L = \Delta L_1 - \Delta L_2 + \Delta L_3 \tag{8-27}$$

$$\Delta L_1 = \Delta L_{坡度} + \Delta L_{路面} \tag{8-28}$$

$$\Delta L_2 = A_{atm} + A_{gr} + A_{bar} + A_{misc} \tag{8-29}$$

式中 ΔL_1——线路因素引起的修正量，dB(A)；

$\Delta L_{坡度}$——公路纵坡修正量，dB(A)；

$\Delta L_{路面}$——公路路面材料引起的修正量，dB(A)；

ΔL_2——声波传播途径中引起的衰减量，dB(A)；

ΔL_3——由反射等引起的修正量，dB(A)；

A_{atm}——大气吸收引起的倍频带衰减，dB(A)；

A_{gr}——地面效应引起的倍频带衰减，dB(A)；

A_{bar}——声屏障引起的倍频带衰减，dB(A)；

A_{misc}——其他多方面效应引起的倍频带衰减，dB(A)。

(2) 总车流量等效声级为

$$L_{eq}(t) = 10\lg[10^{0.1L_{eq大(h)}} + 10^{0.1L_{eq中(h)}} + 10^{0.1L_{eq小(h)}}] \tag{8-30}$$

$$L_{eq预} = 10\lg[10^{0.1L_{eq}(t)} + 10^{0.1L_{eq背}}] \tag{8-31}$$

以上模型参数的确定方法见《环境影响评价技术导则　声环境》(HJ 2.4—2009)。

8.4 声环境影响评价

8.4.1 声环境影响评价工作等级

1. 噪声评价工作等级划分的依据

(1) 建设项目所在区域的声环境功能区类别；

(2) 建设项目建设前后所在区域的声环境质量变化程度；

(3) 受建设项目影响人口的数量。

2. 噪声工作等级划分原则

噪声评价工作等级一般分为三级，划分的基本原则如下。

(1) 评价范围内有适用于《声环境质量标准》(GB 3096—2008)规定的0类声环境功能区域，以及对噪声有特别限制要求的保护区等敏感目标，或建设项目建设前后评价范围内敏感目标噪声级增高量达5 dB(A)以上(不含5 dB(A))，或受影响人口数量显著增多时，按一级评价。

(2) 建设项目所处的声环境功能区为《声环境质量标准》(GB 3096—2008)规定的1类、2类地区，或建设项目建设前后评价范围内敏感目标噪声级增高量达3～5 dB(A)(含5 dB(A))，或受噪声影响人口数量增加较多时，按二级评价进行工作。

(3) 建设项目所处的声环境功能区为《声环境质量标准》(GB 3096—2008)规定的3类、4类地区，或建设项目建设前后评价范围内敏感目标噪声级增高量在3 dB(A)以下(不含3 dB(A))，且受影响人口数量变化不大时，应按三级评价进行工作。

(4) 在确定评价工作等级时，如建设项目符合两个以上级别的划分原则，按较高级别的评价等级评价。

3. 评价工作深度

1) 一级评价工作深度

(1) 在工程分析中，给出建设项目对环境有影响的主要声源的数量、位置和声源源强，并在标有比例尺的图中标识固定声源的具体位置和流动声源的路线、跑道等。在缺少声源源强的相关资料时，应通过类比测量取得，并给出类比测量的条件。

(2) 评价范围内具有代表性的敏感目标的声环境质量现状需要实测，对实测结果进行评价，并分析现状声源的构成及其对敏感目标的影响。

(3) 噪声预测应覆盖全部敏感目标，给出各敏感目标的预测值及厂界(或场界、边界)噪声值。固定声源评价、机场周围飞机噪声评价、流动声源经过城镇建成区和规划区路段的评价应绘制等声级线图，当敏感目标高于(含)三层建筑时，还应绘制垂直方向的等声级线图。给出建设项目建成后不同类别的声环境功能区内受影响的人口分布、噪声超标的范围和程度。

(4) 对于工程预测的不同代表性时段噪声级可能发生变化的建设项目，应分别预测其不同时段的噪声级。

(5) 对工程可行性研究和评价中提出的不同选址(选线)和建设布局方案，应根据不同方案噪声影响人口的数量和噪声影响的程度进行比选。

(6) 针对建设项目的工程特点和所在区域的环境特征提出噪声防治措施，并进行经济、技术可行性论证，明确防治措施的最终降噪效果和达标分析。

2) 二级评价工作深度

(1) 同一级评价(1)。

(2) 评价范围内具有代表性的敏感目标的声环境质量现状以实测为主，可适当利用评价范围内已有的声环境质量监测资料，并对声环境质量现状进行评价。

(3) 噪声预测应覆盖全部敏感目标，给出各敏感目标的预测值及厂界(或场界、边界)噪声值，根据评价需要绘制等声级线图。给出建设项目建成后不同类别的声环境功能区内受影响的人口分布、噪声超标的范围和程度。

(4) 同一级评价(4)。

(5) 从环境保护角度对工程可行性研究和评价中提出的不同选址(选线)和建设布局方案

的环境合理性进行分析。

(6) 针对建设项目的工程特点和所在区域的环境特征提出噪声防治措施,并进行经济、技术可行性论证,给出防治措施的最终降噪效果和达标分析。

3) 三级评价工作深度

(1) 同一级评价(1)。

(2) 重点调查评价范围内主要敏感目标的声环境质量现状,可利用评价范围内已有的声环境质量监测资料,当无现状资料时应进行实测,并对声环境质量现状进行评价。

(3) 噪声预测应给出建设项目建成后各敏感目标的预测值及厂界(或场界、边界)噪声值,分析敏感目标受影响的范围和程度。

(4) 针对建设项目的工程特点和所在区域的环境特征提出噪声防治措施,并进行达标分析。

8.4.2 声环境影响评价工作内容和要求

1. 评价基本内容和要求

(1) 评价项目建设前环境噪声现状。

(2) 根据噪声预测结果和相关环境噪声标准,评价建设项目在建设期(施工期)、运行期(或运行不同阶段)噪声影响的程度、超标范围及超标状况(以敏感目标为主)。

(3) 分析受影响人口的分布状况(以受到超标影响的为主)。

(4) 分析建设项目的噪声源分布和引起超标的主要噪声源或主要超标原因。

(5) 分析建设项目的选址(选线)、设备布置和选型(或工程布置)的合理性,分析项目设计中已有的噪声防治措施的适用性和防治效果。

(6) 为使环境噪声达标,评价必须增加或调整适用于本工程的噪声防治措施(或对策),分析其经济、技术的可行性。

(7) 提出针对该项工程的有关环境噪声监督管理、环境监测计划和城市规划方面的建议。

2. 工业企业噪声环境影响评价

除上述评价基本内容和要求外,工业企业声环境影响评价应着重分析说明以下问题。

(1) 按厂区周围敏感目标所处的环境功能区类别评价噪声影响的范围和程度,说明受影响人口情况。

(2) 分析主要影响的噪声源,说明厂界和功能区超标原因。

(3) 评价厂区总图布置和控制噪声措施方案的合理性与可行性,提出必要的替代方案。

(4) 明确必须增加的噪声控制措施及其降噪效果。

3. 工程施工噪声环境影响评价

除上述评价基本内容和要求外,工程施工声环境影响评价还需着重分析说明以下问题。

(1) 分析不同种类施工机械设备的噪声源和特点,说明施工场界和功能区超标原因。

(2) 针对不同施工阶段计算出不同施工设备的噪声影响范围,估算出施工噪声可能影响到的居民点数,以便施工单位在施工时结合实际情况采取适当的噪声污染防治措施。

(3) 评价场界控制噪声措施方案的合理性与可行性,以及其降噪效果。

4. 公路声环境影响评价

除上述评价基本内容和要求外,公路声环境影响评价还需着重分析说明以下问题。

(1) 针对项目建设期和不同运行阶段,评价沿线评价范围内各敏感目标(包括城镇、学校、医院、集中生活区等)按标准要求预测声级的达标及超标状况,并分析受影响人口的分布情况。

(2) 对工程沿线两侧的城镇规划受到噪声影响的范围绘制等声级曲线,明确合理的噪声控制距离和规划建设控制要求。

(3) 结合工程选线和建设方案布局,评述其合理性和可行性,必要时提出环境替代方案。

(4) 对提出的各种噪声防治措施需要进行经济技术论证,在多方案比选后规定应采取的措施并说明措施的降噪效果。

5. 机场飞机噪声环境影响评价

除上述评价基本内容和要求外,机场飞机噪声环境影响评价还需着重分析说明以下问题。

(1) 针对项目不同运行阶段,依据《机场周围飞机噪声环境标准》(GB 9660—1988)评价 L_{WECPN}。评价 70 dB、75 dB、80 dB、85 dB、90 dB 等值线范围内各敏感目标(城镇、学校、医院、集中生活区等)的数目,受影响人口的分布情况。

(2) 结合工程选址和机场跑道方案布局,评述其合理性和可行性,必要时提出环境替代方案。

(3) 对超过标准的环境敏感地区,按照等值线范围的不同提出不同的降噪措施,并进行经济技术论证。

8.5　环境噪声污染防治对策

确定环境噪声污染防治对策的一般原则:从声音的三要素为出发点控制环境噪声的影响;以城市规划为先,避免产生环境噪声污染影响;关注环境敏感人群的保护,体现"以人为本";管理手段和技术手段相结合控制环境噪声污染;依据针对性、具体性、经济合理、技术可行的原则。

从声音三要素考虑噪声防治对策,应从声源、噪声传播途径和受声敏感目标三个环节上降低噪声。

1. 从声源上降低噪声

从声源上降低噪声是指将发声大的设备改造成发声小的或者不发声的设备,有以下几种方法。

(1) 改进机械设计以降低噪声:如在设计和制造过程中选用发声小的材料来制造机件,改进设备结构和形状、改进传动装置及选用已有的低噪声设备都可以降低声源的噪声。

(2) 改革工艺和操作方法以降低噪声:如用压力式打桩机代替柴油打桩机,把铆接改用焊接、用液压代替锻压等。

(3) 维持设备处于良好的运转状态:因设备运转不正常时噪声往往增高,所以要使设备处于良好的运转状态。

2. 在噪声传播途径上降低噪声

在噪声传播途径上降低噪声是常用的一种以使噪声敏感区达标为目的的噪声防治手段,具体做法如下。

(1) 采用"闹静分开"和"合理布局"的设计原则,使高噪声设备尽可能远离噪声敏感区。

(2) 利用自然地形物(如位于噪声源和噪声敏感区之间的山丘、土坡、地堑、围墙等)降低噪声。

(3) 合理布局噪声敏感区中的建筑物功能和合理调整建筑物平面布局,即把非噪声敏感建筑或非噪声敏感房间靠近或朝向噪声源。

(4) 采取声学控制措施,如对声源采用消声、隔振和减振措施,在传播途径上增设吸声、隔声等措施。由振动、摩擦、撞击等引发的机械噪声,一般采用减振、隔声措施,一般材料隔声效果可达 15～40 dB。

3. 从受声敏感目标自身降低噪声

(1) 敏感目标安装隔声门窗或隔声通风窗。

(2) 置换改变敏感点使用功能。

(3) 敏感目标搬迁远离高噪声建设项目。

8.6 声环境影响评价案例分析

8.6.1 项目基本概况

某改扩建 1.0×10^4 t/d 污水处理厂,根据项目声源特点及评价区环境特征在厂界周围均匀布设 8 个声监测点 Z1～Z8,监测昼、夜连续等效声级 Ld(A),具体值见表 8-4,拟建地噪声排放标准执行《工业企业厂界环境噪声排放标准》(GB 12348—2008)3 类标准。

8.6.2 预测结果

根据声源的特性和环境特征,计算各声源对预测点产生的声级值的贡献值,并且与现状相叠加,预测项目建成后对周围声环境的影响程度。预测结果见表 8-4。

表 8-4 厂界各测点声环境质量预测结果 (单位:dB(A))

测点序号	昼间				夜间			
	背景值	贡献值	预测值	评价结果	背景值	贡献值	预测值	评价结果
Z1	57.8	42.3	57.9	达标	45.3	42.3	45.6	达标
Z2	56.4	40.2	56.5	达标	45.6	40.2	46.0	达标
Z3	56.7	45.2	57.0	达标	45.2	45.2	45.6	达标
Z4	57.4	45.5	57.7	达标	46.1	45.5	46.3	达标
Z5	57.2	46.1	57.5	达标	45.8	46.1	46.2	达标
Z6	58.1	42.2	58.2	达标	44.8	42.2	45.3	达标
Z7	57.6	41.8	57.7	达标	47.1	41.8	47.6	达标
Z8	57.4	40.1	57.5	达标	47.2	40.1	47.6	达标

由表 8-4 可知,项目对各厂界的噪声影响值叠加环境本底后昼间噪声值范围为 56.5～58.2 dB(A),夜间噪声范围为 45.3～47.6 dB(A),噪声增加值较小。由上述分析可知,该项目建成后叠加本底值后厂界外噪声值满足 3 类标准要求。

8.6.3 评价结论

评价表明,Z1～Z8 满足《工业企业厂界环境噪声排放标准》(GB 12348—2008)3 类标准要求。因此,该项目对厂区周围环境不会造成明显的噪声影响。

习　　题

1. 简述噪声环境影响评价工作等级的划分依据。
2. 简述噪声环境影响评价工作等级的基本原则。
3. 简述噪声预测的范围和预测点的布置原则。
4. 简述噪声预测点噪声级计算的基本步骤。
5. 简述一级噪声环境影响评价工作的基本要求。
6. 简述噪声环境影响评价的基本内容。
7. 在噪声的防治对策中,应从哪些途径考虑降低噪声?

第9章　固体废物环境影响评价

9.1　固体废物环境影响评价概述

建设项目在建设和运行阶段都会产生固体废物，对环境造成不同程度的影响。固体废物环境影响评价是确定拟开发行动或建设项目在建设和运行过程中所产生的固体废物的种类、产生量，对人群和生态环境影响的范围和程度，提出处理处置方法，以及避免、消除和减少其影响的措施。

9.1.1　固体废物的定义与分类

1. 固体废物的定义

固体废物是指在生产、生活和其他活动中产生的丧失原有利用价值或者虽未丧失利用价值但被抛弃或者放弃的固态、半固态和置于容器中的气态的物品、物质，以及法律、行政法规规定纳入固体废物管理的物品、物质。不能排入水体的液态废物和不能排入大气的置于容器中的气态废物，由于多数具有较大的危害性，一般也被归入固体废物管理体系。

2. 固体废物的分类

固体废物种类繁多，主要来自于生产过程和生活活动的一些环节。按其污染特性可分为一般废物和危险废物。按废物来源又可分为城市固体废物、工业固体废物和农业固体废物。

1）城市固体废物

城市固体废物是指居民生活、商业活动、市政建设与维护、机关办公等过程产生的固体废物，一般分为以下几类。

（1）生活垃圾：指在日常生活中或者为日常生活提供服务的活动中产生的固体废物，以及法律、行政法规规定视为生活垃圾的固体废物，主要包括厨余物、废纸、废塑料、废金属、废玻璃、陶瓷碎片、废家具、废旧电器等。

（2）城建渣土：包括废砖瓦碎石、渣土、混凝土碎块(板)等。

（3）商业固体废物：包括废纸，各种废旧的包装材料，丢弃的主、副食品等。

（4）粪便：工业先进国家城市居民产生的粪便，大都通过下水道输入污水处理厂处理。我国情况不同，城市下水处理设施少，粪便需要收集、清运，是城市固体废物的重要组成部分。

2）工业固体废物

工业固体废物是指在工业生产活动中产生的固体废物，主要包括以下几类。

（1）冶金工业固体废物：主要包括各种金属冶炼或加工过程中所产生的各种废渣，如高炉炼铁产生的高炉渣，平炉转电炉炼钢产生的钢渣、铜镍铅锌等，有色金属冶炼过程中产生的有色金属渣、铁合金渣及提炼氧化铝时产生的赤泥等。

（2）能源工业固体废物：主要包括燃煤电厂产生的粉煤灰、炉渣、烟道灰、采煤及洗煤过程中产生的煤矸石等。

（3）石油化学工业固体废物：主要包括石油及加工工业产生的油泥、焦油页岩渣、废催化剂、废有机溶剂等，化学工业生产过程中产生的硫铁矿渣、酸渣、碱渣、盐泥、釜底泥、精（蒸）馏残渣，以及医药和农药生产过程中产生的医药废物、废药品、废农药等。

（4）矿业固体废物：主要包括采矿石和尾矿。采矿石是指各种金属、非金属矿山开采过程中从主矿上剥离下来的各种围岩，尾矿是指在选矿过程中提取精矿以后剩下的尾渣。

（5）轻工业固体废物：主要包括食品工业、造纸印刷工业、纺织印染工业、皮革工业等工业加工过程中产生的污泥、动物残物、废酸、废碱及其他废物。

（6）其他工业固体废物：主要包括机械加工过程产生的金属碎屑、电镀污泥、建筑废料及其他工业加工过程产生的废渣等。

3）农业固体废物

农业固体废物来自农业生产、畜禽饲养、农副产品加工所产生的废物，如农作物秸秆、农田薄膜及畜禽排泄物等。

4）危险废物

危险废物泛指除放射性废物以外，具有毒性、易燃性、反应性、腐蚀性、爆炸性、传染性，因而可能对人类的生活环境产生危害的废物。《中华人民共和国固体废物污染环境防治法》中规定："危险废物是指列入国家危险废物名录或者根据国家规定的危险废物鉴别标准和鉴别方法认定的具有危险特性的固体废物。"

2020年11月5日由国家生态环境部部务会议修订通过的《国家危险废物名录》中，危险废物类别有46大类467种，具有以下情形之一的固体废物列入本名录：①具有腐蚀性、毒性、易燃性、反应性或者感染性等一种或者几种危险特性的；②不排除具有危险特性，可能对环境或者人体健康造成有害影响，需要按照危险废物进行管理的。医疗废物属于危险废物，其分类按照《医疗废物分类目录》执行。列入《危险化学品目录》的化学品废弃后属于危险废物。列入本名录附录《危险废物豁免管理清单》中的危险废物，在所列的豁免环节，且满足相应的豁免条件时，可以按照豁免内容的规定实行豁免管理。危险废物与其他固体废物的混合物，以及危险废物处理后的废物的属性判定，按照国家规定的危险废物鉴别标准执行。

9.1.2 固体废物的环境影响

1. 对大气环境的影响

固体废物在堆放和处理处置过程中会产生有害气体，若不加以妥善处理将对大气环境造成不同程度的影响。例如，露天堆放和填埋的固体废物会由于有机组分的分解而产生沼气，一方面，沼气中的NH_3、H_2S、甲硫醇等的扩散会造成恶臭的影响；另一方面，沼气的主要成分CH_4气体，这是一种温室气体，其温室效应是CO_2的21倍，而CH_4在空气中含量达到5%～15%时很容易发生爆炸，对生命安全造成很大威胁。固体废物在焚烧过程中会产生粉尘、酸性气体等，也会对大气环境造成污染。

另外，堆放的固体废物中的细微颗粒、粉尘等可随风飞扬，从而对大气环境造成污染。据研究表明：当发生4级以上的风力时，在粉煤灰或尾矿堆表层的粉末将出现剥离，其飘扬的高度可达20 m以上；在季风期间可使平均视程降低30%～70%。一些有机固体废物，在适宜的湿度和温度下被微生物分解，能释放出有害气体，可以在不同程度上产生毒气或恶臭，造成地区性空气污染。

此外，采用焚烧法处理固体废物，如露天焚烧法处理塑料，排出Cl_2、HCl和大量粉尘，也将造成大气污染；一些工业和民用锅炉，由于收尘效率不高造成的大气污染更是屡见不鲜。

2. 对水环境的影响

固体废物对水环境的污染途径有直接污染和间接污染两种。前者是把水体作为固体废物的接纳体,向水体直接倾倒废物,从而导致水体的直接污染;后者是固体废物在堆放过程中,经过自身分解和雨水淋溶产生的渗滤液流入江河、湖泊和渗入地下而导致地表水和地下水的污染。

此外,向水体倾倒固体废物还将缩减江河湖面有效面积,使其排洪和灌溉能力降低。在陆地堆积的或简单填埋的固体废物,经过雨水的浸渍和废物本身的分解,将会产生含有有害化学物质的渗滤液,会对附近地区的地表及地下水系造成污染。

3. 对土壤环境的影响

固体废物对土壤的环境影响有两个方面。第一个影响是废物堆放、存储和处置过程中,其中有害组分容易污染土壤。土壤是许多细菌、真菌等微生物聚居的场所,这些微生物与其周围环境构成了一个生态系统,在大自然的物质循环中,担负着碳循环和氮循环的一部分重要任务。工业固体废物特别是有害固体废物,经过风化、雨雪淋溶、地表径流的侵蚀,产生高温和有毒液体渗入土壤,能杀害土壤中的微生物,改变土壤的性质和土壤结构,破坏土壤的腐解能力,导致草木不生。第二个影响是固体废物的堆放需要占用土地。据估计,每堆积10 000 t废渣约需占用土地0.067 hm^2。我国仅2003年全国工业固体废物的产生量约为1×10^9 t,堆存占地约6.70 km^2。我国许多城市的近郊也常常是城市垃圾的堆放场所,形成垃圾围城的状况。

4. 固体废物对人体健康的影响

固体废物处理或处置过程中,特别是露天存放,其中的有害成分在物理、化学和生物的作用下会发生浸出,含有害成分的浸出液可通过地表水、地下水、大气和土壤等环境介质直接或间接被人体吸收,从而对人体健康造成威胁。

根据物质的化学特性,当某些不相容物质相混时,可能发生不良反应,包括热反应(燃烧或爆炸),产生有毒气体(砷化氢、氰化氢、氯气等)和产生可燃性气体(氢气、乙炔等)。若人体皮肤与废强酸或废强碱接触,将发生烧灼性腐蚀作用。若误吸收一定量的农药,能引起急性中毒,出现呕吐、头晕等症状。存储化学物品的空容器,若未经适当处理或管理不善,能引起严重中毒事件。化学废物的长期暴露会产生对人类健康有不良影响的恶性物质。对这类潜存的负面效应,应予以高度重视。

9.1.3 固体废物环境影响评价的主要内容及特点

1. 固体废物环境影响评价的类型与内容

固体废物的环境影响评价主要分为两大类型:第一类是对一般工程项目产生的固体废物,由产生、收集、运输、处理到最终处置的环境影响评价;第二类是对处理、处置固体废物设施建设项目(如一般工业废物的存储、处置场,危险废物存储场所,生活垃圾填埋场,生活垃圾焚烧厂,危险废物填埋场,危险废物焚烧厂等)的环境影响评价。

对第一类环境影响评价的内容主要包括三个方面。①污染源调查。根据调查结果,要给出包括固体废物的名称、组分、形态、数量等内容的调查清单,应按一般工业固体废物和危险废物分别列出。②污染防治措施的论证。根据工艺过程,各个产出环节提出防治措施,并对防治措施的可行性加以论证。③提出最终处置措施方案,如综合利用、填埋、焚烧等。应包括对固体废物收集、储运、预处理等全过程的环境影响及污染防治措施。

对第二类环境影响评价的内容,则是根据处理处置的工艺特点,依据《环境影响评价技术导则》及相应的污染控制标准,进行环境影响评价。在这些工程项目污染物控制标准中,对厂

(场)址选择、污染控制项目、污染物排放限制等都有相应的规定，是环境影响评价必须严格予以执行的。本书将以生活垃圾填埋场为例，较全面地介绍固体废物环境影响评价方法。

2. 固体废物环境影响评价的特点

国家要求对固体废物污染实行由产生、收集、存储、运输、预处理直至处理全过程的控制，因此在环境影响评价中必须包括所建项目涉及的各个过程。为了保证固体废物处理、处置设施的安全稳定运行，必须建立一个完整的收、贮、运系统，因此在环境影响评价中这个系统是与处理、处置设施构成一个整体的。如这一系统中涉及运输可能对路线周围环境敏感目标造成的影响，如何规避运输风险也是环境影响评价的主要任务。

9.1.4　固体废物环境影响评价相关标准

1.《一般工业固体废物贮存和填埋污染控制标准》(GB 18599—2020 及修订单)

1) 标准中的相关定义与分类

一般工业固体废物系指企业在工业生产过程中产生且不属于危险废物的工业固体废物。其中，按照《固体废物浸出毒性浸出方法 》(HJ 557)规定方法获得的浸出液中任何一种特征污染物浓度均未超过《污水综合排放标准》(GB 8978)最高允许排放浓度(第二类污染物最高允许排放浓度按照一级标准执行)，且 pH 值在 6～9 范围之内的一般工业固体废物称为第Ⅰ类一般工业固体废物；按照 HJ 557 规定方法获得的浸出液中有一种或一种以上的特征污染物浓度超过 GB 8978 最高允许排放浓度(第二类污染物最高允许排放浓度按照一级标准执行)，或 pH 值在 6～9 范围之外的一般工业固体废物称为第Ⅱ类一般工业固体废物。

根据建设、运行、封场等污染控制技术要求不同，贮存、填埋场也分为两类：Ⅰ类场和Ⅱ类场。

Ⅰ类场入场的一般工业固体废物包括：第Ⅰ类一般工业固体废物(包括第Ⅱ类一般工业固体废物经处理后属于第Ⅰ类一般工业固体废物的)；有机质含量小于 2%(煤矸石除外)的一般工业固体废物；水溶性盐总量小于 2%的一般工业固体废物。

Ⅱ类场入场的一般工业固体废物除应是第Ⅱ类一般工业固体废物外，还应满足两个条件：有机质含量小于 5%(煤矸石除外)；水溶性盐总量小于 5%。另外，食品制造业、纺织服装和服饰业、造纸和纸制品业、农副食品加工业等为日常生活提供服务的活动中产生的与生活垃圾性质相近的一般工业固体废物，在满足Ⅱ类场入场条件后，也可进入Ⅱ类场。

2) 贮存场和填埋场选址及建设要求

一般工业固体废物贮存场、填埋场的选址应符合环境保护法律法规及相关法定规划要求；贮存场、填埋场的位置与周围居民区的距离应依据环境影响评价文件及审批意见确定；贮存场、填埋场不得选在生态保护红线区域、永久基本农田集中区域和其他需要特别保护的区域内；贮存场、填埋场应避开活动断层、溶洞区、天然滑坡或泥石流影响区以及湿地等区域；贮存场、填埋场不得选在江河、湖泊、运河、渠道、水库最高水位线以下的滩地和岸坡，以及国家和地方长远规划中的水库等人工蓄水设施的淹没区和保护区之内。上述选址规定不适用于一般工业固体废物的充填和回填。

Ⅰ类场和Ⅱ类场建设的一般要求：

(1) 贮存场、填埋场的防洪标准应按重现期不小于 50 a 一遇的洪水位设计，国家已有标准提出更高要求的除外。

(2) 贮存场和填埋场一般应包括防渗系统、渗滤液收集和导排系统、雨污分流系统、分析化验与环境监测系统、公用工程和配套设施、地下水导排系统和废水处理系统(根据具体情况选择设置)。

(3) 贮存场及填埋场施工方案中应包括施工质量保证和施工质量控制内容,明确环保条款和责任,作为项目竣工环境保护验收的依据,同时可作为建设环境监理的主要内容。

(4) 贮存场及填埋场在施工完毕后应保存施工报告、全套竣工图、所有材料的现场及实验室检测报告。采用高密度聚乙烯膜作为人工合成材料衬层的贮存场及填埋场还应提交人工防渗衬层完整性检测报告。上述材料连同施工质量保证书作为竣工环境保护验收的依据。

(5) 贮存场及填埋场渗滤液收集池的防渗要求应不低于对应贮存场、填埋场的防渗要求。

(6) 贮存场除应符合本标准规定污染控制技术要求之外,其设计、施工、运行、封场等还应符合相关行政法规规定、国家及行业标准要求。

(7) 食品制造业、纺织服装和服饰业、造纸和纸制品业、农副食品加工业等为日常生活提供服务的活动中产生的与生活垃圾性质相近的一般工业固体废物,以及有机质含量超过5%的一般工业固体废物(煤矸石除外),其直接贮存、填埋处置应符合GB 16889要求。

Ⅰ类场的其他要求:

(1) 当天然基础层饱和渗透系数不大于1.0×10^{-5} cm/s且厚度不小于0.75 m时,可以采用天然基础层作为防渗衬层。

(2) 当天然基础层不能满足上述防渗要求时,可采用改性压实黏土类衬层或具有同等以上隔水效力的其他材料防渗衬层,其防渗性能应至少相当于渗透系数为1.0×10^{-5} cm/s且厚度为0.75 m的天然基础层。

Ⅱ类场的其他要求:

(1) 应采用单人工复合衬层作为防渗衬层,并符合以下技术要求:

① 人工合成材料应采用高密度聚乙烯膜,厚度不小于1.5 mm,并满足GB/T 17643规定的技术指标要求。采用其他人工合成材料的,其防渗性能至少相当于1.5 mm高密度聚乙烯膜的防渗性能。

② 黏土衬层厚度应不小于0.75 m,且经压实、人工改性等措施处理后的饱和渗透系数应不大于1.0×10^{-7} cm/s。使用其他黏土类防渗衬层材料时,应具有同等以上隔水效力。

(2) 基础层表面应与地下水年最高水位保持1.5 m以上的距离。当场区基础层表面与地下水年最高水位距离不足1.5 m时,应建设地下水导排系统。地下水导排系统应确保Ⅱ类场运行期地下水水位维持在基础层表面1.5 m以下。

(3) 应设置渗漏监控系统,监控防渗衬层的完整性。渗漏监控系统的构成包括但不限于防渗衬层渗漏监测设备、地下水监测井。

(4) 人工合成材料衬层、渗滤液收集和导排系统的施工不应对黏土衬层造成破坏。

2.《生活垃圾填埋场污染控制标准》(GB 16889—2008)

1) 生活垃圾填埋场选址的环境保护要求

(1) 符合区域性环境规划、城市卫生设施建设规划和当地的城市规划。

(2) 不应选在城市工农业发展规划区、农业保护区、自然保护区、风景名胜区、文物(考古)规划区、生活饮用水源保护区、供水远景规划区、矿产资源储备区、军事要地、国家保密地区和其他需要特别保护的地区。

(3) 场址的标高应位于重现期不小于50 a一遇的洪水位之上,并建设在长期规划中的水库等人工蓄水设施的淹没区和保护区之外。

(4) 场址应避开的区域包括:破坏性地震及活动构造区;活动中的坍塌、滑坡和隆起地带;

活动中的断裂带;石灰岩溶洞发育带;废弃矿区的活动坍塌区;活动沙丘区;海啸及涌浪影响区;湿地;尚未稳定的冲积扇及冲沟地区;泥炭及可能危及填埋场安全的区域。

2) 生活垃圾填埋场污染物排放控制要求

(1) 水污染物排放控制要求。生活垃圾填埋场要设置生活垃圾渗滤液处理站,污染物达到相关限值后才能直接排放。对于现有和新建生活垃圾填埋场,其水污染物排放执行表 9-1 中浓度限值。

表 9-1　现有和新建生活垃圾填埋场水污染物排放浓度限值

序　　号	污染控制物	排放浓度限值	污染物排放监控位置
1	色度(稀释倍数)	40	常规污水处理设施排放口
2	化学需氧量(COD_{Cr})	100 mg/L	常规污水处理设施排放口
3	生化需氧量(BOD)	30 mg/L	常规污水处理设施排放口
4	悬浮物	30 mg/L	常规污水处理设施排放口
5	总氮	40 mg/L	常规污水处理设施排放口
6	氨氮	25 mg/L	常规污水处理设施排放口
7	总磷	3 mg/L	常规污水处理设施排放口
8	粪大肠菌群数	10 000 个/L	常规污水处理设施排放口
9	总汞	0.001 mg/L	常规污水处理设施排放口
10	总镉	0.01 mg/L	常规污水处理设施排放口
11	总铬	0.1 mg/L	常规污水处理设施排放口
12	六价铬	0.05 mg/L	常规污水处理设施排放口
13	总砷	0.1 mg/L	常规污水处理设施排放口
14	总铅	0.1 mg/L	常规污水处理设施排放口

在 2011 年 7 月前,现有生活垃圾填埋场无法满足表 9-1 规定的水污染物排放浓度限值要求的,满足下列条件时可将生活垃圾渗滤液送往城市二级污水处理厂进行处理:生活垃圾渗滤液在填埋场经过处理后,总汞、总镉、总铬、六价铬、总砷、总铅等污染物浓度达到表 9-1 中限值;城市二级污水处理厂每日处理生活垃圾渗滤液总量不超过污水处理量的 0.5%,并不超过城市二级污水处理厂额定的污水处理能力;生活垃圾渗滤液应均匀注入城市二级污水处理厂;不影响城市二级污水处理厂的污水处理效果。

自 2011 年 7 月起,现有全部生活垃圾填埋场自行处理生活垃圾渗滤液并执行表 9-1 中所规定的水污染物排放浓度限值。

根据环境保护工作的要求,对在国土开发密度已经较高、环境承载能力开始减弱,或环境容量较小、生态环境脆弱,容易发生严重环境污染问题而需要采取特别保护措施的地区,应严格控制生活垃圾填埋场的污染物排放行为,在上述地区的现有和新建生活垃圾填埋场执行表 9-2 中所规定的水污染物特别排放限值。

表 9-2　现有和新建生活垃圾填埋场水污染物特别排放限值

序　号	污染控制物	排放浓度限值	污染物排放监控位置
1	色度(稀释倍数)	30	常规污水处理设施排放口

续表

序　号	污染控制物	排放浓度限值	污染物排放监控位置
2	化学需氧量(COD_{Cr})	60 mg/L	常规污水处理设施排放口
3	生化需氧量(BOD)	20 mg/L	常规污水处理设施排放口
4	悬浮物	30 mg/L	常规污水处理设施排放口
5	总氮	20 mg/L	常规污水处理设施排放口
6	氨氮	8 mg/L	常规污水处理设施排放口
7	总磷	1.5 mg/L	常规污水处理设施排放口
8	粪大肠菌群数	1 000 个/L	常规污水处理设施排放口
9	总汞	0.001 mg/L	常规污水处理设施排放口
10	总镉	0.01 mg/L	常规污水处理设施排放口
11	总铬	0.1 mg/L	常规污水处理设施排放口
12	六价铬	0.05 mg/L	常规污水处理设施排放口
13	总砷	0.1 mg/L	常规污水处理设施排放口
14	总铅	0.1 mg/L	常规污水处理设施排放口

(2) 甲烷排放浓度要求。填埋工作面上 2 m 以下高度范围内的甲烷体积百分数不大于 0.1%;通过导气管道直接排放填埋气体时,导气排放口管的甲烷体积百分数不大于 5%;在生活垃圾填埋场周围环境敏感点方位的场界的恶臭污染物浓度应符合《恶臭污染物排放标准》(GB 14554—1993)的规定。

(3) 转运站渗滤液排放要求。生活垃圾转运站产生的渗滤液经收集后,可采用密闭运输送到城市污水处理厂处理、排入城市排水管道进入城市污水处理厂处理或者自行处理等方式。排入设置城市污水处理厂的排水管网的,应在转运站内对渗滤液进行处理,总汞、总镉、总铬、六价铬、总砷、总铅等污染物浓度限值达到表 9-1 规定浓度限值,其他水污染物排放控制要求由企业与城镇污水处理厂根据其污水处理能力商定或执行相关标准。排入环境水体或排入未设置污水处理厂的排水管网的,应在转运站对渗滤液进行处理并达到表 9-1 规定的浓度限值。

3.《生活垃圾焚烧污染控制标准》(GB 18485—2014 及修改单)

本标准适用于生活垃圾焚烧厂的设计、环境影响评价、竣工验收以及运行过程中的污染控制及监督管理。掺加生活垃圾质量超过入炉(窑)物料总质量的 30%的工业窑炉以及生活污水处理设施产生的污泥、一般工业固体废物的专用焚烧炉的污染控制参照本标准执行。

(1) 生活垃圾焚烧厂选址要求:①生活垃圾焚烧厂的选址应符合当地的城乡总体规划、环境保护规划和环境卫生专项规划,并符合当地的大气污染防治、水资源保护、自然生态保护等要求。②应根据环境影响评价结论确定生活垃圾焚烧厂厂址及其与周围人群的距离。经具有审批权的生态环境主管部门批准后,这一距离可作为规划控制的依据。③在对生活垃圾焚烧厂厂址进行环境影响评价时,应重点考虑生活垃圾焚烧厂内各设施可能产生的有害物质泄漏、大气污染物(含恶臭物质)的产生与扩散以及可能的事故风险等因素,根据其所在地区的环境功能区类别,综合评价其对周围环境、居住人群的身体健康、日常生活和生产活动的影响,确定生活垃圾焚烧厂与常住居民居住场所、农用地、地表水体以及其他敏感对象之间合理的位置关系。

(2) 污染物排放控制要求：①自 2014 年 7 月 1 日起，生活垃圾焚烧炉排放烟气中污染物浓度执行表 9-3 规定的限值标准。②生活污水处理设施产生的污泥、一般工业固体废物的专用焚烧炉排放烟气中二噁英类污染物浓度执行表 9-4 中规定的限值标准。③生活垃圾焚烧飞灰与焚烧炉渣应分别收集、贮存、运输和处置。生活垃圾焚烧飞灰应按危险废物进行管理，如进入生活垃圾填埋场处置，应满足《生活垃圾填埋场污染控制标准》(GB 16889)的要求；如进入水泥窑处置，应满足《水泥窑协同处置固体废物污染控制标准》(GB 30485)的要求。④生活垃圾渗滤液和车辆清洗废水应收集并在生活垃圾焚烧厂内处理或送至生活垃圾填埋场渗滤液处理设施处理，经处理满足《生活垃圾填埋场污染控制标准》(GB 16889)表 2 的要求(如厂址在符合 GB 16889 中第 9.1.4 条要求的地区，应满足 GB 16889 表 3 的要求)后，可直接排放。

表 9-3 生活垃圾焚烧炉排放烟气中污染物限值

序号	污染物项目及单位	限值	取值时间
1	颗粒物(mg/m^3)	30	1 h 均值
		20	24 h 均值
2	氮氧化物(NO_x)(mg/m^3)	300	1 h 均值
		250	24 h 均值
3	二氧化硫(SO_2)(mg/m^3)	100	1 h 均值
		80	24 h 均值
4	氯化氢(HCl)(mg/m^3)	60	1 h 均值
		50	24 h 均值
5	汞及其化合物(以 Hg 计)(mg/m^3)	0.05	测定均值
6	镉、铊及其化合物(以 Cd+Tl 计)(mg/m^3)	0.1	测定均值
7	锑、砷、铅、铬、钴、铜、锰、镍及其化合物 (以 Sb+As+Pb+Cr+Co+Cu+Mn+Ni 计)(mg/m^3)	1.0	测定均值
8	二噁英类(ng (TEQ)/m^3)	0.1	测定均值
9	一氧化碳(CO)(mg/m^3)	100	1 h 均值
		80	24 h 均值

表 9-4 生活污水处理设施产生的污泥、一般工业固体废物专用焚烧炉排放烟气中二噁英类限值

焚烧处理能力/(t/d)	二噁英类排放限值/(ng (TEQ)/m^3)	取值时间
>100	0.1	测定均值
50～100	0.5	测定均值
<50	1.0	测定均值

4.《危险废物贮存污染控制标准》(GB 18597—2001 及修改单)

1) 标准中的相关定义

危险废物贮存是指危险废物再利用或无害化处理和最终处置前的存放行为。而集中贮存是指危险废物集中处理、处置设施中所附设的按规定设计、建造或改建的用于专门存放危险废物的贮存设施和区域性的贮存设施。

本标准适用于所有的危险废物(尾矿除外)贮存的污染控制及监督管理,适用于危险废物的产生者、经营者和管理者。

2) 危险废物贮存设施的选址要求

(1) 应选在地质结构稳定,地震烈度不超过 7 度的区域内。

(2) 设施底部高于地下水最高水位。

(3) 应依据环境影响评价结论确定危险废物集中贮存设施的位置及与周围人群的距离,并经具有审批权的环境保护行政主管部门批准,可作为规划控制的依据。

(4) 应避免在溶洞区或易遭受严重自然灾害(如洪水、滑坡、泥石流、潮汐等)影响的地区。

(5) 应建在易燃、易爆等危险品仓库、高压输电线路防护区域以外。

(6) 应位于居民中心区常年最大风频的下风向。

(7) 集中贮存的废物堆选址除满足以上要求外,还应满足:基础必须防渗,防渗层为至少 1 m 厚黏土层(渗透系数不大于 10^{-7} cm/s),或 2 mm 厚高密度聚乙烯,或至少 2 mm 厚的其他人工材料(渗透系数不大于 10^{-10} cm/s)等要求。

3) 危险废物贮存设施(仓库式)的设计原则

(1) 地面与裙脚要用坚固、防渗的材料制造,建筑材料必须与危险废物兼容。

(2) 必须有泄漏液体收集装置、气体导出口及气体净化装置。

(3) 设施内要有安全照明设施和观察窗口。

(4) 用以存放装载液体、半固体危险废物容器的地方,必须有耐腐蚀的硬化地面,且表面无缝隙。

(5) 应设计堵截的裙脚,地面与裙脚所围建的容积不低于堵截最大容器的最大储量或总储量的 1/5。

(6) 不兼容的危险废物必须分开存放,并设有隔离间隔断。

4) 对危险废物堆放的要求

(1) 基础必须防渗,防渗层为至少 1 m 厚黏土层(渗透系数$\leqslant 10^{-7}$ cm/s),或 2 mm 厚高密度聚乙烯,或至少 2 mm 厚的其他人工材料(渗透系数$\leqslant 10^{-10}$ cm/s)。

(2) 堆放危险废物的高度应根据地面承载能力确定。

(3) 衬里放在一个基础或底座上。

(4) 衬里要能覆盖危险废物或其溶出物可能涉及的范围。

(5) 衬里材料与堆放危险废物兼容。

(6) 在衬里上设计、建造浸出液收集清除系统。

(7) 应设计建造径流疏导系统,保证能防止 25 a 一遇的暴雨不会流到危险废物堆里。

(8) 危险废物堆内设计雨水收集池,并能收集 25 a 一遇的暴雨 24 h 的降水量。

(9) 危险废物堆要防风、防雨、防晒。

(10) 产生量大的危险废物可以散装方式堆放贮存在按上述要求设计的废物堆里。不兼容的危险废物不能堆放在一起。总贮存量不超过 300 kg(L)的危险废物要放入符合标准的容器内,加上标签,容器放入坚固的柜或箱中,柜或箱应设多个直径不小于 30 mm 的排气孔。不兼容危险废物要分别存放或存放在不渗透间隔分开的区域内,每个部分都应设防漏裙脚或储漏盘,防漏裙脚或储漏盘的材料要与危险废物兼容。

5.《危险废物填埋污染控制标准》(GB 18598—2019)

本标准适用于新建危险废物填埋场的建设、运行、封场及封场后环境管理过程的污染控制。现有危险废物填埋场的入场要求、运行要求、污染物排放要求、封场及封场后环境管理要求、监测要求按照本标准执行。本标准适用于生态环境主管部门对危险废物填埋场环境污染防治的监督管理。本标准不适用于放射性废物的处置及突发事故产生危险废物的临时处置。

填埋场包括柔性填埋场(采用双人工复合衬层作为防渗层的填埋处置设施)和刚性填埋场(采用钢筋混凝土作为防渗阻隔结构的填埋处置设施)。

1) 填埋场场址选择的要求

(1) 填埋场场址的选择应符合环境保护法律、法规及相关法定规划要求。

(2) 填埋场场址及与周围人群的距离应依据环境影响评价结论确定。

(3) 填埋场场址不应选在国务院和国务院有关主管部门及省、自治区、直辖市人民政府划定的生态保护红线区域、永久基本农田和其他需要特别保护的区域内。

(4) 填埋场场址不得选在以下区域:破坏性地震及活动构造区,海啸及涌浪影响区;湿地;地应力高度集中,地面抬升或沉降速率快的地区;石灰溶洞发育带;废弃矿区、塌陷区;崩塌、岩堆、滑坡区;山洪、泥石流影响地区;活动沙丘区;尚未稳定的冲积扇、冲沟地区及其他可能危及填埋场安全的区域。

(5) 填埋场选址的标高应位于重现期不小于 100 a 的洪水位之上,并在长远规划中的水库等人工蓄水设施淹没和保护区之外。

(6) 填埋场场址地质条件应符合下列要求,刚性填埋场除外:场区的区域稳定性和岩土体稳定性良好,渗透性低,没有泉水出露;填埋场防渗结构底部应与地下水有记录以来的最高水位保持 3 m 以上的距离。

(7) 填埋场场址不应选在高压缩性淤泥、泥炭及软土区域,刚性填埋场选址除外。

(8) 填埋场场址天然基础层的饱和渗透系数应不大于 1.0×10^{-5} cm/s,且其厚度应不小于 2 m,刚性填埋场除外。

(9) 填埋场场址不能满足第(6)、(7)、(8)条的要求时,必须按照刚性填埋场要求建设。

2) 填埋场排放污染物控制要求

(1) 废水污染物排放控制要求:填埋场产生的渗滤液(调节池废水)等污水必须经过处理,并符合本标准规定的污染物排放控制要求后方可排放,禁止渗滤液回灌;2020 年 8 月 31 日前,现有危险废物填埋场废水进行处理,达到《污水综合排放标准》(GB 8978)中第一类污染物最高允许排放浓度标准要求及第二类污染物最高允许排放浓度标准要求后方可排放。第二类污染物排放控制项目为 pH 值、SS、BOD_5、COD_{Cr}、NH_3-N、磷酸盐(以 P 计);自 2020 年 9 月 1 日起,现有危险废物填埋场废水污染物排放执行表 9-5 的限值标准。

(2) 填埋场有组织气体排放和无组织气体排放应满足《大气污染物综合排放标准》(GB 16297)和《挥发性有机物无组织排放控制标准》(GB 37822)的规定。监测因子由企业根据填埋场废物特性从上述两个标准的污染物控制项目中提出,并征得当地生态环境主管部门同意。

(3) 危险废物填埋场不应对地下水造成污染。地下水监测因子和地下水监测层位由企业根据填埋废物特性和填埋场所处区域水文地质条件提出,必须是具有代表性且能表示废物特性的参数,并征得当地生态环境主管部门同意。常规测定项目包括混浊度、pH 值、溶解性总固体、氯化物、硝酸盐(以 N 计)、亚硝酸盐(以 N 计)。填埋场地下水质量评价按照《地下水质量标准》(GB/T 14848)执行。

表 9-5 危险废物填埋场废水污染物排放限值 (单位:mg/L,pH 值除外)

序号	污染物项目	直接排放	间接排放*	污染物排放监控位置
1	pH 值	6～9	6～9	危险废物填埋场废水总排放口
2	生化需氧量(BOD_5)	4	50	
3	化学需氧量(COD_{Cr})	20	200	
4	总有机碳(TOC)	8	30	
5	悬浮物(SS)	10	100	
6	氨氮	1	30	
7	总氮	1	50	
8	总铜	0.5	0.5	
9	总锌	1	1	
10	总钡	1	1	
11	氰化物(以 CN^- 计)	0.2	0.2	
12	总磷(TP,以 P 计)	0.3	3	
13	氟化物(以 F^- 计)	1	1	
14	总汞	0.001		渗滤液调节池废水排放口
15	烷基汞	不得检出		
16	总砷	0.05		
17	总镉	0.01		
18	总铬	0.1		
19	六价铬	0.05		
20	总铅	0.05		
21	总铍	0.002		
22	总镍	0.05		
23	总银	0.5		
24	苯并(a)芘	0.000 03		

* 工业园区和危险废物集中处置设施内的危险废物填埋场向污水处理系统排放废水时执行间接排放限值。

9.2 垃圾填埋场环境影响评价

9.2.1 垃圾填埋场对环境的主要影响

1. 垃圾填埋场的主要污染源

垃圾填埋场的主要污染源是渗滤液和填埋气体。

1) 渗滤液

城市生活垃圾填埋场渗滤液是一种高污染负荷、成分复杂的高浓度有机废水,其性质变动范围相当大。一般来说,城市生活垃圾填埋场渗滤液的 pH 值为 4～9,COD 浓度为

2 000～62 000 mg/L，BOD_5浓度为60～45 000 mg/L，BOD_5/COD值较低，可生化性差；重金属浓度与市政污水中重金属浓度基本一致。通常，填埋场渗滤液的来源由直接落入填埋场的降水（包括降雨和降雪）、进入填埋场的地表水、进入填埋场的地下水和处置废物中所含的水等组成。

鉴于填埋场渗滤液产生量及其性质的高度动态变化特性，评价时应选择有代表性的数值。一般来说，渗滤液的水质随填埋场使用年限的延长将发生变化。垃圾填埋场渗滤液通常可根据填埋场的"年龄"分为两大类。①"年轻"填埋场（填埋时间在5 a以下）渗滤液的水质特点如下：pH值较低，BOD_5及COD浓度较高，色度大，且BOD_5/COD的比值较高，同时各类重金属离子浓度也较高（因为渗滤液具有较低的pH值）。②"年老"填埋场（填埋时间在5 a以上）渗滤液的主要水质特点如下：接近中性或弱碱性（一般pH值为6～8），BOD_5和COD浓度较低，且BOD_5/COD值较低，而NH_4^+-N浓度高，重金属离子浓度则开始下降（因为此阶段pH值开始升高，不利于重金属离子的溶出），渗滤液的可生化性差。

2）填埋场释放的气体

填埋场释放的气体由主要气体和微量气体两部分组成。城市生活垃圾填埋场产生的气体主要为CH_4和CO_2，此外还含有少量的CO、H_2、H_2S、NH_3、N_2和O_2等，接受工业废物的城市生活垃圾填埋场其气体中还可能含有微量挥发性有毒气体。城市生活垃圾填埋场气体的典型组成（体积分数）：CH_4为45%～50%，CO_2为40%～60%，NH_3为2%～5%，O_2为0.1%～1.0%，硫化物为0～1.0%，H_2为0～0.2%，CO为0～0.2%，微量组分为0.01%～0.6%；气体的典型温度达43～490 ℃，相对密度为1.02～1.06，为水蒸气所饱和，高位热值为15 630～19 537 kJ/m^3。

填埋场释放气体中的微量气体量很小，但成分却很多。国外通过对大量填埋场释放气体取样分析，发现了多达116种有机成分，其中许多可以归为挥发性有机组分（VOC）。

2. 垃圾填埋场的主要环境影响

垃圾填埋场的环境影响包括多个方面。运行中的填埋场，对环境的影响主要包括：①填埋场渗滤液的泄漏或处理不当对地下水及地表水的污染；②填埋场产生气体排放对大气的污染、对公众健康的危害及可能发生的爆炸对公众安全的威胁；③填埋场的存在对周围景观的不利影响；④填埋作业及垃圾堆体对周围地质环境的影响，如造成滑坡、崩塌、泥石流等；⑤填埋机械噪声对公众的影响；⑥填埋场滋生的害虫、昆虫、啮齿动物，以及在填埋场觅食的鸟类和其他动物可能传播疾病；⑦填埋垃圾中的塑料袋、纸张及尘土等在未来得及覆土压实情况下可能飘出场外，造成环境污染和景观破坏；⑧流经填埋场区的地表径流可能受到污染。

封场后的填埋场对环境的影响减小，但填埋场植被恢复过程中种植于填埋场顶部覆盖层上的植物可能受到污染。

9.2.2　生活垃圾产生量预测

影响生活垃圾产生量的因素很多，涉及经济增长快慢、城市发展、居民生活水平的高低、人口密度增加或减少、能源结构的改变、季节的变化、居民素质的提升，以及资源回收和垃圾减量法规、政策的发展等。一般城市垃圾产生量与城市工业发展、城市规模、人口增长及居民生活水平的提高成正比。在实际评价中，根据评价区人口总数按照人均垃圾产生系数来预测评价区垃圾的产生量，预测公式为

$$W_s = \frac{P_s C_s}{1\ 000} \tag{9-1}$$

式中 W_s——年生活垃圾产生量,t/a;

P_s——年评价区人口数,人;

C_s——人均生活垃圾产生量,kg/(人·a)。

第 N 年评价区人均垃圾产生量为

$$W_s(N) = W_s(N_0)(1 + N_p) \tag{9-2}$$

式中 $W_s(N_0)$——参考年城市垃圾产生量;

N_p——城市垃圾人均产生量的年增长率,%。

9.2.3 主要评价工作内容

根据垃圾填埋场建设及其排污特点,环境影响评价工作具有多而全的特征,主要工作内容涉及场址合理性论证、环境质量现状调查、工程污染因素分析、大气环境和水环境影响预测与评价、污染防治措施制定等,详见表 9-6。

表 9-6 填埋场环境影响评价工作内容

评价项目	评价内容
场址选择评价	主要评价拟选场地是否符合选址标准,其方法是根据场地自然条件,采用选址标准逐项进行评判。评价的重点是场地的水文地质条件、工程地质条件、土壤自净能力等
自然、环境质量现状评价	主要评价拟选场地及其周围的空气、地表水、地下水、噪声等自然环境质量状况,其方法一般是根据监测值与各种标准,采用单因子和多因子综合评判法
工程污染因素分析	主要分析填埋场建设过程中和建成投产后可能产生的主要污染源及其污染物,以及它们产生的数量、种类、排放方式等,其方法一般采用计算、类比、经验统计等。污染源一般有渗滤液、释放气、恶臭、噪声等
施工期影响评价	主要评价施工期场地内排放生活污水,各类施工机械产生的机械噪声、振动及二次扬尘对周围地区产生的环境影响
水环境影响预测及评价	主要评价填埋场衬里结构的安全性及渗滤液排出对周围水环境影响,包括以下两方面内容。①正常排放对地表水的影响。根据相关标准,主要预测、评价渗滤液经处理达标排放后,是否会对受纳水体产生影响,影响程度如何。②非正常渗漏对地下水的影响。主要评价衬里破裂后渗滤液下渗对地下水的影响,包括渗透方向、渗透速度、迁移距离、土壤的自净能力及效果等
大气环境影响预测及评价	主要评价填埋场释放气体及恶臭对环境的影响。①释放气体。主要根据排放系统的结构,预测和评价排气系统的可靠性、排气利用的可能性及排气对环境的影响。预测模式可采用地面源模式。②恶臭。主要是评价运输、填埋过程中及封场后可能对环境的影响。评价时要根据垃圾的种类,预测各阶段臭气产生的位置、种类、浓度及影响范围
噪声环境影响预测及评价	主要评价垃圾运输、场地施工、垃圾填埋操作、封场各阶段由各种机械产生的振动和噪声对环境的影响。噪声评价可根据各种机械的特点采用机械噪声声压级预测,然后再结合卫生标准和功能区标准进行评价,看是否满足噪声控制标准,是否会对最近的居民区(点)产生影响

续表

评价项目	评价内容
污染防治措施	①渗滤液的治理和控制措施及填埋场衬里破裂补救措施。②释放气体的导排或综合利用措施及防臭措施。③减振防噪措施
环境经济损益评价	计算评价污染防治设施的投资及所产生的经济、社会、环境效益
其他评价项目	结合填埋场周围的土地、生态情况，对土壤、生态、景观等进行评价；对洪涝特征年产生的过量渗滤液及垃圾释放气因物理、化学条件变化而产生垃圾爆炸等进行风险事故评价

9.2.4　大气污染物排放强度计算

垃圾填埋场对大气环境影响评价的难点是确定大气污染物排放强度。其步骤为：首先，根据垃圾中废物的主要元素含量确定概化分子式，求出垃圾的理论产气量；然后，综合考虑生物降解度和对细胞物质的修正，求出垃圾的潜在产气量，并在此基础上，分别采用修正系数的60%和50%计算实际产气量；最后，根据实际产气量计算垃圾的产气速率，利用实际回收系数修正得出污染源源强。

1. 理论产气量计算

填埋场的理论产气量是填埋场中填埋的可降解有机物在下列假设条件下的产气量：

(1) 有机物完全降解矿化；

(2) 基质和营养物质均衡，满足微生物的代谢需要；

(3) 降解产物除 CH_4 和 CO_2 之外，无其他含碳化合物，碳元素没有被用于微生物的细胞合成。

根据上述假设，填埋场有机物的生物厌氧降解过程可以用下面方程概要表示：

$$C_aH_bO_cN_dS_e + \frac{(4a-b-2c+3d+e)}{4}H_2O$$

$$= \frac{(4a+b-2c-3d-e)}{8}CH_4 + \frac{(4a-b+2c+3d+e)}{8}CO_2 + dNH_3 + eH_2S \quad (9\text{-}3)$$

式中　$C_aH_bO_cN_dS_e$——降解有机物的概化分子式；

a、b、c、d、e——分别由有机物中 C、H、O、N 和 S 的含量比例确定。

2. 实际产气量计算

填埋场实际产气量由于受到多种因素的影响要比理论产气量小得多。例如，食品和纸类等有机物通常被视为可降解有机物，但其中少数物质在填埋场环境中有惰性，很难降解，如木质素等，而且木质素的存在还将降低有机物中纤维素和半纤维素的降解。再如，理论产气量假设除 CH_4 和 CO_2 之外，无其他含碳化合物产生。实际上，部分有机物被微生物生长繁殖所消耗，形成细胞物质。除此之外，填埋场的实际环境条件也对产气量有着重要的影响，如温度、含水率、营养物质、有机物未完成降解、产生渗滤液造成有机物损失、填埋场作业方式等。因此，填埋场实际产气量是在理论产气量中去掉微生物消耗部分、难降解部分和因各种因素造成产气量损失或者产气量降低部分之后的产气量。

3. 产气速率的计算

填埋场气体的产气速率是在单位时间内产生的填埋场气体总量，通常单位为 m^3/a。一般

采用一阶产气速率动力学模型(School Canyon 模型)进行填埋场产气速率的计算,即

$$q(t) = kY_0\exp(-kt) \tag{9-4}$$

式中 t——时间,从填埋场开始填埋垃圾时刻算起,a;

q——单位气体产生速率,$m^3/(t \cdot a)$;

Y_0——垃圾的实际产量,m^3/t;

k——产气速率常数,a^{-1}。

式(9-4)是 1 a 时间内的单位产气速率。对于运行期为 N a 的城市生活垃圾填埋场,产气速率可通过叠加得到,即

$$R(t) = \sum_{i=1}^{M} Wq_i(t) = kWQ_0\sum_{i=1}^{M}\exp\{-k[t-(i-1)]\} \tag{9-5}$$

式中 $R(t)$——t 时刻填埋场产气速率,m^3/a;

W——每年填埋的垃圾量,t;

Q_0——$t=0$ 时的实际产气量,m^3/t;

M——年数,若填埋场运行期为 N a,则当 $t<N$ 时,$M=t$;当 $t>N$ 时,$M=N$。

当垃圾中有多种可降解有机物时,还应把不同降解有机物的产气速率叠加起来,得到填埋场垃圾总的产气速率。

有机物的降解速率常数可以通过其降解反应的半衰期 $t_{1/2}$ 加以确定,即

$$k = \frac{\ln 2}{t_{1/2}} \tag{9-6}$$

实验结果表明,动植物厨渣 $t_{1/2}$ 区间为 1～4 a,一般取为 2 a。纸类 $t_{1/2}$ 区间为 10～25 a,一般取为 20 a。因此,动植物厨渣和纸类的降解速率常数通常定为 0.346 a^{-1} 和 0.034 6 a^{-1}。

4. 污染物排放强度

在扣除回收利用的填埋气体或收集后焚烧处理的填埋气体后,剩余的就是直接释放进入大气的填埋气体,根据气体排放速率及气体中所含污染物的浓度,即可确定该种污染物的排放强度。

填埋场恶臭气体的预测和评价通常选择 H_2S、NH_3 作为预测评价因子。此外,填埋场产生的 CO 也是重要的环境空气污染源,预测因子中也应包括 CO。

根据国内外垃圾填埋场的运行经验,产出气体中 H_2S、NH_3 和 CO 的含量一般分别为 0.1%～1.0%、0.1%～1.0%和 0～0.2%。在预测评价中,考虑到我国城市生活垃圾中有机成分较少,一般情况下,NH_3 和 H_2S 的含量取 0.4%,CO 取 0.2%。

9.2.5 渗滤液对地下水污染预测

填埋场渗滤液对地下水的影响评价较为复杂,一般除需要大量的资料外,还需要通过复杂的数学模型进行计算分析。这里主要根据降雨入渗量和填埋场垃圾含水量估算渗滤液的产生量;从土壤的自净、吸附、弥散能力及有机物自身降解能力等方面,定性和定量地预测填埋场渗滤液可能对地下水产生的影响。

1. 渗滤液的产生量

渗滤液的产生量受垃圾含水量、填埋场区降雨情况及填埋作业区大小的影响很大,也受到场区蒸发量、风力的影响和场地地面情况、种植情况等因素的影响。最简单的估算方法是假设整个填埋场的剖面含水率在所考虑的周期内不小于其相应田间持水率,用水量平衡法计算,即

$$Q = (W_p - R - E)A_a + Q_L \tag{9-7}$$

式中　Q——渗滤液的年产生量，m^3；

W_p——年降水量，m；

R——年地表径流量，m，$R=CW_p$，C 为地表径流系数，无量纲；

E——年蒸发量，m；

A_a——填埋场地表面积，m^2；

Q_L——垃圾产水量，m^3。

降雨的地表径流系数 C 与土壤条件、地表植被条件和地形条件等因素有关。Sahato(1971)等人给出了计算填埋场渗滤液产生量的地表径流系数，见表 9-7。

表 9-7　降雨的地表径流系数

地表条件	坡度/(%)	地表径流系数 C		
		亚砂土	亚黏土	黏　土
草地 (表面有植被覆盖)	0～5(平坦)	0.10	0.30	0.40
	5～10(起伏)	0.16	0.36	0.55
	10～30(陡坡)	0.22	0.42	0.60
裸露土层 (表面无植被覆盖)	0～5(平坦)	0.30	0.50	0.60
	5～10(起伏)	0.40	0.60	0.70
	10～30(陡坡)	0.52	0.72	0.82

2. 渗滤液渗漏量

对于一般的废物堆放场，未设置衬层的填埋场，或者虽然底部的黏土层渗透系数和厚度满足标准，但无渗滤液收排系统的简单填埋场，渗滤液的产生量就是渗滤液通过包气带土层进入地下水的渗漏量。

对于设有衬层、排水系统的填埋场，通过填埋场底部下渗的渗滤液渗漏量为

$$Q_{渗漏量}=AK_s\frac{d+h_{max}}{d} \tag{9-8}$$

式中　d——衬层的厚度，m；

K_s——衬层的渗透系数，m/d；

A——填埋场底部衬层面积，m^2；

h_{max}——填埋场底部最大积水深度，m。h_{max} 的计算式为

$$h_{max}=L\sqrt{C}\left(\frac{\tan^2\alpha}{C}+1-\frac{\tan\alpha}{C}\sqrt{\tan^2\alpha+C}\right) \tag{9-9}$$

式中　$C=q_{渗滤液}/k_t$，k_t 为横向渗透系数，m/d；$q_{渗滤液}$ 为进入填埋场废物层的水通量(图 9-1)，m/d；

L——两个集水管间的距离，m；

α——衬层与水面夹角(°)。

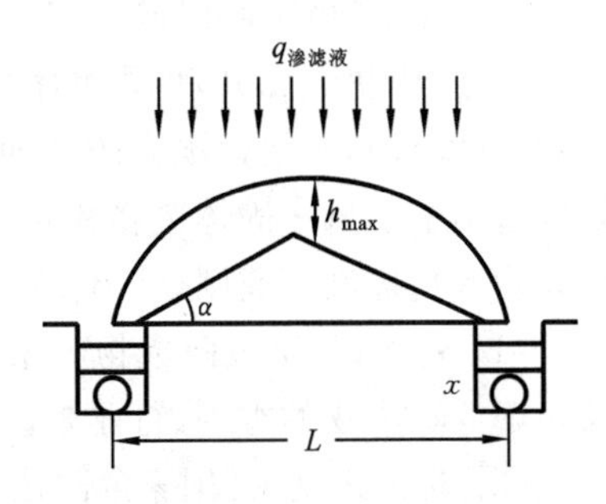

图 9-1　渗滤液收集模型

显然，填埋场衬层的渗透系数是影响渗滤液向下渗漏速率的重要因素，但并不是唯一因素。必须评价渗滤液收集系统的设计是否有足够高的收排效率，能有效排出填埋场底部的渗滤液，尽可能减少渗滤液的积水深度。

就填埋场衬层的渗透系数取值来说，即使对于采用渗透

系数分别为 10^{-12} cm/s 和 10^{-7} cm/s 的高密度聚乙烯(HDPE)和黏土组成的复合衬层,也不能采用 10^{-12} cm/s 作为衬层的渗透系数值进行评价。原因是高密度聚乙烯在运输、施工和填埋过程中不可避免会出现针孔和小孔,甚至发生破裂等。确定这种复合衬层系数的最简单方法是用高密度聚乙烯膜破损面积所占比例乘以下面黏土衬层的渗透系数。

渗滤液穿透衬层所需时间,一般要求应大于 30 a。这是用于评价填埋场衬层工程屏障性能的重要指标,可采用下述简单公式计算:

$$t = \frac{d}{v} \tag{9-10}$$

式中　d——衬层厚度,m;

v——地下水运移速度,m/a。

9.3　危险废物环境影响评价

9.3.1　危险废物环境影响评价的基本原则

危险废物环境影响评价的基本原则如下。

(1) 重点评价,科学估算。对于所有产生危险废物的建设项目,应科学估算产生危险废物的种类和数量等相关信息,并将危险废物作为重点进行环境影响评价,在环境影响报告书的相关章节中细化完善,环境影响报告表中的相关内容可适当简化。

(2) 科学评价,降低风险。对建设项目产生的危险废物种类、数量、利用或处置方式、环境影响以及环境风险等进行科学评价,并提出切实可行的污染防治对策措施。坚持“无害化、减量化、资源化”原则,妥善利用或处置产生的危险废物,保障环境安全。

(3) 全程评价,规范管理。对建设项目危险废物的产生、收集、贮存、运输、利用、处置全过程进行分析评价,严格落实有关危险废物各项法律制度,提高建设项目危险废物环境影响评价的规范化水平,促进危险废物的规范化监督管理。

9.3.2　危险废物环境影响评价工作内容和要求

1. 工程分析

1) 基本要求

工程分析应结合建设项目主辅工程的原辅材料使用情况及生产工艺,全面分析各类固体废物的产生环节、主要成分、有害成分、理化性质,以及产生、利用和处置量。

2) 固体废物属性判定

根据《中华人民共和国固体废物污染环境防治法》、《固体废物鉴别标准　通则》(GB 34330—2017),对建设项目产生的物质(除目标产物即产品、副产品外),依据产生来源、利用和处置过程鉴别属于固体废物并且作为固体废物管理的物质,应按照《国家危险废物名录》、《危险废物鉴别标准　通则》(GB 5085.7)等进行属性判定。

(1) 列入《国家危险废物名录》的直接判定为危险废物。环境影响报告书(表)中应对照名录明确危险废物的类别、行业来源、代码、名称、危险特性。

(2) 对于未列入《国家危险废物名录》,但从工艺流程及产生环节、主要成分、有害成分等角度分析可能具有危险特性的固体废物,环评阶段可类比相同或相似的固体废物危险特性判定结果，也可选取具有相同或相似性的样品，按照《危险废物鉴别技术规范》(HJ/T 298)、《危险废物鉴别标准》(GB 5085.1～6)等国家规定的危险废物鉴别标准和鉴别方法予以认定。该类固体废物产生后，应按国家规定的标准和方法对所产生的固体废物再次开展危险特性鉴别，并根据其主要有害成分和危险特性确定所属废物类别，按照《国家危险废物名录》要求进行归类管理。

(3) 对于环评阶段不具备开展危险特性鉴别条件的可能含有危险特性的固体废物，环境影响报告书(表)中应明确疑似危险废物的名称、种类、可能的有害成分，并明确暂按危险废物从严管理，并要求在该类固体废物产生后开展危险特性鉴别，环境影响报告书(表)中应按《危险废物鉴别技术规范》(HJ/T 298)、《危险废物鉴别标准　通则》(GB 5085.7)等要求给出详细的危险废物特性鉴别方案建议。

3) 产生量核算方法

采用物料衡算法、类比法、实测法、产排污系数法等相结合的方法核算建设项目危险废物的产生量。

对于生产工艺成熟的项目，应通过物料衡算法分析估算危险废物产生量，必要时采用类比法、产排污系数法校正，并明确类比条件，提供类比资料；若无法按物料衡算法估算，可采用类比法估算，但应给出所类比项目的工程特征和产排污特征等类比条件；对于改、扩建项目可采用实测法统计核算危险废物产生量。

4) 污染防治措施

工程分析应给出危险废物收集、贮存、运输、利用、处置环节采取的污染防治措施，并以表格的形式列明危险废物的名称、数量、类别、形态、危险特性和污染防治措施等内容。在项目生产工艺流程图中应标明危险废物的产生环节，在厂区布置图中应标明危险废物贮存场所(设施)、自建危险废物处置设施的位置。

2. 环境影响分析

1) 基本要求

在工程分析的基础上，环境影响报告书(表)应从危险废物的产生、收集、贮存、运输、利用和处置等全过程以及建设期、运营期、服务期满后等全时段角度考虑，分析预测建设项目产生的危险废物可能造成的环境影响，进而指导危险废物污染防治措施的补充完善。

同时，应特别关注与项目有关的特征污染因子，按《环境影响评价技术导则　地下水环境》、《环境影响评价技术导则　大气环境》等要求，开展必要的土壤、地下水、大气等环境背景监测，分析环境背景变化情况。

2) 危险废物贮存场所(设施)环境影响分析

危险废物贮存场所(设施)环境影响分析应包括以下几个方面。

(1) 按照《危险废物贮存污染控制标准》(GB 18597)及其修改单，结合区域环境条件，分析危险废物贮存场选址的可行性。

(2) 根据危险废物产生量、贮存期限等分析、判断危险废物贮存场所(设施)的能力是否满足要求。

(3) 按环境影响评价相关技术导则的要求，分析预测危险废物贮存过程中对环境空气、地表水、地下水、土壤以及环境敏感保护目标可能造成的影响。

3) 运输过程的环境影响分析

分析危险废物从厂区内产生工艺环节运输到贮存场所或处置设施可能出现散落、泄漏所引起的环境影响。对运输路线沿线有环境敏感点的,应考虑其对环境敏感点的环境影响。

4) 利用或者处置的环境影响分析

利用或者处置危险废物的建设项目环境影响分析应包括以下几个方面。

(1) 按照《危险废物焚烧污染控制标准》(GB 18484)、《危险废物填埋污染控制标准》(GB 18598)等,分析论证建设项目危险废物处置方案选址的可行性。

(2) 应按建设项目建设和运营的不同阶段开展自建危险废物处置设施(含协同处置危险废物设施)的环境影响分析预测,分析对环境敏感保护目标的影响,并提出合理的防护距离要求。必要时,应开展服务期满后的环境影响评价。

(3) 对综合利用危险废物的,应论证综合利用的可行性,并分析可能产生的环境影响。

5) 委托利用或者处置的环境影响分析

环评阶段已签订利用或者委托处置意向的,应分析危险废物利用或者处置途径的可行性。暂未委托利用或者处置单位的,应根据建设项目周边有资质的危险废物处置单位的分布情况、处置能力、资质类别等,给出建设项目产生危险废物的委托利用或处置途径建议。

3. 污染防治措施技术经济论证

1) 基本要求

环境影响报告书(表)应对建设项目可行性研究报告、设计等技术文件中的污染防治措施的技术先进性、经济可行性及运行可靠性进行评价,根据需要补充完善危险废物污染防治措施。明确危险废物贮存、利用或处置相关环境保护设施投资并纳入环境保护设施投资、"三同时"验收表。

2) 贮存场所(设施)污染防治措施

分析项目可行性研究报告、设计等技术文件中危险废物贮存场所(设施)所采取的污染防治措施、运行与管理、安全防护与监测、关闭等要求是否符合有关要求,并提出环保优化建议。

危险废物贮存应关注"四防"(防风、防雨、防晒、防渗漏),明确防渗措施和渗漏收集措施,以及危险废物堆放方式、警示标志等方面内容。

对同一贮存场所(设施)贮存多种危险废物的,应根据项目所产生危险废物的类别和性质,分析论证贮存方案与《危险废物贮存污染控制标准》(GB 18597)中的贮存容器要求、相容性要求等的符合性,必要时,提出可行的贮存方案。

环境影响报告书(表)应列表明确危险废物贮存场所(设施)的名称、位置、占地面积、贮存方式、贮存容积、贮存周期等。

3) 运输过程的污染防治措施

按照《危险废物收集　贮存　运输技术规范》(HJ 2025),分析危险废物的收集和转运过程中采取的污染防治措施的可行性,并论证运输方式、运输线路的合理性。

4) 利用或者处置方式的污染防治措施

按照《危险废物焚烧污染控制标准》(GB 18484)、《危险废物填埋污染控制标准》(GB 18598)和《水泥窑协同处置固体废物污染控制标准》(GB 30485)等,分析论证建设项目自建危险废物处置设施的技术、经济可行性,包括处置工艺、处理能力是否满足要求,装备(装置)水平的成熟程度、可靠性及运行的稳定性和经济合理性,污染物稳定达标的可靠性。

5) 其他要求

(1) 积极推行危险废物的无害化、减量化、资源化,提出合理、可行的措施,避免产生二次污染。

(2) 改扩建及异地搬迁项目需说明现有工程危险废物的产生、收集、贮存、运输、利用和处置情况及处置能力，存在的环境问题及拟采取的“以新带老”措施，改扩建项目产生的危险废物与现有贮存或处置的危险废物的相容性等。涉及原有设施拆除及造成环境影响的分析，须明确应采取的措施。

4. 环境风险评价

按照《建设项目环境风险评价技术导则》(HJ/T 169)和地方环保部门有关规定，针对危险废物产生、收集、贮存、运输、利用、处置等不同阶段的特点，进行风险识别和源项分析并进行后果计算，提出危险废物的环境风险防范措施和应急预案编制意见，并纳入建设项目环境影响报告书(表)的突发环境事件应急预案专题。

5. 环境管理要求

按照危险废物相关导则、标准、技术规范等要求，严格落实危险废物环境管理与监测制度，对项目危险废物收集、贮存、运输、利用、处置各环节提出全过程环境监管要求。

列入《国家危险废物名录》附录“危险废物豁免管理清单”中的危险废物，在所列的豁免环节且满足相应的豁免条件时，可以按照豁免内容的规定实行豁免管理。

对冶金、石化和化工行业中有重大环境风险，建设地点敏感，且持续排放重金属或者持久性有机污染物的建设项目，提出开展环境影响后评价要求，并将后评价作为其改扩建、技改环评管理的依据。

6. 危险废物环境影响评价结论与建议

归纳建设项目产生危险废物的名称、类别、数量和危险特性，分析预测危险废物产生、收集、贮存、运输、利用、处置等环节可能造成的环境影响，提出预防和减缓环境影响的污染防治、环境风险防范措施以及环境管理等方面的改进建议。

9.4 固体废物污染控制

9.4.1 固体废物污染控制的主要原则

《中华人民共和国固体废物污染环境防治法》确定了固体废物污染防治的主要原则：减少固体废物的产生量和危害性，充分合理利用固体废物，无害化处置固体废物。

固体废物产生量及危害性的减少主要通过清洁生产实现，即：通过改善生产工艺和设备设计及加强管理，降低原料、能源的消耗量；通过改变消费和生活方式，减少产品的过度包装和一次性制品的大量使用，最大限度地减少固体废物的产生量；通过工艺改变、原料改变，降低固体废物的危害性；固体废物的资源化(主要是对固体废物中有价值物质进行综合利用)。现在固体废物被视为“放错了地方的资源”或是“尚未找到利用技术的新材料”，通过综合利用，使有利用价值的固体废物变废为宝，实现资源的再循环利用。固体废物的无害化就是对其进行安全处置，即对无利用价值的固体废物的最终处置，通常是焚烧和填埋，并应该在严格的管理控制下，按照特定的要求进行，实现无害于环境的安全处置。

9.4.2 固体废物的资源化

1. 一般工业固体废物的再利用

由矿物开采、火力发电及金属冶炼产生大量的一般工业固体废物，积存量大，处置占地多。

主要固体废物有煤矸石、锅炉渣、粉煤灰、高炉渣、钢渣、尘泥等，这些废物多以 SiO_2、Al_2O_3、CaO、MgO、Fe_2O_3 为主要成分，只要适当进行调配，经加工即可生产水泥等多种建筑材料。这不仅实现了资源再利用，而且由于其产生量大，还可以大大减少处置的费用和难度。表 9-8 列出了可做建筑材料的工业废渣。

表 9-8 可做建筑材料的工业废渣

工业废渣	用途
高炉渣、粉煤灰、煤渣、电石碴、尾矿粉、赤泥、钢渣、镍渣、铅渣、硫铁矿渣、铬渣、废石膏、水泥、窑灰等	(1) 制造水泥原料和混凝土材料; (2) 制造墙体材料; (3) 作为道路材料，制造低级垫层填料
高炉渣(气冷渣、粒化渣、膨胀化渣、膨珠)、粉煤灰(陶料)、煤矸石(膨胀煤矸石)、煤渣、赤泥(陶粒)、钢渣和镍渣(烧胀钢渣和镍渣等)	作为混凝土骨料和轻质骨料
高炉渣、钢渣、镍渣、铬渣、粉煤灰、煤矸石等	制造热铸制品
高炉渣(渣棉、水渣)、粉煤灰、煤渣等	制造保温材料

2. 有机固体废物堆肥技术

固体废物生物转换技术是对固体废物进行稳定化、无害化处理的重要方式之一，也是实现固体废物资源化、能源化的系统技术之一。依靠自然界广泛分布的细菌、放线菌、真菌等微生物，人为地促进可生物降解的有机物向稳定的腐殖质生化转化的微生物学过程称为堆肥化。堆肥化的产物称为堆肥。

自然界中有很多微生物具有氧化、分解有机物的能力，而城市有机废物则是堆肥化微生物赖以生存、繁殖的物质条件。根据生物处理过程中起作用的微生物对氧气要求不同，可以把固体废物堆肥化分为好氧堆肥化和厌氧堆肥化。前者是在通风条件下，有游离氧存在时进行的分解发酵过程，由于堆肥堆温高，一般在 55～65 ℃，有时高达 80 ℃，故也称为高温堆肥化。后者是利用厌氧微生物发酵造肥。由于好氧堆肥化具有发酵周期短、无害化程度高、卫生条件好、易于机械化操作等特点，故国内外利用垃圾、污染物、人畜粪尿等有机废物制造堆肥工厂，绝大多数都采用好氧堆肥化。

城市垃圾经分拣后，将分拣出的玻璃废物、塑料废物、金属物质回收再利用，剩余垃圾的有机质具有堆肥的极大潜力。

利用污水处理场产生的污泥进行堆肥，产生的堆肥必须进行组分分析。只有符合国家农用标准的肥料，才能用于农田，否则将会给农田带来土壤的污染。这是环境影响评价中经常遇到并必须注意的问题。

9.4.3 固体废物焚烧处置技术

1. 焚烧处理的技术特点

焚烧法是一种高温热处理技术，即以一定的过剩空气量与被处理的有机废物在焚烧炉内进行氧化燃烧反应，废物中的有毒、有害物质在高温下氧化、热解而被破坏。焚烧处理的特点是它可以实现废物无害化、减量化、资源化。焚烧的主要目的是尽可能焚毁废物，使被焚烧的物质无害化和最大限度地减容，并尽量减少新的污染物质产生，避免造成二次污染。大、中型的废物焚烧厂都有条件能同时实现使废物减量，彻底焚毁废物中的毒性物质，以及回收利用焚烧产生的废热这三个目的。焚烧法不但可以处置固体废物，而且可以用于处置危险废物。危险废物中的有机固态、液态和气态废物，常常采用焚烧来处置。在焚烧处置城市生活垃圾时，也常常将垃圾焚烧处置前暂时贮存过程中产生的渗滤液和臭气引入焚烧炉焚烧处置。

焚烧适宜处置有机成分多、热值高的废物。当处置可燃有机物组分很少的废物时，须补加大量的燃料，这会使运行费用增高。但如果有条件辅以适当的废热回收装置，则可弥补上述缺点，降低废物焚烧成本，从而使焚烧法获得较好的经济效益。

2. 焚烧技术的废气污染

焚烧烟气中常见的空气污染物包括粒状污染物、酸性气体、氮氧化物、重金属、一氧化碳与有机卤化物等。

(1) 在焚烧过程中所产生的粒状污染物大致有三类。

① 废物中的不可燃物，在焚烧过程中(如较大残留物)成为底灰排出，而部分的粒状物则随废气排出炉外成为飞灰。飞灰所占的比例随焚烧炉操作条件(如送风量、炉温等)、粒状物粒径分布、形状与密度而定。所产生的粒状物粒径一般大于 10 μm。

② 部分无机盐类在高温下氧化排出，在炉外凝结成粒状物，或二氧化硫在低温下遇水滴形成硫酸盐雾状微粒等。

③ 未燃烧完全产生的碳颗粒与煤烟，粒径为 0.1 ～10 μm。由于颗粒微细难以去除，最好的控制方法是在高温下使其氧化分解。

(2) 焚烧产生的酸性气体，主要包括 SO_2、HCl 与 HF 等，这些污染物都是直接由废物中的 S、Cl、F 等元素经过焚烧反应而形成的。如含 Cl 的 PVC 塑料会形成 HCl，含 F 的塑料会形成 HF，而含 S 的煤焦油会产生 SO_2。据国外研究，一般城市垃圾中 S 含量为 0.12%，其中 30%～60%转化为 SO_2，其余则残留于底灰或被飞灰所吸收。

(3) 焚烧所产生的氮氧化物主要来源：一是在高温下，N_2与 O_2反应形成热氮氧化物；另一个来源为废物中的氮组分转化的 NO_x，称为燃料氮转化氮氧化物。

(4) 废物中所含重金属物质。高温焚烧后除部分残留于灰渣中之外，部分则会在高温下汽化挥发进入烟气；部分金属物在炉中参与反应生成的氧化物或氮化物，比原金属元素更易汽化挥发。这些氧化物及氯化物，因挥发、热解、还原及氧化等作用，可进一步发生复杂的化学反应，最终产物包括元素态重金属、重金属氧化物及重金属氯化物等。

(5) 废物焚烧过程中产生的毒性有机卤化物主要为二噁英类，包括多氯代二苯并-对-二噁英(PCDDs)和多氯代二苯并呋喃(PCDFs)。废物焚烧时的二噁英类物质来自三条途径：废物本身、炉内形成及炉外低温再合成。由于二噁英类物质毒性极强，因此最为人们所关注。

9.4.4　固体废物填埋处置技术

1. 填埋处置的技术特点

填埋处置生活垃圾是应用最早、最广泛的，也是当今世界各国普遍使用的一项技术。将垃圾埋入地下会大大减少因垃圾敞开堆放带来的环境问题，如散发恶臭、滋生蚊蝇等。但垃圾填埋处理不当，也会引发新的环境污染，如由于降雨的淋洗及地下水的浸泡，垃圾中的有害物质溶出并污染地表水和地下水；垃圾中的有机物质在厌氧微生物的作用下产生以 CH_4 为主的可燃性气体，从而引发填埋场火灾或爆炸。

填埋处置对环境的影响包括多个方面,通常主要考虑占用土地、植被破坏所造成的生态环境影响及填埋场释放物(包括渗滤液和填埋气体)对周围环境的影响。

随着人们对填埋场所带来的各种环境影响的认识,填埋技术也不断得到发展,由最初的简易填埋,发展到具有防渗系统、集排水系统、导气系统和覆盖系统的卫生填埋。填埋场的设计和施工要求则是最有效地控制和利用释放气体,最有效地减少渗滤液的产生量,有效地收集渗滤液并加以处理,防止渗滤液对地下水的污染。

2. 填埋处置技术中的污染

填埋处置技术尽管是固体废物的最终归宿,但生活垃圾在填埋过程中仍会产生二次污染,包括大气污染和渗滤液污染地表水与地下水。

(1) 生活垃圾填埋场的大气污染主要是TSP、氨、硫化氢、甲硫醇等臭气。《生活垃圾填埋污染控制标准》(GB 16889—2008)规定大气污染物排放限制在对无组织排放源的控制。颗粒物场界排放限值不大于0.1 mg/m^3,氨、硫化氢、甲硫醇、臭气浓度场界排放限值,根据生活垃圾填埋场所在区域,分别按照《恶臭污染物排放标准》(GB 14554—1993)中相应级别的指标值执行。

(2) 为防止垃圾渗滤液对地表水和地下水造成污染,垃圾填埋已从过去的依靠土壤过滤自净的扩散型结构发展为密封结构。密封结构是在填埋场的底部设置人工合成的衬里,使环境完全屏蔽隔离,防止渗滤液的渗漏。常用的衬里材料有高强度聚乙烯膜、橡胶、沥青及黏土等,衬里防渗结构可分别采用天然材料衬层、复合衬层或双人工材料衬层。一般来说,衬层系统的防渗系数要小于10^{-7} cm/s,浸出液则要加以收集和处理,地表径流要加以控制。

按照《生活垃圾填埋污染控制标准》(GB 16889—2008)的要求,渗滤液排放控制指标有SS、COD、BOD_5和粪大肠菌群数。

9.5　固体废物环境影响评价案例分析

某燃油发电厂拟于2005年年底和2006年年初各建成600 MW发电机组。由于该电厂在施工和运行期间有固体废物排放,因此应当对其在施工期和运行期的固体废物的环境影响进行预测与评价。

9.5.1　固体废物的类别和产生量

电厂运行期间产生的固体废物主要有工业固体废物和生活垃圾。其中工业废物为炉灰、脱硫石膏、废水处理池底泥和一般工业垃圾。生活垃圾为厂区的生活垃圾。

1. 炉灰

炉灰包括燃料奥里油在炉膛中燃烧产生的废气经过静电除尘器收集下来的灰和不定期清扫炉膛、烟道所收集下来的炉灰。根据工程分析,按除尘器的除尘效率为95%计算,由除尘器收集下来的灰有15 329.9 t/a,其中大部分为注氨系统产生的硫酸铵,还有少量的不定期清扫下来的炉灰。该干灰中除大部分的硫酸铵外,其余成分须参照类比调查结果确定。

根据该环境影响评价工程分析结果,该灰中含有一定量的钒和镍等重金属,灰中的钒和硫酸铵具有回收利用价值,故可回收利用,且该灰已落实综合利用单位,对厂址周围环境的影响不大。

2. 脱硫石膏

该项目的脱硫工艺为石灰石-石膏湿法脱硫工艺，即采用石灰石作为脱硫吸收剂，在吸收塔内，吸收浆液与烟气接触混合，烟气中的碳酸钙与鼓入的氧化空气进行化学反应被脱除，最终反应产物为石膏。根据设计方案，该项目产生的石膏为 58.02 t/h，可作为建筑材料。

3. 废水处理池底泥

该项目产生的少量底泥来源于脱硫废水处理设施、含油污水处理间、厂区废水处理池和生活污水处理间。

各种设施产生底泥的成分不同，其中脱硫废水处理设施和含油污水处理间产生的底泥由于含有钒等重金属，须按危险废物处理方法进行处理。

4. 罐底油泥

奥里油储罐每两年须检修一次，检修时将清出一定量的罐底油泥。奥里油是乳化油，没有沉积物，产生的罐底物为天然沥青，即是奥里油的原体，其量为 2～3 m^3/a，须交给有关单位清运回收利用。

5. 集中污水处理站底泥和生活垃圾

根据工程分析结果，当含钒废水不进入集中污水处理站处理时，该处理站排水不含钒等危险废物，其底泥属于一般工业固体废物。由于其量较少，可纳入城市垃圾处理系统。

电厂定员 130 人，因生活区不设在厂址范围内，按人均日产垃圾 0.5 kg 计算，厂区日产垃圾量约为 65 kg。这些垃圾纳入城市垃圾处理系统。

9.5.2　固体废物对环境的影响分析

1. 炉灰的影响

根据该项目的设计方案，炉灰将进行密封装运及贮存，并全部进行回收利用，不会对环境造成影响。

2. 脱硫石膏

根据该项目的设计方案，将全部对该脱硫石膏进行回收利用，本工程不设堆放场地，故不会对环境造成影响。

脱硫石膏的产生量较大，以每年机组运行 5 000 h 算，每年产生脱硫石膏量有 2.901×10^5 t。石膏矿石的密度取决于杂质含量，一般为 2.2～2.4 g/cm^3。破碎后石膏的松散表现密度为 1 300～1 600 kg/m^3，导热性很差。二水石膏难溶于水，有资料表明，在 180 ℃时，其在水中的溶解度（以硫酸钙计）为 0.26%，在 400 ℃时为 0.27%，在 1 000 ℃时为 0.17%。

3. 废水处理池底泥及罐底油泥

根据该项目的设计方案，该底泥将全部收集到省危险废物处理中心进行处理或专门填埋，本工程只设临时堆放场地。该场地按《危险废物贮存污染控制标准》(GB 18597—2001)修建，对环境造成的影响可忽略。

4. 集中污水处理站底泥及生活垃圾

根据工程分析结果，当含钒废水不进入集中污水处理站处理时，该处理站排水不含钒等危险废物，其底泥属于一般工业固体废物。由于其量较少，可纳入城市垃圾处理系统。该底泥须存储于有盖容器中，定期由市环境卫生部门收走。因该容器不漏水，对环境产生的影响可忽略。

该项目有员工 130 人,生活垃圾为 65 kg/d,存放于生活垃圾桶中并每日由市环境卫生部门收走,对环境的影响可忽略。

习　题

1. 固体废物对环境的主要影响表现在哪些方面?
2. 固体废物环境影响评价涉及哪些标准?
3. 简述固体废物环境影响评价的主要内容与特点。
4. 垃圾填埋场对环境有哪些影响?
5. 垃圾填埋场环境影响评价包括哪些主要内容?
6. 简述固体废物污染控制的主要措施。

第10章　生态环境影响预测与评价

生态环境影响是指某一生态系统在受到外来作用时所发生的变化和响应，对某种生态环境的影响是否显著、不利影响是否严重及可否为社会和生态接受进行的判断。科学地分析和预估这种响应和变化的趋势，称为生态环境影响预测。对生态环境现状进行调查与评价，对生态环境影响进行预测与评价，以及对生态保护措施进行经济技术论证的过程称为生态环境影响评价。

生态环境影响具有区域性、累积性、综合性的特点，这与生态因子间的复杂联系密切相关。生态环境影响可分为直接生态影响、间接生态影响和累积生态影响。直接生态影响是经济社会活动所导致的不可避免的、与该活动同时同地发生的生态影响。间接生态影响是经济社会活动及其直接生态影响所诱发的、与该活动不在同一地点或不在同一时间发生的生态影响。累积生态影响是经济社会活动各个组成部分之间或者该活动与其他相关活动（包括过去、现在、未来）之间造成生态影响的相互叠加。例如，在河流上修建水库这一开发建设行为的环境影响包括上游河水利用所产生的污染源会使水库水质恶化，开发建设过程所产生的建筑垃圾等会影响库区的水质，上游流域的水土流失会增加水库的淤积，而水土流失又与植被覆盖紧密联系，可见库区的植被、陆地、河流及人类开发活动与水库水质是高度相关的。所以生态环境影响不仅涉及自然问题，还常常涉及社会和经济问题。

由于有上述特点，生态环境影响也就具备了整体性特点，即不管影响到生态系统的什么因子，其影响效应对系统而言是具有整体性的。

生态环境影响评价的基本程序大致可分为生态环境现状调查与评价、生态环境影响预测与评价、生态环境保护措施和替代方案等四个步骤。

10.1　生态环境影响识别

生态环境影响识别是通过检查拟建项目的开发行为与环境要素之间的关系，识别可能的环境影响。这是一种定性和宏观的生态影响分析，其目的是明确主要影响因素、主要影响对象和生态因子，从而筛选出评价工作的重点内容。

影响识别包括影响因素的识别、影响对象的识别和影响性质与程度的识别。

10.1.1　生态环境影响评价的原则

（1）坚持重点与全面相结合的原则。既要突出评价项目所涉及的重点区域、关键时段和主导生态因子，又要从整体上兼顾评价项目所涉及的生态系统和生态因子在不同时空等级尺度上结构与功能的完整性。

（2）坚持预防与恢复相结合的原则。预防优先，恢复补偿为辅。恢复、补偿等措施必须与项目所在地的生态功能区划的要求相适应。

（3）坚持定量与定性相结合的原则。生态影响评价应尽量采用定量方法进行描述和分析，当现有科学方法不能满足定量需要或因其他原因无法实现定量测定时，生态影响评价可通过定性或类比的方法进行描述和分析。

10.1.2 生态环境影响判定依据

生态环境影响判定依据包括以下几个方面：国家、行业和地方已颁布的资源环境保护等相关法规、政策、标准、规划和区划等确定的目标、措施与要求；科学研究判定的生态效应或评价项目实际的生态监测、模拟结果；评价项目所在地区及相似区域生态背景值或本底值；已有性质、规模及区域生态敏感性相似项目的实际生态影响类比；相关领域专家、管理部门及公众的咨询意见。

10.1.3 影响因素的识别

根据评价项目自身特点、区域的生态特点以及评价项目与影响区域生态系统的相互关系，确定工程分析的重点，分析生态影响的源及其强度。主要内容应包括可能产生重大生态影响的工程行为，与特殊生态敏感区和重要生态敏感区有关的工程行为，可能产生间接、累积生态影响的工程行为，以及可能造成重大资源占用和配置的工程行为。

工程分析内容应包括项目所处的地理位置、工程的规划依据和规划环境影响评价依据、工程类型、项目组成、占地规模、总平面及现场布置、施工方式、施工时序、运行方式、替代方案、工程总投资与环保投资、设计方案中的生态保护措施等。工程分析时段应涵盖勘察期、施工期、运营期和退役期，以施工期和运营期为调查分析的重点。

10.1.4 影响对象的识别

影响对象的识别主要是识别生态环境可能作用到的部位、因子等。首先，了解受影响生态系统的特点及其在区域生态环境中所起的作用或其主要环境功能是十分重要的，它能使评价工作更具针对性，可以提高评价工作的有效性。其次，许多生态环境的退化和破坏是由于自然资源的不合理开发利用造成的。对我国来说，基本农田保护区、城市菜篮子工程、养殖基地、特产地和其他有重要经济价值的资源，都是影响识别的重要自然资源。

识别的主要内容应包括以下几个方面。

1. 识别受影响的重要生境

在建设项目的生态环境影响评价中，人类对生物多样性的影响主要是因为占据、破坏或威胁野生动植物的生境造成的。因此要认真识别这类重要的生境，并采取有效措施加以保护。重要生境的识别方法如表 10-1 所示。

表 10-1 生境重要性的识别方法

生境指标	重要性比较
天然性	原始生境＞次生生境＞人工生境(如农田)
面积大小	同样条件下，面积大＞面积小
多样性	群落或生境类型多、复杂区域＞类型少、简单区域
稀有性	拥有稀有物种的生境＞没有稀有物种者
可恢复性	不易天然恢复的生境＞易于天然恢复者
完整性	完整性生境＞破碎性生境
生态联系	功能上相互联系的生境＞功能上孤立的生境

续表

生境指标	重要性比较
潜在价值	可发展为更具保存价值者＞无发展潜力者
功能价值	有物种或群落繁殖、生长者＞无此功能者
存在期限	存在历史久远者＞新近形成者
生物丰度	生物多样性丰富者＞生物多样性缺乏者

在一般情况下，生境的重要性按照其所处的生态敏感区类型进行简易判定。

（1）特殊生态敏感区：指具有极重要的生态服务功能，生态系统极为脆弱或已有较为严重的生态问题，如遭到占用、损失或破坏后所造成的生态影响后果严重且难以预防、生态功能难以恢复和替代的区域，包括自然保护区、世界文化和自然遗产地等。

（2）重要生态敏感区：指具有相对重要的生态服务功能或生态系统较为脆弱，如遭到占用、损失或破坏后所造成的生态影响后果较严重，但可以通过一定措施加以预防、恢复和替代的区域，包括风景名胜区、森林公园、地质公园、重要湿地、原始天然林、珍稀濒危野生动植物天然集中分布区、重要水生生物的自然产卵场及索饵场、越冬场和洄游通道、天然渔场等。

（3）一般区域：除特殊生态敏感区和重要生态敏感区以外的区域。

2. 识别受影响的景观

具有美学意义的景观，包括自然景观和人文景观，它们对于缓解当今人与自然的矛盾、满足人类对自然的需求和人类精神生活需求具有越来越重要的意义。所有具有观赏或纪念意义的人文景观、具有代表地方的历史或荣誉的地方文化特色，为人民所钟爱或景仰，因而具有保护意义。我国自然景观多样，人文景观也特别丰富，许多有这类保护价值的景观尚未纳入法规保护范围，需要在环境影响评价中予以特别关注，需要认真调查和识别此类保护目标。

3. 识别敏感保护目标

在环境影响评价中，敏感保护目标常作为评价的重点，也是衡量评价工作是否深入或是否完成任务的标志。敏感保护目标概括一切重要的、值得保护或需要保护的目标，依据《环境影响评价技术导则与标准》的内容，生态环境敏感保护目标如下。

1）法规确定的保护目标

法规确定的保护目标包括《环境保护法》、《海洋环境保护法》、《水土保持法》、《土地管理法》、《建设项目环境影响评价分类管理名录》等法律法规中已明确的保护目标。

2）一般敏感保护目标

一般敏感保护目标有以下几种。

（1）具有生态学意义的保护目标：主要有具代表性的生态系统（如湿地、红树林、天然林等生物多样性较高或具区域代表性的生态系统）、重要保护生物及其生境（如列入国家保护名录的动植物及其生境）、重要渔场及产卵场等。

（2）具有美学意义的保护目标：如风景名胜区。

（3）具有科学文化意义的保护目标：如著名溶洞和化石分布区。

（4）具有经济价值的保护目标：如基本农田保护区。

（5）重要生态功能区和具有社会安全意义的保护目标：如水土保持重点区、泥石流区。

（6）生态脆弱区：如沙尘暴源区等处于剧烈退化中的生态系统。

（7）人类建立的各种具有生态环境保护意义的对象：如动物园、植物园、生态示范区。

(8) 环境质量急剧退化或环境质量已达不到环境功能区划要求的地域、水域。

(9) 人类社会特别关注的保护对象:如学校、医院、居民集中区等。

10.1.5 影响性质与程度的识别

生态环境影响识别是生态环境影响评价过程中非常重要的过程(阶段)之一。生态环境影响识别时主要须判别以下几点内容。

1. 影响的性质

需要判断:对该生态系统的影响是正影响或负影响?是可逆影响还是不可逆影响?可否恢复或补偿?有无替代?是累积性影响还是非累积性影响?

2. 影响的可能性

影响的可能性即发生影响的可能性与概率。影响可能性可按极小、可能、很可能来识别。

3. 影响的程度

影响的程度即影响发生的范围大小、持续时间的长短、影响发生的剧烈程度、受影响生态因子的多少、是否影响到生态系统的主要组成因子等。

在影响后果的识别中,常可通过识别生态系统的敏感性来宏观地判别影响的性质和影响导致的变化程度。

10.2 生态环境影响评价工作等级与评价因子

10.2.1 评价工作等级的确定

依据影响区域的生态敏感性和评价项目的工程占地(含水域)范围(包括永久占地和临时占地),将生态环境影响评价工作划分为一级、二级和三级,如表 10-2 所示。位于原厂界(或永久用地)范围内的工业类改扩建项目,可做生态环境影响分析。

表 10-2 生态环境影响评价工作等级划分表

影响区域生态敏感性	工程占地(水域)范围		
	面积≥20 km^2或 长度≥100 km	面积 2～20 km^2或 长度 50～100 km	面积≤2 km^2或 长度≤50 km
特殊生态敏感区	一级	一级	一级
重要生态敏感区	一级	二级	三级
一般区域	二级	三级	三级

当工程占地(含水域)范围的面积或长度分别属于两个不同评价工作等级时,原则上应按其中较高的评价工作等级进行评价。改扩建工程的工程占地范围以新增占地(含水域)面积或长度计算。

在矿山开采可能导致矿区土地利用类型明显改变,或拦河闸坝建设可能明显改变水文情势等情况下,评价工作等级应上调一级。

10.2.2 评价工作范围的确定

生态环境影响评价应能够充分体现生态完整性,涵盖评价项目全部活动的直接影响区域和间接影响区域。评价工作范围应依据评价项目对生态因子的影响方式、影响程度和生态因子之间的相互影响和相互依存关系确定。可综合考虑评价项目与项目区的气候过程、水文过程、生物过程等生物地球化学循环过程的相互作用关系，以评价项目影响区域所涉及的完整气候单元、水文单元、生态单元、地理单元界限为参照边界。

10.2.3 评价因子的筛选

在生态环境影响识别的基础上进行评价因子的筛选。生态环境影响评价因子是一个比较复杂的系统，评价中应根据具体的情况进行筛选，筛选中主要考虑的因素如下：

(1) 最能代表和反映受影响生态环境的性质和特点者；

(2) 易于测量或易于获得其相关信息者；

(3) 法规要求或评价中要求的因子等。

10.3 生态环境影响预测与评价

10.3.1 生态环境影响预测与评价内容

生态环境影响预测与评价内容应与现状评价内容相对应，依据区域生态保护的需要和受影响生态系统的主导生态功能选择评价预测指标。

(1) 评价工作范围内涉及的生态系统及其主要生态因子的影响。通过分析影响作用的方式、范围、强度和持续时间来判别生态系统受影响的范围、强度和持续时间；预测生态系统组成和服务功能的变化趋势，重点关注其中的不利影响、不可逆影响和累积生态影响。

(2) 敏感生态保护目标的影响评价应在明确保护目标的性质、特点、法律地位和保护要求的情况下，分析评价项目的影响途径、影响方式和影响程度，预测潜在的后果。

(3) 预测评价项目对区域现存主要生态问题的影响趋势。

10.3.2 生态环境影响预测与评价方法

生态环境影响预测与评价方法应根据评价对象的生态学特性，在调查、判定该区主要的、辅助的生态功能以及完成功能必需的生态过程的基础上，采用定量分析与定性分析相结合的方法进行预测与评价。常用的方法包括列表清单法、生态机理分析法、图形叠置法、景观生态学法、指数法、类比分析法、系统分析法和生物多样性评价法等。

1. 列表清单法

列表清单法是 Little 等人于 1971 年提出的一种定性分析方法。该方法的特点是简单明了，针对性强。

列表清单法的基本做法是，将拟实施的开发建设活动的影响因素与可能受影响的环境因子分别列在同一张表格的行与列内。逐点进行分析，并逐条阐明影响的性质、强度等。由此分析开发建设活动的生态环境影响。

列表清单法可应用于下列情况：

(1) 进行开发建设活动对生态因子的影响分析；

(2) 进行生态环境保护措施的筛选；

(3) 进行物种或栖息地重要性或优先度比选。

2. 生态机理分析法

生态机理分析法是根据建设项目的特点和受其影响的动植物的生物学特征,依照生态学原理分析、预测工程生态环境影响的方法。生态机理分析法的工作步骤如下:

(1) 调查植物和动物分布、动物栖息地和迁徙路线;

(2) 根据调查结果分别对植物或动物种群、群落和生态系统进行分析,描述其分布特点、结构特征和演化等级;

(3) 识别有无珍稀濒危物种及重要经济、历史、景观和科研价值的物种;

(4) 监测项目建成后该地区动物、植物生长环境的变化;

(5) 根据项目建成后的环境(水、气、土和生命组分)变化,对照无开发项目条件下动物、植物或生态系统演替趋势,预测项目对动物和植物个体、种群和群落的影响,并预测生态系统演替方向。

3. 图形叠置法

图形叠置法是把两个以上的生态信息叠合到一张图上,构成复合图,用以表示生态变化的方向和程度。本方法的特点是直观形象,简单明了。

图形叠置法有两种基本制作手段:指标法和3S叠图法。

1) 指标法

指标法的具体步骤如下:

(1) 确定评价区域范围;

(2) 进行生态调查,收集评价工作范围与周边地区自然环境、动植物等的信息,同时收集社会经济和环境污染及环境质量信息;

(3) 进行影响识别并筛选评价因子,包括识别和分析主要生态问题;

(4) 研究拟评价生态系统或生态因子的地域分布特点与规律,对拟评价的生态系统、生态因子或生态问题建立表征其特性的指标体系,并通过定性或定量分析方法对指标赋值或分级,再依据指标值进行区域划分;

(5) 将上述区划信息绘制在生态图上。

2) 3S叠图法

3S叠图法的具体步骤如下:

(1) 选用地形图,或正式出版的地理地图,或经过精校正的遥感影像作为工作底图,底图范围应略大于评价工作范围;

(2) 在底图上描绘主要生态因子信息,如植被覆盖、动物分布、河流水系、土地利用和特别保护目标等;

(3) 进行影响识别并筛选评价因子。

4. 景观生态学法

景观生态学法是通过研究某一区域、一定时段内的生态系统类群的格局、特点、综合资源状况等自然规律,以及人为干预下的演替趋势,揭示人类活动在改变生物与环境方面的作用的方法。

景观生态学对生态质量状况的评判是通过两个方面进行的:一是空间结构分析,二是功能与稳定性分析。景观生态学认为,景观的结构与功能是相当匹配的,且增加景观异质性和共生性也是生态学和社会学整体论的基本原则。

1）空间结构分析

空间结构分析基于景观是高于生态系统的自然系统，是一个清晰的和可度量的单位。景观由斑块、基质和廊道组成，其中基质是景观的背景地块，是景观中一种可以控制环境质量的组分。因此，基质的判定是空间结构分析的重要内容。判定基质有三个标准，即相对面积大、连通程度高、有动态控制功能。基质的判定多借用传统生态学中计算植被重要值的方法。

决定某一斑块类型在景观中的优势，也称优势度值（D_o）。优势度值由密度（R_d）、频率（R_f）和景观比例（L_p）三个参数计算得出，其数学表达式如下：

$$R_d=(\text{斑块 } i \text{ 的数目/斑块总数})\times 100\%$$

$$R_f=(\text{斑块 } i \text{ 出现的样方数/总样方数})\times 100\%$$

$$L_p=(\text{斑块 } i \text{ 的面积/样地总面积})\times 100\%$$

$$D_o=0.5\times[0.5\times(R_d+R_f)+L_p]\times 100\%$$

上述分析同时反映自然组分在区域生态系统中的数量和分布，因此能较准确地表示生态系统的整体性。

2）功能与稳定性分析

景观的功能与稳定性分析包括以下四个方面的内容。

（1）生物恢复力分析：分析景观基本元素的再生能力或高亚稳定性元素能否占主导地位。

（2）异质性分析：基质为绿地时，由于异质化程度高的基质很容易维护它的基质地位，从而达到增强景观稳定性的作用。

（3）种群源的持久性和可达性分析：分析动植物物种能否持久保持能量流、养分流，分析物种流可否顺利地从一种景观元素迁移到另一种景观元素，从而增强共生性。

（4）景观组织的开放性分析：分析景观组织与周边生境的交流渠道是否畅通。开放性强的景观组织可以增强抵抗力和恢复力。景观生态学法既可以用于生态现状评价，也可以用于生境变化预测，是目前国内外生态影响评价领域中较先进的方法。

5．指数法

指数法是利用同度量因素的相对值来表明因素变化状况的方法，是建设项目环境影响评价中规定的评价方法。指数法同样可拓展而用于生态环境影响评价中。指数法简明扼要，且符合人们所熟悉的环境污染影响评价思路，但困难之处在于需明确建立表征生态质量的标准体系，且难以赋权和准确定量。指数法包括单因子指数法和综合指数法。

1）单因子指数法

选定合适的评价标准，采集拟评价项目区的现状资料，进行生态因子现状评价。例如：以同类型立地条件的森林植被覆盖率为标准，可评价项目建设区的植被覆盖现状情况；可进行生态因子的预测评价，如以评价区现状植被盖度为评价标准，可评价建设项目建成后植被盖度的变化率。

2）综合指数法

综合指数法是从确定同度量因素出发，把不能直接对比的事物变成能够同度量的方法。其方法具体如下。

（1）分析研究评价的生态因子的性质及变化规律。

（2）建立表征各生态因子特性的指标体系。

（3）确定评价标准。

（4）建立评价函数曲线，将评价的环境因子的现状值与预测值转换为统一的无量纲的环境质量指标。用1～0表示优劣("1"表示最佳的、顶极的、原始或人类干预甚少的生态状况,"0"表示最差的、极度破坏的、几乎无生物性的生态状况),由此计算出开发建设活动前后环境因子质量的变化值。

(5) 根据各评价因子的相对重要性赋予权重。

(6) 将各因子的变化值综合,提出综合影响评价值,即

$$\Delta E = \sum[(E_{hi} - E_{qi})W_i] \tag{10-1}$$

式中 ΔE——开发建设活动日前后生态质量变化值;

E_{hi}——开发建设活动后i因子的质量指标;

E_{qi}——开发建设活动前i因子的质量指标;

W_i——i因子的权值。

建立评价函数曲线须根据标准规定的指标值确定曲线的上限、下限。对于空气和水这些已有明确质量标准的因子,可直接用不同级别的标准值作上限、下限;对于无明确标准的生态因子,须根据评价目的、评价要求和环境特点选择相应的环境质量标准值,再确定上限、下限。

6. 类比分析法

类比分析法是根据已有的开发建设活动(项目、工程)对生态系统产生的影响来分析或预测拟进行的开发建设活动(项目、工程)可能产生的影响。这是一种比较常用的定性和半定量评价方法,一般有生态整体类比、生态因子类比和生态问题类比等。

选择好类比对象(类比项目)是进行类比分析或预测评价的基础。类比对象的选择条件如下:工程性质、工艺和规模与拟建项目基本相当,生态因子(地理、地质、气候、生物因素等)相似,项目建成已有一定时间,所产生的影响已基本全部显现。

类比对象确定后,则需选择和确定类比因子及指标,并对类比对象开展调查与评价,再分析拟建项目与类比对象的差异。根据类比对象与拟建项目的比较,作出类比分析结论。

类比分析法可应用于下列情况:

(1) 进行生态环境影响识别和评价因子筛选;

(2) 以原始生态系统为参照,评价目标生态系统的质量;

(3) 进行生态影响的定性分析与评价;

(4) 进行某一个或几个生态因子的影响评价;

(5) 预测生态问题的发生与发展趋势及其危害;

(6) 确定环保目标和寻求最有效、可行的生态保护措施。

7. 系统分析法

系统分析法因能妥善地解决一些多目标动态性问题,目前已广泛应用于各行各业,尤其在进行区域开发或解决优化方案选择问题时,系统分析法显示出其他方法所不能达到的效果。

在生态系统质量评价中使用的系统分析法有专家咨询法、层次分析法、模糊综合评判法、综合排序法、系统动力学、灰色关联法等,这些方法原则上都适用于生态环境影响评价。

8. 生物多样性评价法

生物多样性评价法是指通过实地调查,分析生态系统和生物种的历史变迁、现状和存在的主要问题的方法。评价目的是有效保护生物多样性。

生物多样性通常用香农-威纳指数(Shannon-Wiener index)表征,其表达式为

$$H = -\sum_{i=1}^{S}(P_i \ln P_i) \tag{10-2}$$

式中 H——群落的多样性指数；

S——种数；

P_i——样品中属于第 i 种的个体比例，如样品总个体数为 N，第 i 种个体数为 n_i，则 $P_i = n_i/N$。

10.3.3 生态环境影响预测

生态环境影响预测是在生态环境现状调查、工程调查与分析、生态现状评价的基础上，对工程的生态环境影响进行类型、程度的测定，对工程的环境影响可行性进行判定。

生态环境影响预测包括三个方面的分析：工程影响因素分析；受影响对象的确定；生态影响效应的分析。对自然生态系统的影响可概括为整体性影响和敏感性影响。

自然资源开发项目对区域生态环境（主要对土地、植被、水文和珍稀濒危动植物物种等生态因子）影响的预测内容如下：

（1）是否带来某些新的生态变化；

（2）是否使某些生态影响严重化；

（3）是否使生态问题发生时间与空间上的变更；

（4）是否使某些原来存在的生态问题向有利的方向发展。

其中三级评价项目要对关键评价因子（如对绿地、珍稀濒危物种、荒漠等）进行预测。

自然资源开发建设项目的生态环境影响预测要进行经济损益分析。指导思路有二：一是不利的生态影响，如土壤侵蚀、水土流失、栖息地面积或数量减少、动植物数量减少或灭绝；二是有利的生态影响，如自然保护区的保持、增加有益种、增加生境的多样性等。

10.3.4 生态环境影响评价

1. 评价原则

（1）坚持重点与全面相结合的原则。既要突出评价项目所涉及的重点区域、关键时段和主导生态因子，又要从整体上兼顾评价项目所涉及的生态系统和生态因子在不同时空等级尺度上结构与功能的完整性。

（2）坚持预防与恢复相结合的原则。预防优先，恢复补偿为辅。恢复补偿等措施必须与项目所在地的生态功能区划的要求相适应。

（3）坚持定量与定性相结合的原则。生态环境影响评价应尽量采用定量方法进行描述和分析，当现有科学方法不能满足定量需要或因其他原因无法实现定量测定时，可通过定性或类比的方法进行描述和分析。

2. 评价目的与指标

生态环境影响评价的主要目的如下：评价影响的性质、程度和显著性，以决定行止；评价影响的敏感性和主要受影响的保护目标，以决定保护的优先性；评价资源和社会价值的得失，以决定取舍。

生态环境影响评价是对预测的结果进行评价，以确定所发生的生态环境影响可否为生态或社会所接受。它主要是从生态学、经济、社会、文化、法律等方面入手进行评价，生态环境影响评价的指标如下：

（1）生态学评价指标与基准；

（2）可持续发展评价指标与基准；

(3) 以政策和战略为评价指标与基准;

(4) 以环境保护法规和资源保护法规为评价基准;

(5) 以经济价值损益和得失为评价指标与基准;

(6) 社会文化评价基准。

总之,评价建设项目的生态环境影响要分析建设项目生态环境影响的特征、范围、程度和性质。在进行多个厂址的规模及环境保护措施的替代方案分析时,应综合评价多种方案的生态环境影响并进行分析和比较。不同类型的生态系统在某种作用之下所发生的影响效应(生态后果)是不同的,在影响评价中所关注的重点问题也是不同的。

区域生态环境影响评价必须考虑区域开发建设的滚动发展性质和不确定性较大的特点,从影响因素、影响对象和影响后果等全过程来考虑。区域生态环境影响评价一般应包括如下内容:影响因素分析;生物资源生产力影响评价;水资源影响评价;区域生态系统整体性影响评价;区域生物多样性影响评价;生态环境功能影响评价;特别生态环境保护目标的影响评价;区域主要生态环境问题评价;区域生态环境风险评价;社会文化影响评价。

10.4 生态环境保护措施与替代方案

资源开发与建设项目的施工与运行过程对生态环境的影响是不可避免的,尽管影响的范围和程度对于不同类型的建设项目各有差异,但其影响的性质基本上可以分为可逆影响和不可逆影响两大类。因此,在环境影响评价过程中,确定生态影响的类别、性质、程度和范围是十分必要的。应该针对上述问题制定避免、减缓或补偿生态影响的防护措施、恢复计划和替代方案,并向建设者、管理者或土地权属部门提出生态管理建议。可以说生态环境影响减缓措施和生态环境保护措施是整个生态环境影响评价工作成果的集中体现和精华部分。

10.4.1 生态环境保护措施

自然资源开发项目中的生态影响评价根据区域的资源特征和生态特征,按照资源的可承载能力,论证开发项目的合理性,对开发方案提出必要的修正,使生态环境得到可持续发展。

1. 生态环境影响的防护与恢复要遵守的原则

(1) 应按照避让、减缓、补偿和重建的次序提出生态影响防护与恢复的措施;所采取措施的效果应有利修复和增强区域生态功能。

(2) 凡涉及不可替代、极具价值、极敏感、被破坏后很难恢复的敏感生态保护目标(如特殊生态敏感区、珍稀濒危物种)时,必须提出可靠的避让措施或生境替代方案。

(3) 涉及采取措施后可恢复或修复的生态目标时,也应尽可能提出避让措施;否则,应制定恢复、修复和补偿措施。各项生态保护措施应按项目实施阶段分别提出,并提出实施时限和估算经费。

2. 生态环境保护途径

开发建设项目的生态环境保护措施需要从生态环境特点及其保护要求和开发建设工程项目的特点两个方面考虑。从生态环境特点及其保护要求考虑,主要采取的保护途径有 5 个方面:保护、恢复、补偿、建设及替代方案。

(1) 保护是在开发建设活动前和活动中注意保护生态环境的原质原貌,尽量减少干扰与破坏,即贯彻以预防为主的思想和政策。预防性保护是给予优先考虑的生态环境保护措施。

(2) 恢复是开发建设活动在对生态环境造成一定影响后通过事后努力来修复生态系统的结构或环境功能。植被恢复是最常见的恢复措施。

(3) 补偿则是一种重建生态系统以补偿因开发建设活动损失的环境功能的措施。补偿有就地补偿和异地补偿两种形式。就地补偿类似于恢复,异地补偿则是在开发建设项目发生地无法补偿损失的生态环境功能时,在项目发生地之外实施补偿措施。

(4) 建设是在生态环境已经相当恶劣的地区,为保证建设项目的可持续发展和促进区域的可持续发展,采取的改善区域生态环境、建设具有更高环境功能的生态系统的措施。

(5) 替代方案主要有场址或线路走向的替代、施工方式的替代、工艺技术替代、生态保护措施的替代等。

影响报告篇章要具体编制恢复和防护方案,原则是自然资源中的植被,尤其是森林,损失多少必须补充多少,原地补充或异地补充。

3. 生态保护措施

生态保护措施应包括保护对象和目标,内容、规模及工艺,实施空间和时序,保障措施和预期效果分析,绘制生态保护措施平面布置示意图和典型措施设施工艺图,估算或概算环境保护投资。

对可能具有重大、敏感生态影响的建设项目,区域、流域开发项目,应提出长期的生态监测计划、科技支撑方案,明确监测因子、方法、频率等。

明确施工期和运营期管理原则与技术要求。可提出环境保护工程分标与招投标原则、施工期工程环境监理、环境保护阶段验收和总体验收、环境影响后评价等环保管理技术方案。

10.4.2　替代方案

替代方案主要指项目中的选线、选址替代方案,项目的组成和内容替代方案,工艺和生产技术的替代方案,施工和运营方案的替代方案,以及生态保护措施的替代方案。评价时应对替代方案进行生态可行性论证,优先选择生态影响最小的替代方案,最终选定的方案至少应该是生态保护可行的方案。常用的环境保护方案列于表 10-3。

表 10-3　生态环境保护设计方案

项　目	阶　段	
	建　设　期	运　行　期
动物	设置保护通道和屏障,禁止施工人员进入野生动物栖息活动场所,禁止惊吓和捕杀动物	设置专人管理,建立管理及报告制度,加强宣传教育,预防和杜绝森林火灾,禁止游客进入核心区和重点保护功能区,禁止大声喧哗、惊吓和捕杀动物,对重点保护动物定期监测
植被	隔离保护或避开重点保护对象,调整和改进施工方案,尽量减少植被破坏	临时占地在工程完成后进行植被恢复,植被尽量采用当地植物,并尽量以生态恢复为主,专人巡视管理,对重点保护植物应定期监测

续表

项　目	阶　段	
	建设期	运行期
景观	控制设计用地,隔离保护重点景观,新景风格、造势与自然融合,人工修复破坏的地质地形	加强宣传教育,重要景点设专人巡视管理,高峰时限制游客人数,景观损害随时修复
水土保持	开挖山坡:自上而下分层开挖,最终边坡进行危岩清理、植被保护。 机动车道:设置排水沟,将水引至路基坡脚或天然排水沟壑。 游览道路:沿线绿化,临沟采用料石支护,靠山进行植被防护,尽量种植当地植物。 其他景点及服务区绿化。 及时清理堆弃渣土,修复受损地表地形	加强宣传教育,定期巡视观测景区各路段地形,做好景区绿化、保养、植被养护等
水(环境)	施工地修建简易处理水池,出水回用	旅游服务设施建造生活污水处理系统,并尽量采用生态处理,定期对重点水体进行水质监测
大气	施工散料如水泥库存或密盖,密闭运输,道路定期洒水	景区绿化,道路洒水,限制餐饮排放油烟,使用清洁能源
噪声	施工地与周围环境设置隔离屏障,改进施工工艺和技术,调整施工场地布置和工时	道路绿化,加强游客和车辆管理
固废	修建工地临时厕所,垃圾专门收集后转运至填埋场	主要是生活垃圾,应收集、分类、存放、转运、回收和填埋,加强景区环境卫生监督

项目有多个建设方案、涉及环境敏感区或环境影响显著时,要进行替代方案比较,要对关键的单项问题进行替代方案比较,并对环境保护措施进行多方案比较,这些替代方案应该是环境保护决定的最佳选择。

10.5　外来物种风险评估

外来物种风险评估是指评估规划和建设项目的实施是否可能导致外来物种造成生态危害,从外来物种环境安全的角度评估规划和建设项目实施的可行性。

10.5.1　外来物种评估的原则

外来物种评估遵循以下几个原则。

(1) 预先防范原则。在没有充分的科学证据证明拟引进的外来物种没有风险时,应假设该外来物种可能有风险。对有意引进的外来物种,即使不能证明其存在风险,也应先试验后推广,逐步扩大利用规模。

(2) 逐步评估原则。应按照识别风险、评估风险和管理风险的步骤,根据具体情况逐步开展环境风险评估。

(3) 基本要求和专门方法相结合的原则。外来物种的环境风险评估存在着共同的规律，对所有类群的评估要达到基本要求；同时，考虑到不同类群评估方法的差异，除基本要求外，对各类群的评估方法要符合专门的规定。

10.5.2　外来物种评估的工作程序

评估一般分为三个阶段：第一阶段，进行评估前的准备，收集评估范围基础信息，确定拟评估的外来物种，决定是否进行风险评估；第二阶段，开展风险评估，分析引进、建立自然种群扩散的可能性和生态危害的程度；第三阶段，作出结论，提出优化方案或替代方案。

10.5.3　外来物种风险评估的实施

1. 调查基本资料

调查评估范围内的农业、林业、旅游业和生态系统现状，重点调查重点保护野生动植物、珍稀濒危物种、重要经济物种的种类和分布以及生态系统服务功能等；分析规划和建设项目实施过程中可能引进外来物种的途径，包括外来物种的引种、繁育、加工、贸易和运输等，提出可能引进的外来物种初步名单、生物学信息、管制状况、生态危害及控制信息，确定拟评估的外来物种名单。

如外来物种不能在当地建立自然种群，但通过生产措施可以使其建立和维持种群并可能造成生态危害，则应评估其引进、扩散和生态危害的风险。

2. 决定是否进行风险评估

评估对象符合下列情况之一的，不需要进行风险评估并可直接作出结论，否则应对其进行风险评估：

(1) 在同一或相似的地理、气候和生态环境，曾经对该外来物种进行过有效的评估，并且影响入侵的其他主要因素没有发生显著变化，参考以前的评估结果作出结论；

(2) 已有充分证据证明该外来物种虽具有入侵性，但在评估范围已广泛分布并且造成生态危害，规划和建设项目的实施不会导致外来物种显著扩大入侵并加剧生态危害，从外来物种环境安全的角度，该规划和建设项目可行。

3. 风险评估

1) 引进可能性的评估

对于有意引进的外来物种，需要分析引进该外来物种的目的，这可能与该外来物种建立自然种群和扩散有联系。

对于无意引进的外来物种，应考虑下列因素：

(1) 原产地有无该外来物种分布和发生及其危害程度；

(2) 与拟实施的规划和建设项目的物资(原料、辅料和运输工具等)和人员流动的联系，包括携带外来物种的方式、时间、数量、频度和强度等；

(3) 原产地采取的预防、监测和控制措施的有效性；

(4) 该外来物种的存活和繁殖能力以及运输和存储条件对存活和繁殖的影响；

(5) 在原产地及我国常规口岸检疫中检出该外来物种的难度和专门处理措施的有效性。

2) 建立自然种群可能性的评估

对依赖人工繁育的外来物种，不需要评估其建立自然种群的可能性，否则应考虑下列因素：

(1) 适宜外来物种生存的栖息地及分布;

(2) 外来物种的适应能力和抗逆性;

(3) 外来物种的繁殖能力;

(4) 外来物种完成生长和繁殖等生活史关键阶段所必需的其他物种;

(5) 有利于外来物种建立种群的人为因素。

3) 扩散可能性的评估

评估扩散可能性的基本要求如下:

(1) 外来物种自身的扩散能力;

(2) 有无阻止外来物种扩散的自然障碍;

(3) 人类活动对扩散的影响。

4) 生态危害的评估

评估生态危害的基本要求如下:

(1) 环境危害,即对重要本地物种及自然生态系统服务功能造成的损失;

(2) 经济危害,即对农林业、贸易、交通运输、旅游等行业造成的损失;

(3) 危害的控制,即外来入侵物种的可控制性、检测的难度和成本。

如规划和建设项目可行,应提出优化方案以及预防、监测和控制建议;否则,应提出规划和建设项目的替代方案。

如在引进、建立自然种群和扩散以及生态危害等所有环节的风险均不可预测或不可接受,从外来物种环境安全的角度,该规划和建设项目不可行。

10.6 生态环境影响评价案例分析

下面以武汉市黄陂清凉寨旅游开发项目为例分析该旅游开发行为对生态环境的影响。

10.6.1 项目区概况

清凉寨风景旅游区项目建设包括基础设施建设工程、旅游配套设施工程、生态环境保护和环境治理工程,具体建设内容主要有各景区的机动车道、步游道、停车场、别墅区、服务区等建设项目,其中生态环境保护与环境治理建设项目投资为115.5万元。

10.6.2 生态环境影响识别

经过项目分析,认为景观环境、生态环境及水土流失等在施工期均为不利、可逆、短期和直接影响,在运行期为不利、不可逆、长期和直接影响。景观环境在施工期和运行期影响最大,生态环境次之,水土流失在运行期则减小。

10.6.3 生态环境影响因子及参数

在项目建设环境影响评价中,确定环境影响评价因子及各参数的选取至关重要。生态环境影响因子及参数如下。

系统特征:类型、面积、分布、占地比例及拼块类型等。

生物多样性:陆生生物、水生生物、珍稀和特有生物等的种群特征和生境条件。

敏感保护目标:自然保护区、重要生态功能区等环境敏感区的法定保护物种、资源和区域,具有生态、地质、科学、文化意义的保护目标。

景观：景观类型（自然或人文）、协调性（相融性）、多样性、美感度、敏感度。

生态环境问题：水土流失、沙漠化、盐渍化、城市化、环境污染、自然灾害等。

系统稳定性：生产力、资源开发强度、生物多样性、环境污染等。

建立评价指标体系如表 10-4 所示。

表 10-4　旅游项目生态环境影响评价指标体系

评价内容	主要指标	评价作用
土壤	土壤类型和特性，土地占用，水土流失强度、面积	根据生态环境影响，确定主要生态问题和保护目标，采取合理的保护措施
植被	植物类型、分布、面积比，珍稀濒危植物分布、保护状况，植被多样性	
动物	动物多样性，种群分布，珍稀濒危动物种类、分布	
水	水体分布、功能，水文水质	
景观	拼块优势度，景观多样性，景观相融性	景观价值，旅游可持续发展
生态系统	生产力，生物多样性，系统稳定性，污染物（水、气、声、固）排放量，处理方式	景区生态环境质量影响、景观影响

10.6.4　生态环境影响预测技术方法及应用

旅游生态环境影响预测需要从水土流失、景观环境、生态稳定性三个方面重点分析论述。预测模型量化能达到较好的效果，因此侧重选用定量模型。水土流失选用 ULSE 模型；景观环境评价采用景观生态学方法，选用多样性指数、景观相融性评价标准和生态环境质量定量模型；生态稳定性则采用生产力评价法并结合多样性指标。

1. 水土流失

清凉寨旅游开发区地质岩层由片岩组成，区域湿润多雨，山体受到水力侵蚀，易发生片蚀，但景区森林覆盖率高，达到 97.5%，植被覆盖率是水土流失的重要表征。根据《土壤侵蚀强度分类分级标准》(SL 190—2007)（见表 10-5）进行分级。

表 10-5　土壤侵蚀强度分类分级标准

级　　别	平均侵蚀模数/(t/(km² · a))
微度侵蚀	＜500
轻度侵蚀	500～2 500
中度侵蚀	2 500～5 000
强度侵蚀	5 000～8 000
极强度侵蚀	8 000～15 000
剧烈侵蚀	＞15 000

评价区多数区域属微度侵蚀区，面积约 6.91 km^2，但景区山体坡度较大，一旦森林覆盖率下降，可能加剧水土流失。

评价区水土流失预测采用ULSE模型,根据区域特点确定各个因子,核算给出了水土流失防治面积和水土保持工程量的分布表,如表10-6和表10-7所示。结果表明项目预测与设计水土保持方案可有效控制水土流失,改善和美化环境。

表10-6　清凉寨景区水土流失防治面积

地　　点	面积/km^2	备　　注
景区服务区——刘家山村机动车道两侧	1.0×10^{-4}	内侧开挖边坡裸露地段、外侧山坡损毁段
天岗水库停车场	1.0×10^{-4}	周边开挖山坡、施工损毁地段
白云宾馆停车场	0.3×10^{-4}	周边损毁山坡
景点、别墅区	0.2×10^{-4}	周边损毁山坡
步游道两侧	1.0×10^{-4}	开挖损毁地段
其他零星地段	0.3×10^{-4}	施工临时损毁点
合　　计	3.8×10^{-4}	

表10-7　清凉寨景区水土保持工程量

项　　目	内　　容	单位	工程量	备　　注
开挖边坡	场地清理	m^2	5 000	天岗水库停车场,马尾松
	植树	株	500	
场内道路	进场永久道路内外侧	m^2	1 000	天岗水库停车场,内侧混合草种,外侧女贞,液压喷洒
	植草	m^2	1 000	
	场内临时道路土地整治	m^2	4 000	天岗水库停车场,马尾松
	植树	株	400	
机动车道	内侧土质坡面	m^2	5 000	混合草种,液压喷洒
	植草	m^2	5 000	
	内侧岩石坡面	m^2	2 000	坡面三维植被网技术,迎春花
	种花	株	4 000	
	道路外侧	m^2	3 000	映山红
	种花	株	600	
步游道	场地清理、整治	m^2	6 000	服务区至古寨油茶600株
	植树	株	600	
	场地清理、整治	m^2	2 000	峡谷扩建步游道映山红400株
	种花	株	400	
	场地清理、整治	m^2	2 000	天岗水库至服务区油茶200株
	植树	株	200	
景点、宾馆、别墅区	场地清理,土地整治	m^2	5 000	桂花450株,樟树450株,红叶李450株
	植树	株	1 350	
其他零星地	场地清理,土地整治	m^2	3 000	油茶
	植树	株	600	

2. 景观环境

景观生态学方法，既可用于生态环境现状评价，也可用于生态环境变化预测，是目前生态影响评价中较活跃的方法。关于景观环境评价我国也有相关标准。清凉寨旅游开发项目采用了多样性指数模型对景区生态系统做质量预测评价。根据模型计算出各指标值，进行比较分析，并结合项目实施前后土地利用格局变化，评价景观质量影响。其预测变化如表 10-8 和表 10-9 所示，对建成前后各项指标进行比较，表明项目建设对景区生态环境影响很小。

表 10-8　项目实施前后主要拼块类型优势度值

拼块类型	R_d/(%)		R_f/(%)		L_p/(%)		D_o/(%)	
	实施前	实施后	实施前	实施后	实施前	实施后	实施前	实施后
林地	63.63	50.00	63.80	60.75	94.41	92.57	79.06	73.97
耕地	13.64	8.84	14.60	12.65	3.73	3.46	8.93	7.10
水域	9.09	11.76	5.90	5.40	1.26	1.33	4.38	4.96
建筑用地	13.64	29.41	15.70	21.20	0.61	1.86	7.64	13.58

表 10-9　项目实施前后主要拼块类型数目和面积

拼块类型	建　成　前		建　成　后	
	数目/块	面积/km^2	数目/块	面积/km^2
林草地	14	6.69	17	6.62
耕地	3	0.19	3	0.19
水域	2	0.16	4	0.17
建筑用地	3	0.04	10	0.11

清凉寨旅游开发项目按照我国山岳型风景区评价标准进行了景观相融性评价，以天岗水库至入口服务区刘家山村为游客观景路线，以天岗水库为视觉起点，对项目建设后与区域风景资源背景之间的景观相融性采用记分法，并对建设项目景观指标允许度进行评价，详见表 10-10至表 10-13 所示。

表 10-10　景观相融性评价分级标准

评价分级	4(劣)	3(可)	2(中)	1(优)
分级范围	<60	60～75	75～90	>90

表 10-11　景观相融性评价记分表

景观相融性评价指标	最高记分	指标分解
形态	40	体量:25 体态:15
线形	30	近景:10 中景:10 远景:10
色彩	20	色相:10 明度:10
质感	10	
合　　计	100	

表 10-12 景观允许度评价分级标准表

景观类别 \ 允许度分级	4(劣)(不协调)	3(可)(一般)	2(中)(协调)	1(优)(增景)
特别保护区	不可	不可	可考虑	可
重点保护区	不可	可考虑	可	可
一般保护区	不可	可	可	可
保护控制区	可考虑	可	可	可

表 10-13 项目建设后景观相融性评价表

评价指标	形态	线形	色彩	质感	合计	评价分级
评分	35	25	14	6	80	2(中)

3. 生态稳定性

生态系统的稳定性包括两个特征,即恢复和阻抗。恢复稳定性与高亚稳定元素(如植被)的数量和生产力较为密切,阻抗稳定性与景观异质性关系紧密。影响生态系统稳定性的因素主要有拼块、生产力、生物多样性等。

清凉寨旅游开发项目采用生产力评价法,计算比较项目实施后区域自然系统生产能力的变化,同时根据各拼块面积、比例变化,分析评价新增景观对生态系统稳定性的影响。

清凉寨旅游开发项目采用自然植被净第一性生产力模型,根据生物温度、降水量两个重要生态因子,计算评价当地自然系统生产力。模型表达式为

$$\begin{cases} \mathrm{NPP} = \mathrm{RDI}^2 \times \dfrac{r(1+\mathrm{RDI}+\mathrm{RDI}^2)}{(1+\mathrm{RDI})\times(1+\mathrm{RDI}^2)} \times \exp(-\sqrt{9.87+6.25\mathrm{RDI}}) \\ \mathrm{RDI} = 0.629 + 0.237\mathrm{PER} - 0.003\,13\mathrm{PER}^2 \\ \mathrm{PER} = \mathrm{PET}/r = \mathrm{BT}\times 58.93/r \\ \mathrm{BT} = \sum t/365 = \sum T/12 \end{cases} \tag{10-3}$$

式中 NPP——自然植被净第一性生产力模型变量;

RDI——辐射干燥度;

r——年平均降水量;

PER——可能蒸散率;

PET——年可能蒸发量;

BT——年平均生物温度;

t——小于 30 ℃与大于 0 ℃的温度日平均值;

T——小于 30 ℃与大于 0 ℃的温度月平均值。

根据计算结果,评价区自然系统的净生产力在 812~1 129 t/(km² · a)(2.22~3.09 g/(m² · d))之间。根据地球生态系统生产力四个等级划分,即最低、较低、较高和最高,评价区生产力处于较低至较高水平之间,参照生态系统平均净生产力处于热带稀树干草原和温带阔叶林之间,具有较强的恢复稳定性。

清凉寨旅游开发项目评价认为,工程建设虽然造成评价区的生物量减少了 63.666 t,生产力减少8.984 8 g/(m² · a),但仍处于较高水平,且该区域以针叶林为主的自然森林生态系统

随着植被演替的进一步发展，将逐渐过渡到当地顶级生态系统——针阔混交林生态系统，各系统的生产力水平将通过短期的波动达到新的平衡。因此工程建设对自然系统恢复稳定性影响不大，在评价区内自然系统可以承受的范围之内。

项目建成后景观内新增加了人工建筑物如停车场、别墅、步游道等，林草地等种群减少，使其异质化程度比项目建设前略有下降。林草地斑块的平均面积从0.477 9 km^2 减小到0.389 2 km^2，评价区局部景观的阻抗稳定性有所降低，但林地面积只减少了0.074 4 km^2，在评价区仍占绝对优势，说明景观多样性、异质性变化不大。评价区自然系统抗干扰能力仍较强，阻抗稳定性较好。

10.6.5　生态环境保护措施

清凉寨旅游开发项目在施工期对生态环境影响采取减缓、恢复、补偿、工程和管理措施。

1. 减缓措施

合理安排施工计划，避免在多数植物花果期间大规模施工，保证施工区边缘大多数植物都能开花结实；对停车场、服务区及别墅区内的高大乔木进行异地种植；尽可能采用低噪声机械施工，减少施工噪声对野生动物的惊扰。

2. 恢复措施

植被恢复采用液压喷洒种草、坡面三维植被网等技术及人工种植灌木，恢复步游道两侧、机动车道、天岗水库停车场等施工区植被，采用迎春花、映山红、女贞等当地物种。

3. 补偿建设

就地建设植被，人工种植樟树、红叶李及桂花并零散种植油茶等。

4. 工程措施

清凉寨旅游开发项目水土流失防治系统以施工期为重点防治时段，同时兼顾运行期。防治措施重点在于加强施工管理，以预防为主，同时因地制宜采取工程措施和植物(生物)措施。“点”状位置以工程措施(拦渣工程)为主，通过覆土、土地整治和植树造林，有效控制水土流失。根据各地段的不同情况分别采取工程措施和植物措施，有效控制进场道路沿线的水土流失；开挖山坡在场地清理和覆土后，进行植树造林和绿化；在整个施工作业面上，使土地整治和绿化工程相结合，合理利用土地资源，改善生态环境。

5. 管理措施

清凉寨旅游开发项目提出在该公司设置环境保护科，配合工程建设，负责环境管理，与当地相关机构部门协作对景区环境、生态予以监测，制定环境监测计划，并建议每年旅游旺季以后提出预测评价报告和恢复改进措施。

习　题

1. 某大城市规划建设的高速公路，4 车道，全长 80 km，设计行车速度 80 km/h，路基宽度 24.5 m。全程有互通式立交 5 处，跨河特大桥 1 座(1 750 m)，大桥 5 座(共 1 640 m)，隧道 4 座(共 3 800 m，其中单洞长隧道 1 座(2 400 m))。公路位于规划未建成区，起点接城市环路，沿线为山岭重丘区，相对高差 50～300 m，线路穿岭跨河，沿山谷行进，过山间盆地，有支线通向旅游区。该公路征用土地 6.4 km^2，其中农田 1.5 km^2，林地 3.0 km^2，草坡和未利用土地 1.4 km^2，其余为水塘、宅基地等，土石方量 8.640×10^6 m^3，有高填方段2 400 m。项目总投资 38 亿元。该项目所在区域雨量充沛，夏多暴雨。森林覆盖率约 40%(包括人工森林和天然林)。公路沿线农业经济发达,村庄较密集,穿越 2 个村庄,附近有 2 个较大乡镇,另有山岳型风景名胜区和农业观光区各 1 处。根据上述背景材料,试:

(1) 说明生态环境现状调查与评价的主要内容及生态环境现状调查主要采用的方法;

(2) 简要说明该项目评价的重点和评价中须注意的问题。

2. 一村庄准备修建一条路,正好有一化工厂产生大量的电石碴,无法处理,村里决定将电石碴用作铺路材料(经调查,电石碴主要成分为:$Ca(OH)_2$的含量为 80%～85%,$Mg(OH)_2$的含量为 5%～10%和少量的Al_2O_3,浸出液 pH=12.19;属一般工业固体废物),铺路要经过一条小河,河下游 600 m 处有一口水井。

(1) 能否用电石碴铺路?

(2) 用电石碴铺路对水环境会产生哪些影响?

(3) 在村路建设期,应该采取哪些措施消除或减少电石碴对环境的不利影响?

(4) 在村路建设时,须注意哪些问题?

3. 识别建设水库和水坝等水利工程项目的环境影响。

4. 识别工业工程建设项目的土壤环境影响。

第 11 章　土壤环境影响评价

土壤环境是指受自然或人为因素作用的，由矿物质、有机质、水、空气、生物有机体等组成的陆地表面疏松综合体，包括陆地表层能够生长植物的土壤层和污染物能够影响的松散层等。土壤环境是人类生存环境中不可分割的组成部分，人类自身的活动对土壤也产生各种各样的影响。

《中华人民共和国土壤污染防治法》(2019 年 1 月 1 日起施行)第十八条指出：各类涉及土地利用的规划和可能造成土壤污染的建设项目，应当依法进行环境影响评价。土壤环境影响评价对建设项目建设期、运营期和服务期满后(根据项目实际情况选择)对土壤环境理化特性可能造成的影响进行分析、预测和评估，提出预防或者减轻不良影响的措施和对策，为建设项目土壤环境保护提供科学依据。

11.1　土壤中污染物的迁移和转化

土壤中的污染物通过土壤的物理、化学和生物等过程，不断发生迁移转化。土壤是多孔介质，由无数形状不规则的、碎散的且排列错综复杂的固体颗粒组成。多孔介质孔隙的形状、大小、连通性均影响土壤中污染物的迁移特性。污染物的浓度变化受到对流、弥散、吸附和降解等的影响，土壤中挥发性污染物还可以通过挥发来进行迁移。

11.1.1　对流

在土壤介质中，污染物随着地下水的运动而运动的过程称为对流。对流引起的污染物通量与土壤水的通量和污染物浓度的关系用式(11-1)表示。

$$J_C = qC \tag{11-1}$$

式中　J_C——污染物的对流通量，即单位时间内通过土层的单位横截面积的污染物质的总量；

q——水通量密度，即单位时间内通过土层的单位横截面积的水流体积；

C——污染物在土壤介质中的浓度。

为了便于计算，流速一般采用地下水流动的平均孔隙流速公式(11-2)计算。

$$u = q/\theta \tag{11-2}$$

式中　u——平均孔隙流速；

θ——对非饱和土壤为体积含水率，对饱和土壤为有效孔隙度。

故对流通量可以用式(11-3)表示。

$$J_C = u\theta C \tag{11-3}$$

污染物在饱和土壤与非饱和土壤中均可以发生对流。在非饱和流的情况下，对流不一定是污染物运移的主要过程；在饱和流的情况下，当地下水流速很快时，可把污染物的运移看成对流运动。

11.1.2　弥散

污染物在土壤中的弥散分为分子扩散和机械弥散。分子扩散是分子布朗运动，污染物由

浓度高处向浓度低处运移,最终达到浓度平衡。土壤中分子扩散作用用斐克第一定律描述,其表达式为

$$J_d = -D_d \frac{dC}{dx} \tag{11-4}$$

式中 J_d——污染物的分子扩散通量,即单位时间内通过土层的单位横截面积的污染物的量;

D_d——污染物的扩散系数。

机械弥散又称动力弥散或水力弥散。机械弥散主要是由于孔隙大小不同、孔隙弯曲程度不同使孔隙流速不同,或由于土壤水和土壤基质之间的相互作用使孔隙边缘和孔隙中心的流速不同而产生的。机械弥散通量用式(11-5)表示。

$$J_h = -D_h \frac{dC}{dx} \tag{11-5}$$

式中 J_h——污染物的机械弥散通量;

D_h——污染物的机械弥散系数。

在实际应用中常常将机械弥散和分子扩散的作用叠加起来,称为水动力弥散。水动力弥散通量用式(11-6)表示。

$$J = J_d + J_h = -D \frac{dC}{dx} \tag{11-6}$$

式中 D——水动力弥散系数,为扩散系数和机械弥散系数之和。

在自然界的大多数情况下,当对流速度很大时,仅需考虑机械弥散作用;当流速很小时,仅需考虑分子扩散。

11.1.3 微生物降解、挥发、吸附和吸收

土壤中污染物的微生物降解是指污染物在微生物的作用下转化和分解成其他物质,微生物降解是土壤净化的重要途径之一。其中有机污染物的微生物降解主要取决于两个因素:一是微生物和污染物本身的特性;二是影响反应速率的环境因素,如酸碱度、温度和湿度等。有机污染物的降解可用式(11-7)表示。

$$\frac{dC}{dt} = -\frac{v_m C}{K_C + C} X \tag{11-7}$$

式中 X——t 时刻微生物的浓度,mg/L;

K_C——常数。

当污染物在土壤中的浓度较低,土壤中微生物达到生长平衡状态后,可用式(11-8)表示其降解动力学过程。

$$\frac{dC}{dt} = -k_1 C \tag{11-8}$$

式中 C——污染物的浓度,mg/L;

k_1——常数。

土壤中挥发性有机物在土壤中和气相中的浓度关系可以用式(11-9)表示。

$$C_g = HC\left(\frac{1}{r} + K_d\right) \tag{11-9}$$

式中 C、C_g——土壤中污染物的浓度、气相中污染物的浓度;

H——亨利常数;

K_d——吸附分配系数；

r——土壤中土壤和水的质量比。

在土壤污染的过程中吸附和解吸是影响污染物浓度变化的重要因素。一般采用 Freundlich、Langmuir 以及线性等温吸附方程来表达吸附和解吸过程。

此外，植物根系的吸收功能对土壤中污染物的迁移转化也有一定影响。根系的吸收特性、生长和分布情况、土壤环境条件和土壤污染物的浓度都对其吸收能力产生影响。

11.2　土壤环境影响识别

11.2.1　土壤环境影响评价项目类别

建设项目的不同行业类别表现出各自的影响特征。根据行业类别的特征、工艺特点、规模大小等将土壤环境影响评价项目分为Ⅰ类、Ⅱ类、Ⅲ类和Ⅳ类，其中Ⅳ类建设项目可不开展土壤环境影响评价，自身为敏感目标的建设项目可根据需要仅对土壤环境现状进行调查。表 11-1 列出了各行业的土壤环境影响评价项目类别。

表 11-1　土壤环境影响评价项目类别

行业类别	项目类别			
	Ⅰ类	Ⅱ类	Ⅲ类	Ⅳ类
农林牧渔业	灌溉面积大于 50 万亩的灌区工程	新建 5 万亩至 50 万亩的、改造 30 万亩及以上的灌区工程，年出栏生猪 10 万头（其他畜禽种类折合猪的养殖规模）及以上的畜禽养殖场或养殖小区	年出栏生猪 5 000头（其他畜禽种类折合猪的养殖规模）及以上的畜禽养殖场或养殖小区	其他
水利	库容 $1.0\times10^8\ m^3$ 及以上水库、长度大于 1 000 km 的引水工程	库容 $1.0\times10^7 \sim 1.0\times10^8\ m^3$ 的水库、跨流域调水的引水工程	其他	
采矿业	金属矿、石油、页岩油开采	化学矿采选、石棉矿采选、煤矿采选、天然气开采、页岩气开采、砂岩气开采、煤层气开采（含净化、液化）	其他	

续表

行业类别		项目类别			
		Ⅰ类	Ⅱ类	Ⅲ类	Ⅳ类
制造业	纺织、化纤、皮革等及服装、鞋制造	制革、毛皮鞣制	化学纤维制造,有洗毛、染整、脱胶工段及产生缫丝废水、精炼废水的纺织品,有湿法印花、染色、水洗工艺的服装制造,使用有机溶剂的制鞋业	其他	
	造纸和纸制品		纸浆、溶解浆、纤维浆等制造,造纸(含制浆工艺)	其他	
	设备制造、金属制品、汽车制造及其他用品制造*	有电镀工艺的、金属制品表面处理及热处理加工的、使用有机涂层的(喷粉、喷塑和电泳除外)、有钝化工艺的热镀锌	有化学处理工艺的	其他	
	石油、化工	石油加工、炼焦,化学原料和化学制品制造,农药制造,涂料、染料、颜料、油墨及其类似产品制造,合成材料制造,炸药、火工及焰火产品制造,水处理剂等制造,化学药品制造,生物、生化制品制造	半导体材料、日用化学品制造,化学肥料制造	其他	
	金属冶炼和压延加工及非金属矿物制品	有色金属冶炼(含再生有色金属冶炼)	有色金属铸造及合金制造,炼铁,球团,烧结炼钢,冷轧压延加工,铬铁合金制造,水泥制造,平板玻璃制造,石棉制品,含焙烧工艺的石墨、碳素制品	其他	
电力热力燃气及水生产和供应业		生活垃圾及污泥发电	水力发电,火力发电(燃气发电除外),矸石、油页岩、石油焦等综合利用发电,工业废水处理,燃气生产	生活污水处理、燃煤锅炉总容量65 t/h(不含)以上的热力生产工程、燃油锅炉总容量65 t/h(不含)以上的热力生产工程	其他

续表

行业类别	项目类别			
	Ⅰ类	Ⅱ类	Ⅲ类	Ⅳ类
交通运输仓储邮政业		油库(不含加油站的油库),机场的供油工程及油库,涉及危险品、化学品、石油、成品油储罐区的码头及仓储,石油及成品油的输送管线	公路的加油站、铁路的维修场所	其他
环境和公共设施管理业	危险废物利用及处置	采取填埋和焚烧方式的一般工业固体废物处置及综合利用、城镇生活垃圾(不含餐厨废弃物)集中处置	一般工业固体废物处置及综合利用(除采取填埋和焚烧方式以外的),废旧资源加工、再生利用	其他
社会事业与服务业			高尔夫球场、加油站、赛车场	其他
其他行业				全部

注　①仅切割组装、单纯混合和分装、编织物及其制品制造,列入Ⅳ类。

②建设项目土壤环境影响评价项目类别不在本表内的,可根据土壤环境影响源、影响途径、影响因子的识别结果,参照相近或相似项目类别确定。

* "其他用品制造"包括:木材加工和木、竹、藤、棕、草制品业;家具制造业;文教、工美、体育和娱乐用品制造业;仪器仪表制造业等。

11.2.2　建设项目土壤环境影响类型、途径、因子识别

建设项目对土壤环境可能产生的影响分为土壤环境污染影响和土壤环境生态影响。

土壤环境污染影响是指人为因素导致某种物质进入土壤环境,引起土壤物理、化学、生物等方面特性的改变,导致土壤质量恶化的过程或状态。建设项目对土壤环境产生污染影响主要通过污染物大气沉降、地面漫流、垂直入渗等途径。土壤环境污染影响评价需要对污染因子进行识别,包括全部的污染因子及项目的特征因子。

土壤环境生态影响是指由于人为因素的作用,土壤环境特征发生变化,导致其生态功能变化的过程或状态。建设项目主要通过影响土壤中物质的输入、运移以及水位变化等对土壤环境的生态产生影响。本书中土壤环境生态影响重点指土壤环境的盐化、酸化、碱化等。

在对建设项目进行工程分析结果的基础上,结合土壤环境敏感目标,根据建设项目建设期、运营期和服务期满后(可根据项目情况选择)三个阶段的具体特征,识别土壤环境影响类型与影响途径;对于运营期内土壤环境影响源可能发生变化的建设项目,还应按其变化特征分阶段进行环境影响识别。

11.2.3　建设项目土壤环境敏感目标识别

建设项目土壤环境敏感目标是指可能受人为活动影响的、与土壤环境相关的敏感区或对

象。土壤环境敏感目标具体包括:①耕地、园地、牧草地、饮用水水源地或居民区、学校、医院、疗养院、养老院;②重点文物、重要湿地等管理名录中的除了①以外的环境敏感区。对于涉及大气沉降途径的污染影响型建设项目和生态影响型建设项目,应识别建设项目周边的土壤环境敏感目标。进行建设项目土壤环境敏感目标识别时,可根据《土地利用现状分类》(GB/T 21010)识别建设项目及周边的土地利用类型,并根据土壤环境敏感目标的定义确定并记录敏感目标,说明敏感目标所在方位和距离;提供土地利用类型图,并在图中标出敏感目标。

11.3 评价工作程序与等级

土壤环境影响评价应按照划分的评价工作等级进行,识别建设项目土壤环境影响类型、影响途径、影响源及影响因子,确定土壤环境影响评价工作等级。涉及两个或两个以上场地或地区的建设项目或者涉及土壤环境生态影响型与污染影响型两种影响类型的项目,均应按上述内容分别开展评价工作。

11.3.1 评价工作程序和内容

土壤环境影响评价工作可划分为准备阶段、现状调查与评价阶段、预测分析与评价阶段和结论阶段。土壤环境影响评价工作程序见图 11-1。

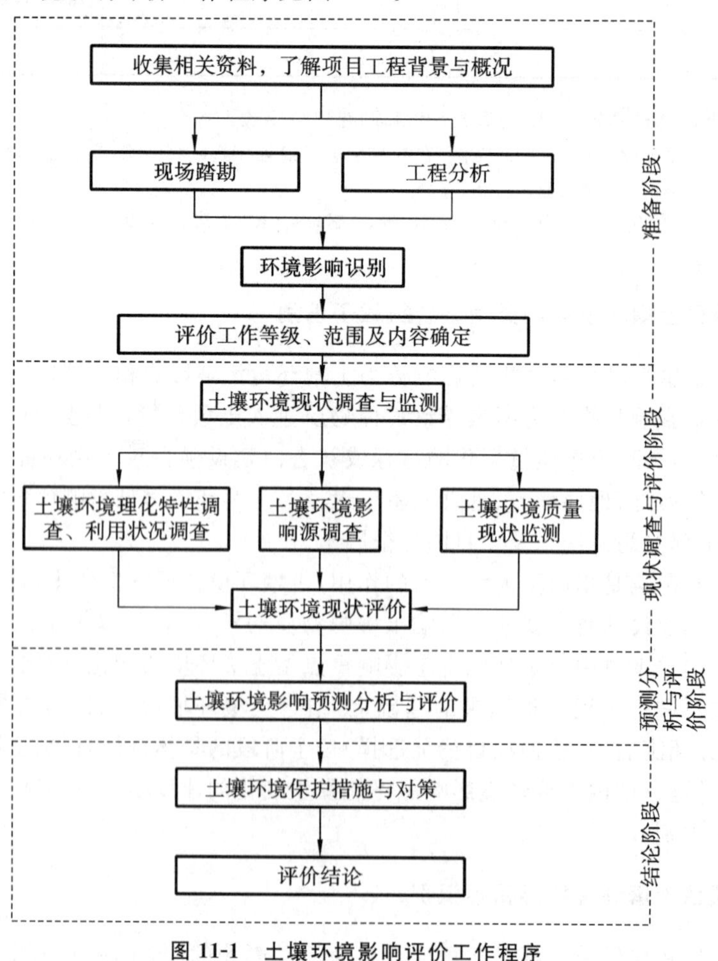

图 11-1 土壤环境影响评价工作程序

各阶段的工作内容如下。

（1）准备阶段：收集分析国家和地方与土壤环境相关的法律、法规、政策、标准及规划等资料；了解建设项目工程概况，结合工程分析，识别建设项目对土壤环境可能造成的影响类型，分析可能造成土壤环境影响的主要途径；开展现场踏勘工作，识别土壤环境敏感目标；确定评价工作等级、范围与内容。

（2）现状调查与评价阶段：采用相应标准与方法，开展现场调查、取样、监测和数据分析与处理等工作，进行土壤环境现状评价。

（3）预测分析与评价阶段：依据标准制定的或经论证有效的方法，预测分析与评价建设项目对土壤环境可能造成的影响。

（4）结论阶段：综合分析各阶段成果，提出土壤环境保护措施与对策，对土壤环境影响评价结论进行总结。

11.3.2　评价工作等级

土壤环境影响评价工作等级划分为一级、二级、三级。

1. 生态影响型土壤环境影响评价工作等级划分

生态影响型建设项目所在地土壤环境敏感程度分为敏感、较敏感和不敏感，判别依据见表 11-2；同一建设项目涉及两个或两个以上场地或地区时，应分别判定其敏感程度；产生两种或两种以上生态影响后果的，敏感程度按相对较高级别判定。

表 11-2　生态影响型敏感程度分级表

敏感程度	判别依据		
	盐化	酸化	碱化
敏感	建设项目所在地干燥度＞2.5 且常年地下水位平均埋深＜1.5 m 的地势平坦区域，土壤含盐量＞4 g/kg 的区域	$\mathrm{pH} \le 4.5$	$\mathrm{pH} \ge 9.0$
较敏感	建设项目所在地干燥度＞2.5 且常年地下水位平均埋深≥1.5 m 的，或 1.8＜干燥度≤2.5 且常年地下水位平均埋深＜1.8 m 的地势平坦区域；建设项目所在地干燥度＞2.5 或常年地下水位平均埋深＜1.5 m 的平原区；2 g/kg＜土壤含盐量≤4 g/kg 的区域	$4.5 < \mathrm{pH} \le 5.5$	$8.5 \le \mathrm{pH} < 9.0$
不敏感	其他	$5.5 < \mathrm{pH} < 8.5$	

注　干燥度是指采用 E601 观测的多年平均水面蒸发量与降水量的比值，即蒸降比值。

根据表 11-1 识别的土壤环境影响评价项目类别与表 11-2 敏感程度分级结果划分评价工作等级，详见表 11-3。

表 11-3　生态影响型评价工作等级划分表

敏感程度	项目类别		
	Ⅰ类	Ⅱ类	Ⅲ类
敏感	一级	二级	三级
较敏感	二级	二级	三级
不敏感	二级	三级	—

注　“—”表示可不开展土壤环境影响评价工作。

2. 污染影响型土壤环境影响评价工作等级划分

将污染影响型建设项目占地规模分为大型(占地面积≥50 hm^2)、中型(占地面积为 5～50 hm^2)和小型(占地面积≤5 hm^2),建设项目占地主要为永久占地。

污染影响型建设项目所在地周边的土壤环境敏感程度分为敏感、较敏感和不敏感,判别依据见表 11-4。

表 11-4　污染影响型敏感程度分级表

敏感程度	判别依据
敏感	建设项目周边存在耕地、园地、牧草地、饮用水水源地或居民区、学校、医院、疗养院、养老院等土壤环境敏感目标的
较敏感	建设项目周边存在其他土壤环境敏感目标的
不敏感	其他情况

根据土壤环境影响评价项目类别、占地规模与敏感程度划分评价工作等级,详见表 11-5。

表 11-5　污染影响型评价工作等级划分表

敏感程度	项目类别与占地规模								
	Ⅰ类			Ⅱ类			Ⅲ类		
	大	中	小	大	中	小	大	中	小
敏感	一级	一级	一级	二级	二级	二级	三级	三级	三级
较敏感	一级	一级	二级	二级	二级	三级	三级	三级	—
不敏感	一级	二级	二级	二级	三级	三级	三级	—	—

注　“—”表示可不开展土壤环境影响评价工作。

建设项目同时涉及土壤环境生态影响型与污染影响型时,应分别判定评价工作等级,并按相应等级分别开展评价工作。当同一建设项目涉及两个或两个以上场地时,各场地应分别判定评价工作等级,并按相应等级分别开展评价工作。线性工程重点针对主要站场位置(如输油站、泵站、阀室、加油站、维修场所等)参照污染影响型建设项目分段判定评价等级,并按相应等级分别开展评价工作。

11.4　土壤环境影响预测与评价

土壤环境影响预测和评价应根据影响识别结果与评价工作等级，结合当地土地利用规划确定影响预测的范围、时段、内容和方法。在此基础上选择适宜的预测方法，预测评价建设项目各实施阶段不同环节与不同环境影响防控措施下的土壤环境影响，给出预测因子的影响范围与程度，明确建设项目对土壤环境的影响结果。土壤环境影响分析可定性或半定量地说明建设项目对土壤环境产生的影响及趋势。

11.4.1　预测评价范围与因子

预测评价范围一般与现状调查评价范围一致。

污染影响型建设项目应根据环境影响识别出的特征因子选取关键预测因子。可能造成土壤盐化、酸化、碱化影响的建设项目，分别选取土壤盐分含量、pH 值等作为预测因子。

11.4.2　预测与评价方法

土壤环境影响预测与评价方法根据建设项目土壤环境影响类型与评价工作等级确定。

1. *面源污染影响预测方法*

面源污染影响预测方法适用于评价工作等级是一级、二级时，某种物质可概化为以面源形式进入土壤环境的影响预测，包括大气沉降、地面漫流以及盐、酸、碱类等物质进入土壤环境引起的土壤盐化、酸化、碱化等。

(1) 面源污染影响预测的一般方法和步骤：

①可通过工程分析计算土壤中某种物质的输入量。

②土壤中某种物质的输出量主要包括淋溶或径流排出、土壤缓冲消耗两部分；植物吸收量通常较小，不予考虑；涉及大气沉降影响的，可不考虑输出量。

③分析比较输入量和输出量，计算土壤中某种物质的增量。

④将土壤中某种物质的增量与土壤现状值进行叠加后，进行土壤环境影响预测。

(2) 预测方法。

①单位质量土壤中某种物质的增量可用下式计算：

$$\Delta S = n(I_s - L_s - R_s)/(\rho_b AD) \tag{11-10}$$

式中　ΔS——单位质量表层土壤中某种物质的增量，g/kg；

表层土壤中游离酸或游离碱浓度增量，mmol/kg；

I_s——预测评价范围内单位年份表层土壤中某种物质的输入量，g/a；

预测评价范围内单位年份表层土壤中游离酸、游离碱输入量，mmol/a；

L_s——预测评价范围内单位年份表层土壤中某种物质经淋溶排出的量，g/a；

预测评价范围内单位年份表层土壤中经淋溶排出的游离酸、游离碱的量，mmol/a；

R_s——预测评价范围内单位年份表层土壤中某种物质经径流排出的量，g/a；

预测评价范围内单位年份表层土壤中经径流排出的游离酸、游离碱的量，mmol/a；

ρ_b——表层土壤容重，kg/m^3；

A——预测评价范围,m^2;

D——表层土壤深度(m),一般取 0.2 m,可根据实际情况适当调整;

n——持续时间(年份),a。

②单位质量土壤中某种物质的预测值可根据其增量叠加现状值进行计算,即

$$S=S_b+\Delta S \tag{11-11}$$

式中 S——单位质量土壤中某种物质的预测值,g/kg;

S_b——单位质量土壤中某种物质的现状值,g/kg。

③酸性物质或碱性物质排放后表层土壤 pH 预测值,可根据表层土壤游离酸或游离碱浓度的增量进行计算,即

$$\mathrm{pH}=\mathrm{pH_b}\pm\Delta S/\mathrm{BC_{pH}} \tag{11-12}$$

式中 pH——土壤 pH 预测值;

$\mathrm{pH_b}$——土壤 pH 现状值;

ΔS——表层土壤中游离酸或游离碱浓度增量,mmol/kg;

$\mathrm{BC_{pH}}$——缓冲容量,mmol/(kg · pH 单位)。

2. 点源污染影响预测方法

点源污染影响预测方法适用于评价工作等级是一级、二级时,某种污染物以点源形式垂直进入土壤环境的影响预测,重点预测污染物可能影响到的深度。

(1) 一维非饱和溶质垂向运移控制方程:

$$\frac{\partial(\theta C)}{\partial t}=\frac{\partial}{\partial z}\left(\theta D\frac{\partial C}{\partial z}\right)-\frac{\partial}{\partial z}(qc) \tag{11-13}$$

式中 C——污染物在介质中的浓度,mg/L;

D——弥散系数,m^2/d;

q——渗流速率,m/d;

z——沿 z 轴的距离,m;

t——时间,d;

θ——土壤含水率。

(2) 初始条件:

$$C(z,t)=0,\quad t=0,L\leqslant z<0 \tag{11-14}$$

(3) 边界条件:

第一类 Dirichlet 边界条件,其中式(11-15)适用于连续点源情况,式(11-16)适用于非连续点源情况。

$$C(z,t)=C_0,\quad t>0,z=0 \tag{11-15}$$

$$C(z,t)=\begin{cases}C_0, & 0<t\leqslant t_0\\ 0, & t>t_0\end{cases} \tag{11-16}$$

第二类 Neumann 零梯度边界。

$$-\theta D\frac{\partial C}{\partial z}=0,\quad t>0,z=L \tag{11-17}$$

3. 土壤盐化综合评分预测方法

评价工作等级为一级、二级,土壤盐化综合评分可以根据表 11-6 选取各项影响因素的分值与权重,采用式(11-18)计算土壤盐化综合评分值(Sa),对照表 11-7 得出土壤盐化综合评分

预测结果。

$$Sa=\sum_{i=1}^{n}(w_i I_i) \tag{11-18}$$

式中　n——影响因素指标数目；

I_i——影响因素 i 指标评分；

w_i——影响因素 i 指标权重。

表 11-6　土壤盐化影响因素赋值

影响因素	分值				权重
	0 分	2 分	4 分	6 分	
地下水位埋深(GWD)/m	GWD≥2.5	1.5≤GWD<2.5	1.0≤GWD<1.5	GWD<1.0	0.35
干燥度(蒸降比值)(EPR)	EPR<1.2	1.2≤EPR<2.5	2.5≤EPR<6	EPR≥6	0.25
土壤本底含盐量(SSC)/(g/kg)	SSC<1	1≤SSC<2	2≤SSC<4	SSC≥4	0.15
地下水溶解性总固体(TDS)/(g/L)	TDS<1	1≤TDS<2	2≤TDS<5	TDS≥5	0.15
土壤质地	黏土	砂土	壤土	砂壤、粉土、砂粉土	0.10

表 11-7　土壤盐化预测

土壤盐化综合评分值(Sa)	Sa<1	1≤Sa<2	2≤Sa<3	3≤Sa<4.5	Sa≥4.5
土壤盐化综合评分预测结果	未盐化	轻度盐化	中度盐化	重度盐化	极重度盐化

评价工作等级为三级的建设项目，可采用定性描述或类比分析法进行预测。

4. 预测评价结论

(1) 以下情况可得出建设项目土壤环境影响可接受的结论：

①建设项目各个阶段，土壤环境敏感目标处及占地范围内各评价因子均满足相关标准要求的；

②生态影响型建设项目各个阶段，出现或加重土壤盐化、酸化、碱化等问题，但采取防控措施后，可满足相关标准要求的；

③污染影响型建设项目各个阶段，土壤环境敏感目标处或占地范围内有个别点位、层位或评价因子出现超标，但采取必要措施后，可满足《土壤环境质量　农用地土壤污染风险管控标准(试行)》(GB 15618)、《土壤环境质量　建设用地土壤污染风险管控标准(试行)》(GB 36600)或其他土壤污染防治相关管理规定的。

(2) 以下情况不能得出建设项目土壤环境影响可接受的结论：

①生态影响型建设项目，土壤盐化、酸化、碱化等对预测评价范围内土壤原有生态功能造成重大不可逆影响的；

②污染影响型建设项目各个阶段，土壤环境敏感目标处或占地范围内多个点位、层位或评价因子出现超标，采取必要措施后，仍无法满足 GB 15618、GB 36600 或其他土壤污染防治相关管理规定的。

11.5　土壤环境保护措施与对策

土壤环境保护措施与对策应包括保护的对象、目标，措施的内容、设施的规模及工艺、实施部位和时间、实施的保证措施、预期效果的分析等，在此基础上估算环境保护投资，并编制环境保护措施布置图。在建设项目可行性研究提出的影响防控对策基础上，结合建设项目特点，调查评价范围内的土壤环境质量现状，根据环境影响预测与评价结果，提出合理、可行、操作性强的土壤环境影响防控措施。改、扩建项目应针对现有工程引起的土壤环境影响问题，提出“以新带老”措施，有效减轻影响程度或控制影响范围，防止土壤环境影响加剧。涉及取土的建设项目，所取土壤应满足占地范围对应的土壤环境相关标准要求，并说明其来源；弃土应按照固体废物相关规定进行处理处置，确保不产生二次污染。

11.5.1　建设项目环境保护措施

1. 土壤环境质量现状保障措施

对于建设项目占地范围内的土壤环境质量存在点位超标的，应依据土壤污染防治相关管理办法、规定和标准，采取相关土壤污染防治措施。

2. 源头控制措施

生态影响型建设项目应结合项目的生态影响特征、按照生态系统功能优化的理念、坚持高效适用的原则提出源头防控措施。污染影响型建设项目应针对关键污染源、污染物的迁移途径提出源头控制措施。

3. 过程防控措施

建设项目根据行业特点与占地范围内的土壤特性、按照相关技术要求采取过程阻断、污染物削减和分区防控措施。

生态影响型建设项目可采取以下过程防控措施：①涉及酸化、碱化影响的，可采取相应措施调节土壤 pH 值，以减轻土壤酸化、碱化的程度；②涉及盐化影响的，可采取排水排盐或降低地下水位等措施，以减轻土壤盐化的程度。

污染影响型建设项目可采取以下过程防控措施：①涉及大气沉降影响的，占地范围内应采取绿化措施，以种植具有较强吸附能力的植物为主；②涉及地面漫流影响的，应根据建设项目所在地的地形特点优化地面布局，必要时设置地面硬化、围堰或围墙，以防止土壤环境污染；③涉及入渗途径影响的，应根据相关标准规范要求，对设备设施采取相应的防渗措施，以防止土壤环境污染。

11.5.2　跟踪监测

土壤环境跟踪监测措施包括制定跟踪监测计划、建立跟踪监测制度，以便及时发现问题，采取措施。土壤环境跟踪监测计划中，监测点位应布设在重点影响区和土壤环境敏感目标附近；生态影响型建设项目跟踪监测应尽量在农作物收割后开展。监测指标应选择建设项目特征因子；评价工作等级为一级的建设项目一般每 3 a 内开展 1 次监测工作，二级的每 5 a 内开展 1 次，三级的必要时可开展跟踪监测。

11.6 土壤环境影响评价案例分析

11.6.1 项目概况

某热电有限公司新建集中供热热电厂项目，主体工程包括 4 台高压次高温循环流化床锅炉、1 台抽凝式汽轮发电机组、1 台背压式汽轮发电机组，辅助工程包含除尘系统、煤棚、输煤系统、循环水系统、危废暂存区等。项目占地 73 400 m^2，项目和项目周边 200 m 范围的面积总计约 410 000 m^2。项目年计划耗煤量约为 237 300 t。烟气中含有 Hg 等污染物，预测的烟气最大落地浓度点距离厂区烟囱 8 765 m，项目北侧 120 m 处存在农田，评价范围内表层土壤中 Hg 的年输入量为 8 kg。经监测土壤容重平均值为 1.40 g/cm^3，项目厂区内单位质量表层土壤中 Hg 含量为 0.082 mg/kg，农田处单位质量表层土壤中 Hg 含量为 0.004 mg/kg。

11.6.2 评价等级和范围的确定

根据《环境影响评价技术导则　土壤环境（试行）》（HJ 964—2018）的相关要求，对项目情况进行分析，以确定其评价等级。

项目属于污染影响型，本项目行业类别属于“火力发电（燃气发电除外）”，按照表 11-1，可以识别为Ⅱ类项目。

项目所在厂区占地规模属于中型（5～50 hm^2）。项目废气污染物最大落地浓度范围内有土壤环境敏感目标，根据表 11-4 中污染影响型敏感程度的分级，土壤环境敏感程度为敏感。

本项目土壤环境影响类别为Ⅱ类，占地规模为中型，土壤环境敏感程度为敏感，根据表 11-5，可以判定本项目土壤评价等级为二级。

本项目评价范围包括厂区所有占地和距厂界 0.2 km 范围内占地。

11.6.3 土壤环境影响评价

1. 土壤污染途径、影响源和影响因子分析

根据现场踏勘及工程分析，本项目的土壤环境影响类型为污染影响型，重点分析运营期对项目及周边区域土壤环境的影响，土壤污染途径主要包括大气沉降、地面漫流和垂直入渗。

项目潜在污染源主要为煤棚、灰库、渣库、危废暂存区、排气筒，主要特征污染因子为汞。具体土壤环境影响源和影响因子识别见表 11-8。根据项目土壤环境影响源及影响因子识别，本项目地面漫流和垂直入渗以及大气沉降的 PM_{10}、$PM_{2.5}$ 等对土壤环境影响较小，故选取危害大的 Hg 作为预测和评价因子。

表 11-8　项目土壤环境影响源及影响因子识别

污染源	工艺节点	污染途径	主要污染因子	备　注
煤棚、灰库、渣库	煤棚、灰库、渣库	地面漫流	粉尘	间断
危废暂存区	废酸碱罐	垂直入渗	pH 值	事故、非正常工况，物料泄露且地面开裂
排气筒	废气排放口	大气沉降	PM_{10}、$PM_{2.5}$、Hg	连续；敏感目标：北侧农田

2. 预测与评价

1) 预测评价时段

根据对本项目土壤环境影响识别结果可知,本项目重点预测时段为项目运营期。因此本项目选取运营 20 a 作为重点预测时段。本次预测时段包括污染发生后 1 a、2 a、5 a、10 a、20 a。

2) 预测情景

预测的烟气最大落地浓度点距离厂区烟囱 8 765 m,而土壤预测的评价范围为厂界外扩 200 m,评价范围内 Hg 最大年沉降量为 8 kg。项目可能发生土壤环境污染的途径主要为大气沉降、垂直入渗和地面漫流,其中垂直入渗主要发生在废酸碱罐泄漏且地面存在破裂的情况下,同时由于发生泄漏时,泄漏物质可被及时发现、及时清理,项目垂直入渗进入土壤环境的污染物的量及概率均较小,而大气沉降对土壤环境的影响为持续输入。因此本次评价按照排放废气中 Hg 全部以大气沉降的方式进入周边土壤环境进行预测。

3) 评价标准

本项目评价范围内主要为建设用地中的第二类用地,Hg 根据《土壤环境质量　建设用地土壤污染风险管控标准(试行)》(GB 36600—2018)中第二类用地筛选值进行土壤污染风险筛查。评价范围内北侧 120 m 处存在农用地,执行《土壤环境质量　建设用地土壤污染风险管控标准(试行)》中相应的筛选值,因此本次评价仅考虑废气沉降污染物在土壤中的增量。

4) 预测方法

本项目为土壤污染影响型建设项目,评价工作等级为二级,本次评价选取面源污染预测方法进行预测,该方法适用于某种物质可概化为以面源形式进入土壤环境的影响预测,包括大气沉降、地面漫流等,较为符合本项目可能发生的土壤污染途径分析结果,具体用式(11-10)和式(11-11)进行计算。表 11-9 列出了本项目土壤环境影响预测参数。

表 11-9　土壤环境影响预测参数选择表

序号	参数	单位	取值	取值依据
1	I_s	g	8 000	预测评价范围内每年表层土壤中 Hg 的输入量
2	L_s	g	0	预测评价范围内每年表层土壤中 Hg 经淋溶排出的量,本环评不考虑淋溶排出的量
3	R_s	g	0	预测评价范围内每年表层土壤中 Hg 经径流排出的量,本环评不考虑经径流排出的量
4	ρ_b	kg/m^3	1 400	根据监测结果,本项目所在地表层土为壤土,土壤容重取监测平均值 $1.40\ g/cm^3$,折合 $1\ 400\ kg/m^3$
5	A	m^2	410 000	评价范围为占地范围全部及占地范围外 0.2 km,合计约 $410\ 000\ m^2$
6	D	m	0.2	表层土壤深度,一般取 0.2 m,本环评取 0.2 m
7	S_b	mg/kg	0.082	项目厂区内单位质量表层土壤中 Hg 的现状监测含量
			0.004	农田处单位质量表层土壤中 Hg 的现状监测含量

5) 预测评价结论

经计算,本项目土壤正常预测情景下的土壤影响预测结果如表 11-10 所示。

表 11-10　预测结果

预测因子		不同持续时间下的预测结果				
		1 a	2 a	5 a	10 a	20 a
单位质量表层土壤中污染物的增量/(mg/kg)		0.000 07	0.000 14	0.000 35	0.000 70	0.001 39
单位质量土壤中某种物质的预测值/(mg/kg)	厂区内	0.082 07	0.082 14	0.082 35	0.082 70	0.083 39
	厂区北侧农田	0.004 07	0.004 14	0.004 35	0.004 70	0.005 39
超标情况	厂区内（筛选值 38 mg/kg）	达标	达标	达标	达标	达标
	厂区北侧农田（筛选值 2.4 mg/kg）	达标	达标	达标	达标	达标

若项目运营 20 a，则本次评价范围内单位质量表层土壤中 Hg 的预测值达到 0.083 39 mg/kg，总体增量较小，在评价范围内均满足《土壤环境质量　建设用地土壤污染风险管控标准（试行）》(GB 36600—2018）以及《土壤环境质量　农用地土壤污染风险管控标准（试行）》(GB　15618—2018)要求，对区域土壤环境影响较小。因此，项目建设对厂区及周围土壤环境的影响可接受。

6）本项目采取的土壤污染防治措施

为减少大气沉降的影响，应加强烟气处理设备的管理和维护，确保设备处于良好的运行状态，做到从源头控制，减少重金属 Hg 的排放；在厂区绿化带内种植具有较强吸附能力的绿色植物。

对可能产生垂直入渗污染的危废暂存区，其地面需满足《危险废物贮存污染控制标准》(GB 18597—2001)及其 2013 修改单的防渗要求，防渗层为至少 1 m 厚黏土层（渗透系数≤ 10^{-7} cm/s)，或 2 mm 厚高密度聚乙烯，或其他至少 2 mm 厚的人工防渗材料（渗透系数≤ 10^{-10} cm/s)。

对煤棚等涉及地面漫流的区域，应根据项目所在地的地形特点优化地面布局，设置地面硬化、围堰或围墙，以防止土壤环境污染。

7）跟踪监测

为了及时、准确掌握本项目运营期对土壤环境质量状况的影响，根据《环境影响评价技术导则　土壤环境（试行）》(HJ 964—2018)要求，建议本项目建立土壤长期监控系统。

本项目土壤定期监测因子为《土壤环境质量　建设用地土壤污染风险管控标准（试行）》(GB 36600—2018)表 1 中 45 项指标和《土壤环境质量　农用地土壤污染风险管控标准（试行）》(GB 15618—2018)表 1 中 8 项指标，具体为 pH 值、镉、汞、砷、铜、铅、铬、锌、镍、VOC、SVOC 等。本项目土壤监测频次可为每 5 a 1 次。

习　题

1. 简述土壤环境影响评价的工作程序。
2. 土壤环境影响评价的工作等级如何划分？
3. 简述土壤面源污染的影响预测方法。
4. 土壤环境影响建设项目的环境保护措施有哪些？

第12章 环境风险评价

12.1 环境风险评价概述

12.1.1 环境风险

环境风险是指突发性事故对环境造成的危害程度及可能性。

环境风险有两个主要特点:不确定性和危害性。不确定性是指人们对事件发生的时间、地点、强度等难以准确预料;危害性是针对时间的后果而言的,具有风险的事件对其承受者造成威胁,并且一旦事件发生,就会对其承受者造成损失或危害。

根据产生原因的差异,可将环境风险分为化学风险、物理风险及自然灾害风险。化学风险是指对人类、动物、植物能发生毒害或其他不利影响的化学物品的排放、泄漏,或是有毒、易燃、易爆材料的泄漏而引起的风险;物理风险是指机械设备或机械、建筑结构的故障所引发的风险;自然灾害风险是指地震、台风、龙卷风、洪水等自然灾害引发的物理性和化学性风险。

12.1.2 环境风险评价

环境风险评价(environment risk assessment,ERA)是评估事件的发生概率及在不同概率下事件后果的严重性,并决定采取适宜的对策,主要是关心与项目联系在一起的突发性灾难事故(主要包括易燃易爆物质、有毒有害物质、放射性物质失控状态下的泄漏,大型技术系统如桥梁、水坝等的故障)造成的环境危害,这类风险评价常称为事故风险评价。环境风险评价主要关心的是事件发生的可能性及其发生后的影响。

环境风险评价被认为是环境影响评价的一个分支,是环境影响评价和工程(项目)风险安全评价的交叉学,在条件允许的情况下,可利用安全评价数据开展环境风险评价。环境风险评价与环境影响评价的区别见表12-1。

表12-1 环境风险评价与环境影响评价的主要不同点

次 序	项 目	环境风险评价	环境影响评价
1	分析重点	突发事故	正常运行工况
2	持续时间	很短	很长
3	应计算的物理效应	火灾、爆炸,向空气和地表水释放污染物	向空气、地表水、地下水释放污染物、噪声、热污染等
4	释放类型	瞬时或短时间连续释放	长时间连续释放
5	应考虑的影响类型	突发性的激烈的效应及事故后期的长远效应	连续的、累积的效应
6	主要危害受体	人和建筑、生态	人和生态
7	危害性质	急性受毒;灾难性的	慢性受毒

续表

次　序	项　　目	环境风险评价	环境影响评价
8	照射时间	很短	很长
9	源项确定	较大的不确定性	不确定性很小
10	评价方法	概率方法	确定论方法
11	防范措施与应急计划	需要	不需要

12.1.3　建设项目环境风险评价

建设项目环境风险评价是指对涉及有毒有害和易燃易爆危险物质生产、使用、贮存(包括使用管线输运)的建设项目可能发生的突发性事故(不包括人为破坏及自然灾害引发的事故),所造成的对人身安全与环境的影响和损害,进行评估,提出防范、应急与减缓措施,以使建设项目对周围环境的事故影响达到可接受水平。

建设项目环境风险评价不含生态风险评价及核与辐射类建设项目的环境风险评价,其关注点是事故对厂(场)界外环境的影响。

12.2　环境风险识别与度量

12.2.1　环境风险识别的内容和类型

环境风险识别是指运用因果分析的原则,采用一定的方法从纷繁复杂的环境系统中找出具有环境风险因素的过程。

(1) 风险识别内容:包括物质危险性识别、生产系统危险性识别、危险物质向环境转移的途径识别。物质危险性识别,包括主要原辅材料、燃料、中间产品、副产品、最终产品、污染物、火灾和爆炸伴生与次生物等。生产系统危险性识别,包括主要生产装置、储运设施、公用工程和辅助生产设施,以及环境保护设施等。危险物质向环境转移的途径识别,包括分析危险物质特性及可能的环境风险类型,识别危险物质影响环境的途径,分析可能影响的环境敏感目标。

(2) 风险识别类型:根据危险物质放散起因,风险分为火灾、爆炸和泄漏三种类型。

12.2.2　环境风险识别的方法

环境风险的识别可采用核查表法、专家咨询法、事件树法、故障树法和类比法等,事件树法、故障树法和类比法是其中较为常见的方法。

1. 事件树分析

事件树分析(event tree analysis,ETA)实质上是利用逻辑思维的形式,分析事故形成过程。从初因事件出发,按照事件发展的时序分成阶段,对后继事件一步一步地进行分析,每一步都从成功和失败(可能与不可能)两种或多种可能的状态进行考虑(分支),直到最后用水平树状图表示其后果的一种分析方法,以定性、定量地了解整个事故的动态变化过程及其各种状态的发生概率。

事件树分析过程通常包括六步:①确定初始事件(可能引发感兴趣事故的初始事件);②识别能消除初始事件的安全设计功能;③编制事件树;④描述导致事故的顺序;⑤确定事故顺序

的最小割集;⑥编制分析结果。

事件树中各分支代表引发事件发生后可能的发展途径,其中导致系统发生事故的途径称为事故连锁。事故连锁中包含的引发事件和安全防护功能失败的输出事件构成了事件树中导致事故发生的事件的最小集合,也即事件树的最小割集。同样,事故树中导致系统安全的途径也对应着事件树的最小径集,它是保证系统不发生事故的事件的最小集合。

2. 故障树分析

故障树分析(fault tree analysis,FTA)又称为事故树分析,是从结果到原因找出与灾害有关的各种因素之间因果关系和逻辑关系的分析法,是一种演绎分析方法。这种方法是把系统可能发生的事故放在图的最上面,称为顶上事件,按系统构成要素之间的关系,分析与灾害事故有关的原因。这些原因,可能是其他一些原因的结果,称为中间原因事件(或中间事件),应继续往下分析,直到找出不能进一步往下分析的原因为止,这些原因称为基本原因事件(或基本事件)。然后将特定的事故和各层原因(危险因素)之间用逻辑门符号连接起来,得到形象、简洁地表达其逻辑关系(因果关系)的逻辑树图形,即故障树。通过对故障树简化、计算达到分析、评价的目的。与事件树分析类似,在故障树分析中,能够引起顶上事件发生的一组事件的组合称为割集。如果去掉割集中任一事件都使其不能构成割集,则该割集称为最小割集。FTA 中常用的符号如图 12-1 所示。

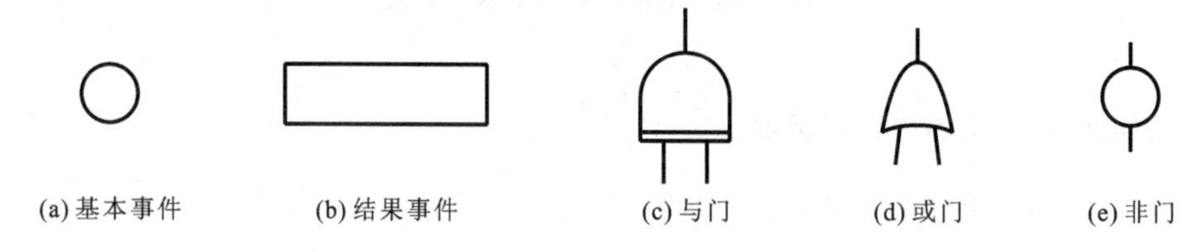

图 12-1　故障树模型常用符号示意图

12.2.3　环境风险的度量

环境风险的度量就是对环境风险进行定量的测量,包括事件出现的概率大小及后果严重程度的估计。

1. 浴盆曲线

工业污染源事故概率在概念上类似于可靠性术语的生产与安全系统的失效率或故障率,可定义为:污染源在运行 t 时间后的单位时间内,发生生产或安全系统失效导致泄漏、溢出、爆炸、火灾等突发性排放污染物的事故概率。由系统的可靠性理论可知,一个系统的故障率分布为巴斯塔布曲线,因其形如浴盆,也称为浴盆曲线,如图 12-2 所示。

从时间变化看,曲线呈现三个不同区段。

1) 早期失效期阶段

在系统开始的 CA 阶段,随时间推移故障率迅速下降。此期间发生的故障主要是由设计、制造上的缺陷,或使用环境不当造成的。操作人员经过一段时间的摸索,熟悉了系统的特点,积累了运行经验,并且做了改进使故障率迅速下降。

2) 偶发失效期阶段

进入 AB 段,故障率大体上处于稳定状态。此期间故障的发生与时间无关,是随机突然发生的,故称为偶发失效期。此类事故通常是由维护和操作等偶然性因素引起的。

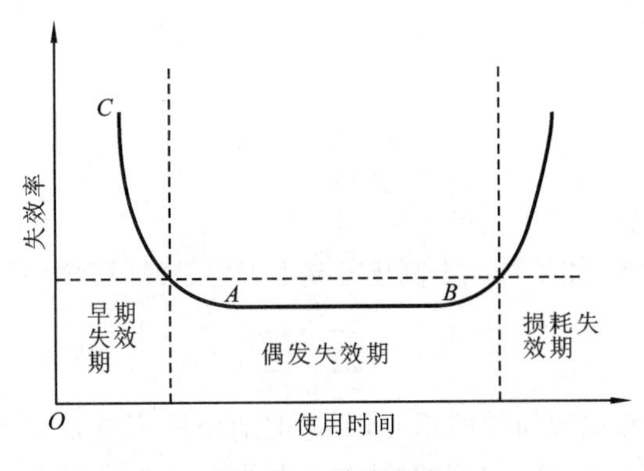

图 12-2　浴盆曲线

3）损耗失效期阶段

过点 B 以后，故障率开始上升，称为损耗失效期。构成系统的子系统零部件，经长期使用后由于疲劳、磨损、老化等原因，寿命渐进衰竭，从而处于频发事故状态。要是能够预测磨损并损耗的开始期，在此期间对系统采取更换、维修等措施，就可以延长系统的有效寿命期。

2. 风险概率的度量

风险概率确定的基本途径如下：①依据历史上和现实同类事件的调查统计资料确定拟建项目中该类事件发生的概率；②向专家咨询，最好采用德尔菲法，估计事件发生的概率。

(1) 对一般不可修复部件或系统，故障概率密度函数通常取为指数型分布，$q=1-\exp(-\lambda t)$，t 为系统（单元）运行时间，λ 为故障率，由于一般 $\lambda t \ll 1$，故 $q \approx \lambda t$。

(2) 对可修复部件或系统，基本事件故障发生率应理解为不可用度。对部件失效考虑两种情况：①失效受监控，即失效情况立即被警铃或其他警报器检测到失效；②在定期检测部件有效性之前不能检测到失效。

对于情况(1)，部件或系统的故障发生率用不可用度 q 表示为

$$q=\frac{\tau}{\frac{1}{\lambda}+\tau}=\frac{\lambda}{\lambda+\mu} \tag{12-1}$$

式中　τ——部件或系统出现故障时的平均停止工作时间，包括准备时间、实际修理时间和管理时间；

μ——可修复率，$\mu=\frac{1}{\tau}$。

对于不受监控但做 T 间隔定期测试和维修的部件，其总的平均不可用度为

$$q=\frac{\lambda T}{2}+\lambda T_{\mathrm{R}} \tag{12-2}$$

式中　T_{R}——对失效部件的平均修复或更换时间（停止工作时间）。

通常 $T_{\mathrm{R}} \ll T$，所以 $q=\frac{\lambda T}{2}$。

(3) 顶事件概率的估计。在做污染事故源项分析时，一般取污染物向环境的事故排放为顶事件。对于给定的故障树，如果各基本事件的发生概率已知，就可以计算顶事件的发生概率，求出风险定义中的概率。假定基本事件 i 的发生概率为 q_i，由于最小割集中各基本事件是与门逻辑关系，其顶事件的发生概率 A_{m} 为

$$A_{\mathrm{m}} = 1 - \prod_{j=1}^{k} \left(1 - \prod_{i \in K_j} q_i\right) \tag{12-3}$$

式中 k——最小割集数；

K_j——第 j 个最小割集($j=1,2,\cdots,k$)；

q_i——第 i 个基本事件发生概率。

对于一个简单的事故树，如果各最小割集各基本事件是或门逻辑关系，则顶事件发生概率为

$$A_{\mathrm{m}} = \sum_{j=1}^{k} \left(\sum_{i \in K_j} q_i\right) \tag{12-4}$$

在 FTA 分析中对维修比较简单的单元，可近似地用故障率 λ 代替故障发生率，这样就大大简化了顶事件发生概率的计算。人为失误作为事故的主要原因之一，其概率的估算非常困难，受多种因素的影响，一般推荐取 10^{-2}。

3. 最大可信灾害事故确定

每一系统都存在各种潜在的事故风险，我们不可能对每一种事故均做事故风险计算和评价。为评估系统风险的可接受水平，应从中筛选出具有一定发生概率而后果又较为严重且其风险值为最大的事故作为评估对象，即应选择最大可信灾害事故作为评估对象。如果这一事故的风险值在可以接受水平内，则该系统的风险就被认为是可以接受的。如果这一风险值超过可以接受水平，则需要采取进一步降低风险的措施，使之达到可接受水平。

12.3 环境风险评价

12.3.1 环境风险评价的基本程序和内容

环境风险评价基本内容包括风险调查、环境风险潜势初判、风险识别、风险事故情形分析、风险预测与评价、环境风险管理等。

(1) 基于风险调查，分析建设项目物质及工艺系统危险性和环境敏感性，进行风险潜势的判断，确定风险评价等级。

(2) 风险识别及风险事故情形分析应明确危险物质在生产系统中的主要分布，筛选具有代表性的风险事故情形，合理设定事故源项。

(3) 环境要素按确定的评价工作等级分别开展预测评价，分析说明环境风险危害范围与程度，提出环境风险防范的基本要求。

①大气环境风险预测。一级评价需选取最不利气象条件和事故发生地的最常见气象条件，选择适用的数值方法进行分析预测，给出风险事故情形下危险物质释放可能造成的大气环境影响范围与程度。对于存在极高大气环境风险的项目，应进一步开展关心点概率分析。二级评价需选取最不利气象条件，选择适用的数值方法进行分析预测，给出风险事故情形下危险物质释放可能造成的大气环境影响范围与程度。三级评价应定性分析说明大气环境影响后果。

②地表水环境风险预测。一级、二级评价应选择适用的数值方法预测地表水环境风险，给出风险事故情形下可能造成的影响范围与程度；三级评价应定性分析说明地表水环境影响后果。

③地下水环境风险预测。一级评价应优先选择适用的数值方法预测地下水环境风险，给

出风险事故情形下可能造成的影响范围与程度；低于一级评价的，风险预测分析与评价要求参照《环境影响评价技术导则　地下水环境》执行。

(4) 提出环境风险管理对策，明确环境风险防范措施及突发环境事件应急预案编制要求。

(5) 综合环境风险评价过程，给出评价结论与建议。

环境风险评价的工作程序参见图 12-3。

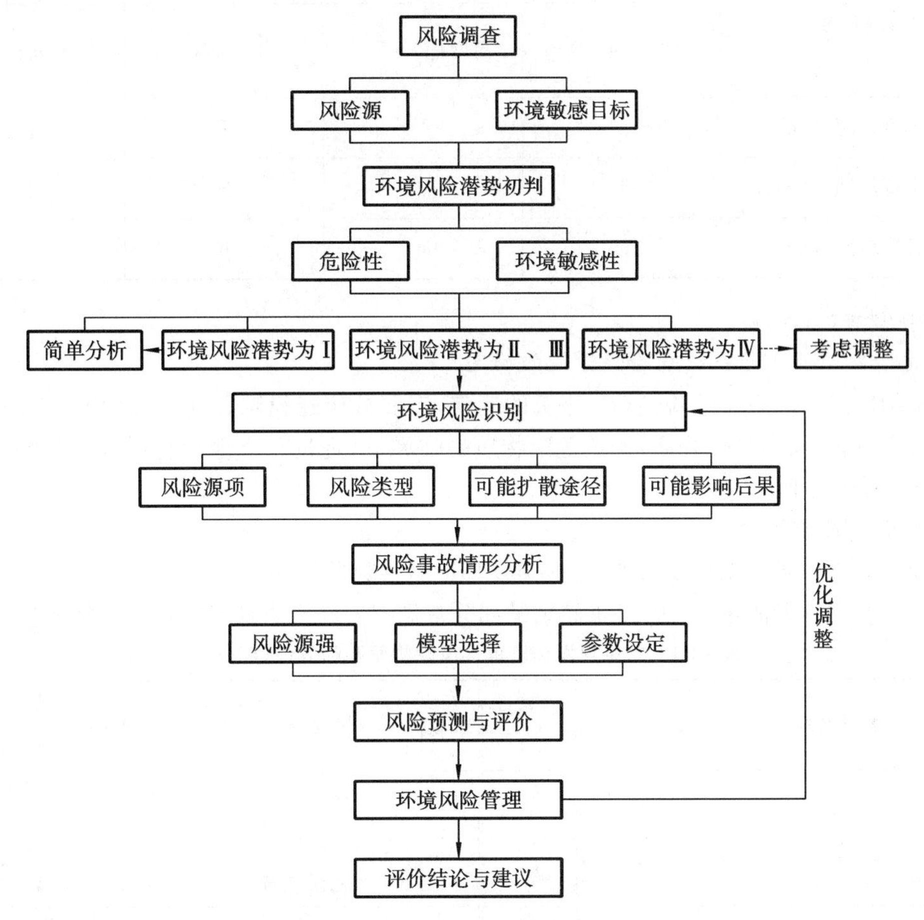

图 12-3　环境风险评价工作程序

12.3.2　环境风险评价的工作等级和评价范围确定

环境风险评价工作等级分为一级、二级、三级。根据建设项目涉及的物质及工艺系统危险性和所在地的环境敏感性确定环境风险潜势，按照表 12-2 确定评价工作等级。

表 12-2　评价工作等级划分

环境风险潜势	Ⅳ、$Ⅳ^+$	Ⅲ	Ⅱ	Ⅰ
评价工作等级	一级	二级	三级	简单分析*

* 相对详细评价工作内容而言，在描述危险物质、环境影响途径、环境危害后果、风险防范措施等方面给出定性的说明。

1. 环境风险潜势划分

建设项目环境风险潜势划分为Ⅰ、Ⅱ、Ⅲ、Ⅳ/$Ⅳ^+$级。

根据建设项目涉及的物质和工艺系统的危险性及所在地的环境敏感程度，结合事故情形下环境影响途径，对建设项目潜在环境危害程度进行概化分析，按照表 12-3 确定环境风险潜势。

表 12-3　建设项目环境风险潜势划分

环境敏感程度(E)	危险物质及工艺系统危险性(P)			
	极高危害(P_1)	高度危害(P_2)	中度危害(P_3)	轻度危害(P_4)
环境高度敏感区(E_1)	Ⅳ$^+$	Ⅳ	Ⅲ	Ⅲ
环境中度敏感区(E_2)	Ⅳ	Ⅲ	Ⅲ	Ⅱ
环境低度敏感区(E_3)	Ⅲ	Ⅲ	Ⅱ	Ⅰ

注　Ⅳ$^+$为极高环境风险。

2. 危险物质及工艺系统危险性等级的确定

危险物质及工艺系统危险性(P)等级的确定，需要分析建设项目生产、使用、贮存过程中涉及的有毒有害、易燃易爆物质，确定危险物质的临界量，定量分析危险物质数量与临界量的比值(Q)和所属行业及生产工艺特点(M)。

1) 危险物质临界量

危险物质临界量数据主要参考《企业突发环境事件风险分级方法》“附录 A　突发环境事件风险物质及临界量清单”。表 12-4 摘录了部分常见突发环境事件风险物质及临界量。

表 12-4　常见突发环境事件风险物质及临界量(部分)

序号	物质名称	CAS 号	临界量/t	序号	物质名称	CAS 号	临界量/t
1	1,3-丁二烯	106-99-0	10	15	次氯酸钠	7681-52-9	5
2	1,3-戊二烯	504-60-9	10	16	乙酸酐	108-24-7	10
3	1-丁烯	106-98-9	10	17	乙酸乙烯	108-05-4	7.5
4	2-丁烯	107-01-7	10	18	丁醇	71-36-3	10
5	氨气	7664-41-7	5	19	丁酮	78-93-3	10
6	苯	71-43-2	10	20	丁烷	106-97-8	10
7	苯胺	62-53-3	5	21	丁烯	25167-67-3	10
8	苯酚	108-95-2	5	22	二甲苯	1330-20-7	10
9	苯甲醛	100-52-7	10	23	二甲醚	115-10-6	10
10	苯乙烯	100-42-5	10	24	二硫化碳	75-15-0	10
11	丙炔	74-99-7	10	25	二氯甲烷	75-09-2	10
12	丙酮	67-64-1	10	26	二氧化氮	10102-44-0	1
13	丙烷	74-98-6	10	27	二氧化硫	7446-09-5	2.5
14	丙烯	115-07-1	10	28	二氧化氯	10049-04-4	0.5

续表

序号	物质名称	CAS 号	临界量/t
29	发烟硫酸	8014-95-7	5
30	氟	7782-41-4	0.5
31	汞	7439-97-6	0.5
32	光气	75-44-5	0.25
33	过氧乙酸	79-21-0	5
34	环己酮	108-94-1	10
35	环己烷	110-82-7	10
36	铬酸	7738-94-5	0.25
37	铬及其化合物(以铬计)		0.25
38	COD_{Cr} 浓度≥10 000 mg/L 的有机废液		10
39	NH_3-N 浓度≥2000 mg/L 的废液		5
40	氨水(浓度≥20%)	1336-21-6	10
41	盐酸(≥37%)	7647-01-0	7.5
42	甲苯	108-88-3	10
43	甲醇	67-56-1	10
44	甲烷	74-82-8	10
45	磷酸	7664-38-2	10
46	硫化氢	7783-06-4	2.5
47	硫酸	7664-93-9	10
48	硫酸铵	7783-20-2	10
49	氯化氢	7647-01-0	2.5
50	氯气	7782-50-5	1
51	氯酸钠	7775-09-9	100
52	氯乙酸	79-11-8	5
53	氯乙烯	75-01-4	5
54	煤气		7.5
55	氢氟酸	7664-39-3	1
56	氰化钾	151-50-8	0.25
57	三氯化铝	7446-70-0	5
58	三氧化硫	7446-11-9	5
59	石油醚	8032-32-4	10
60	石油气	68476-85-7	10
61	硝酸	7697-37-2	7.5
62	硝酸铵	6484-52-2	50
63	溴	7726-95-6	2.5
64	溴化氢	10035-10-6	2.5
65	一氧化氮	10102-43-9	0.5
66	一氧化碳	630-08-0	7.5
67	乙苯	100-41-4	10
68	乙腈	75-05-8	10
69	乙醚	60-29-7	10
70	乙醛	75-07-0	10
71	乙炔	74-86-2	10
72	乙酸	64-19-7	10
73	乙酸乙酯	141-78-6	10
74	乙烷	74-84-0	10
75	乙烯	74-85-1	10
76	异丙醇	67-63-0	10
77	正己烷	110-54-3	10
78	油类物质(矿物油类,如石油、汽油、柴油等;生物柴油等)		2 500
79	健康危害急性毒性物质(类别 1)		5
80	健康危害急性毒性物质(类别 2、类别 3)		50
81	危害水环境物质(急性毒性类别 1)		100

注　健康危害急性毒性物质分类见 GB 30000.18,危害水环境物质分类见 GB 30000.28。

2) 危险物质数量与临界量比值(Q)

计算 Q 值时,应计算建设项目涉及的每种危险物质在厂界内最大存在总量与对应临界量的比值。在不同厂区的同一种物质,按其在厂界内的最大存在总量计算。对于长输管线项目,按照两个截断阀室之间管段危险物质最大存在总量计算。Q 值按式(12-5)计算。

$$Q=\frac{q_1}{Q_1}+\frac{q_2}{Q_2}+\cdots+\frac{q_n}{Q_n} \tag{12-5}$$

式中 $q_1,q_2,\cdots,q_n$——各种危险物质的最大存在总量,t;

$Q_1,Q_2,\cdots,Q_n$——各种危险物质的临界量,t。

当 $Q<1$ 时,该项目环境风险潜势为Ⅰ。

当 $Q\geqslant1$ 时,将 Q 值划分为:①$1\leqslant Q<10$;②$10\leqslant Q<100$;③$Q\geqslant100$。

3) 行业及生产工艺(M)

项目所属行业及生产工艺特点按照表 12-5 赋 M 值。具有多套工艺单元的项目,对每套生产工艺分别评分并求和。将 M 划分为:①$M>20$ 分;②10 分$<M\leqslant20$ 分;③5 分$<M\leqslant10$ 分;④$M=5$ 分。分别以 M_1、M_2、M_3 和 M_4 表示。

表 12-5 行业及生产工艺(M)

行业	评估依据	分值
石化、化工、医药、轻工、化纤、有色冶炼等	涉及光气及光气化工艺、电解工艺(氯碱)、氯化工艺、硝化工艺、合成氨工艺、裂解(裂化)工艺、氟化工艺、加氢工艺、重氮化工艺、氧化工艺、过氧化工艺、氨基化工艺、磺化工艺、聚合工艺、烷基化工艺、新型煤化工工艺、电石生产工艺、偶氮化工艺	10 分/套
	无机酸制酸工艺、焦化工艺	5 分/套
	其他高温或高压,且涉及危险物质的工艺过程[a]、危险物质贮存罐区	5 分/套(罐区)
管道、港口与码头等	涉及危险物质管道运输项目、港口与码头等	10 分
石油天然气	石油、天然气、页岩气开采(含净化),气库(不含加气站的气库),油库(不含加气站的油库)、油气管线[b](不含城镇燃气管线)	10 分
其他	涉及危险物质使用、贮存的项目	5 分

注 a 高温指工艺温度≥300 ℃,高压指压力容器的设计压力(p)≥10.0 MPa。

b 长输管道运输项目应按站场、管线分段进行评价。

4) 危险物质及工艺系统危险性(P)分级

根据危险物质数量与临界量比值(Q)和行业及生产工艺(M),按照表 12-6 确定危险物质及工艺系统危险性等级(P),分别以 P_1、P_2、P_3、P_4 表示。

表 12-6　危险物质及工艺系统危险性等级判断(P)

危险物质数量与临界量比值(Q)	行业及生产工艺(M)			
	M_1	M_2	M_3	M_4
$Q \geqslant 100$	P_1	P_1	P_2	P_3
$10 \leqslant Q < 100$	P_1	P_2	P_3	P_4
$1 \leqslant Q < 10$	P_2	P_3	P_4	P_4

3. 环境敏感程度的分级确定

分析危险物质在事故情况下的环境影响途径，如大气、地表水、地下水等，对建设项目各要素环境敏感程度(E)等级进行判断，各要素环境敏感程度共分为三种类型：E_1为环境高度敏感区；E_2为环境中度敏感区；E_3为环境低度敏感区。进行建设项目环境风险潜势综合等级计算时取各要素等级的相对高值。

1）大气环境

大气环境敏感程度依据环境敏感目标的环境敏感性及按人口密度划分环境风险受体的敏感性进行划分，分级原则见表 12-7。

表 12-7　大气环境敏感程度分级

分级	大气环境敏感程度
E_1	周边 5 km 范围内居住区、医疗卫生、文化教育、科研、行政办公等机构人口总数大于 50 000，或其他需要特殊保护区域；周边 500 m 范围内人口总数大于 1 000；油气、化学品输送管线管段周边 200 m 范围内，每千米管段人口数大于 200
E_2	周边 5 km 范围内居住区、医疗卫生、文化教育、科研、行政办公等机构人口总数大于 10 000 而小于 50 000；周边 500 m 范围内人口总数大于 500 而小于 1 000；油气、化学品输送管线管段周边 200 m 范围内，每千米管段人口数大于 100 而小于 200
E_3	周边 5 km 范围内居住区、医疗卫生、文化教育、科研、行政办公等机构人口总数小于 10 000；周边 500 m 范围内人口总数小于 500；油气、化学品输送管线管段周边 200 m 范围内，每千米管段人口数小于 100

2）地表水环境

地表水环境敏感程度依据事故情况下危险物质泄漏到水体的排放点受纳地表水体功能敏感性，以及下游环境敏感目标情况进行划分，分级原则见表 12-8。其中地表水功能敏感性分区和环境敏感目标分级分别见表 12-9 和表 12-10。

表 12-8　地表水环境敏感程度分级

环境敏感目标	地表水功能敏感性		
	F_1	F_2	F_3
S_1	E_1	E_1	E_2
S_2	E_1	E_2	E_3
S_3	E_1	E_2	E_3

表 12-9　地表水功能敏感性分区

敏感性	地表水环境敏感特征
敏感(F_1)	排放点进入地表水水域环境功能为Ⅱ类及以上,或海水水质分类为第一类;或以发生事故时,危险物质泄漏到水体的排放点算起,排放进入受纳河流最大流速时,24 h流经范围内涉跨国界的
较敏感(F_2)	排放点进入地表水水域环境功能为Ⅲ类,或海水水质分类为第二类;或以发生事故时,危险物质泄漏到水体的排放点算起,排放进入受纳河流最大流速时,24 h流经范围内涉跨省界的
低敏感(F_3)	上述地区之外的地区

表 12-10　环境敏感目标分级

分级	环境敏感目标
S_1	发生事故时,危险物质泄漏到内陆水体的排放点下游(顺水流向)10 km范围内、近岸海域一个潮周期水质点可能达到的最大水平距离的2倍范围内,有如下一类或多类环境风险受体:集中式地表水饮用水水源保护区(包括一级保护区、二级保护区及准保护区);农村及分散式饮用水水源保护区;自然保护区;重要湿地;珍稀濒危野生动植物天然集中分布区;重要水生生物的自然产卵场及索饵场、越冬场和洄游通道;世界文化和自然遗产地;红树林、珊瑚礁等滨海湿地生态系统;珍稀、濒危海洋生物的天然集中分布区;海洋特别保护区;海上自然保护区;盐场保护区;海水浴场;海洋自然历史遗迹;风景名胜区;其他特殊重要保护区域
S_2	发生事故时,危险物质泄漏到内陆水体的排放点下游(顺水流向)10 km范围内、近岸海域一个潮周期水质点可能达到的最大水平距离的2倍范围内,有如下一类或多类环境风险受体的:水产养殖区;天然渔场;森林公园;地质公园;海滨风景游览区;具有重要经济价值的海洋生物生存区域
S_3	排放点下游(顺水流向)10 km范围、近岸海域一个潮周期水质点可能达到的最大水平距离的2倍范围内无上述类型(S_1、S_2)包括的敏感保护目标

3)地下水环境

地下水环境敏感程度依据地下水功能敏感性与包气带防污性能进行划分,分级原则见表12-11。其中地下水功能敏感性分区和包气带防污性能分级分别见表12-12和表12-13。当同一建设项目涉及两个G分区或D分级及以上时,取相对高值。

表 12-11　地下水环境敏感程度分级

包气带防污性能	地下水功能敏感性		
	G_1	G_2	G_3
D_1	E_1	E_1	E_2
D_2	E_1	E_2	E_3
D_3	E_1	E_2	E_3

表 12-12　地下水功能敏感性分区

敏感性	地下水环境敏感特征
敏感(G_1)	集中式饮用水水源(包括已建成的在用、备用、应急水源,在建和规划的饮用水水源)准保护区;除集中式饮用水水源以外的国家或地方政府设定的与地下水环境相关的其他保护区,如热水、矿泉水、温泉等特殊地下水资源保护区
较敏感(G_2)	集中式饮用水水源(包括已建成的在用、备用、应急水源,在建和规划的饮用水水源)准保护区以外的补给径流区;未划定准保护区的集中式饮用水水源,其保护区以外的补给径流区;分散式饮用水水源地;特殊地下水资源(如热水、矿泉水、温泉等)保护区以外的分布区等其他未列入上述敏感分级的环境敏感区
低敏感(G_3)	上述地区之外的地区

注　"环境敏感区"是指《建设项目环境影响评价分类管理名录》中所界定的涉及地下水的环境敏感区。

表 12-13　包气带防污性能分级

分级	包气带岩土的渗透性能
D_3	$M_b \geqslant 1.0$ m,$K \leqslant 1.0\times10^{-6}$ cm/s,且分布连续、稳定
D_2	0.5 m$\leqslant M_b <1.0$ m,$K \leqslant 1.0\times10^{-6}$ cm/s,且分布连续、稳定 $M_b \geqslant 1.0$ m,1.0×10^{-6} cm/s$< K \leqslant 1.0\times10^{-4}$ cm/s,且分布连续、稳定
D_1	岩(土)层不满足上述 D_2 和 D_3 条件

注　M_b 为岩土层单层厚度,K 为渗透系数。

4. 环境风险评价范围

大气环境风险评价范围:一级、二级评价距建设项目边界一般不低于 5 km;三级评价距建设项目边界一般不低于 3 km。油气、化学品输送管线项目一级、二级评价距管道中心线两侧一般均不低于 200 m;三级评价距管道中心线两侧一般均不低于 100 m。当大气毒性终点浓度预测到达距离超出评价范围时,应根据预测到达距离进一步调整评价范围。

地表水环境风险评价范围参照《环境影响评价技术导则　地表水环境》确定。

地下水环境风险评价范围参照《环境影响评价技术导则　地下水环境》确定。

环境风险评价范围应根据环境敏感目标分布情况、事故后果预测可能对环境产生危害的范围等综合确定。如项目周边所在区域,在上述评价范围外存在需要特别关注的环境敏感目标,评价范围需延伸至所关心的目标。

12.3.3　源项分析

源项分析的主要任务是确定最大可信事故的发生概率及危险化学品的可能泄漏量。风险概率的度量前面已述,下面主要阐述风险事故源强的确定。

事故源强是指风险发生时污染源事故排放强度,而根据度量单位的不同,事故排放强度又可以分为排放量、流量、浓度和时间 4 种指标。事故源强的确定主要包括危险化学品的泄漏时间及泄漏量。泄漏量的计算包括液体泄漏速率、气体泄漏速率、两相流泄漏、泄漏液体蒸发量计算等。泄漏源的形状会对泄漏量产生影响。泄漏源的几何形状可能是泄压阀失控形成的圆形孔，也可能是罐体脆裂形成的不规则裂纹，还可能是物体击穿容器形成的其他形状等。危险品泄漏时间有长有短，根据污染物泄漏时间长短，排放方式大致分为三类：瞬时、连续、瞬时和连续并存。瞬时泄漏排放是指在极短暂的时间内污染物就泄放完毕，如储罐或其他容器的灾难性破裂、爆炸导致污染物瞬间释放完毕；连续泄漏是指污染物连续地不间断地泄放；瞬时泄漏和连续泄漏并存的情况被称为非典型性泄漏。

污染物扩散是与污染物的泄漏方式紧密联系的。不同的泄漏方式会造成不同的泄漏量，正确分析泄漏源的特征以确定污染物的事故源强并建立适当的泄漏模型，是进行危险泄漏扩散分析的前提和基础。

1. 液体泄漏速率

液体泄漏主要针对液体危险品贮存罐等。泄漏速率与危险品的理化特性、罐槽内外压力差及裂口大小等因素有关。当液体在喷口内没有急剧蒸发时，泄漏速率 Q_1 可用伯努利方程计算，即

$$Q_1 = C_d A \rho \sqrt{\frac{2(p - p_0)}{\rho} + 2gh} \tag{12-6}$$

式中 Q_1——液体泄漏速率，kg/s；

C_d——泄漏系数，常取 0.40～0.65；

A——裂口面积，m^2；

ρ——泄漏液体密度，kg/m^3；

p——容器内介质压力，Pa；

p_0——环境压力，Pa；

g——重力加速度，9.8 m/s^2；

h——裂口之上液位高度，m。

2. 气体泄漏速率

假定气体的特性是理想气体，气体泄漏速率 Q_g 按下式计算：

$$Q_g = YC_d Ap \sqrt{\frac{Mk}{RT_g}\left(\frac{2}{k+1}\right)^{\frac{k+1}{k-1}}} \tag{12-7}$$

式中 Q_g——气体泄漏速率，kg/s；

C_d——泄漏系数，当裂口形状为圆形时取 1.00，三角形时取 0.95，长方形时取 0.90；

M——相对分子质量；

k——气体的绝热指数(比热容比，即定压比热容 C_p 与定容比热容 C_V 之比)；

R——摩尔气体常数，J/(mol · K)；

T_g——气体温度，K；

p——容器内气体压力，Pa；

Y——流出系数。

对于临界流 $Y=1.0$，对于次临界流按下式计算：

$$Y = \left(\frac{p_0}{p}\right)^{\frac{1}{k}} \times \left[1 - \left(\frac{p_0}{p}\right)^{\frac{k-1}{k}}\right]^{\frac{1}{2}} \times \left[\frac{2}{k-1} \times \left(\frac{k+1}{2}\right)^{\frac{k+1}{k-1}}\right]^{\frac{1}{2}} \tag{12-8}$$

式中 p_0——环境压力，Pa。

临界流与非临界流的判断方式如下。

当下式成立时，气体流动属临界流(音速流动)。

$$\frac{p_0}{p} \leqslant \left(\frac{2}{k+1}\right)^{\frac{k}{k-1}} \tag{12-9}$$

当下式成立时，气体流动属次临界流（亚音速流动）。

$$\frac{p_0}{p} > \left(\frac{2}{k+1}\right)^{\frac{k}{k-1}} \tag{12-10}$$

3. 两相流泄漏

假定液相和气相是均匀的，且互相平衡，两相流泄漏速率 Q_{LG} 按下式计算：

$$Q_{LG} = C_d A \sqrt{2\rho_m (p - p_C)} \tag{12-11}$$

$$\rho_m = \frac{1}{\dfrac{F_V}{\rho_1} + \dfrac{1-F_V}{\rho_2}} \tag{12-12}$$

$$F_V = \frac{C_p (T_{LG} - T_C)}{H} \tag{12-13}$$

式中　Q_{LG}——两相流泄漏速率，kg/s；

C_d——两相流泄漏系数，取 0.8；

p_C——临界压力，Pa，取 0.55 Pa；

p——操作压力或容器压力，Pa；

A——裂口面积，m^2；

ρ_m——两相混合物的平均密度，kg/m^3；

ρ_1——液体蒸发的蒸气密度，kg/m^3；

ρ_2——液体密度，kg/m^3；

F_V——蒸发的液体占液体总量的比例；

C_p——两相混合物的定压比热容，J/(kg·K)；

T_{LG}——两相混合物的温度，K；

T_C——液体在临界压力下的沸点，K；

H——液体的汽化热，J/kg。

当 $F_V > 1$ 时，表明液体将全部蒸发成气体，此时应按气体泄漏计算；如果 F_V 很小，则可近似地按液体泄漏公式计算。

4. 泄漏液体蒸发速率

泄漏液体的蒸发分为闪蒸蒸发、热量蒸发和质量蒸发三种，其蒸发总量为这三种蒸发量之和。

1）闪蒸蒸发估算

液体中闪蒸部分：

$$F_v = \frac{C_p (T_T - T_b)}{H_v} \tag{12-14}$$

过热液体闪蒸蒸发速率可按下式估算：

$$Q_1 = Q_L F_v \tag{12-15}$$

式中　F_v——泄漏液体的闪蒸比例；

T_T——贮存温度，K；

T_b——泄漏液体的沸点，K；

H_v——泄漏液体的蒸发热,J/kg;

C_p——泄漏液体的定压比热容,J/(kg·K);

Q_1——过热液体闪蒸蒸发速率,kg/s;

Q_L——物质泄漏速率,kg/s。

2) 热量蒸发估算

当液体闪蒸不完全时,有一部分液体在地面形成液池,并吸收地面热量而汽化,其蒸发速率按下式计算,并应考虑对流传热系数:

$$Q_2 = \frac{\lambda S(T_0 - T_b)}{H\sqrt{\pi \alpha t}} \tag{12-16}$$

式中 Q_2——热量蒸发速率,kg/s;

T_0——环境温度,K;

t——蒸发时间,s;

λ——表面热导系数(取值见表 12-14),W/(m·K);

S——液池面积,m^2;

α——表面热扩散系数(取值见表 12-14),m^2/s。

表 12-14　部分类型地面的热传递性质

地面情况	λ/[W/(m·K)]	α/(m²/s)
水泥	1.1	1.29×10^{-7}
土地(含水 8%)	0.9	4.3×10^{-7}
干涸土地	0.3	2.3×10^{-7}
湿地	0.6	3.3×10^{-7}
砂砾地	2.5	1.10×10^{-6}

3) 质量蒸发估算

当热量蒸发结束后,转由液池表面气流运动使液体蒸发,称为质量蒸发。其蒸发速率按下式计算:

$$Q_3 = \alpha p \frac{M}{RT_0} u^{\frac{2-n}{2+n}} r^{\frac{4+n}{2+n}} \tag{12-17}$$

式中 Q_3——质量蒸发速率,kg/s;

p——液体表面蒸气压,Pa;

M——物质的摩尔质量,kg/mol;

u——风速,m/s;

r——液池半径,m;

α、n——大气稳定度系数,取值见表 12-15。

表 12-15　液池蒸发大气稳定度系数

大气稳定度	n	α
不稳定(A、B)	0.2	3.846×10^{-3}
中性(D)	0.25	4.685×10^{-3}
稳定(E、F)	0.3	5.285×10^{-3}

液池最大直径取决于泄漏点附近的地域构型、泄漏的连续性或瞬时性。有围堰时，以围堰最大等效半径为液池半径；无围堰时，设定液体瞬间扩散到最小厚度，推算液池等效半径。

4）液体蒸发总量的计算

液体蒸发总量按下式计算：

$$W_p = Q_1 t_1 + Q_2 t_2 + Q_3 t_3 \tag{12-18}$$

式中 W_p——液体蒸发总量，kg；

t_1——闪蒸蒸发时间，s；

t_2——热量蒸发时间，s；

t_3——从液体泄漏到全部清理完毕的时间，s。

5. 火灾爆炸事故有毒有害物质释放比例

火灾爆炸事故中未参与燃烧有毒有害物质的释放比例取值见表12-16。

表12-16 火灾爆炸事故有毒有害物质释放比例 （单位：%）

Q	LC_{50}					
	$LC_{50}<200$	$200\leqslant LC_{50}<1\ 000$	$1\ 000\leqslant LC_{50}<2\ 000$	$2\ 000\leqslant LC_{50}<10\ 000$	$10\ 000\leqslant LC_{50}<20\ 000$	$LC_{50}\geqslant 20\ 000$
$Q\leqslant 100$	5	10				
$100<Q\leqslant 500$	1.5	3	6			
$500<Q\leqslant 1\ 000$	1	2	4	5	8	
$1\ 000<Q\leqslant 5\ 000$		0.5	1	1.5	2	3
$5\ 000<Q\leqslant 10\ 000$			0.5	1	1	2
$10\ 000<Q\leqslant 20\ 000$				0.5	1	1
$20\ 000<Q\leqslant 50\ 000$					0.5	0.5
$50\ 000<Q\leqslant 100\ 000$						0.5

注 LC_{50}为物质半致死浓度，mg/m^3；Q为有毒有害物质在线量，t。

6. 火灾伴生及次生污染物产生量估算

1）二氧化硫产生量

油品火灾伴生及次生二氧化硫产生量按下式计算：

$$G_{二氧化硫} = 2BS \tag{12-19}$$

式中 $G_{二氧化硫}$——二氧化硫排放速率，kg/h；

B——物质燃烧量，kg/h；

S——物质中硫的含量，%。

2）一氧化碳产生量

油品火灾伴生及次生一氧化碳产生量按下式计算：

$$G_{一氧化碳} = 2\ 330qCQ \tag{12-20}$$

式中 $G_{一氧化碳}$——一氧化碳的产生量，kg/s；

C——物质中碳的含量，取85%；

q——化学不完全燃烧值，取1.5%～6.0%；

Q——参与燃烧的物质量，t/s。

12.3.4 后果估算

有毒有害、易燃、易爆危险物质因事故泄漏后，通常会向周围环境扩散。扩散分为两个阶段，首先是污染物的蔓延，在蔓延过程中与环境介质逐渐混合并稀释扩散。扩散过程中可能遇到点火源，产生火灾、爆炸等事故后果；没有遇到火源则可能不发生燃烧爆炸现象，但有可能引起中毒等危害。风险的后果估算主要根据污染物在大气、水体等中的扩散模型，分析事故危害的程度与范围，为下一步的应急应对提供量化的依据。

1. *有毒有害物质在大气中的扩散*

有毒气体的贮存条件通常苛刻(低温、高压、液化)，有毒气体一旦发生泄漏通常会受到一种被称为"重气效应"的影响。通俗地讲，"重气"就是比空气重的气体。危险物质泄漏后会由于以下三个方面的原因而形成比空气重的气体：①泄漏物质的相对分子质量比空气大，如氯气等物质；②由于贮存条件或者泄漏的温度比较低，泄漏后的物质迅速闪蒸，而来不及闪蒸的液体泄漏后形成液池，其中一部分液态介质以液滴的方式雾化在蒸气介质中，达到气-液平衡，因此泄漏的物质在泄放初期形成夹带液滴的混合蒸气云团，使蒸气密度高于空气密度，如液化石油气等；③由于泄漏物质与空气中的水蒸气发生化学反应导致生成物质的密度比空气的大。

影响重气体扩散的因素很多，一般认为有以下几种因素：①初始释放状态；②环境风速与风向；③地表粗糙度；④空气湿度；⑤大气温度与稳定度；⑥地面坡度；⑦太阳辐射。

判定泄漏气体形成的烟团、烟羽是否为重质气体，通常采用理查德森数(Ri)作为标准。一般来说，依据排放类型，理查德森数的计算分连续排放、瞬时排放两种形式。

(1) 连续排放：

$$Ri=\frac{\left[\dfrac{g(Q/\rho_{rel})}{D_{rel}}\times\dfrac{\rho_{rel}-\rho_a}{\rho_a}\right]^{\frac{1}{3}}}{U_r} \tag{12-21}$$

(2) 瞬时排放：

$$Ri=\frac{g\ (Q_t/\rho_{rel})^{\frac{1}{3}}}{U_r^2}\times\frac{\rho_{rel}-\rho_a}{\rho_a} \tag{12-22}$$

式中　ρ_{rel}——排放物质进入大气的初始密度，kg/m^3；

ρ_a——环境空气密度，kg/m^3；

Q——连续排放烟羽的排放速率，kg/s；

Q_t——瞬时排放的物质质量，kg；

D_{rel}——初始的烟团宽度，即源直径，m；

U_r——10 m 高处风速，m/s。

是连续排放还是瞬时排放，可以通过对比排放时间 T_d 和污染物到达最近的受体点(网格点或敏感点)的时间 T 来确定。

$$T=2X/U_r \tag{12-23}$$

式中　X——事故发生地与计算点的距离，m。

当 $T_d>T$ 时，可认为是连续排放的；当 $T_d\leqslant T$ 时，可认为是瞬时排放的。

使用理查德森数(Ri)作为标准进行判断时，对于连续排放，$Ri\geqslant1/6$ 为重质气体，$Ri<1/6$ 为轻质气体；对于瞬时排放，$Ri>0.04$ 为重质气体，$Ri\leqslant0.04$ 为轻质气体。当 Ri 处于临界值附近时，说明烟团、烟羽既不是典型的重质气体扩散，也不是典型的轻质气体扩散，可以进行敏感性分析，分别采用重质气体模型和轻质气体模型进行模拟，选取影响范围最大的结果。

目前常用的有毒有害气体大气扩散模型包括高斯模型、SLAB 模型、SUTTON 模型、ALOHA 模型、DEGADIS 模型、AFTOX 模型、INPUFF 模型等，其中 SLAB 模型与 AFTOX 模型为我国环境风险大气预测的法规模型。

SLAB 模型由美国劳伦斯国家实验室开发，适用于平坦地形下重质气体扩散模拟，模拟类型包括地面水平挥发池、抬升水平喷射、烟囱或抬升垂直喷射以及瞬时体源；其特点是重气云的扩散行为通过空间（或时间）上的参数变化来表示，可以在一次运行中模拟多组气象条件，可模拟重气效应及重气效应消失后的被动扩散，考虑了空气卷夹进入重气烟团的速率、两相烟团内部液滴的凝结和蒸发、地表对冷气团的加热；其局限性在于未考虑复杂地形的影响，也不适用于实时气象数据输入。

AFTOX 模型由美国空军开发，它以高斯模型为核心，适用于平坦地形下中性气体和轻质气体排放以及液池蒸发气体的扩散模拟，可模拟连续排放或瞬时排放，液体或气体，地面源或高架源，点源或面源的指定位置浓度、下风向最大浓度及其位置等。其特点是可用于模拟强浮力气体的扩散，如火灾中未完全燃烧的物质或火灾生成的二次污染物在高温下的扩散；局限性在于未考虑建筑物下洗和复杂地形的影响。

2. *有毒有害物质在水中的扩散*

有毒有害物质在水中的扩散，一般必须考虑它在水中和水中颗粒的分配过程，吸附、解吸、输移的对流扩散及生物化学转移（光解、水解、生物降解）等过程。有毒物质在湖泊、河流中的扩散模型，可参考地表水中瞬时（突发性）污染水扩散数学模型。

油污染在突发性污染事件中占有一定的比重。在油突发性风险评价中，比较关心的是石油排放后浓度的时空变化（乳化或溶解于水后的浓度）、油膜扩散面积及中心迹随海流（潮流）、风向的漂流位置和范围，而要回答这三个问题，必须对水动力学模型，即海流流场予以研究，在此不再深入探讨。

12.3.5　风险评价

风险评价要结合各要素风险预测，分析说明建设项目环境风险的危害范围与程度。大气环境风险的影响范围和程度由大气毒性终点浓度确定，明确影响范围内的人口分布情况，危险物质大气毒性终点浓度值可在“国家环境保护环境影响评价数值模拟重点实验室”（www.lem.org.cn）网站查询；地表水、地下水对照功能区质量标准浓度（或参考浓度）进行分析，明确对下游环境敏感目标的影响情况。环境风险可采用后果分析、概率分析等方法开展定性或定量评价，以避免急性损害为重点，确定环境风险防范的基本要求。

1. *风险值*

风险值是风险评价表征量，包括事故的发生概率和事故的危害程度。定义为

风险值（后果 / 单位时间）＝ 概率（事故数 / 单位时间）× 危害程度（后果 / 每次事故）

即

$$R = PC \tag{12-24}$$

式中　R——风险值，死亡数/单位时间（或金额/单位时间）；

P——最大可信事故概率（事件数/单位时间）；

C——最大可信事故造成的危害、死亡数/事件或金额/事件。

2. 最大可信灾害事故风险值

风险评价需要从各功能单元的最大可信事故风险 R_i 中，选取危害最大的作为本项目的最大可信灾害事故，并以此作为风险可接受水平的分析基础，即

$$R_{max} = \max(R_i) \tag{12-25}$$

3. 风险值评价

风险值评价的目的就是将求出项目的最大可信灾害事故风险值 R_{max} 与同行业可接受风险水平 R_L 比较。当 $R_{max} \leqslant R_L$ 时，则认为本项目的建设、风险水平是可以接受的；当 $R_{max} > R_L$ 时，则对该项目需要采取降低事故风险的措施，以达到可接受水平，否则项目的建设是不可接受的。

12.4　环境风险管理

风险管理是指根据风险评价的结果，确定可接受风险度和可接受的损害水平，综合考虑社会、经济和政治因素，进行削减风险的费用和效益分析，确定有效的控制技术及管理措施，以降低或消除该风险度，保护人群健康与生态系统的安全。环境风险管理目标是采用最低合理可行原则管控环境风险，环境风险管理的内容一般包括环境风险防范措施和应急预案。

12.4.1　环境风险防范措施

应对事故产生的危险物质进入环境的预防和处置措施进行分析论证，明确环境风险防范要求。

(1) 大气环境风险防范应结合风险源状况明确环境风险的防范、减缓措施，提出环境风险监控要求，并结合环境风险预测分析结果、区域交通道路和安置场所位置等，提出事故状态下人员的疏散通道及安置等应急建议。

(2) 事故废水环境风险防范应明确“单元—厂区—园区或区域”的环境风险防控体系要求，设置事故废水收集(尽可能以非动力自流方式)和应急贮存设施，以满足事故状态下收集泄漏物料、污染消防水和污染雨水的需要，明确并图示防止事故废水进入外环境的控制、封堵系统。应急贮存设施应根据发生事故的设备容量、事故时消防用水量及可能进入应急贮存设施的雨水量等因素综合确定。应急贮存设施内的事故废水，应及时进行有效处置，做到回用或达标排放。结合环境风险预测分析结果，提出实施监控和启动相应的园区或区域突发环境事件应急预案的建议、要求。

(3) 地下水环境风险防范应重点采取源头控制和分区防渗措施，加强地下水环境的监控、预警，提出事故应急减缓措施。

(4) 针对主要风险源，设立风险监控及应急监测系统，实现事故预警和快速应急监测、跟踪，提出应急物资、人员等的管理要求。

(5) 对于改建、扩建和技术改造项目，应分析依托企业现有环境风险防范措施的有效性，提出完善意见和建议。

(6) 环境风险防范措施应纳入环保投资和建设项目竣工环境保护验收内容。

(7) 考虑事故触发具有不确定性，厂内环境风险防控系统应纳入园区或区域环境风险防控体系，明确风险防控设施、管理的衔接要求。极端事故风险防控及应急处置应结合所在园区或区域环境风险防控体系统筹考虑，按分级响应要求及时启动园区或区域环境风险防范措施，实现厂内与园区或区域环境风险防控设施及管理有效联动，有效防控环境风险。

12.4.2　突发环境事件应急预案

突发环境事件应急预案主要依照《国家突发环境事件应急预案》(国办函[2014]119 号)、《突发环境事件应急预案管理暂行办法》、《企业事业单位突发环境事件应急预案备案管理办法(试行)》等进行编制。突发环境事件应急预案的编制应注意以下几点:

(1) 按照国家、地方和相关部门要求,提出企业突发环境事件应急预案编制或完善的原则要求,包括预案适用范围、环境事件分类与分级、组织机构与职责、监控和预警、应急响应、应急保障、善后处置、预案管理与演练等内容。

(2) 明确企业、园区或区域、地方政府环境风险应急体系。企业突发环境事件应急预案应体现分级响应、区域联动的原则,与地方政府突发环境事件应急预案相衔接,明确分级响应程序。

12.5　环境风险评价实例

12.5.1　项目概况

某项目以含金属废物为原料回收规划类别危废中的铜、镍,实现废物资源化利用,同时高温分解处置危废。项目的工程主要建设内容:占地 73 082.54 m^2,建设危废原料库、危废处理车间、一般固废处理车间、产出危废暂存库各 1 座,安装 200 000 t/a(2×100 000 t/a)含金属废物资源化利用、处置生产装置,配套建设辅助、公用、环保工程。

12.5.2　风险调查

1. 建设项目风险源

(1) 危险物质情况:建设项目的危险物质主要有原辅料、中间品、产品、天然气、"三废"等。

(2) 生产工艺特点:项目以含金属危废为原料,通过"预混→预烘→焙烧→还原+置换→造渣分离→产品"的生产过程回收规划类别危废中的铜、镍,实现资源化利用,同时高温分解处置危废。

2. 环境敏感目标

(1) 大气环境风险目标:项目东南方向的钢厂第二福利区及周边服务区,北向的 A 村、A 新村、钢厂第一福利区、B 村,西北向的 C 村,西向的 D 村,西南向的 E 村、F 村、伐木场福利区,以及南向的看守所,都属于 GB 3095—2012 二类功能区。

(2) 地表水环境风险目标:a 溪,GB 3838—2002 Ⅲ类水功能区;污水处理厂。

(3) 地下水环境风险目标:厂区所处小水文地质单元。

(4) 土壤环境风险目标:A 村农田。

12.5.3　环境风险潜势

1. P 等级的确定

1) 危险物质数量与临界量的比值(Q)的计算

项目危险物质数量与临界量的比值(Q)见表 12-17。

表 12-17　项目危险物质数量与临界量的比值

物质		危险性类别与CAS号	健康危害	燃烧特性	危险特性	临界贮存量/t	生产单元最大贮存量/t	危险物质数量与临界量的比值(*Q*)
一、原辅料、燃料、产品、中间品	原料、中间品危废*	环境风险物质	危废,有毒性,有些类别有腐蚀性	不燃	有毒有害	0.25	1 215.1	$Q_{\mathrm{I}}=4\ 860.4$
	天然气	危化品,74-82-8	对人基本无毒,但浓度过高时,使人窒息	易燃	与空气混合能形成爆炸性混合物,遇明火、高热能引起燃烧爆炸	10	0.02	$Q_{\mathrm{II}}=0.002$
二、“三废”	废水	环境风险物质	有毒,含重金属离子	不燃	吸入、摄入、皮肤接触有毒有害	0.25(按废水中的铜离子进行折算分析)	3.25×10^{-4}	$Q_{\mathrm{III}}=0.001\ 3$
	废气	环境风险物质	有毒,含重金属及其氧化物、二噁英等	不燃	吸入、摄入、皮肤接触有毒有害	0.25(按产生废气中的铜进行折算分析)	4.5×10^{-4}	$Q_{\mathrm{IV}}=0.001\ 8$
	富氧侧吹飞灰及废活性炭	环境风险物质	有毒,含重金属及其氧化物等	不燃	吸入、摄入、皮肤接触有毒有害	0.25(按其中的含铜量进行折算分析)	1.91	$Q_{\mathrm{V}}=7.64$
	废机油渣	环境风险物质	低毒,对皮肤、眼、呼吸道有刺激作用	不燃	吸入、摄入、皮肤接触有毒有害	2 500	0.035	$Q_{\mathrm{VI}}=0.000\ 014$
三、合计								$\Sigma Q_i=4\ 868.1$

2) 行业及生产工艺(*M*)

项目生产工艺(*M*)评估情况见表 12-18。

表 12-18　项目生产工艺评估情况

所属行业	涉及工艺	生产装置套数	生产工艺分值
危废利用及处置项目	高温且涉及危险物质的工艺过程	烘干、焙烧、富氧侧吹各 2 套	$M_1=5$ 分
合计			$M=2\times3\times M_1=30$ 分

根据表 12-18 分析，项目生产工艺评估 $M>20$ 分，为 M_1 级别。

3）危险物质及工艺系统危险性(P)分级

根据危险物质数量与临界量比值(Q)和行业及生产工艺(M)，对照表 12-6，确定危险物质及工艺系统危险性等级(P)为 P_1 级。

2. E 等级的确定

1）大气环境

项目周边 5 km 范围内居住区、医疗卫生、文化教育、科研、行政办公等机构人口总数小于 10 000(合计约 8 170 人)，对照表 12-7，确定大气环境敏感性为 E_3。

2）地表水环境

项目事故情况下，泄漏危险物质的排放点的受纳地表水体的环境功能为Ⅲ类，对照表 12-9，确定地表水功能敏感性为较敏感(F_2)；项目周边地表水水体下游 10 km 范围未包含表 12-10 中 S_1、S_2类型包括的敏感保护目标，环境敏感目标分级为 S_3。综上，对照表 12-8，确定地表水环境敏感程度为 $E_2(F_2S_3)$。

3）地下水环境

项目周边无表 12-12 中 G_1、G_2类型包括的地下水敏感保护区，地下水功能敏感性分区为低敏感(G_3)；项目区域包气带主要为素填土，渗透系数 K 约为 2.11×10^{-3} cm/s，对照表12-13，包气带防污性能分级为 D_1。综上，对照表 12-11，确定地下水环境敏感程度为 $E_2(G_3D_1)$。

4）E 分级

对比大气、地表水、地下水环境敏感程度分级，大气、地下水环境的环境敏感程度为 E_2，地表水为 E_3，确定项目环境敏感程度为 E_2。

3. 项目的环境风险潜势

项目的危险物质及工艺系统危险性等级(P)为 P_1 级，环境敏感程度为 E_2，对照表 12-3，项目的环境风险潜势为Ⅳ级。

12.5.4　评价等级与评价范围的确定

对照表 12-2，项目环境风险评价工作等级为一级。各环境要素的评价范围如下：

(1) 大气环境：项目边界外延 5 km。

(2) 地表水环境：a 溪，项目区东侧雨水排放口上游 500 m 至污水处理厂 a 溪排放口下游 3 km。

(3) 地下水环境：项目区并外延至项目区所处的完整的水文地质小单元。

12.5.5　风险识别

1. 物质危险性识别

物质危险性识别详见表 12-17。

2. 生产系统危险性识别

企业生产单元内危险物质的最大存储量见表12-17。生产系统危险性识别结果详见表12-19。

表12-19 生产系统危险性识别结果

危险单元	危险性	存在条件	转化为事故的触发因素
危废处理车间	泄漏、火灾	异常工况:人、机、料、法、环可能异常	非正常工况未及时发现或未及时处理处置,异常状态持续并逐步演化为事故状态
危废原料库、产出危废库	泄漏	设备设施故障与渗漏、管理不当、环境因素	故障与渗漏未及时发现或未及时处理,以及处置不当
污染治理装置与设施(生产烟气、废气处理装置,新风换气吸收装置,厂内污水处理装置等)	事故性排放	异常工况:人、机、料、法、环可能异常	非正常工况未及时发现或未及时处理处置,异常状态持续并逐步演化为事故排放

根据经验及类比分析,项目重点风险源为危废原料库和危废处理车间。

3. 环境风险类型及危害分析

环境风险类型及危害分析见表12-20。

表12-20 环境风险类型及危害分析一览表

序号	过程环节	风险类别	危险物质转移途径及事故可能造成的后果
1	生产、储运过程	设备设施故障渗漏或操作不当引发泄漏等	危险物质转移途径:大气、地表水、地下水、土壤; 污染物进入外环境,污染大气环境、水环境与土壤
		设备装置、设施、管网(沟)跑冒滴漏	
		危废厂内外运输	危险物质转移途径:地表水、地下水、土壤; 厂内外交通运输事故可能造成危废包装破损,危废抛落、遗失、扬散等,污染水环境与土壤
		可燃物质泄漏(天然气等)引发火灾	危险物质转移途径:大气、地表水、地下水、土壤; 火灾造成人员伤亡、建筑物与装置破坏、财产损失,危废、废气、消洗废水事故性排放,产生次生危害

续表

序号	过程环节	风险类别	危险物质转移途径及事故可能造成的后果
2	污染物防治	泄漏或装置失效	危险物质转移途径：大气、地表水、地下水、土壤； 直接导致“三废”泄漏或事故性排放，造成外环境污染，对周边敏感目标造成冲击等
3	环境风险管理	应急体系未处于应急备用状态	危险物质转移途径：大气、地表水、地下水、土壤； 在出现突发性环境事件的情况下，无法有效应急，无法有效控制和降低污染物泄漏或事故性排放的环境影响

4．环境风险识别结果

环境风险识别结果见表 12-21。

表 12-21　环境风险识别结果一览表

危险单元	主要风险源	主要危险物质	环境风险类型	环境影响途径	可能受影响的环境敏感目标
厂内范围	危废处理车间、原料危废库	含铜、镍等重金属的危废	危废泄漏、生产烟气事故性排放	大气、地表水、地下水、土壤	—

12.5.6　事故情形分析

1．风险事故情形设定

根据经验及类比分析，项目最大可信事故为：设备设施故障导致危废泄漏或生产烟气事故性排放，有害物质和污染物进入周边环境造成环境影响。结合风险识别，选择对环境影响较大并具有代表性的事故类型，设定风险事故情形，具体设定结果详见表 12-22。

表 12-22　风险事故情形设定

风险类型	风险源	危险单元	危险物质	环境影响途径
泄漏	危废地坑及生产废水池	危废原料库	危废及高浓度生产废水	危废及高浓度生产废水泄漏进入地表水或渗漏进入地下水、土壤
生产烟气事故性排放	焙烧炉、侧吹炉、烘干炉	危废处理车间	生产烟气	含高浓度污染物的高温生产烟气进入大气环境，然后沉降进入地表水、地下水、土壤

2．源项分析

1）物质泄漏量的计算

本项目危废原料基本为固态，流动性较差，泄漏（危废原料库泄漏）的表现形式主要为含有原料危废的高浓度生产废水外泄或下渗，具体事情情景为高浓度的危废原料库生产废水在夜班 8 h 发生事故性泄漏(经雨水口进入 a 溪或下渗至项目区场地)，事故源强见表 12-23。

表 12-23　假设事故情景源强设定表(危废废水泄漏)

泄　漏　量	Cu 含量	Pb 含量	泄 漏 时 间	性　　质
26.25 m^3/h	1 170 mg/L	260 mg/L	8 h	突发性短时泄漏

2) 生产烟气事故性排放

假定焙烧炉、侧吹炉、烘干炉生产烟气处理设备发生故障，生产烟气事故性排放，事故源强见表 12-24(选取对人体危害最大的二噁英进行分析)。

表 12-24　假设事故情景源强设定表(生产烟气事故性排放 1 h)

污染物名称	废气量 /(m^3/h)	生产烟气污染物产生情况	
		排放量	排放浓度
二噁英	220 000	3.63 mg/h	16.5 ng(TEQ)/m^3

12.5.7　风险预测与评价

1. 大气环境风险预测与评价

预测结果表明：在事故排放工况下，项目区周边人员经呼吸进入人体的二噁英摄入量小于人体每日可耐受摄入量的 10%。

2. 地表水环境风险预测与评价

经预测，当出现高浓度生产废水事故性排放时，a 溪中重金属污染物的浓度将极大地超过地表水Ⅲ类水质标准(铅超标 51.9 倍、铜超标 10.9 倍)，造成 a 溪污染。

3. 地下水环境风险预测与评价

预测结果表明：在发生设置情景的高浓度生产废水渗漏进入地下水的事故时，重金属离子将会下渗到地下水环境中，对地下水环境造成污染影响。由于为短时渗漏，其扩散运移距离不远(在园区范围内)或进入 a 溪，主要为突发性事故影响，地下水环境的影响会随着事故结束时间的延长而逐渐减小。

4. 危险废物运输过程中事故风险分析

建设单位不配备运输设备，所有运输均委托有资质的运输单位，运输车辆必经路线有 1 处镇级饮用水源保护区。计算可得危废运输过程水污染事故风险概率为 0.003 次/a，因此本项目危废运输过程中运输车辆发生运输事故的概率相对较小。但一旦发生重大交通事故导致危废泄漏进入河流，则将对水体水质及生态环境造成严重危害，进而严重影响敏感路段沿线居民的饮用水安全和身体健康，要求建设单位制定环境风险应急预案，针对可能发生的风险事故采取必要的风险防范措施。

5. 火灾影响分析与评价

本项目采用园区 LNG 门站的管道天然气为燃料，厂内不设计气化站及 LNG 储罐，因此现场存储量较低，约 0.02 t，可能的泄漏量$<$100 t，$LC_{50}\geqslant$20 000 mg/m^3，火灾事故直接释放的有毒有害物质很少，该类事故主要将导致危废、废气、消洗废水事故性排放，产生次生危害。

6. 项目风险总体评价

1) 风险水平评价标准

在工业和其他活动中，各种风险水平及其可接受程度详见表 12-25。

表 12-25　各种风险水平及其可接受程度

风险值/(人/a)	危　险　性	可接受程度
10^{-3}数量级	操作危险性特别高，相当于人的自然死亡率	不可接受，必须立即采取措施改进
10^{-4}数量级	操作危险性中等	应采取改进措施
10^{-5}数量级	与游泳事故和煤气中毒事故属同一量级	人们对此关心，愿采取措施预防
10^{-6}数量级	相当于地震和天灾的风险	人们并不担心这类事故发生
10^{-8}～10^{-7}数量级	相当于陨石坠落伤人	没有人愿为这种事故投资加以预防

2) 环境风险可接受水平分析

本项目发生最大可信泄漏事件的概率约为 7×10^{-5} a^{-1}。根据前述事故性排放二噁英(急性毒性最大)的影响预测，在事故性排放时，项目区周边人员经呼吸进入人体的二噁英摄入量小于人体每日可耐受摄入量的 10%，出现死亡、重伤等危害后果的概率很小，由此可计算项目事故风险值为 7×10^{-5} a^{-1}，属于可接受水平，从环境风险分析角度考虑，项目建设是可行的。

12.5.8　环境风险管理

1. 环境风险管理目标

采用最低合理可行原则管控环境风险。采取的环境风险防范措施应与社会经济技术发展水平相适应，运用科学的技术手段和管理方法，对环境风险进行有效的预防、监控、响应。

2. 环境风险防范措施

根据项目实际，提出各类典型突发环境事件的风险防范和管理措施如下：

(1) 泄漏事故风险防范措施；

(2) 废物收集过程风险防范措施；

(3) 运输过程风险防范措施；

(4) 危废仓库卸料、贮存过程风险防范措施；

(5) 危废存储地坑风险防范措施；

(6) 烟气处理系统事故防治措施；

(7) 二噁英非正常排放控制措施；

(8) 火灾风险防范措施；

(9) 事故废水“三级防控”措施。

3. 应急预案

略。

习　　题

1. 何谓“风险”？何谓“环境风险”？环境风险有哪几种形式？
2. 简述环境风险评价的基本流程。
3. 故障树分析与事件树分析有何异同？

第13章　环境影响的经济损益分析

13.1　环境影响的经济评价概述

13.1.1　环境影响经济评价的内涵

关于环境影响经济评价这一概念有多种说法：环境影响经济评价是对环境影响进行经济分析；环境影响经济评价是对环境影响的经济价值进行评价；环境影响经济评价是对环境影响进行价值计量；环境影响经济评价是经济分析在环境影响评价中的应用。这些说法都在一定程度上解释了环境影响的经济评价，不过，这些说法都过于概括，让人们难以准确地把握环境影响经济评价的内涵。

在这里，环境影响经济评价就是指我国环境影响评价制度中所规定的环境影响的经济损益分析，即估算某一项目、规划或政策所引起环境影响的经济价值，并将环境影响的价值纳入项目、规划或政策的经济分析（即费用效益分析）中去，以判断这些环境影响对该项目、规划或政策的可行性会产生多大的影响。

13.1.2　环境影响的经济损益和经济分析

1. 环境影响的经济损益

项目所产生的各类影响的程度与后果可以通过社会经济效果来加以评价和衡量。根据产生社会经济影响的性质，社会经济效果可分为正效果和负效果；根据产生影响的方式，社会经济效果可分为内部效果和外部效果。正效果是项目投资人期待的好的社会经济效果，负效果是项目投资人不期望产生的不利的效果；项目的内部效果是建设者实施项目后意欲得到的项目收益，外部效果不是项目建设者的目的，是不能在项目的收益或支出中直接反映出来的经济效果，如项目实施后对于周边环境的破坏，导致居民的得病率升高而产生的损失，或者通过环境保护活动后减少了对社会的损害。这些都属于环境影响的经济损益范畴。

2. 环境影响的经济分析

通常来说，经济效果是可以用货币直接加以度量的，但对于环境问题影响下的经济效果很多时候又难以用货币衡量，但因其对经济效果产生了影响，而必须对其进行度量。例如，由开发建设项目生产的产品带来的收益、项目排放污染物带来的直接经济损失能够通过货币来计量效益的增加或减少，但空气污染带来的经济损失和绿化带来的益处则没有直接的市场价格，难以用货币衡量。又如，一个项目所引起的居民迁移会对移民带来直接的、现实的、不利的和短期的影响，同时也会对移民安置区带来潜在的、有利的和长期的社会经济影响，由此产生了一些社会经济问题，包括：对该区域现有资源和基础设施的压力问题；对土地和其他资源使用的争执问题；引起交通拥挤、入学困难、医疗设施紧张的问题；可能破坏当地的传统习俗，引发多种社会矛盾问题等。

环境资源的生产性和消费性都与人们的经济活动有着密切的关系。因此，即使对于难以货币化的经济效果，通过适当的方法对其转化，仍然可以进行货币化的计量。

根据考虑问题的不同，衡量环境质量价值可以从效益与费用两个方面来进行：一是从环境质量的效用来考虑，即从其满足人类需要的能力，以及人类从中得到的益处的角度进行评价；二是从环境质量遭到污染，为此进行治理所需花费的费用来进行评价。

13.1.3　环境影响经济评价的必要性和意义

1. 环境影响经济评价的必要性

世界银行在其政策指令 OP4.01 和 OP10.04 中，明确要求在环境影响评价中"尽可能地以货币化价值量化环境成本和环境效益，并将环境影响价值纳入项目的经济分析中去"。亚洲开发银行(1996)为此还发行了《环境影响的经济评价工作手册》，指导对环境影响的经济评价。《中华人民共和国环境影响评价法》第三章第十七条第五款明确规定，要对建设项目的环境影响进行经济损益分析。2004 年，国家环境保护总局和国家统计局举办了"中国资源环境经济核算体系框架"和"基于环境的绿色国民经济核算体系框架"讨论会，开始实行绿色 GDP，将环境损益计入国民经济计量体系中，这标志着一种新的发展战略的贯彻实施。

无论是从世界的还是从我国的环境形势来看，对环境影响进行经济损益分析，即对环境影响进行经济评价都是必需的。

2. 环境影响经济评价的意义

对环境影响进行经济评价具有重要的理论意义和实践意义，这主要体现在以下几个方面。

1）有利于可持续发展战略的实施

我国 20 世纪 90 年代就制定了明确的可持续发展战略。但是，要使我国可持续发展战略付诸实践，还必须使可持续发展战略具体化，将其纳入到各种开发活动的管理体系中考虑。具体而言，就是在项目投资、区域开发或政策制定中对其所造成的环境影响进行经济评价，以此进行综合的评估和判断，从而确定这些活动能否达到可持续发展的要求。

2）为环境资源的科学管理提供依据

一般来说，如果环境资源管理的目标是追求与使用环境和自然资源相联系的净经济效益的最大化，那么费用效益分析就可以成为一种最佳的管理规则。在这种情况下，有关环境管理的科学决策，也就变成了一个估算边际效益曲线和边际费用曲线并寻找两曲线交点的过程，而这也就提出了相应的信息需求——货币化的环境效益和环境费用。在对环境系统提供的服务进行货币化估价时，有些是非常困难的，如生物多样性的损失、舒适性的改善和视觉享受等，这些曾经没有被认识到的或者被认为与经济分析无关的事物，现在已经被认为是非常重要的价值资源，它们往往成为环境管理过程中政策分析的核心问题。

3）提高环境影响评价的有效性

目前，我国建设项目或区域开发，一般是企业从自身的角度先进行财务分析和国民经济评价，然后由环境影响评价单位进行环境影响评价。这种以经济效益为主要目标，没有具体考虑环境影响所产生的费用和效益的评价模式，不可避免地存在诸多弊端，如未对环境价值进行系统分析，过分集中于建设项目而忽视了环境外部不经济性等。为了进一步提高目前环境影响评价的有效性，就必须将有关的经济学理论融入传统的环境影响评价之中，使环境影响评价和国民经济评价有机结合起来，其结合点就是环境影响经济评价。

4）为生态补偿提供明确的依据

环境保护需要补偿机制，需要以补偿为纽带，以利益为中心，建立利益驱动机制、激励机制和协调机制。生态补偿制度的建立和完善，已经成为重大的现实课题。要实行生态补偿，首先面临的一个难题就是如何确定生态补偿的数额。生态补偿金的最终确定必须要有明确的科学依据，其基础就是对环境影响进行经济评价，确定生态环境影响的货币化价值。

5）有利于环境保护的公众参与

公众参与是环境影响评价的一项重要制度。一些环境影响评价单位在实际工作中也进行了这方面的尝试，但大多数局限于到建设项目所在地访问或召开座谈会或问卷听取和征求所在地单位的意见，将其作为公众参与环境影响评价的内容。这种调查形式简单，项目情况介绍不详，公众难以真正了解拟建项目对环境影响的范围、程度和危害，以及对经济社会的影响。虽然公众评价方法简单，但主观性强，不能进行定量分析，公众参与意见的结果难以作为决策的依据。应该说，如果我们能够将环境影响进行经济评价，将环境影响的具体物理量转化为价值量，在市场经济体制下，这些货币化的指标必然更能引起人们的共识。因此，为了真正赋予公众参与环境与发展战略实施过程的监督管理权利，逐步建立起公众参与社会经济发展决策的机制，就必须加强环境影响经济评价工作，使公众能够真正了解环境影响的经济损益。

13.2 环境经济评价方法

13.2.1 环境价值

人类经济活动，不论是生产还是消费，都表现为物质运动形式和价值运动形式两个方面。经济活动对环境的影响，也相应地表现为两个方面：物质资料生产和消费活动引起的环境资源的物质流动，即环境的物流；由经济运行中货币运动引起或影响的环境资源的价值流动，即环境的价值流。环境物流产生的实物性影响即通常所说的环境质量。例如，经济活动排放了多少二氧化硫，由于河道污染导致水产品减产多少等。货币运动影响的环境价值流，可以定义为环境价值。例如，上述物流损失需要用价值或货币形式反映出来，二氧化硫的排放使居民健康受到损害，发病率上升造成多少人民币的损失，水产品产量减少造成价值量损失又有多少人民币等。因此，环境价值就是货币化了的环境质量。

环境价值的构成有多种分类方法(见表 13-1)。例如，将环境总价值划分为使用价值和非使用价值，使用价值又分为直接使用价值、间接使用价值，非使用价值又分为存在价值和遗赠价值，还有一种选择价值，可以归于使用价值，也可以归于非使用价值。又如，将环境总价值划分为实的有形的物质性的商品价值和虚的无形的舒适性的服务价值。比较常用的划分方法是前者。

环境的使用价值是指环境被生产者或消费者使用时所表现出的价值。如水资源的饮用和灌溉等用途是水资源的直接使用价值，水资源的旅游价值就是它的间接使用价值。

环境的非使用价值是指人们虽然不使用某一环境物品，但该环境物品仍具有的价值。如濒危物种的存在，其本身就是有价值的，这种价值与人们是否利用该物种谋取经济利益无关。

选择价值是对于某一环境资源，现在不使用，但希望保留它，以便将来有可能使用它，也就是说保留了人们选择使用它的机会，环境所具有的这种价值就是环境的选择价值。

表 13-1　环境价值的构成

总　概　念	分　　类		含　　义	举　　例
环境价值	使用价值	直接使用价值	可直接消耗的量	食物 生物量 娱乐 健康
		间接使用价值	功能效益	生态功能 生物控制 风暴防护
	选择价值		将来的直接或间接使用价值	生物多样性 保护生存栖息地
	非使用价值	遗赠价值	为后代遗留下来的	生存栖息地 不可逆改变
		存在价值	继续存在的知识价值	生存栖息地 濒危物种

无论使用价值或非使用价值，价值的恰当度量都是人们的最大支付意愿，即一个人为获得某物品(服务)而愿意付出的最大货币量。影响支付意愿的因素有收入、替代品价格、年龄、教育、个人独特偏好及对该物品的了解程度等。

市场价格在有些情况下(如对市场物品)可以近似地衡量物品的价值，但它不能准确地度量一个物品的价值。市场价格是由物品的总供给和总需求来决定的，它通常低于消费者的最大支付意愿，两者之差是消费者剩余。三者关系为

$$价值=支付意愿=价格\times消费量+消费者剩余$$

人们在消费许多环境服务或环境物品时，常常没有支付价格，因为这些环境服务没有市场价格，如游览户外景观。那么，这时这些环境服务的价值就等于人们享受这些环境服务时所获得的消费者剩余。有些环境价值评估技术就是通过测量这一消费者剩余来评估环境的价值的。环境价值也可以根据人们对某种特定的环境退化而表示的最低补偿意愿来度量。

13.2.2　环境价值评估方法

环境价值是在市场配置资源的条件下环境资源的货币化。因此，环境价值的实质就是环境资源价格论。把环境资源货币化，以一定的价格反映在市场交易中，就能确定环境物质损失的程度。需要着重指出的是，环境资源如果经过人类劳动的加工改造而凝结了人的劳动，环境价值能够依据劳动量加以货币化，大量未经过人类劳动加工改造过的环境资源，其价值与价格则主要通过供求关系来确定。具体来讲，环境质量货币化可以采取反映市场供求变动的市场法(直接市场法)和间接反映市场供求变动的非市场法(替代市场法和意愿调查评估法)。

1. *直接市场法*

直接市场法是把环境质量看成是一个生产要素并根据生产率的变动情况来评估环境质量变动所产生影响的方法。它直接运用货币价格，对可以观察和度量的环境质量变化进行评价。这种方法的应用需要具备一定的条件，即环境影响的物理效果明显，而且可以通过一定的方法

和手段予以观测,能够确定众多环境影响因素中的某个具体因素,环境质量变化直接导致增加或减少商品的产出,这可以通过市场交易来获得。例如,酸雨造成的作物减产、土壤侵蚀对农作物产量的影响、空气污染对人体健康产生的影响、水污染对人体健康造成的影响、排水不畅造成的盐碱化使作物减产、砍伐森林对气候和生态的影响等环境价值评估均可采用该法。

直接市场法包括市场价值(或生产率)法、人力资本法、恢复费用法(重置成本法)、影子工程法及机会成本法等。

1) 市场价值法

市场价值法将环境质量当做一个生产要素,环境质量的变化导致生产率和生产成本的变化,从而影响生产或服务的利润和产出水平,而服务或产品的价值、利润是可以利用市场价格来计量的。市场价值法就是利用环境质量变化而引起的产品或服务产量及利润的变化来评价环境质量变化的经济效果的。例如,某企业废气和其他废物的排放,使其他企业受害,就可以用受损害减少的产量乘以产品价格来估算其环境价值。

市场价值法的前提是市场供求关系大体平衡,所以环境质量变动导致产出水平的变化不大。如果环境质量变动影响到的商品是在市场机制的作用发挥得比较充分的条件下销售的,那么,就可以直接利用该商品的市场价格。但是,必须注意商品销售量变动对商品价格的影响。假如环境质量变动对该商品市场产出水平变化的影响很小,不至于引起该商品市场价格的变化,那么,就可以直接运用现有的市场价格进行测算。假如环境质量变动对该商品市场产出水平变化的影响比较大,足以引起该商品市场价格的变化,那么,就需要分析产出水平变化对商品市场价格的影响。

2) 人力资本法

人力资本法就是估算环境污染的健康损害对社会造成的损失价值,具体地说,是估算环境变化造成的健康损失成本。环境质量的变化对人体健康的影响,不仅表现为因劳动者的发病率和死亡率增加而给生产者造成直接损失,而且还表现为因环境质量的恶化导致医疗费用的增加,以及因环境恶化过早死亡而减少的收入等。如儿童铅中毒可降低智商,减少预期收入,所减少的预期收入可作为这一环境污染造成健康危害的损害价值。为了避免重复计算,人力资本法只计算因环境质量的变化而导致的医疗费开支的增加,以及过早生病或死亡而导致的个人收入的损失。

人力资本是指体现在劳动者身上的资本,它主要包括劳动者的文化技术程度和健康状况。人力投资是对劳动者健康状况和文化技术水平所进行的投资。人力投资的成本(费用)包括个人和社会用于教育和卫生保健的支出,人力投资的收益则包括个人受教育和接受卫生保健后所带来的个人追加收入和劳动生产率提高带来的产出增加的效益。

3) 恢复费用法

在资源的开发利用中,会导致资源破坏和环境的恶化,采取一定方式使受到损害的环境恢复,使其保持原有的环境质量和功能,需要投入一定量的人力和物力。恢复费用法是通过估算环境被破坏后将其恢复原状所需支付的费用来评估环境影响经济价值的一种方法。这种费用类似于企业固定资产的更新,所以又称为重置成本法。这种方法的应用条件是:被评估的环境资产在评估前后不改变其用途,被评估的环境资产必须具有再生性或可复制性;被评估的环境资产在特征、结构及功能等方面必须与假设重置的全新环境资产具有相同性和可比性;必须具备有关重置环境资产的历史资料。例如,在一耕地较少且又肥沃的地方,计划建一座砖厂,制砖用土会严重破坏土地资源。经过估算,原有土地的恢复费用会大大高于一定时期制砖带来的经济收入，又会破坏当地环境，那么建砖厂是不可取的。又如，开矿引起地面塌陷，影响农业生产，可以用开垦荒地的办法来弥补，将受到的损害恢复到受损害以前状况所需的费用就是恢复费用。

4）影子工程法

影子工程法是环境恢复费用法的特殊形式，当一项工程的建设使环境质量遭到破坏，而且在技术上又无法恢复或者恢复费用太高时，人们可以设计另一个作为原有环境质量替代品的补充项目，以便使环境质量对经济发展和人民生活水平的影响保持不变。同一个项目(包括补充项目)通常有若干个方案，这些可供选择但不可能同时都实施的项目方案就是影子项目。在环境污染造成的损失难以直接评估时，人们常常用这种能够保持经济发展和人民生活不受环境污染影响的影子项目的费用来估算环境质量变动的货币价值。例如，森林具有涵养水源的生态功能，假如一片森林涵养水源量是 1 000 000 m^3，在当地建造一个 1 000 000 m^3 库容的水库的费用是 150 万元，那么，可以用这 150 万元的建库费用来表示这片森林涵养水源生态功能的价值。

5）机会成本法

机会成本就是做出某一决策而不做出另一决策时所放弃的收益。当某种资源具有多种用途时，使用该资源于一种用途，就意味着放弃了它的其他用途。这样，使用该资源的机会成本，就是放弃其他用途中可得到最大效益的那些用途的效益。这种方法的理论基础是：保护无法用价格衡量的环境资源的机会成本，可以把该资源用于其他用途可能获得的收益来表示，如保护自然保护区的机会成本可以用农业开发等所获得的收益来表示。这种方法常常应用于那些资源使用的社会净效益不能直接评估的项目，尤其适用于对那些具有唯一性特征的环境资源进行开发的项目评估。项目开发可能使一个地区发生巨大变化，以至于破坏了原有的环境系统，并且使这个环境系统不能重新建立和恢复。在这种情况下，项目开发的机会成本是在未来一段时间内保护环境系统得到的净效益的现值。由于环境资源的无市场价格特征性，这些效益很难计量。但可以这样认为，保护环境系统的机会成本可以看做是失去的开发效益的现值。

直接市场法是建立在环境质量同市场价格、市场供求关系、经济当事人充分的信息和明确的因果关系基础之上的，确定环境质量的价值，有充分和客观的依据，因此有较大的实践意义。但是，直接市场法存在一些局限性，只有在环境质量变化的后果既可以观察并度量，又可以用货币价格(市场价格或影子价格)加以测算的时候，才能采用直接市场法。但是，在现实生活中，还存在着一些商品和劳务，它们是可以观察和度量的，也是可以用货币价格加以测算的，但它们的价格只是部分地、间接地反映了人们对环境价值变动的评价，用这类商品与劳务的价格来衡量环境价位变动的一类方法，就是间接市场法或替代市场法。

2. 替代市场法

替代市场法是间接运用市场价格评估环境价值的方法，替代市场法包括资产价值法、内涵房地产价值法、防护支出法、工资差额法、旅行费用法、环境功能成本法等。

1）资产价值法

资产价值法是利用替代的相应物品的价格来估计无价格的环境商品或劳务。例如，环境舒适程度、空气的清洁、建筑和景观的协调等因素，都会影响商品销售(资产)价格。固定资产的价格体现着人们对其的综合评价，其中包括当地的环境质量。以房屋为例，其价格既反映了住房本身的特性，如面积、房间数量、房间布局、朝向、建筑结构、附属设施、楼层等，也反映了住房所在地区的生活条件,如交通、商业网点、当地学校质量、犯罪率高低等,还反映了住房周围的环境质量,如空气质量、噪声高低、绿化条件以至窗外的景观等。在其他条件一致的前提下,环境质量的差异将影响到消费者的支付意愿,进而影响到这些固定资产的价格。所以在其他条件相同时,可以用因周围的环境质量的不同而导致的同类固定资产的价格差异来衡量环境质量变动的货币价值。

2) 内涵房地产价值法

内涵房地产价值法是资产价值法的一种具体应用,是通过人们购买具有环境属性的房地产商品的价格,来推断出人们赋予环境价值量大小的一种价值评估方法。通常,房地产商品具有多种特性,它的价格蕴含着当地的环境质量,通过这种蕴含的信息,计算出环境质量变化而产生的效益或损失。例如,对空气和水质量的变化、噪声骚扰、社区舒适性、工厂选址、贫困地区环境改善等可以采用这种方法,但是要注意房地产市场比较活跃,人们已经认识到环境质量是财产价值的组成部分,买主了解当地的环境质量或环境随着时间的变化情况,房地产市场相对而言不存在扭曲现象,交易明显而清晰。

3) 防护支出法

防护支出法是当某种经济活动有可能导致环境污染时,人们采用相应的措施来预防或治理环境污染,将其所需费用用来评估环境价值。遵循“谁污染,谁付费”的原则,可以采用污染者支付治理费用后,由专门的污染物处理机构集中处理的方式;也可以采取受害者自行购买治理污染的设备或采取相应的治理措施,然后由污染者给予经济补偿的方式。这种方法要求人们能够了解和理解来自于环境的威胁,能够采取措施保护自己免受影响,能够估算并支付这些保护措施的费用。这种方法可以用于空气污染、水污染、噪声污染、土壤侵蚀、滑坡、洪水灾害、土壤肥力降低、土地退化、海洋和沿海海岸的污染和侵蚀等的价值评估。例如,用购买桶装净化水作为对水污染的防护措施,由此引起的额外费用,可视为水污染的损害价值。同样,购买空气净化器以防大气污染,安装隔音设施以防噪声,都可用相应的防护费用来表示环境影响的损害价值。

4) 工资差额法

利用不同的环境质量条件下工人工资的差异来估计环境质量变化造成的经济损失或带来的经济效益。工人的工资受很多因素的影响,如工作性质、技术程度、工作周围环境质量、工作年限等。在一些情况下,用高工资、低工时、休假等方式吸引人们到污染地区工作是一些可能有环境风险单位的实际做法。同类工作中存在着的工资的地区差异,部分反映了工作地点的环境质量,这种情况下,工资差异的水平可以用来估计环境质量变化带来的经济损失或经济效益。

5) 旅行费用法

旅游者前往诸如名山大川、奇峰怪石、珍禽异兽等舒适性环境资源的旅行费用(包括旅游者所支付的门票价格、前往这些地方所需的费用和旅途所用时间的机会成本等)在一定程度上间接地反映旅游者对其工作及居住地环境质量的不满,从而反映了旅游者对环境质量的支付意愿。也可以说,人们外出旅游的目的是弥补生产生活所在地环境质量下降带来的损害,当这种损害无法用价格加以货币化时,用外出旅游的费用来确定环境质量的损失,便是旅行费用法,即通过交通费、门票和花费的时间成本等旅行费用来确定旅行者对环境商品或服务的支付意愿,并以此来估算环境物品或服务价值的一种方法。旅行费用法常用于评价没有市场价格的自然景点或环境资源的价值。它评估的是旅行者通过消费这些环境商品所获得的效益。这种方法的应用条件是:这些自然景点或地点是可以到达的,所涉及的场所没有直接的门票或其他费用,人们到达这些地点要花费大量的时间或其他开销。这种方法可以用于评价下列环境问题:休闲娱乐场所、自然保护区、国家公园、娱乐用的森林或湿地、水库、大坝等具有休闲娱乐作用的地方等。

6)环境功能成本法

环境功能成本法按环境资源的各种功能大小进行估价并汇总求出总币值,用以衡量其损失和收益。例如,陆地水资源具有饮用、养殖、灌溉、冷却等工农业生产和生活用途,也具有净化污染物、泄洪与调水等能力和潜在功能,也具有益鸟、珍稀物种栖息地的功能,以上均可估算其经济价值并货币化。环境功能的大小,取决于环境资源的效用,因此,环境资源的位置、数量、生态平衡作用等在效用分析中有重要作用。环境功能的评价不同于环境质量。事物的功能即使用价值是可以转换的,如某些自然功能可以由人工改造恢复加以转换,这类环境功能的估值可直接依据其功能后果;有些环境功能是不可转换的,如珍贵历史文物,作为人文历史环境是不可替代的,其功能也就不可转换,文物环境价值的估算,主要依据其边际效用的大小。

3. 意愿调查评估法

意愿调查评估法也称为权变评价法,它是以调查问卷为工具来评价被调查者对缺乏市场的物品或服务化赋予价值的方法,通过询问人们对于环境质量改善的支付意愿或忍受环境损失的受偿意愿来推导出环境物品的价值。当无法通过间接的观察市场行为来赋予环境资源价值时,只好依靠假设的市场来解决,即通过构建模拟市场来揭示人们对某种环境物品的支付意愿,从而评价环境价值,但不发生实际的货币支付。

意愿调查评估法试图通过直接向有关人员提问的方法来发现人们是如何给一定的环境质量变化确定价格的。这种方法的应用条件是:环境变化对市场产出没有直接的影响,难以直接通过市场获得人们对服务的信息,抽样调查的人群具有一定的代表性,对所调查的问题有兴趣且比较了解,有充足的资金、人力和时间进行研究。这种方法可以用于评估几乎所有的环境对象的非使用价值,如空气和水的质量、自然环境的保护、生物多样性的选择价值、生命和健康的影响、交通条件的改善、供水卫生设施和污水处理等的非使用价值评价中。

13.3 费用效益分析

13.3.1 费用效益分析的含义

费用效益分析,又称为国民经济分析或国民经济评价,是按照资源合理配置的原则,从国家整体角度考察项目的效益和费用,用货物影子价格、影子汇率、影子工资和社会折现率等经济参数,分析计算项目对国民经济的净贡献,评价项目的经济合理性。在现有的技术经济条件下,以最少的费用求得最大的经济效益和环境效益,是环境经济研究中费用效益分析的目的。

费用效益分析是环境影响经济评价中使用的一种重要的经济评价方法。通过对环境污染与破坏控制的费用与效益进行分析,能根据最大的净收益确定最佳的污染治理规模与污染水平,制定出切实可行的环境质量标准、污染物排放标准及污染治理技术标准,达到既保护环境和人体健康又不影响经济和社会发展的目的,从而实现人口、资源、环境和经济协调的可持续发展目标。

13.3.2　费用效益分析与财务分析的区别

财务分析，又称为财务评价，是根据国家现行财税制度和现行价格，分析项目的效益和费用，考察项目的获利能力、清偿能力及外汇效益等财务状况，以判别项目财务上的可行性的经济评价方法。

费用效益分析和财务分析的主要区别有以下几点。

1. 分析的角度不同

财务分析是从项目或企业的角度出发，分析项目的赢利能力。费用效益分析则是从国民经济综合平衡的角度出发，分析项目对整个国民经济净贡献的大小，考察项目的经济合理性。

2. 使用的价格不同

财务分析所使用的价格是实际的产品价格(或市场预测价格)，而费用效益分析中所使用的价格则是反映整个社会资源供给与需求状况的均衡价格，即使用的是较能反映投入物和产出物真实价值的影子价格。

3. 费用和效益的含义和划分范围不同

财务分析只根据项目直接发生的财务收支，计算项目的费用和效益。费用效益分析则从全社会的角度考察项目的费用和效益，这时项目的有些收入和支出，从全社会的角度考虑，不能作为社会费用或收益，如税金和补贴、银行贷款利息。

4. 采用的资金换算率不同

财务分析用行业基准收益率，费用效益分析用社会折现率。财务基准收益率依据分析问题角度的不同而不同，而社会折现率则是全国各行业各地区都是一致的。

5. 分析的目的不同

财务分析的目的是判断项目本身是否在财务上可行，项目本身是否能够赢利最大化，而费用效益分析的目的是判断项目是否对整个国民经济具有贡献。

6. 对项目的外部影响的处理不同

财务分析只考虑项目自身的直接支出和收入，而费用效益分析除了考虑这些直接收支外，还要考虑项目引起的间接的、未发生实际支付的效益和费用，如环境成本和环境效益。

7. 在项目决策中所起的作用不同

对于财务分析可行的项目，而费用效益分析不可行，综合考虑社会评价结果为不可行，则认为该项目是不可行的；对于财务分析不可行的项目，但是费用效益分析是可行的，综合考虑社会评价结果也是可行的，则应该予以推荐实施，如公益性项目、环境改善和保护等项目。

13.3.3　费用效益分析的方法

费用效益分析可以单独进行，也可以在财务分析的基础上进行调整来完成。

1. 单独进行费用效益分析

(1) 确定费用与效益的范围，同时要认真考虑项目是否需要估算外部费用与外部效益(环境成本与效益等)。

(2) 选定投入物与产出物的价格。对于在项目效益和费用中比重较大，或者国内价格明显不合理的投入物和产出物，应该采用影子价格计算效益和费用，其余投入物和产出物则可采用现行价格。

(3) 计算基本报表的各项费用与效益。运用所选定的投入物与产出物价格，分别计算各项费用与效益，然后将其填入基本报表的适当栏目中。计算过程中采用的辅助报表参见财务分析中的基本报表或有关参考文献。计算内容有固定资产投资、流动资金、成本、外汇借款建设期利息、外汇借款还本付息、销售收入、生产期支付给外商的技术转让费、外部效益和外部费用。计算经济换汇成本或者经济节汇成本，还需编制国内资源流量表，计算国内资源的现值。

2. 在财务分析的基础上进行费用效益分析

费用效益分析相对于财务分析而言，其费用与效益的数值将有不同程度的变化，产生这些变化的原因来自三个方面：

(1) 由于费用与效益范围的调整所导致的数值变化；

(2) 在进行费用效益分析时，凡涉及外币和人民币的换算，都必须进行汇率调整，即用影子汇率代替财务分析中所用的官方汇率，这样与汇率有关的数值也将随之发生变化；

(3) 在费用效益分析中，要对那些在项目效益和费用中比重较大，或者价格明显不合理的投入物和产出物，采用影子价格代替财务分析中所用的价格进行费用和效益的计算，这也引起费用和效益数值的变化。

一般大中型工业项目，由于要进行财务分析和费用效益分析，因此在财务分析的基础上进行必要的调整来完成费用效益分析，不失为一种方便的方法。

费用效益分析按以下步骤进行。

第一步，基于财务分析中的财务现金流量表，编制用于费用效益分析的经济现金流量表。按照费用效益分析和财务分析的差别，来调整财务现金流量表，使之成为经济现金流量表。要把估算出的环境成本(环境损害、外部费用)计入现金流出项，把估算出的环境效益计入现金流入项。

第二步，计算项目可行性指标。

(1) 经济净现值(ENPV)，即

$$\mathrm{ENPV} = \sum_{t=1}^{n}[(\mathrm{CI})_t - (\mathrm{CO})_t](1+i_s)^{-t} \tag{13-1}$$

式中　$(\mathrm{CI})_t$——第 t 年的现金流入量；

$(\mathrm{CO})_t$——第 t 年的现金流出量；

n——项目计算期(经济分析期)；

i_s——社会折现率。

经济净现值是反映项目对国民经济所作贡献的绝对量指标。它是用社会折现率将项目计算期内各年的净效益折算到建设起点的现值之和。当经济净现值大于零时，表示该项目的建设能为国民经济作出净贡献，即项目是可行的。

(2) 经济内部收益率(EIRR)，即

$$\sum_{t=1}^{n}[(\mathrm{CI})_t - (\mathrm{CO})_t](1+\mathrm{EIRR})^{-t} = 0 \tag{13-2}$$

经济内部收益率，是反映项目对国民经济贡献的相对量指标。它是使项目计算期内的经济净现值等于零时的贴现率。当项目的经济内部收益率不小于社会折现率时，表明该项目对国民经济的净贡献达到或超过了社会平均水平，站在国民经济的角度，项目是可行的。

第三步，给出费用效益分析的结果。

13.3.4　敏感性分析法

敏感性分析法是通过测定主要不确定性因素的变化所导致的项目经济效果的变化幅度，来分析这些因素的变化对预期经济效果的影响程度，从而判断项目对外部条件变化的承受能力和风险性的一种分析方法。也就是说，进行敏感性分析就是要分析当主要不确定性因素产生一定的变化时，项目的经济效果将产生多大的变化，从而确定敏感因素，并分析该因素达到临界值时项目的承受能力和风险性。一般来说，敏感性分析是在确定性分析的基础上，进一步分析不确定性因素变化对项目经济效果的影响程度。

财务分析中进行敏感性分析的指标或参数有生产成本、产品价格、投资额等。费用效益分析中，考察项目对环境影响的敏感性时，可以考虑分析的指标或参数有很多，如贴现率(10%、8%、5%)、环境影响的价值(上限、下限)、市场边界(受影响人群的规模大小)、环境影响持续的时间(超出项目计算期时)等因素。

1. 敏感性分析的作用

(1) 敏感性因素是项目风险产生的根源，敏感性分析可以帮助项目分析者和管理决策者找出使项目存在较大风险的敏感性因素是什么，使项目分析者和管理决策者全面掌握项目的赢利能力和潜在风险，制定出相应的对策措施。

(2) 通过敏感性分析，找到影响项目经济效益的最主要因素，项目分析人员就可以对这些因素进行更深入的调查研究，尽可能地减少误差，提高项目经济评价结果的可靠程度。

(3) 对于把握不大的预测数据，如未来价格，可以通过敏感性分析确定在多大的变化范围内，价格的变化对项目经济评价结果不至于产生严重影响。

(4) 敏感性分析的结论有助于方案比选，决策者可以根据自己对风险程度的偏好，选择经济回报与所要承担的风险相当的投资方案。

2. 敏感性分析的一般步骤

1) 确定分析指标

投资效果可用多种指标来表示，因此在进行敏感性分析时首先必须确定分析指标。一般而言，经济评价指标体系中的一系列评价指标，都可以成为敏感性分析指标，如费用效益分析中的经济净现值、经济内部收益率等。在选择时，应根据经济评价深度和项目的特点来选择一种或两种评价指标进行分析。

2) 选定不确定性因素，并设定它们的变化范围

影响技术项目方案经济效果的因素众多，不可能也没有必要对全部不确定因素逐个进行分析。在选定需要分析的不确定因素时，可从两个方面考虑：第一，这些因素在可能的变化范围内，对投资效果影响较大；第二，这些因素发生变化的可能性较大。例如，设定贴现率变化范围为10%、8%和5%。

3) 计算因素变动对分析指标的影响

首先，假定其他设定的不确定因素不变，变动一个或多个不确定性因素，重复计算各种可能的不确定性因素的变化对分析指标影响的具体数值。然后，采用敏感性分析计算表或分析图的形式，把不确定性因素的变动与分析指标的对应数量关系反映出来，以便于测定敏感因素。

4) 确定敏感因素

敏感因素是指能引起分析指标产生相应较大变化的因素。测定某特定因素敏感与否，可采用两种方式进行。

（1）相对测定法，即设定要分析的因素均从基准值开始变动，且各因素每次变动幅度相同，比较在同一变动幅度下各因素的变动对经济效果指标的影响，从而可以判别出各因素的敏感程度。

（2）绝对测定法，即设定各因素均向降低投资效果的方向变动，并设定该因素达到可能的最不利值，计算在此条件下的经济效果指标，看其是否已达到使项目在经济上不可取的程度。如果项目已不能接受，则该因素就是敏感因素。绝对测定法的一个变通方式是先设定有关经济效果指标为其临界值，如令净现值等于零，令内部收益率为基准折现率，求待分析因素的最大允许变动幅度，并与其可能出现的最大变动幅度相比较。如果某因素可能出现的变动幅度超过最大允许变动幅度，则表明该因素是方案的敏感因素。

13.4　环境影响经济损益分析的步骤

环境影响经济评价的具体程序包括确定和筛选影响，并对影响进行量化，而后将影响货币化，最后把评价结果纳入项目经济分析中。

13.4.1　环境影响的筛选

环境影响的确定是建设项目环境影响评价工作的第一步，也是最关键的一环。环境影响的确定只有在综合考虑与环境影响有关的工程、环境、社会及污染物的环境行为等多种特征协同作用的基础上进行才是全面的、合理的。并不是所有环境影响都需要或可能进行经济损益分析，一般可以考虑从以下四个方面来筛选环境影响。

1. 影响是否是内部的或已被控抑的？

环境影响的经济评价只考虑项目的外部影响，即未被纳入项目财务核算的影响。内部影响将被排除，内部环境影响是已被纳入项目的财务核算的影响。环境影响的经济评价也只考虑项目未被控抑的影响。按项目设计已被环境保护措施治理掉的影响也将被排除，因为计算已被控抑的环境影响的价值在这里是毫无意义的。

2. 影响是否是小的或不重要的？

项目造成的环境影响通常是众多的、方方面面的，其中小的、轻微的环境影响将不再被量化和货币化。损益分析部分只关注大的、重要的环境影响。环境影响的大小轻重，需要评价者做出判断。

3. 影响是否不确定或过于敏感？

有些影响可能是比较大的，但也许这些环境影响本身是否发生存在很大的不确定性，或人们对该影响的认识存在较大的分歧，这样的影响将被排除。另外，对有些环境影响的评估可能涉及政治、军事禁区，在政治上过于敏感，这些影响也将不再做进一步经济评价。

4. 影响能否被量化和货币化？

由于认识上的限制、时间限制、数据限制、评估技术上的限制或者预算限制，有些大的环境影响难以定量化，有的环境影响难以货币化，这些影响将被筛选出去，不再对它们进行经济评价。例如，一片森林破坏引起当地社区在文化、心理或精神上的损失很可能是巨大的，但因为太难以量化，所以不再对此进行经济评价。

经过筛选过程后，全部环境影响将分成三大类：

（1）被剔除、不再做任何评价分析的影响，如那些内部的环境影响、小的环境影响及能被

控抑的影响等;

(2) 需要做定性说明的影响,如那些大的但可能很不确定的影响、显著但难以量化的影响等;

(3) 那些需要并且能够量化和货币化的影响。

13.4.2 环境影响的量化

环境影响的量化就是以数字的形式表述环境影响的程度,如用水或空气中污染物的含量、因污染造成农产量减少的数量等指标表示环境影响的程度。

在环境影响的量化过程中,一般从影响因子的数量、地理范围、时间、人口密度等方面综合判断环境影响的大小,对物理影响进行量化。在难以对某些影响进行量化时,结合定性结果进行分析。

13.4.3 环境影响的价值评估

对环境影响进行价值评估是对定量化的环境影响进行估价,即用货币形式表示环境影响的程度。环境影响的价值评估是经济损益分析中最关键的一步,也是环境影响经济评价的核心。具体的环境价值评估方法见本章13.2节。

13.4.4 环境影响的经济评价

环境影响经济评价是指将环境的经济影响评价的结果纳入到项目经济分析中,即将货币化的环境影响的成本和效益纳入到项目的成本和效益中去,进行费用效益分析,进而从国民经济的角度判断项目的可行性,为项目的最终经济决策服务。

通过不考虑环境影响的费用效益分析与考虑环境影响的费用效益分析的对比,可以判断项目的环境影响对于项目的影响程度。通过敏感性分析,可以判断环境影响对于项目可行性的影响程度。

13.5 环境影响经济评价案例分析

下面以怒江中下游水电开发规划为例,通过怒江水电开发规划环境影响因子的筛选和环境影响的定量分析,对开发方案的直接环境影响效益和成本进行估算。

13.5.1 研究区概况

怒江发源于唐古拉山南麓西藏自治区安多县境内,纵贯云南省西部,在潞西县流出国境。我国境内,怒江干流河段全长2 020 km,其中云南境内长为619 km,流域面积为125 500 km^2,云南境内为21 900 km^2。

怒江流域地势西北高、东南低,自西北向东南倾斜。地形、地貌复杂,高原、高山、深谷、盆地交错,按流域地形、地势和气候特征的异同,大体可分为青藏高原区、横断山纵谷区和云贵高原区。怒江属低纬高原亚热带山地季风气候,“立体气候”特点突出,从谷底至山顶,纵跨亚热带、温带和寒带等多种气候带。该区植被具有显著的水平地带性和垂直分带特征:南部为季风常绿阔叶林地带,北部为半湿润常绿阔叶林地带;水平带基准面以上山地,气候、植被随海拔升高而变化,从河谷到山顶形成了河谷稀树灌木草丛—暖性针叶林—季风常绿阔叶林—半湿润常绿阔叶林—中山湿性常绿阔叶林—温凉性针叶林—山顶苔藓矮林—寒温性针叶林—寒温性竹林—寒温性灌丛、草甸—岩石裸露地的垂直分布特征。怒江流域植被属泛北极植物区系与古热带植物区系的荟萃地，区系成南北交错、东西汇合、新老兼备，地理成分复杂，特有现象突出，是世界著名的植物标本模式产地，成为我国从南到北植物带谱的缩影。怒江两岸的高黎贡山—怒江—碧罗雪山是我国乃至北半球生物多样性最丰富和最聚集的地区，是我国最大、最丰富的陆栖脊椎动物物种基因库。该区具有丰富的物种多样性，复杂的地理分布型，多样的特有类群、特化及原始类群的镶嵌分布，明显而复杂的动物分布和多样的垂直带谱，是划分中国西部动物地理区划的关键地区。怒江共有鱼类 48 种，分别隶属于 5 目 8 科 32 属，与云南境内其他五大水系相比，具有物种数少、明显和复杂的垂直地带性、急流适应性的特点，主要分布在“六库”以下，中上游种类稀少。

该区主要土地利用类型为林地、灌草地、耕地、居民地、水域和雪域。林地大部分分布于海拔 2 700 m 以上地带，海拔 2 200 m 以下的地区，人为活动频繁，植被破坏严重，土壤侵蚀加剧，局部地区已出现大面积的崩塌、滑坡。灌草地广泛分布在怒江峡谷两侧陡坡。耕地坡度大、耕层薄、旱地多、水田少，以怒江州为例，坡度大于 25°的耕地面积占总耕地面积的 50%以上，近一半耕地的耕作层在 16 cm 以下，除水田外基本无灌溉条件。该区土地利用程度和生产水平较低，由于毁林开荒，陡坡垦殖严重，造成裸土地、裸岩、石砾增加，水土流失严重，土壤耕作层变浅变薄，肥力下降，自然灾害频繁，生态环境恶化。

怒江沿岸的景观和旅游资源类型包括地质地貌类景观、水体类景观、气象气候类景观、生物类景观、人文类景观五大类。怒江中游位于云南“三江并流”国家级重点风景名胜区内，为举世闻名的滇西北高山峡谷区，地处印度板块和欧亚板块缝合部，独特的地形、地貌造就了险、峻、奇、秀的峡谷景观。具有典型的垂直气候带、自南亚热带至高原寒带的生物垂直带谱，以及丰富多彩的独龙、怒、傈僳等民族风情和民族文化。

13.5.2　评价因子筛选及其量化方法

根据对生态影响因子识别分析，考虑因子的可量化和可价值化程度，结合规划环境影响评价和环境影响经济损益分析的特点，进行环境影响经济损益分析评价因子的筛选。

1. 生态环境效益评价

一般每项水利水电工程的兴建都有其开发目的，除了开发目的外，所有因工程引起的环境变化所产生的环境经济效益都应算为环境影响经济效益。开发怒江中下游的目的是发电，因此，其环境效益主要包括防洪、排涝、灌溉、航运、城市供水和水产养殖等。直接环境效益评价指标主要包括灌溉、减缓洪灾损失、增加水产、以电代柴等。灌溉效益采用工程实施后为区域农业生产带来增收进行量化；减缓洪灾损失则为工程实施后减少洪涝损失和防洪费用；增加水产为工程实施后水库水产增加量；以电代柴效益则用减少砍伐及其产生的生态环境效益来表征。

2. 生态环境成本评价

生态环境成本评价即评价环境影响的经济损失。鉴于规划环境影响评价的特点，环境影响经济损失估算将主要评价运行期对环境影响的经济损失，主要表现在水库淹没及由此产生的一系列环境影响，评价因子及其量化方法如下。

(1) 水库淹没导致的土地资源损失：因水库蓄水而淹没损失的森林、草地、耕地、经济林等土地资源量的生态经济损失。

(2) 移民及工业设施搬迁：移民及工业设施搬迁对新定居点产生的环境压力和损失，主要是建房、修路、开荒等引起植被的破坏、水土流失加重、移民发展工业企业所引起的“三废”污染及移民区的卫生防疫费，以及文化多样性的影响等。

(3) 景观影响：主要自然和人文旅游景点受影响程度及旅游收益的降低。

(4) 陆生生物：工程对陆生动植物的影响，尤其是对珍稀动植物和保护物种的影响损失。

(5) 水生生物：水库建设对水生生物，尤其是洄游性鱼类产生的重大影响及其生态经济损失。

(6) 水库温室气体排放：水库蓄水后，淹没的大量地表和土壤中的有机质会缓慢地分解，排放出 CO_2、CH_4 等温室气体，从而对气候变化产生影响。

(7) 环境保护措施及其费用：这里指水电运营过程中的生态环境治理，环境治理工程措施的折旧、维护，监测站网基础设施建设，工具、仪器购置维护，监测人员和管理人员工资等需要的费用。

13.5.3　生态环境影响经济损益分析

1. 生态环境效益评价

怒江中下游水电开发的直接生态环境效益为 2.77×10^8 元/a。

(1) 增加农业灌溉：工程实施后可以使灌区 2.31×10^2 km^2 农田得到灌溉，根据调查结果，增加灌溉后每亩农田可增产 20%～30%，均值取 25%，平均收益取1 500 元/亩，则水库建成后增加灌溉带来的直接经济效益达到 1.30×10^8 元/a。

(2) 防洪：以怒江中下游年均防洪费用和洪涝灾害损失作为怒江水电开发防洪排涝功能的环境经济价值。根据规划和可行性研究报告提供的数据，怒江洪涝损失相对较小，主要集中在河流中游，约为 1.00×10^8 元/a，以此作为水电开发减缓防洪损失的生态环境效益。

(3) 增加水产：怒江水库建成后，水库总水面面积达到 77.19 km^2，水流特征改善，有利于水产增加。按每公顷水面水产按 225 kg/a、产值 225 元/a 计，怒江梯级水库建成后水产产值经济效益可增加 1.8×10^7 元/a。

(4) 以电代柴：水库蓄水发电，居民搬迁和以电代柴，将大大减少当地居民薪柴林砍伐面积。经实地调查计算得到，居民搬迁和以电代柴减少薪柴用林的生态经济价值为 3.2×10^7 元/a，移民用电价格取 0.225 元/(kW·h)，人均生活用电量取 730 kW·h/a，则总用电成本为 3×10^6 元/a，扣除用电成本，得到库区移民以电代柴的总生态环境效益为 2.9×10^7 元/a。

2. 生态环境成本评价

1) 水库淹没土地资源导致的经济损失

a. 耕地

根据实地调查，库区旱地主要种植作物为玉米，大部分以小斑块状分布在河谷两侧陡坡上，耕作方式简单，产量很低，亩产仅为 150～300 kg，农产品平均价格按 1.0 元/kg 计，耕作制度取一年两季，则损失值为每亩 300～600 元，平均每亩 450 元，计算得到因水库蓄水淹没的旱地的经济损失为 1.2×10^7 元/a。库区水田主要种植作物为水稻，大部分以梯田或斑块状分布在河道两侧，耕作方式较简单，受海拔高、水温低等自然条件限制，产量较低。根据实地调查结果，平均亩产为 400～500 kg，水稻价格按 2.2 元/kg 计，耕作制度取一年两季(水旱各一季)，则损失值为每亩 1 030～1 400 元，平均每亩 1 215 元。水库蓄水淹没的水田经济损失为 6×10^6 元/a。综合计算结果，得到怒江电站开发库区淹没耕地的总经济损失为 1.8×10^7 元/a。

b. 林地

(1) 直接经济价值损失。

林副产品损失。淹没区主要损失的林副产品是 32.7 元/亩(芒果园地)。根据实地调查结果,芒果亩产量一般在 200～300 kg,芒果价格取 6 元/kg,则淹没芒果园地的经济损失为 $(3.92 \sim 4.91) \times 10^4$ 元/a,平均 4.42×10^4 元/a。

林木产品损失。淹没区用材林的林木蓄积量平均为 4 m^3/亩,灌木林的林木蓄积量为 1.6 m^3/亩,其年林木蓄积增长量约为 0.8 m^3/亩和 0.6 m^3/亩。由此得到用材林和灌木林地每年损失的林木蓄积增长量为20 768.84 m^3 和 7 863.27 m^3。根据调查,材林价格一般为 850 元/m^3左右,薪柴林价格一般为400 元/m^3左右。由此得到,怒江水库蓄水淹没的林地林产品经济价值约为 2.1×10^7 元/a。

综合计算结果,得到怒江水电开发规划项目水库淹没区淹没林地的年直接经济价值损失为 2.1×10^7 元/a。

(2) 间接经济价值损失。

通过计算淹没区主要森林生态系统类型的初级生产力和净初级生产力,评价其固碳、释氧和营养物质循环等服务功能的生态经济价值损失。结合实地调查和资料分析,认为该区用材林和薪柴林地的年净初级生产力分别为 1 000 t/km^2 和 600 t/km^2,由此计算得到淹没区森林生态系统总的净初级生产力结果为 22 549.55 t/a。

① 固碳、释氧。以净初级生产力数据为基础进行评价,根据光合作用方程式,生产 1.00 g 植物干物质能固定 1.63 gCO_2、释放 1.20 gO_2。计算得到库区蓄水淹没林地导致的年森林总固定 CO_2量减少 3.67×10^4 t,折合固定碳量为 1.100×10^7 t/a,固碳效益采用中国造林成本 260.90 元/t 进行评价,得到导致的年森林固碳效益损失为 $2.618\,9 \times 10^6$ 元;年森林丧失的总释放氧气量为 27 059.46 t/a,释氧效益采用氧气工业成本 0.4 元/kg 进行评价,则年生态经济损失值为 $1.082\,38 \times 10^7$ 元/a。

② 营养物质循环。以各类森林生态系统类型的初级生产力和养分含量为依据,估算水库淹没区森林生态系统的养分循环总量。根据调查和资料收集分析,取淹没区有林地初级生产力为 1 200 t/km^2,薪柴林为 800 t/km^2,N、P、K 平均含量分别取 0.42%、0.08%(折合 P_2O_5 0.17%)、0.21%,则水库淹没区森林生态系统的养分循环总量 N、P、K 分别为 116.59 t/a、47.19 t/a、58.29 t/a。以我国化肥平均价格为 2 549 元/t 估算森林生态系统养分循环功能的生态经济损失,结果为 5.66×10^5 元/a。

间接经济价值损失总计为 1.4×10^7 元/a。

综合上述计算结果,得到怒江水电开发工程淹没林地的环境成本为 3.5×10^7 元/a。

c. 草地

(1) 直接经济价值损失。

取草地理论载畜量为 33 km^2/(a · 羊单位),则受淹没草地的理论储畜量为 506 羊单位。根据调查资料,成体活羊体重按 35 kg 计,价格按 8 元/kg 计,则库区淹没草地的畜牧损失为 1.416×10^5 元/a。

(2) 间接经济价值。

结合水库淹没后服务功能变化的特点和可计算性,确定草地服务功能影响的评价因子为光合固碳、释氧、营养物质循环。地上部分净初级生产力为 282 400 kg/km^2,地上、地下部分净生产力比例取 1∶2.45,则草地净生产力为 974 280 kg/km^2。由此得到,淹没区草地年总净生产力为 1 626.4 t/a。

① 固碳、释氧。根据库区草地淹没面积和净生产力计算结果，得到怒江水电开发库区蓄水淹没草地导致的年总固定CO_2量减少 2.6×10^3 t，折合固碳量为 7×10^2 t/a，固碳效益损失为 1.886×10^5元/a。同样，计算得到淹没草地导致的年损失总释放氧气量为 2×10^3 t/a，生态经济价值损失为 7.806×10^5元/a。

② 营养物质循环。据营养物质循环功能的服务机制，可以认为构成草地初级生产力的营养元素量即为参与循环的养分量，根据资料情况，考虑的营养元素主要为 N、P。取热性草丛类 P 平均含量为 0.12%(折合 P_2O_5 含量 0.27%)，粗蛋白质含量为 5.95%、折合含 N 量 0.95%，则水库淹没区草地生态系统的养分循环总量 N、P 分别为 145.40 t/a、42.07 t/a。以我国化肥平均价格为 2 549 元/t 估算草地生态系统养分循环功能损失，结果为 5.08×10^4元/a。

综合上述计算结果，得到怒江水电开发淹没草地的环境成本为 1.167×10^{10}元/a。

2) 移民生态环境损失

移民及工业设施搬迁对新定居点产生的环境压力和损失，主要是建房、修路、开荒等引起植被的破坏、水土流失加重、移民发展工业企业所引起的“三废”污染及移民区的卫生防疫费等。此外，移民还将导致库区少数民族部分传统文化的丧失，对文化多样性维持产生一定的影响。

a. 环境治理成本

移民搬迁后，新集中定居点人口数量增加，密度增大，随着生活条件和生活方式的改变，定居点废水排放量、固体废物排放量及其集中处理量增加。其中，生活废污水排放量按每人每天 0.15 m^3计算，则移民导致新集中定居点年新增污水处理量 $1.429\ 2\times10^6$ m^3。每立方污水处理成本取 0.5 元，则新增污水处理费用 7.146×10^5元/a。固体废物排放量按人均年产生活垃圾 440 kg 计，则移民导致新集中定居点年新增固体垃圾处理量 1.15×10^4 t，每吨垃圾收集、清运、处置成本取 130 元，则新增垃圾处理费用 $1.493\ 2\times10^6$元/a。合计新增环境治理成本 $2.207\ 8\times10^6$元/a。

b. 卫生防疫费用成本

移民搬迁后，新集中定居点人口密度增大，流行性疾病爆发的可能性增大，卫生防疫工作难度加大、费用增加。以当地年卫生防疫费用平均增加 25 元/人计，则移民导致新增卫生防疫费用为 6.526×10^5元/a。

c. 文化多样性

移民对库区少数民族传统文化的传承、文化多样性降低等的影响是十分复杂的、多方面的，鉴于目前研究方法的不成熟性，其影响成本尚无定量评价的方法，故本次评价没有对其进行估算。

3) 景观影响

根据怒江水电开发陆生生态系统环境影响评价专题报告中景观影响评价相关内容，怒江水电开发对景观的影响程度分别为：峡谷视阈损失率为 11%，大坝视阈影响率为 21.55%，峡谷急流损失度为 90.59%，重要景点的峡谷高差损失率为 5%～7%。

怒江中、下游由于受地理位置、交通和地方社会经济状况等因素的影响，现有旅游资源和景点开发程度非常低，主要自然和人文旅游景点年旅游直接收入约为 3×10^5元。若旅游收入增长速率按 20%计(云南连续 7 a 旅游收入增长速率)，以 2030 年为预测目标年，则预计年旅游直接收入将达到 $3.434\ 26\times10^7$元。根据《中国统计年鉴 2001》中的统计数据，游览在整个旅游总收入中占的比重为 4.6%，按此比例估算，由景观游览为龙头产生的年总经济收益将达到 7.47×10^8 元。根据景观影响评价结果，若取怒江水电开发对景观的综合影响程度为 32% 进行折算，估算得到景观影响的经济价值损失为 2.39×10^8 元/a。

4）陆生生物

水电开发规划的淹没区分布有多种保护动植物，但由于长期受人类活动的影响，多为零星状分布且多处于其分布的下限，淹没区并非各级保护动植物的特殊生境或唯一生境，因此，水电开发不会导致各类动植物的灭绝，对其存在和延续不会构成严重影响。怒江水电开发过程中，应考虑对部分淹没区零星分布的各级保护植物进行迁地保护，应考虑对淹没区的野生动物进行迁地保护，其环境成本可用建立自然保护区的年运转费用来表现。根据调查，怒江州现有自然保护区建设和管理、运转成本为 3×10^6 元/a，以此作为对怒江水电开发所愿意承担的陆生生物保护的年费用成本。

5）水生生物

怒江水电开发过程中，应考虑对中、下游 15 种受影响的保护鱼类或特有鱼类通过有效手段进行保护，其环境成本可用建立自然保护区的年运转费用来表现。每种鱼类每年保护成本取安徽铜陵国家级长江白鳍豚保护区的年运行费用成本 1.10×10^6 元，则怒江中、下游水电开发所需承担鱼类保护费用成本为 1.650×10^7 元/a，以此作为怒江水电开发对水生生物影响的环境成本。

6）水库排放温室气体

水库蓄水后，淹没的大量地表和土壤中的有机质会缓慢地分解，排放出 CO_2、CH_4 等温室气体，从而对气候变化产生影响。

按照 IHA（国际水电协会）给出的排放系数进行计算，规划的怒江水电开发，水库年碳排放量为 3.5978×10^6 t。采用 RCG/Bailly 给出的吨碳排放量损害估计值，折合人民币 12.00 元/(t·a)，则怒江水库排放温室气体的环境成本为 4.3×10^7 元/a。

3. 环境保护措施及其费用

开发方案的环境保护总静态投资为 2.36×10^8 元，以主要环境保护设施年折旧、维护和运行费用按总环境保护工程投资的 15% 计，则怒江水电开发的环境保护费用为 3.5×10^7 元/a。

13.5.4　生态环境成本总评价结果

综合上述计算结果，怒江中、下游水电开发的直接环境效益为 2.77×10^8 元/a，环境成本总值约为 3.96×10^8 元/a，直接环境效益和环境成本的比为 1∶1.4，环境影响的净现值为 -1.19×10^8 元/a，计算中，不包括水电开发对区域文化多样性等影响的环境成本。

习　题

1. 环境影响经济评价的内涵是什么？
2. 简述环境影响经济评价的必要性和意义。
3. 简述环境价值的含义及构成。
4. 环境价值的评估方法有哪几类？简述其应用条件。这几类方法分别有哪些具体的评估方法？
5. 简述费用效益分析的含义及必要性。
6. 简述费用效益分析和财务分析的异同。

7. 进行费用效益分析的方法有哪些?
8. 什么是敏感性分析?其作用是什么?
9. 简述环境影响经济损益分析的步骤。
10. 环境影响的筛选一般考虑哪些因素?

第14章　规划环境影响评价

14.1　规划环境影响评价概述

14.1.1　规划环境影响评价的概念

规划环境影响评价是指对在规划编制阶段，对规划实施可能造成的环境影响进行分析、预测和评价，提出预防或者减轻不良环境影响的对策和措施，并进行跟踪监测的方法与制度，是在规划编制和决策过程中协调环境与发展的一种途径，隶属于战略环境影响评价范畴。

《中华人民共和国环境影响评价法》将国务院有关部门、设区的市级以上地方人民政府及其有关部门组织编制的规划中，需要进行环境影响评价的规划分为三类：第一类是“一地”（即土地）利用的有关规划；第二类是“三域”（即区域、流域及海域）的建设开发利用规划；第三类是“十个专项”（即工业、农业、畜牧业、林业、能源、水利、交通、城市建设、旅游和自然资源开发）的有关专项规划。

对于上述“一地”、“三域”规划和“十个专项”规划中的指导性规划，应当在规划编制过程中进行环境影响评价，编写该规划有关环境影响的篇章或者说明；对于“十个专项”规划中的非指导性规划，应当在该专项规划草案上报审批前，进行环境影响评价，并向审批该专项规划的机关提出环境影响报告书。

为全面提高规划环境影响评价的有效性，强化空间和总量管理、生态环境准入清单的管理，规划环境影响评价全过程应在“三线一单”的环境准入管控体系下实施。“三线一单”是指生态保护红线、环境质量底线、资源利用上线和生态环境准入清单。

生态保护红线是指在生态空间范围内具有特殊重要生态功能、必须强制性严格保护的区域，是保障和维护国家生态安全的底线和生命线，通常包括具有重要水源涵养、生物多样性维护、水土保持、防风固沙、海岸生态稳定等功能的生态功能重要区域，以及水土流失、土地沙化、石漠化、盐渍化等生态环境敏感脆弱区域。

环境质量底线是指按照水、大气、土壤环境质量不断优化的原则，结合环境质量现状和相关规划、功能区划要求，考虑环境质量改善潜力确定的分区域、分阶段环境质量目标及相应的环境管控、污染物排放控制等要求。

资源利用上线是以保障生态安全和改善环境质量为目的，结合自然资源开发管控提出的分区域、分阶段的资源开发利用总量、强度、效率等管控要求。

生态环境准入清单是指基于环境管控单元，统筹考虑生态保护红线、环境质量底线、资源利用上线的管控要求，以清单形式提出的空间布局、污染物排放、环境风险防控、资源开发利用等方面生态环境准入要求。

14.1.2　规划环境影响评价的目的、原则与范围

1. 评价目的

以改善环境质量和保障生态安全为目标，论证规划方案的生态环境合理性和环境效益，提出规划优化调整建议；明确不良生态环境影响的减缓措施，提出生态环境保护建议和管控要

求,为规划决策和规划实施过程中的生态环境管理提供依据。

2. 评价原则

(1) 早期介入、过程互动:评价应在规划编制的早期介入,在规划前期研究和方案编制、论证、审定等关键环节和过程中充分互动,不断优化规划方案,提高环境合理性。

(2) 统筹衔接、分类指导:评价工作应突出不同类型、不同层级规划及其环境影响特点,充分衔接"三线一单"成果,分类指导规划所包含建设项目的布局和生态环境准入。

(3) 客观评价、结论科学:依据现有知识水平和技术条件对规划实施可能产生的不良环境影响的范围和程度进行客观分析,评价方法应成熟可靠,数据资料应完整可信,结论建议应具体明确且具有可操作性。

3. 评价范围

规划环境影响评价是按照规划实施的时间维度和可能影响的空间尺度来界定评价范围。时间维度上,应包括整个规划期,并根据规划方案的内容、年限等选择评价的重点时段。空间尺度上,应包括规划空间范围以及可能受到规划实施影响的周边区域。周边区域确定应考虑各环境要素评价范围,兼顾区域流域污染物传输扩散特征、生态系统完整性和行政边界。

14.1.3 规划环境影响评价的工作程序

规划环境影响评价的技术流程见图 14-1。

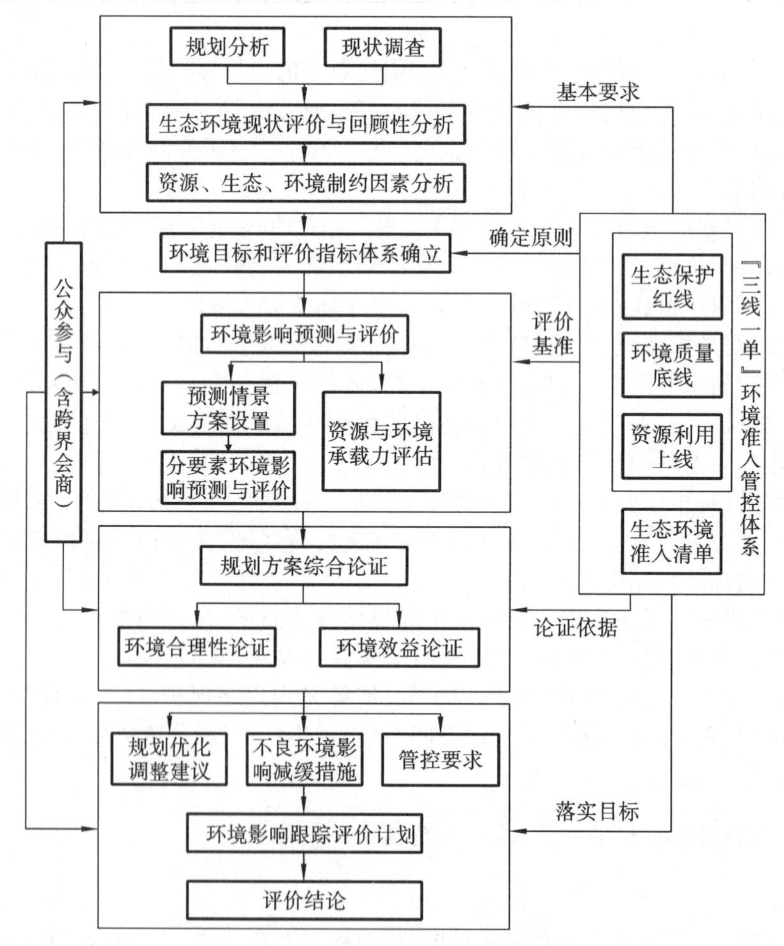

图 14-1 规划环境影响评价的技术流程

14.2　规划环境影响评价的内容与方法

14.2.1　规划环境影响评价的内容

1. 规划环境影响篇章(或说明)应包括的主要内容

(1) 环境影响分析依据。重点明确与规划相关的法律法规、政策、规划和环境目标、标准。

(2) 现状调查与评价。通过调查评价区域资源利用状况、环境质量现状、生态状况及生态功能等,分析区域水资源、土地资源、能源等各类资源现状利用水平,评价区域环境质量达标情况和演变趋势,区域生态系统结构与功能状况和演变趋势等,明确区域主要生态环境问题、资源利用和保护问题及成因。明确提出规划实施的资源、生态、环境制约因素。

(3) 环境影响预测与评价。分析规划与相关法律法规、政策、上层位规划和同层位规划在环境目标、生态保护、资源利用等方面的符合性和协调性。预测与评价规划实施对生态系统结构和功能、环境质量、环境敏感区的影响范围与程度。根据规划类型及其环境影响特点,开展环境风险预测与评价。评价区域资源与环境对规划实施的承载能力,以及环境目标的可达性。给出规划方案的环境合理性论证结果。

(4) 环境影响减缓措施。给出减缓不良生态环境影响的环境保护方案和环境管控要求。针对主要环境影响提出跟踪监测和评价计划。

2. 规划环境影响报告书应包括的主要内容

(1) 总则。概述任务由来,明确评价依据、评价目的与原则、评价范围、评价重点、执行的环境标准、评价流程等。

(2) 规划分析。介绍规划不同阶段目标、发展规模、布局、结构、建设时序,以及规划包含的具体建设项目的建设计划等可能对生态环境造成影响的规划内容;给出规划与法规政策、上层位规划、区域“三线一单”管控要求、同层位规划在环境目标、生态保护、资源利用等方面的符合性和协调性分析结论,重点明确规划之间的矛盾与冲突。

(3) 现状调查与评价。通过调查评价区域资源利用状况、环境质量现状、生态状况及生态功能等,说明评价区域内的环境敏感区、重点生态功能区的分布情况及其保护要求,分析区域水资源、土地资源、能源等各类自然资源现状利用水平和变化趋势,评价区域环境质量达标情况和演变趋势,区域生态系统结构与功能状况和演变趋势,明确区域主要生态环境问题、资源利用和保护问题及成因。对已开发区域进行环境影响回顾性分析,说明区域生态环境问题与上一轮规划实施的关系。明确提出规划实施的资源、生态、环境制约因素。

(4) 环境影响识别与评价指标体系构建。识别规划实施可能影响的资源、生态、环境要素及其范围和程度,确定不同规划时段的环境目标,建立评价指标体系,给出评价指标值。

(5) 环境影响预测与评价。设置多种预测情景,估算不同情景下规划实施对各类支撑性资源的需求量和主要污染物的产生量、排放量,以及主要生态因子的变化量。预测与评价不同情景下规划实施对生态系统结构和功能、环境质量、环境敏感区的影响范围与程度,明确规划实施后能否满足环境目标的要求。根据不同类型规划及其环境影响特点,开展人群健康风险分析、环境风险预测与评价。评价区域资源与环境对规划实施的承载能力。

(6) 规划方案综合论证和优化调整建议。根据规划环境目标可达性论证规划的目标、规模、布局、结构等规划内容的环境合理性,以及规划实施的环境效益。介绍规划环境影响评价与规划编制互动情况。明确规划方案的优化调整建议,并给出调整后的规划布局、结构、规模、建设时序。

(7) 环境影响减缓对策和措施。给出减缓不良生态环境影响的环境保护方案和管控要求。

(8) 如规划方案中包含具体的建设项目,应给出重大建设项目环境影响评价的重点内容要求和简化建议。

(9) 环境影响跟踪评价计划。说明拟订的跟踪监测与评价计划。

(10) 说明公众意见、会商意见回复和采纳情况。

(11) 评价结论。归纳总结评价工作成果,明确规划方案的环境合理性,以及优化调整建议和调整后的规划方案。

14.2.2 规划分析

1. 基本要求

规划分析包括规划概述和规划协调性分析。规划概述应明确可能对生态环境造成影响的规划内容;规划协调性分析应明确规划与相关法律、法规、政策的相符性,以及规划在空间布局、资源保护与利用、生态环境保护等方面的矛盾和冲突。

2. 规划概述

介绍规划编制背景和定位,结合图、表梳理分析规划的空间范围和布局,规划不同阶段目标、发展规模、布局、结构(包括产业结构、能源结构、资源利用结构等)、建设时序,配套基础设施等可能对生态环境造成影响的规划内容,梳理规划的环境目标、环境污染治理要求、环保基础设施建设、生态保护与建设等方面的内容。如规划方案包含的具体建设项目有明确的规划内容,应说明其建设时段、内容、规模、选址等。

3. 规划协调性分析

(1) 筛选出与本规划相关的生态环境保护法律法规、环境经济政策、环境技术政策、资源利用和产业政策,分析本规划与其相关要求的符合性。

(2) 分析规划规模、布局、结构等规划内容与上层位规划、区域“三线一单”管控要求、战略或规划环境影响评价成果的符合性,识别并明确在空间布局以及资源保护与利用、生态环境保护等方面的矛盾和冲突。

(3) 筛选出在评价范围内与本规划同层位的自然资源开发利用或生态环境保护相关规划,分析与同层位规划在关键资源利用和生态环境保护等方面的协调性,明确规划与同层位规划间的矛盾和冲突。

14.2.3 现状调查与评价

1. 基本要求

开展资源利用和生态环境现状调查、环境影响回顾性分析,明确评价区域资源利用水平和生态功能、环境质量现状、污染物排放状况,分析主要生态环境问题及其成因,梳理规划实施的资源、生态、环境制约因素。

2. 现状调查

现状调查应包括自然地理状况、环境质量现状、生态状况及生态功能、环境敏感区和重点生态功能区、资源利用现状、社会经济概况、环保基础设施建设及运行情况等内容。实际工作中应根据规划环境影响特点和区域生态环境保护要求，选择相应内容开展调查和资料收集。

现状调查应立足于收集和利用评价范围内已有的常规现状资料，并说明资料来源和有效性。有常规监测资料的区域，资料原则上包括近 5 a 或更长时间段资料，能够说明各项调查内容的现状和变化趋势。对其中的环境监测数据，应给出监测点位名称、监测点位分布图、监测因子、监测时段、监测频次及监测周期等，分析说明监测点位的代表性。

当已有资料不能满足评价要求或评价范围内有需要特别保护的环境敏感区时，可利用相关研究成果，必要时进行补充调查或监测，补充调查样点或监测点位应具有针对性和代表性。

3. 现状评价与回顾性分析

1）资源利用现状评价

明确与规划实施相关的自然资源、能源种类，结合区域资源禀赋及其合理利用水平或上线要求，分析区域水资源、土地资源、能源等各类资源利用的现状水平和变化趋势。

2）环境与生态现状评价

(1) 结合各类环境功能区划及其目标质量要求，评价区域水、大气、土壤、声等环境要素的质量现状和演变趋势，明确主要和特征污染因子，并分析其主要来源；分析区域环境质量达标情况、主要环境敏感区保护等方面存在的问题及其成因，明确需解决的主要环境问题。

(2) 结合区域生态系统的结构与功能状况，评价生态系统的重要性和敏感性，分析生态状况和演变趋势及驱动因子。当评价区域涉及环境敏感区和重点生态功能区时，应分析其生态现状、保护现状和存在的问题等；当评价区域涉及受保护的关键物种时，应分析该物种种群与重要生境的保护现状和存在问题。明确需解决的主要生态保护和修复问题。

3）环境影响回顾性分析

结合上一轮规划实施情况或区域发展历程，分析区域生态环境演变趋势和现状生态环境问题与上一轮规划实施或发展历程的关系，调查分析上一轮规划环境影响评价及审查意见落实情况和环境保护措施的效果。提出本次评价应重点关注的生态环境问题及解决途径。

4. 制约因素分析

分析评价区域资源利用水平、生态状况、环境质量等现状与区域资源利用上线、生态保护红线、环境质量底线等管控要求间的关系，明确提出规划实施的资源、生态、环境制约因素。

14.2.4　环境影响识别与评价指标体系构建

1. 基本要求

识别规划实施可能产生的资源、生态、环境影响，初步判断影响的性质、范围和程度，确定评价重点，明确环境目标，建立评价的指标体系。

2. 环境影响识别

环境影响识别的目的，是筛选出受规划实施影响显著的资源、生态、环境要素，作为环境影响预测与评价的重点。具体而言，主要包括以下三点。

(1) 根据规划方案的内容、年限，识别和分析评价期内规划实施对资源、生态、环境造成影响的途径、方式，以及影响的性质、范围和程度。识别规划实施可能产生的主要生态环境影响和风险。

(2) 对于可能产生易生物蓄积、长期接触对人群和生物产生危害作用的无机和有机污染物、放射性污染物、微生物等的规划，还应识别规划实施产生的污染物与人体接触的途径以及可能造成的人群健康风险。

(3) 对资源、生态、环境要素的重大不良影响,可从规划实施是否导致区域环境质量下降和生态功能丧失、资源利用冲突加剧、人居环境明显恶化等三个方面进行分析与判断。

判断和识别规划实施是否会产生重大不良生态环境影响,主要考虑以下因素。

①导致区域环境质量、生态功能恶化的重大不良生态环境影响,主要包括规划实施使评价区域的环境质量下降(环境质量降级)或导致生态保护红线、重点生态功能区的组成、结构、功能发生显著不良变化或导致其功能丧失。

②导致资源利用、环境保护严重冲突的重大不良生态环境影响,主要包括规划实施与规划范围内或相邻区域内的其他资源开发利用规划和环境保护规划等产生的显著冲突,规划实施可能导致的跨行政区、跨流域以及跨国界的显著不良影响。

③导致人居环境发生显著不利变化的重大不良生态环境影响,主要包括规划实施导致易生物蓄积、长期接触对人体和生物产生危害作用的无机和有机污染物、放射性污染物、微生物等在水、大气和土壤等人群主要环境暴露介质中污染水平显著增加,农牧渔产品污染风险、人群健康风险显著增加,规划实施导致人居生态环境发生显著不良变化。

3. 环境目标与评价指标确定

(1) 确定环境目标。分析国家和区域可持续发展战略、生态环境保护法规与政策、资源利用法规与政策等的目标及要求,重点依据评价范围涉及的生态环境保护规划、生态建设规划以及其他相关生态环境保护管理规定,结合规划协调性分析结论,衔接区域“三线一单”成果,设定各评价时段有关生态功能保护、环境质量改善、污染防治、资源开发利用等的具体目标及要求。

(2) 建立评价指标体系。结合规划实施的资源、生态、环境等制约因素,从环境质量、生态保护、资源利用、污染排放、风险防控、环境管理等方面构建评价指标体系。评价指标应符合评价区域生态环境特征,体现环境质量和生态功能不断改善的要求,体现规划的属性、特点及主要环境影响特征。

(3) 确定评价指标值。

评价指标应易于统计、比较和量化,指标值符合相关产业政策、生态环境保护政策、相关标准中规定的限值要求,如国内政策、标准中没有相应的规定,也可参考国际标准来确定;对于不易量化的指标,可参考相关研究成果或经过专家论证,给出半定量的指标值或定性说明。

14.2.5 环境影响预测与评价

1. 基本要求

(1) 主要针对环境影响识别出的资源、生态、环境要素,开展多情景的影响预测与评价,一般包括预测情景设置、规划实施生态环境压力分析,环境质量、生态功能的影响预测与评价,对环境敏感区和重点生态功能区的影响预测与评价,环境风险预测与评价,资源与环境承载力评估等。

(2) 环境影响预测与评价应给出规划实施对评价区域资源、生态、环境的影响程度和范围,叠加环境质量、生态功能和资源利用现状,分析规划实施后能否满足环境目标要求,评估区域资源与环境承载能力。

(3) 应充分考虑不同层级和属性规划的环境影响特征以及决策需求,采用定性和定量相结合的方式开展评价。对主要环境要素的影响预测和评价可参考大气、地表水、地下水、土壤、声、生态、环境风险等环境影响评价技术导则及《区域生物多样性评价标准》来进行。

2. 环境影响预测与评价的内容

1) 预测情景设置

应结合规划所依托的资源环境和基础设施建设条件、区域生态功能维护和环境质量改善要求等，从规划规模、布局、结构、建设时序等方面，设置多种情景开展环境影响预测与评价。

2) 规划实施生态环境压力分析

(1) 依据环境现状评价和回顾性分析结果，考虑技术进步等因素，估算不同情景下水、土地、能源等规划实施支撑性资源的需求量和主要污染物(包括常规污染物和特征污染物)的产生量、排放量。

(2) 依据生态现状评价和回顾性分析结果，考虑生态系统演变规律及生态保护修复等因素，评估不同情景下主要生态因子(如生物量、植被覆盖度(率)、重要生境面积等)的变化量。

3) 影响预测与评价

(1) 水环境影响预测与评价。预测不同情景下规划实施导致的区域水资源、水文情势、海洋水文动力环境和冲淤环境、地下水补径排状况等的变化，分析主要污染物对地表水和地下水、近岸海域水环境质量的影响，明确影响的范围、程度，评价水环境质量的变化能否满足环境目标要求，绘制必要的预测与评价图件。

(2) 大气环境影响预测与评价。预测不同情景下规划实施产生的大气污染物对环境空气质量的影响，明确影响范围、程度，评价大气环境质量的变化能否满足环境目标要求，绘制必要的预测与评价图件。

(3) 土壤环境影响预测与评价。预测不同情景下规划实施的土壤环境风险，评价土壤环境的变化能否满足相应环境管控要求，绘制必要的预测与评价图件。

(4) 声环境影响预测与评价。预测不同情景下规划实施对声环境质量的影响，明确影响范围、程度，评价声环境质量的变化能否满足相应的功能区目标，绘制必要的预测与评价图件。

(5) 生态影响预测与评价。预测不同情景下规划实施对生态系统结构、功能的影响范围和程度，评价规划实施对生物多样性和生态系统完整性的影响，绘制必要的预测与评价图件。

(6) 环境敏感区影响预测与评价。预测不同情景下规划实施对评价范围内生态保护红线、自然保护区等环境敏感区的影响，评价其是否符合相应的保护和管控要求，绘制必要的预测与评价图件。

(7) 人群健康风险分析。对可能产生易生物蓄积、长期接触对人群和生物产生危害作用的无机和有机污染物、放射性污染物、微生物等的规划，根据上述特定污染物的环境影响范围，估算暴露人群数量和暴露水平，开展人群健康风险分析。

(8) 环境风险预测与评价。对于涉及重大环境风险源的规划，应进行风险源及源强、风险源叠加、风险源与受体响应关系等方面的分析，开展环境风险评价。

4) 资源与环境承载力评估

(1) 资源与环境承载力分析。分析规划实施支撑性资源(水资源、土地资源、能源等)可利用(配置)上线和规划实施主要环境影响要素(大气、水等)污染物允许排放量，结合现状利用和排放量、区域削减量，分析各评价时段剩余可利用的资源量和剩余污染物允许排放量。

(2) 资源与环境承载状态评估。根据规划实施新增资源消耗量和污染物排放量，分析规划实施对各评价时段剩余可利用资源量和剩余污染物允许排放量的占用情况，评估资源与环境对规划实施的承载状态。

14.2.6 环境污染物总量控制

环境污染物总量控制是指在一定区域环境范围内,为了达到预期的环境目标,对排入区域内的污染物实行总量控制,以维持区域的可持续发展。规划开发一般是逐步、滚动发展的,污染物种类和污染物排放量等不确定因素多,在规划区域实行环境污染物总量控制时应对这些不确定因素有所估计,这样才能保证开发过程中始终与环境质量达标要求紧密结合在一起。

1. 环境污染物总量控制分类

一般情况下,环境污染物总量控制分为四种类型,在分析规划区域环境污染物总量控制时可以将几种控制方法相结合。

(1) 容量总量控制。根据规划区域环境对污染物的最大承受负荷量来进行总量控制。

(2) 目标总量控制。由于环境容量实施的困难性,目前在规划环境影响评价中通常使用的方法是将环境目标或相应的标准看作环境容量的基础,即以保证环境质量达标条件下的最大排污量为限。

(3) 指令性总量控制。国家和地方按照一定原则在一定时期内下达主要污染物排放总量控制指标。如果环保部门已经给规划所在区域分配了污染物允许排放的总量,则应执行所分配的指令总量,并按一定的分担率将总量分配到各个污染源(建设项目)。可采用的总量分配方法有:①等比例分配;②排污标准加权分配;③分区加权分配;④行政协商分配。

(4) 最佳技术经济条件下的总量控制。这主要是分析主要排污单位在其经济承受能力的范围内或是合理的经济负担下,采用最先进的工艺技术和最佳污染控制措施所能达到的最小排污总量,但要以其上限达到相应污染物排放标准为原则,或者在达到环境目标或相应标准的条件下,污染控制费用最小所对应的排污总量。

2. 环境污染物总量控制主要内容

1) 大气污染物总量控制主要内容

(1) 根据国务院关于五年规划期间全国主要污染物排放总量控制计划的要求或各地区的污染物控制计划要求,确定大气污染物总量控制因子。一般大气污染物总量控制因子为 SO_2、NO_x。

(2) 进行环境功能区划,确定各功能区环境空气质量目标。

(3) 根据环境质量现状,分析各功能区环境质量达标情况。

(4) 确定大气环境容量,即满足环境质量目标前提下的污染物允许排放量。

(5) 结合规划分析和污染控制措施,提出区域环境容量利用方案和近期(按五年计划)污染物排放总量控制指标。

2) 废水排放总量控制主要内容

(1) 根据国务院关于五年规划期间全国主要污染物排放总量控制计划的要求或各地区的污染物控制计划要求,确定水污染物总量控制因子。一般水污染物总量控制因子为 COD、NH_3-N 等因子以及受纳水体最为敏感的特征因子。

(2) 分析基于环境容量约束的允许排放总量和基于技术经济条件约束的允许排放总量。

(3) 对于拟接纳开发区污水的水体,如为常年径流的河流、湖泊、近海水域,应根据环境功能区划所规定的水质标准要求,选用适当的水质模型分析确定水环境容量;对季节性河流,原则上不要求确定水环境容量。

(4) 对于现状水污染物排放虽然已实现达标排放,但水体已无足够的环境容量可资利用的情况，应在制定基于水环境功能的区域水污染控制计划的基础上确定开发区水污染物排放总量。

(5) 如预测的各项总量值均低于上述基于技术水平约束下的总量控制指标和基于水环境容量的总量控制指标，可选择最小的指标提出总量控制方案；如预测总量大于上述两类指标中的某一类指标，则需调整规划，降低污染物总量。

3) 固体废物管理与处置总量控制主要内容

(1) 分析固体废物类型和发生量，分析固体废物减量化、资源化、无害化处理处置措施及方案。

(2) 分类确定开发区可能产生的固体废物总量。

(3) 开发区的固体废物处理处置应纳入所在区域的固体废物总量控制计划之中，对固体废物的处理处置要符合区域所制定的资源回收、固体废物利用的目标与指标要求。

(4) 按固体废物分类处置的原则，测算需采取不同处置方式的最终处置总量，并确定可供利用的不同处置设施及能力。

14.2.7　环境容量估算

1. 环境容量

环境容量是指在人类和自然环境不致受害的情况下，环境所能容纳的污染物的最大负荷。特定环境（如城市、水体等）的容量与该环境的社会功能、环境背景、污染源位置（布局）、污染物的物理化学性质以及环境自净能力有关。一般所指的环境容量是在保证不超出环境目标值的前提下，规划所在区域环境能够容许的污染物最大允许排放量。

环境容量是确定污染物排放总量指标的依据，只有排放总量小于环境容量，才能确保环境目标的实现。

2. 水环境容量估算

对于拟接纳规划区污水的水体（如常年径流的河流、湖泊、近海水域），应估算其环境容量。

污染因子应包括国家和地方规定的重点污染物、规划区可能产生的特征污染物和受纳水体敏感的污染物。

根据水环境功能区划，明确受纳水体不同断（界）面的水质标准要求，通过资料或监测了解受纳水体水质达标情况。

在对受纳水体动力特性进行深入研究的基础上，利用水质模型建立污染物排放和受纳水体水质之间的输入-响应关系。

确定合理的混合区，根据受纳水体水质达标程度，考虑相关区域排污的叠加影响，应用输入-响应关系，以受纳水体水质功能达标为前提，估算相关污染物的环境容量（即最大允许排放量或排放强度）。

3. 大气环境容量估算

大气污染物的环境容量是指在给定的区域内，在达到环境空气保护目标前提下允许排放的大气污染物总量。由于大气污染物排放量及其造成的污染物浓度分布与污染源的位置、排放方式、排放高度，以及污染物的迁移、转化、扩散、归趋有密切关系，因此在具体项目（污染源清单）尚不确定的情况下，要估算规划区的大气环境容量有较大的不确定性。

估算大气环境容量一般采用线性规划法和模拟法。

线性规划法和模拟法适用于规模较大、具有复杂环境功能的新建规划区，或将进行污染治理与技术改造的现有规划区。但使用这两种方法时，需要通过调查和类比了解或模拟规划区大气污染源的排放量和排放方式。

线性规划法根据线性规划理论计算大气环境容量。该方法以不同功能区的环境质量标准为约束条件，以规划区污染物排放量极大化为目标函数。这种满足功能区达标所对应的规划区污染物极大排放量可视为规划区的大气环境容量。

模拟法是利用环境空气质量模型，模拟开发活动所排放的污染物引起的环境质量变化是否会导致环境空气质量超标。如果超标，可按比例或按对环境质量的贡献率，对相关污染源的排放量进行削减，以最终满足环境质量标准的要求。满足这个充分必要条件所对应的所有污染源排放量之和便可视为规划区的大气环境容量。

14.2.8　规划方案综合论证和优化调整建议

1. 基本要求

以改善环境质量和保障生态安全为核心，综合环境影响预测与评价结果，论证规划目标、规模、布局、结构等规划内容的环境合理性以及评价设定的环境目标的可达性，分析判定规划实施的重大资源、生态、环境制约的程度、范围、方式等，提出规划方案的优化调整建议并推荐环境可行的规划方案。如果规划方案优化调整后资源、生态、环境仍难以承载，不能满足资源利用上线和环境质量底线要求，应提出规划方案的重大调整建议。

2. 规划方案综合论证

规划方案的综合论证包括环境合理性论证和环境效益论证两部分内容。前者从规划实施对资源、生态、环境综合影响的角度论证规划内容的合理性；后者从规划实施对区域经济、社会与环境发挥的作用，以及协调当前利益与长远利益之间关系的角度论证规划方案的合理性。

(1) 规划方案的环境合理性论证。

①基于区域环境保护目标以及“三线一单”要求，结合规划协调性分析结论，论证规划目标与发展定位的环境合理性。

②基于环境影响预测与评价和资源与环境承载力评估结论，结合资源利用上线和环境质量底线等要求，论证规划规模和建设时序的环境合理性。

③基于规划布局与生态保护红线、重点生态功能区、其他环境敏感区的空间位置关系和对以上区域的影响预测结果，结合环境风险评价的结论，论证规划布局的环境合理性。

④基于环境影响预测与评价和资源与环境承载力评估结论，结合区域环境管理和循环经济发展要求，以及规划重点产业的环境准入条件和清洁生产水平，论证规划用地结构、能源结构、产业结构的环境合理性。

⑤基于规划实施环境影响预测与评价结果，结合生态环境保护措施的经济技术可行性、有效性，论证环境目标的可达性。

(2) 规划方案的环境效益论证。

分析规划实施在维护生态功能、改善环境质量、提高资源利用效率、减少温室气体排放、保障人居安全、优化区域空间格局和产业结构等方面的环境效益。

3. 不同类型规划方案综合论证重点

进行综合论证时，应针对不同类型和不同层级规划的环境影响特点，选择论证方向，突出重点。

(1) 对于资源能源消耗量大、污染物排放量高的行业规划,重点从流域和区域资源利用上线与环境质量底线对规划实施的约束、规划实施可能对环境质量的影响程度、环境风险、人群健康风险等方面,论述规划拟定的发展规模、布局(及选址)和产业结构的环境合理性。

(2) 对于土地利用的有关规划和区域、流域、海域的建设、开发利用规划,农业、畜牧业、林业、能源、水利、旅游、自然资源开发专项规划,重点从流域或区域生态保护红线、资源利用上线对规划实施的约束,以及规划实施对生态系统及环境敏感区、重点生态功能区结构、功能的影响和生态风险等角度,论述规划方案的环境合理性。

(3) 对于公路、铁路、城市轨道交通、航运等交通类规划,重点从规划实施对生态系统结构、功能所造成的影响,论述规划布局与评价区域生态保护红线、重点生态功能区、其他环境敏感区的协调性。

(4) 对于产业园区等规划,重点从区域资源利用上线、环境质量底线对规划实施的约束,规划及包括的交通运输实施可能对环境质量的影响程度以及环境风险与人群健康风险等方面,综合论述规划规模、布局、结构、建设时序以及规划环境基础设施、重大建设项目的环境合理性。

(5) 对于城市规划、国民经济与社会发展规划等综合类规划,重点从区域资源利用上线、生态保护红线、环境质量底线对规划实施的约束,城市环境基础设施对规划实施的支撑能力,规划及相关交通运输实施对改善环境质量、优化城市生态格局、提高资源利用效率的作用等方面,综合论述规划方案的环境合理性。

4. 规划方案的优化调整建议

(1) 根据规划方案的环境合理性和环境效益论证结果,对规划内容提出明确的、具有可操作性的优化调整建议,特别是出现以下情形时:

①规划的主要目标、发展定位不符合上层位主体功能区规划、区域“三线一单”等要求;

②规划空间布局和包含的具体建设项目选址、选线不符合生态保护红线、重点生态功能区,以及其他环境敏感区的保护要求;

③规划开发活动或包含的具体建设项目不满足区域生态环境准入清单要求,属于国家明令禁止的产业类型或不符合国家产业政策、环境保护政策;

④规划方案中配套的生态保护、污染防治和风险防控措施实施后,区域的资源、生态、环境承载力仍无法支撑规划实施,环境质量无法满足评价目标,或仍可能造成重大的生态破坏和环境污染,或仍存在显著的环境风险;

⑤规划方案中有依据现有科学水平和技术条件无法或难以对其产生的不良环境影响的程度或范围作出科学、准确判断的内容。

(2) 应明确优化调整后的规划布局、规模、结构、建设时序,给出相应的优化调整图、表,说明优化调整后的规划方案具备资源、生态和环境方面的可支撑性。

(3) 将优化调整后的规划方案,作为评价推荐的规划方案。

(4) 说明规划环境影响评价与规划编制的互动过程、互动内容和各时段向规划编制机关反馈的建议及其被采纳情况等互动结果。

14.2.9 环境影响减缓对策和措施

规划的环境影响减缓对策和措施是针对评价推荐的规划方案实施后可能产生的不良环境

影响，在充分评估规划方案中已明确的环境污染防治、生态保护、资源能源增效等相关措施的基础上提出的环境保护方案和管控要求。

环境影响减缓对策和措施应具有针对性和可操作性，能够指导规划实施中的生态环境保护工作，有效预防重大不良生态环境影响的产生，并促使环境目标在相应的规划期限内可以实现。

环境影响减缓对策和措施一般包括生态环境保护方案和管控要求。主要内容包括：

(1) 提出现有生态环境问题解决方案，规划区域整体性污染治理、生态修复与建设、生态补偿等环境保护方案，以及与周边区域开展联防联控等预防和减缓环境影响的对策措施。

(2) 提出规划区域资源能源可持续开发利用、环境质量改善等目标、指标性管控要求。

(3) 对于产业园区等规划，从空间布局约束、污染物排放管控、环境风险防控、资源开发利用等方面，以清单方式列出生态环境准入要求。

环境影响减缓对策和措施中环境管控要求和生态环境准入清单的内容见表 14-1。

表 14-1　生态环境准入清单的内容

清单类型	准入内容
空间布局约束	①针对生态保护红线，明确不符合生态功能定位的各类禁止开发活动； ②针对生态保护红线外的生态空间，明确应避免损害其生态服务功能和生态产品质量的开发建设活动； ③针对大气、水等重点管控单元，开发建设活动避免降低管控单元环境质量，避免环境风险，管控单元外新建、改扩建污染影响型项目需划定缓冲区域
污染物排放管控	①如果区域环境质量不达标，针对现有污染源提出削减计划，严格控制新增污染物排放的开发建设活动，新建、改扩建项目应提出更加严格的污染物排放控制要求；如果区域未完成环境质量改善目标，禁止新增重点污染物排放的建设项目； ②如果区域环境质量达标，新建、改扩建项目保证区域环境质量维持基本稳定
环境风险防控	针对涉及易导致环境风险的有毒有害和易燃易爆物质的生产、使用、排放、储运等新建、改扩建项目，提出禁止性准入要求或限制性准入要求以及环境风险防控措施
资源开发利用要求	①执行区域已确定的土地、水、能源等主要资源能源可开发利用总量； ②针对新建、改扩建项目，明确单位面积产值、单位产值水耗、用水效率、单位产值能耗等限制性准入要求； ③对于取水总量已超过控制指标的地区，提出禁止高耗水产业准入的要求；对于地下水禁止开采区或者限制开采区，提出禁止新增、限制地下水开发的准入要求； ④针对高污染燃料禁燃区，禁止新建、改扩建采用高污染燃料的项目和设施

14.2.10　规划所包含建设项目环境影响评价要求

如规划方案中包含具体的建设项目，应针对建设项目所属行业特点及其环境影响特征，提出建设项目环境影响评价的重点内容和基本要求，并依据规划环境影响评价的主要评价结论提出建设项目的生态环境准入要求(包括选址或选线、规模、资源利用效率、污染物排放管控、环境风险防控和生态保护要求等)、污染防治设施建设要求等。

对符合规划环境影响评价环境管控要求和生态环境准入清单的具体建设项目，应将规划环境影响评价结论作为重要依据，其环境影响评价文件中选址选线、规模分析内容可适当简化。当规划环境影响评价资源、环境现状调查与评价结果仍具有时效性时，规划所包含的建设项目环境影响评价文件中现状调查与评价内容可适当简化。

14.2.11　环境影响跟踪评价计划

结合规划实施的主要生态环境影响，拟订跟踪评价计划，监测和调查规划实施对区域环境质量、生态功能、资源利用等的实际影响，以及不良生态环境影响减缓措施的有效性。

跟踪评价取得的数据、资料和结果应能够说明规划实施带来的生态环境质量实际变化，反映规划优化调整建议、环境管控要求和生态环境准入清单等对策措施的执行效果，并为后续规划实施、调整、修编，完善生态环境管理方案和加强相关建设项目环境管理等提供依据。

跟踪评价计划应包括工作目的、监测方案、调查方法、评价重点、执行单位、实施安排等。主要内容如下：

(1) 明确需重点调查、监测、评价的资源生态环境要素，提出具体监测计划及评价指标，以及相应的监测点位、频次、周期等；

(2) 提出调查和分析规划优化调整建议、环境影响减缓措施、环境管控要求和生态环境准入清单落实情况及执行效果的具体内容和要求，明确分析和评价不良生态环境影响预防和减缓措施有效性的监测要求和评价准则；

(3) 提出规划实施对区域环境质量、生态功能、资源利用等的阶段性综合影响，环境影响减缓措施和环境管控要求的执行效果，后续规划实施调整建议等跟踪评价结论的内容和要求。

14.2.12　公众参与和会商意见处理

收集整理公众意见和会商意见，对于已采纳的，应在环境影响评价文件中明确说明修改的具体内容；对于未采纳的，应说明理由。

14.2.13　评价结论

评价结论是对全部评价工作内容和成果的归纳总结，应文字简洁、观点鲜明、逻辑清晰、结论明确。

在评价结论中应明确以下内容：

(1) 区域生态保护红线、环境质量底线、资源利用上线，区域环境质量现状和演变趋势，资源利用现状和演变趋势，生态状况和演变趋势，区域主要生态环境问题、资源利用和保护问题及其成因，规划实施的资源、生态、环境制约因素；

(2) 规划实施对生态、环境影响的程度和范围，区域水、土地、能源等各类资源要素和大气、水等环境要素对规划实施的承载能力，规划实施可能产生的环境风险，规划实施环境目标可达性分析结论；

(3) 规划的协调性分析结论，规划方案的环境合理性和环境效益论证结论，规划优化调整建议等；

(4) 减缓不良环境影响的生态环境保护方案和管控要求；

(5) 规划包含的具体建设项目环境影响评价的重点内容和简化建议等；

(6) 规划实施环境影响跟踪评价计划的主要内容和要求；

(7) 公众意见、会商意见的回复和采纳情况。

14.2.14　规划环境影响评价方法

目前在规划环境影响评价中采用的技术方法大致分为两大类。

(1) 项目环境影响评价方法,即在建设项目环境影响评价中采取的可适用于规划环境影响评价的方法,如识别影响的各种方法(清单法、矩阵法、层次分析法、网络分析法等)、环境影响预测中采用的各种模型等。采用这类方法时,将项目的整体影响加以分解,有重点地将规划环境影响分解为与环境资源、社会经济和生态系统阈值相关的影响,再综合评价各种联合行为的累积效应。

(2) 规划学的方法,即在经济部门、规划研究中使用的可用于规划环境影响评价的方法,如各种形式的情景和模拟分析、对比评价法、投入产出方法、地理信息系统、费用效益分析、环境承载力分析等。这类方法首先是有效地评估规划的综合影响,特别是累积效应,然后将综合影响分别导于规划区域的各种资源或生态子系统上。

表 14-2 列出的是现阶段进行规划环境影响评价在各个评价阶段常用的方法。

表 14-2　规划环境影响评价的常用方法

评 价 环 节	评价方法名称
规划分析	核查表,叠图分析,矩阵分析,专家咨询(如智暴法、德尔斐法等),情景分析,类比分析,系统分析
现状调查	收集资料,现场踏勘,环境监测,生态调查,问卷调查,访谈,座谈会
现状分析与评价	专家咨询,指数法(单指数法、综合指数法),类比分析,叠图分析,生态学分析法(生态系统健康评价法、生物多样性评价法、生态机理分析法、生态系统服务功能评价方法、生态环境敏感性评价方法、景观生态学法等,以下同),灰色系统分析法
环境影响识别与评价指标确定	核查表,矩阵分析,网络分析,系统流图,叠图分析,灰色系统分析法,层次分析,情景分析,专家咨询,类比分析,压力-状态-响应分析
规划实施生态环境压力分析	专家咨询,情景分析,负荷分析(估算单位国内生产总值物耗、能耗和污染物排放量等),趋势分析,弹性系数法,类比分析,对比分析,供需平衡分析
环境影响预测与评价	类比分析,对比分析,负荷分析(估算单位国内生产总值物耗、能耗和污染物排放量等),弹性系数法,趋势分析,系统动力学法,投入产出分析,供需平衡分析,数值模拟,环境经济学分析(影子价格、支付意愿、费用效益分析等),综合指数法,生态学分析法,灰色系统分析法,叠图分析,情景分析,相关性分析,剂量-反应关系评价
环境风险评价	灰色系统分析法,模糊数学法,数值模拟,风险概率统计,事件树分析,生态学分析法,类比分析

14.3　规划环境影响评价案例分析

14.3.1　总则

1. 任务由来

木兰溪发源于戴云山脉余支的笔架山，自西北向东至三江口注入兴化湾入海，流域面积1 732 km²。2006年进行了木兰溪流域综合规划，完成了《木兰溪流域综合规划环境影响评价报告书》。2016年木兰溪流域综合规划修编，需要重新编制规划环境影响评价报告书。

2. 评价范围

(1) 空间尺度上，评价木兰溪干流及支流主要资源点，500 km²以下支流流域另行评价。

(2) 时间跨度上，环境影响评价以2017年为现状基准年，2020年为近期规划水平年，2030年为远期规划水平年。

3. 评价重点

(1) 通过收集各流域的监测资料或采样监测及现场调查，掌握各流域及主要水库的水环境质量现状，提出各流域存在的环境问题及规划的制约因素。

(2) 分析各流域综合规划与上层规划及相关区划的协调性。

(3) 根据评价一致性原则，侧重分析规划新建项目对下游河段生态环境用水的影响，核算各水利水电工程的最小下泄流量，给出推荐意见。

(4) 分析各专项规划实施后可能对环境造成的影响，主要包括水环境和生态环境两方面。水环境方面，分析对评价流域水文、水质、水资源等的影响，重点分析对饮用水源水质的影响；生态环境方面，从流域生态完整性、多样性等角度对规划实施可能影响的陆生、水生生态进行评价。

(5) 征求工程建设利益相关方、政府部门、企事业单位等对规划实施的意见，并将采纳的意见和建议反馈给规划实施部门。

(6) 提出合理的、可行的环境影响减缓措施，保障生态健康安全。

4. 执行的环境标准

本次规划评价范围内木兰溪流域涉及Ⅱ～Ⅴ类水域，不同河段根据水环境功能区执行《地表水环境质量标准》(GB 3838—2002)中相应的水质标准。

5. 环境保护目标

环境保护目标见表14-3。

表14-3　环境保护目标

环境要素	环境敏感目标	与环保目标距离最近的规划工程	保护要求	与敏感目标位置关系
水环境	度尾镇蒋隔水库水源保护区	蒋隔水库中型灌区节水配套改造工程	水源保护区符合GB 3838—2002 Ⅲ类水质标准要求	规划现阶段未细化工程具体内容，可能涉及二级水源保护区陆域
	东圳水库饮用水源保护区	东圳水库灌区农田节水改造工程、景区提升工程		

续表

<table>
<tr><th>环境要素</th><th colspan="2">环境敏感目标</th><th>与环保目标距离最近的规划工程</th><th>保护要求</th><th>与敏感目标位置关系</th></tr>
<tr><td rowspan="8">生态环境</td><td rowspan="4">省级以上风景区</td><td rowspan="3">木兰陂国家水利风景区</td><td>木兰陂加固及南渠景区工程</td><td rowspan="4">景观、水体不受影响</td><td>工程内容位于景区范围内</td></tr>
<tr><td>木兰溪下游防洪堤工程</td><td>下游防洪堤工程与景区交叉</td></tr>
<tr><td>宁海闸</td><td>宁海闸回水区尾水段距离木兰陂坡脚 500 m,不在木兰陂保护范围及建设控制地带,与宁海闸距离 16.5 km</td></tr>
<tr><td>九鲤湖风景名胜区</td><td>九鲤湖景区提升工程</td><td>工程内容位于景区范围内</td></tr>
<tr><td>自然保护区</td><td>木兰溪源省级自然保护区</td><td>程头隔电站</td><td>保护生态系统稳定性和生物多样性</td><td>程头隔电站位于木兰溪源省级自然保护区实验区</td></tr>
<tr><td>河滩湿地</td><td></td><td>宁海闸和防洪工程</td><td>占补平衡</td><td>宁海闸和防洪工程占用</td></tr>
<tr><td>河口红树林</td><td></td><td>宁海闸</td><td rowspan="2"></td><td>宁海闸不涉及红树林,下游河口红树林距离宁海闸 4 km 左右</td></tr>
<tr><td>鱼类产卵索饵场</td><td></td><td>宁海闸</td><td>宁海闸不涉及鱼类产卵索饵场,下游湾口区域鱼类产卵索饵场距离宁海闸 8 km 左右</td></tr>
<tr><td rowspan="3">文物古迹</td><td rowspan="3">国家重点文物保护单位</td><td rowspan="2">莆田市城厢区木兰陂</td><td>木兰陂加固及南渠景区工程</td><td rowspan="3">维持原有结构,保持原貌</td><td>工程为保护文物行为</td></tr>
<tr><td>宁海闸</td><td>宁海闸回水区尾水段距离木兰陂坡脚 500 m,不在木兰陂保护范围及建设控制地带内,与宁海闸距离 16.5 km</td></tr>
<tr><td>宁海桥</td><td>木兰溪下游防洪堤</td><td>古桥位于本项目的回水区范围内,不在施工作业范围内,闸址位于宁海桥下游约 700 m 处</td></tr>
</table>

14.3.2 规划分析

1. 原规划实施情况

原规划实施情况见表 14-4。

表 14-4　木兰溪流域综合规划(2006 年)实施情况

项目名称		目前实施情况
一、防洪工程	木兰溪中游“一城七镇区”防洪工程	部分实施,龙华、榜头、赖店、盖尾防洪堤已实施,未实施的部分纳入本次规划
	木兰溪下游濑溪至三江口段防洪工程	木兰溪下游濑溪至三江口段防洪一期黄厝至港利堤防及河道工程、防洪二期木兰陂至黄厝堤防及河道工程已经实施,已完成整治河道 8.51 km,已建成 50 a 一遇防洪标准的堤防 17.45 km;防洪三期荔涵段防洪工程堤防 10.53 km 已基本完成;木兰溪防洪工程(华林段)正在建设
二、排涝工程	木兰溪中游“一城七镇区”排涝工程	未实施
	木兰溪下游排涝工程	未实施,纳入本次规划
三、灌溉工程	仙游古东灌区续建配套与节水改造、东圳水库灌区续建配套与节水改造	已实施
四、水库工程	双溪口水库工程	2006 年版规划前已实施,已通过竣工环保验收
	虎爪垅水库工程	未实施,纳入本次规划
五、电站工程	程头隔电站、牛溪隔电站、蒋隔坝后电站、蒋隔三级电站、兰溪电站	2006 年版规划前已实施
	仙游抽水蓄能电站工程	已实施,已通过竣工环保验收
六、水土保持工程	木兰溪源头三镇生态林综合治理工程	未对三镇治理,已治理区域为东圳水库库区

2. 流域治理开发现状及存在的问题

(1) 流域治理开发现状:①城乡一体化的防灾减灾体系基本形成;②城乡水安全保障能力全面提升,供水安全保障体系基本形成;③灌溉设施完善,效益增加;④污染防治与水环境综合整治稳步推进,水环境状况逐渐好转;⑤水土保持与水生态建设逐步加强。

(2) 流域治理开发存在的问题:①流域防洪体系尚不十分完善,城市排涝水平有待进一步提升,洪潮涝预报预警能力建设仍需加强;②河流水系功能衰退,水景观建设滞后;③水土保持与水源涵养有待加强;④水综合管理要求不断提高,水管理能力有待提升。

3. 修编的规划范围

木兰溪流域干流(包括主源溪口溪)及支流上的重要资源点。

4. 修编的规划水平年及阶段目标

1) 规划水平年

以2017年为现状基准年,2020年为近期规划水平年,2030年为远期规划水平年。

2) 阶段目标

(1) 近期2020年目标与主要任务。

①满足保护当地人民生命财产和经济社会发展的要求,基本完成与小康社会要求相适应的工程措施与非工程措施相结合的木兰溪流域防洪减灾安全保障体系建设任务:城市和重要镇区各项防洪治涝工程与非工程措施的目标和指标均达到国家、地区和行业标准;基本完成重点病险水库、水闸的除险加固,实现各类水工程的安全运行;全面完成规划内重点中小河流重要河段的治理;重点流域和区域的主要防洪减灾非工程措施成效初步显现。

②基本解决工程性缺水问题,形成保障人民生命财产和经济安全的节水、供水、治污工程体系,构建城乡一体化供水网络,建立全市水资源配置监测与管理平台。

③85%以上适宜治理的水土流失面积得到整治,治理成功率达到60%,生态环境得到明显改善,流域减少泥沙下泄量60%,地表覆盖率达到70%,其中森林覆盖率达到60%。

(2) 远期2030年目标与主要任务。

①对已建防洪(潮)与除涝工程进行维护、更新、改造、升级(包括采用新技术和新方法以提升设施、设备的质量和标准),根据创新研究成果对非工程措施作进一步改进,并根据地区经济社会发展的新形势和新的战略目标不断扩展、延伸、完善莆田市防洪减灾体系。

②全面解决区域性缺水问题,形成满足生活生产、河流生态、城市景观、休闲娱乐需求的城乡一体化供水网络,建立水资源综合管理制度和现代化的信息管理平台。

③适宜治理的水土流失得到全面整治,治理成功率达到80%以上,重点治理大见成效。

5. 控制性指标

规划指标包括防洪治涝、水资源开发利用、水资源保护等3类控制指标。

6. 规划修编的主要内容

修编规划与原规划的内容变化见表14-5。

表14-5　本轮修编规划与2006年版规划的内容变化

	2006年版规划	本轮修编规划	变化情况
规划范围	木兰溪流域干流(包括主源溪口溪)及支流上的重要资源点(装机10 MW及以上的水电站)	木兰溪流域干流(包括主源溪口溪)及支流上的重要资源点(白鹤岭水库、虎爪垅水库)	不变
规划水平年	2004年为现状基准年,2010年为近期规划水平年,2020年为远期规划水平年	2012年为现状基准年,2020年为近期规划水平年,2030年为远期规划水平年	水平年相差10 a

续表

	2006年版规划	本轮修编规划	变化情况
防洪规划	木兰溪中游“一城七镇区”防洪工程、木兰溪下游濑溪至三江口段防洪工程	木兰溪下游防洪工程(宁海段、白塘段、华林段、华亭段)、仙游段防洪工程(盖尾段、仙榜段、仙度段)	在原规划的基础上将防洪工程重新命名规划，在原规划实施的基础上按新规划的分段实施
		推进木兰溪宁海闸工程建设、山洪防治及中小河流治理工程建设、东圳水库的大坝除险加固工程、昆仑景观坝、仙潭景观坝	新增
涝区治理规划	木兰溪中游“一城七镇区”排涝工程、木兰溪下游排涝工程	木兰溪上游涝区(仙游城区及各乡镇所在地、城厢区华亭涝片治涝工程)、南北洋治涝工程	在原规划实施的基础上，涝区治理由中游和下游改为上游和下游
灌溉规划	仙游古东灌区续建配套与节水改造、东圳水库灌区续建配套与节水改造	金钟灌区续建配套与节水改造工程，蒋隔水库中型灌区节水配套改造工程，官杜陂灌区工程，东圳灌区笏石、东庄、月塘、东峤、埭头、平海支、斗渠防渗工程，东圳水库灌区北高五侯山万亩连片农田节水改造工程	新增
供水规划	双溪口水库工程		2006年版规划前已实施，已通过竣工环保验收
	虎爪垅水库工程	虎爪垅水库工程	原规划未实施，纳入本次规划
		白鹤岭水库工程	新增
水力发电规划	程头隔电站、牛溪隔电站、蒋隔坝后电站、蒋隔三级电站、兰溪电站	程头隔电站、牛溪隔电站、蒋隔坝后电站、蒋隔三级电站、兰溪电站	不变，2006年版规划前已实施
	仙游抽水蓄能电站工程	仙游抽水蓄能电站工程	不变，2006年版规划重点项目，已实施并通过竣工环保验收
水土保持规划	木兰溪源头三镇生态林综合治理工程	东圳水库水环境综合治理工程、木兰溪流域综合治理(仙游、城厢)	重新划定治理范围后已基本完成

续表

	2006年版规划	本轮修编规划	变化情况
水资源保护规划		无具体工程	新增
岸线利用管理规划		无具体工程	新增
水利风景区规划		木兰陂加固及南渠景区工程、东圳景区提升工程、九鲤湖景区提升工程、白塘湖风景区提升工程	新增
节约用水规划		无具体工程	新增

7. 规划协调性分析

修编的木兰溪流域综合规划与大部分的法律法规、政策、区划、规划相协调,与其他相关条例、政策规划通过规划调整可以协调。

14.3.3 现状调查与评价

1. 自然地理状况

调查的内容包括水文,气候,地形、地貌及地质,土壤,生态环境。

2. 社会经济概况

调查的内容包括行政区划与人口、社会经济、产业发展布局情况。

3. 环保基础设施建设及运行情况

调查的内容包括城市污水处理现状与规划、城市垃圾处理现状与规划。

4. 资源赋存与利用情况

调查的内容包括土地利用、水资源现状、矿产、文物与风景旅游、干流沿线取水口分布。

5. 流域水环境质量现状

(1) 评价结果:木兰溪流域Ⅲ类水功能区指标均能达到标准要求,Ⅳ类功能区化学需氧量存在超标情况,其余水质指标达到《地表水环境质量标准》(GB 3838—2002)Ⅳ类水质标准。

(2) 水质变化趋势分析:近年水质有改善的趋势,不存在逐年恶化的趋势。

(3) 饮用水源现状调查:木兰溪干流饮用水源仅有蒋隔水库,矿山开发对局部生态破坏严重,蒋隔水库水质满足Ⅱ类限值要求。

(4) 感潮河段盐度现状调查。

（5）拟建水库周边环境现状调查：两座拟建水库（虎爪垅水库、白鹤岭水库）周边环境现状良好，水质满足Ⅱ类限值要求。

6. 流域生态环境状况

流域生态环境的调查内容包括流域陆生生态、流域水生生态、湿地生态特征、重点项目宁海闸附近生态环境、兴化湾河口区生态环境。

7. 流域主要环境问题

流域主要环境问题如下：①流域电站最小下泄流量无法保证；②现有农业面源污染问题，库区的富营养化问题；③干流水质接近标准限值。

8. 规划项目实施的资源与环境制约因素

资源与环境制约因素如下：

①木兰溪下游水质较差，对宁海闸建设存在制约；②干流水质较差，排污口众多，距拟建新增两座景观坝坝址较近，存在制约。

14.3.4　环境影响识别与评价指标体系构建

1. 环境影响识别

环境影响识别指标体系见表 14-6。

表 14-6　流域开发环境影响相互作用矩阵表

开发内容 环境要素		防洪		涝区治理		灌溉		水力发电		水土保持		景区提升	
		施工期	运营期	施工期	运营期	施工期	运营期	施工期	运营期	施工期	运营期	施工期	运营期
水环境	水文		●						●				
	水质	●		●				●	●	●		●	
	水资源分配		●										
	河道冲淤	○		○				○		○		○	
	河口冲淤												
生态环境	土地资源		○						○				
	植被	○		○				○	●	○		○	
	动物	○		○				○		○		○	
	水土流失	○	○	○				○	○	○		○	
	自然保护区	○		○				○	○	○		○	
	森林公园												
	洄游鱼类												
	水生生物	●	○	●				●	●	●		●	
	湿地		○						●				
	土壤“三化”												

续表

开发内容 环境要素		防洪		涝区治理		灌溉		水力发电		水土保持		景区提升	
		施工期	运营期	施工期	运营期	施工期	运营期	施工期	运营期	施工期	运营期	施工期	运营期
社会环境	移民安置	○		○				○		○		○	
	文物古迹	○	○	○				○		○		○	○
	风景名胜	○		○				○	○	○		○	
	旅游	○		○				○		○		○	
	经济发展		●		●		●		●		○		●
	环境风险								○				
	农业资源								○				

注 ●为可能有显著影响,○为可能有影响,空白为无影响或影响甚微。

2. 环境评价指标体系

环境评价指标体系含水能与水资源、水环境、生态环境、社会环境的相关指标。

14.3.5 环境影响预测与评价

1. 水环境影响预测与评价

(1) 水文情势:防洪堤的建设对河段的流速、水位等水文情势影响微乎其微;宁海闸工程建设后大坝上游流速减缓,水位上升,坝下河段流量剧减,水位降低,水文情势发生变化;规划中的两个水库均为多年调节水库,建设将使大坝上游流速减缓,水位上升,上游水文情势发生变化。

(2) 水温:规划中的两个水库均为分层型水库,工程所占集水面积和流域面积相比较小,对干流总体的水温基本无影响。

(3) 水质:各专项规划实施后,现状部分污染河段水质将有所改善,流域水环境功能基本保持正常稳定。

2. 生态影响预测与评价

(1) 土地利用影响:土地利用格局发生改变,对土地资源利用的变更为不可逆影响,但对于流域占地比例较小,影响很小。

(2) 陆域生态影响:各专项规划实施对所在区域植被资源、动物资源和土地使用功能及结构的影响较小。

(3) 水生生态影响:各专项规划实施对水生生态影响不大。

3. 环境敏感区

不违反法律法规和相关管理条例,并在项目实施前进行环境影响评价,采取切实可行的环保措施,那么对各敏感目标环境的影响可以接受。

4. 环境风险影响

环境风险有三方面:溃坝风险、供水风险、水质污染风险。规划实施后水库溃坝的风险较小。该流域规划涉及的工程只起到对流域的水资源进行调节和分配的作用，因此对流域的供水影响较小。相比较而言，流域内的暴雨发生频率较高，非点源污染物使流域水质恶化的风险略高。

14.3.6　规划方案综合论证和优化调整建议

1. 规划协调性分析结论

防洪规划、涝区治理规划、水资源规划、灌溉规划、水资源保护规划、水土保持规划、岸线利用管理规划、水利风景区规划中的项目均与相关法律法规、条例、政策、区划、规划基本协调。其中，虎爪垅水库与《莆田市“十三五”经济与社会发展规划纲要》、《福建省水利发展“十三五”规划》和《莆田市水利发展“十三五”规划》不符，白鹤岭水库与《福建省水利发展“十三五”规划》不符。景区提升工程和防洪堤建设工程涉及风景区的按照风景名胜区管理要求即可协调。

2. 规划环境合理性分析结论

基于相关区划、与敏感区的空间位置关系及影响程度，本规划布局环境合理。

3. 规划可持续发展论证结论

该规划的实施具有较好的社会效益、经济效益和环境效益，进而促进区域经济社会的可持续发展。

4. 环境保护目标与指标可达性评价结论

规划工程均属于非污染生态类型，从全流域的角度来看，流域水环境功能、生态功能基本保持正常、稳定。水环境保护目标和指标、生态环境保护目标和指标、社会环境保护目标和指标可达。

5. 优化调整建议

本评价对规划中的防洪规划、涝区治理规划、城乡供水规划、灌溉规划、水土保持规划、节约用水规划、水资源保护规划、岸线规划、水利风景区规划中相关内容予以推荐。

对水力发电规划中上一轮规划前已建电站，本次规划环境影响评价针对电站现状环境问题给出整改措施及优化调整建议。对水力发电规划中上一轮规划新建的仙游抽水蓄能电站，给出推荐意见，并针对现状环境问题给出整改措施及优化调整建议。

14.3.7　环境影响减缓对策和措施

1. 饮用水源保护措施

严格执行国家、地方关于饮用水保护区的有关规定和要求。

2. 流域水环境保护措施

流域水环境保护措施如下：①着力排查水环境隐患；②强化源头防控；③严格工业园区管理；④推进重污染行业整治；⑤加强农业面源污染防治；⑥提高城镇污水处理效率；⑦健全流域监测预警和应急机制；⑧严格环境准入；⑨宁海闸、景观坝优化调度。

3. 流域生态环境保护措施

流域生态环境保护措施如下：①加强山水林田湖综合治理；②推动小水电转型升级；③实施水生态保护修复；④加强湿地保护；⑤放流增殖；⑥宁海闸优化调度。

4. 下泄流量控制措施

下泄流量控制措施如下：①严格控制在木兰溪流域内新建水电项目；②对不符合河流最小

生态流量要求的水电站要限制运行,对安全隐患重、生态影响大的水电站要建立报废和退出机制,加大水利工程建设力度,发挥好控制性水利工程在改善水质中的作用;③强化水资源统一调度,按照“兴利服从防洪、区域服从流域、常规服从应急”的原则,制定和完善流域与区域水资源调度方案和应急调度预案,由同级人民政府批准后组织实施;④加强生态流量保障工程建设,采取闸坝联合调度、生态补水等措施,合理安排闸坝下泄水量和泄流时段,维持河湖基本生态用水需求,重点保障枯水期生态基流;⑤落实水电站最小下泄流量的工程保障措施;⑥要求各水电站安装最小下泄流量在线监控设备,与环保部门联网,保证各电站坝下的最小下泄流量。

5. 风险防范措施

风险防范措施如下:①加强大坝防汛管理,合理调度水库,积极开展水情测报;②建立大坝安全管理体制和监测系统,坚持大坝定期检查制度,科学评价大坝性态,实时掌握大坝安全状况;③重视和加强大坝安全的监督管理工作,建立溃坝预警系统,尽早获悉溃坝警报,减少下游损失。

14.3.8 具体项目控制措施及已实施工程的整改措施

1. 具体项目控制措施

(1) 对宁海闸工程,还应通过数值模拟重点分析运营期对水动力、水质的影响,进而产生的水生生态影响,除加强施工期水污染防治和生态保护外,营运期应增殖放流,跟踪监测水质、水生生态情况,提出影响范围内排污口优化方案,合理安排闸门蓄水高度、下泄水量和泄流时段等调度方案,根据水平向和垂向溶解氧监测情况,适时上补氧措施,实施 5 a 后进行环境影响后评价。

(2) 对两座景观坝工程,还应分析水文情势、水生生态及污染物稀释影响;除加强施工期水污染防治和生态保护外,还应在营运期跟踪监测水质、水生生态情况、富营养化指标,提出景观坝合理运行方式,仙潭景观坝的建设应位于第二污水处理厂排污口上游,提出合理位置、工程措施保证下泄流量。

2. 规划中已实施工程的整改措施

(1) 对正在施工的木兰溪防洪工程进行施工期环境监理。

(2) 对水力发电规划中干流上已建程头隔电站,考虑对自然保护区的保护,维持现状,限制继续扩容,建设单位应当组织环境影响后评价,安装在线监控装置;牛溪隔电站加强畜禽养殖粪便污水的处理,安装在线监控装置;蒋隔坝后电站长期跟踪监测库区水质及水库富营养化指标,增设在线监控装置;蒋隔三级电站增设下泄流量设施和在线监控装置;仙游抽水蓄能电站设置在线自动监测仪器和电子监视监控系统,在上库坝址下游设置流量计,记录河道流量,并建议开展环境影响后评价工作。

14.3.9 环境影响跟踪评价计划

跟踪评价时段与本次规划的时段相同,结合具体项目实施情况综合确定。对水环境和生态环境进行跟踪监测。对拟建重点工程建设后进行环境影响后评价。

14.3.10 公众参与

本次公众参与调查对象包括相关政府、部门和新增项目所在地周边的公众,公众参与形式包括网络公示、现场公示、问卷调查等。调查结果表明，公众均认为本规划实施可以接受，赞成项目建设，有关单位和个人提出相关意见，环境影响评价报告均给予回复，并采纳意见。

14.3.11　评价结论

木兰溪流域综合规划实施后构建防洪排涝减灾的防御体系、水资源合理配置和高效利用体系，水土流失面积得到整治，水能资源得到合理开发利用。规划的实施对生态环境质量有一定影响，但可以通过优化调度方案，保证下泄流量等措施把影响降到最小，在采取报告提出的各项措施的前提下，本流域规划在环境保护角度是可行的。

第 15 章　公 众 参 与

15.1　公众参与概述

环境影响评价中的公众参与是指有关单位、专家和公众通过一定的途径和方式，遵循一定的程序，参与与其环境权益有关的环境影响评价活动，使制定规划或者审批建设项目的决策活动符合广大公众的利益。

15.1.1　公众参与的目的

公众参与是为了实施可持续发展战略，对预防因规划和建设项目实施后对环境造成不良影响起到监督的作用，促进建设项目和规划的经济、环境和社会各方面的协调发展。公众参与的目的性主要表现在以下几个方面：

(1) 让公众了解建设项目和规划，通过公众参与如实地反映出公众的意见；

(2) 为拟建项目和规划落实环境保护措施，并解决公众所关心的问题；

(3) 为生态环境主管部门进行决策提供参考意见，以达到环境影响评价工作的完善和公正；

(4) 把那些对周围环境影响很大、不合法和不适合的建设项目通过公众参与予以否定。

15.1.2　公众参与的意义

(1) 改革传统经济的发展模式，实现经济与环境的协调发展。

实行公众参与环境影响评价制度，在决策时，不仅要考虑建设项目对经济发展是否有利，还必须根据公众意见，考虑建设项目本身对周围环境的影响及这种影响的反馈作用，并且必须采取必要的防范措施。这样就可以真正做到在建设过程中把经济效益与环境效益统一起来，把经济发展和环境保护协调起来。

(2) 维护社会稳定，促进民主政治。

美国政治学家亨廷顿认为，发展中国家公民政治参与的要求会随着利益的分化而增长，如果其政治体系无法给个人或团体的政治参与提供渠道，个人和社会群体的政治行为就有可能冲破社会秩序给社会带来不稳定。近几年，由于环境污染和破坏导致的企业和公众之间的冲突越来越多，其中的一个重要原因就是这些企业在建设和生产时没有得到周围公众的认可。公众参与制度可以从根本上解决这些问题。

(3) 增强公众的环境意识。

建立公众参与环境影响评价制度对于提高公众的环境意识有积极作用。据原国家环境保护总局、教育部某项“全国公众环境意识调查”表明，我国多数公众认为我国环境污染状况严重，但把环境问题与其他社会问题相比较，则把环境问题排在社会治安、教育、人口、就业之后。公众在购物时，只有小部分人考虑到环境保护因素，愿意为了环境保护而接受较高的价格。可见我国公民的环境意识和环境参与程度还很弱。在环境影响评价制度中引进公众参与机制，对于加强环境的宣传教育，提高公众参与环境保护意识，落实公众参与环境决策，具有积极意义。

(4) 监督项目建设方和环境行政机关。

公众参与制度使公众不仅可以对规划和项目在规划实施前和项目建设前是否进行环境影响评价进行监督，还可以通过对规划和项目的有关信息的了解来监督在规划实施、项目建设和营运过程中的不法行为。公众参与制度不仅可以监督环境行政机关在环境行政过程中是否依法行政，对滥用权力进行约束，而且公众的监督也可以帮助环境行政机关正确决策，提高行政效率。

(5) 减轻环境行政机关的压力。

现在环境行政机关经常受到两方面的压力：一方面来自建设单位和他们的管理部门的分管领导，要求环境行政机关给他们支持、照顾、开绿灯；另一方面来自社会公众，由于生活水平、环境意识的提高，对环境质量的要求越来越高，从而使环境行政机关经常处于两难境地。如果让公众参与进来，使建设单位与公众直接见面，让建设单位把建设的理由、环境保护所采取的措施及所能达到的效果直接告之公众，公众也把自己所关心的问题提出来请建设单位做出解释，那么，环境行政机关就免去了两面应付之苦，压力也随之减轻。

15.1.3　公众参与的原则

1. 知情原则

信息公开应该在调查公众意见前开展，以便公众在知情的基础上提出有效意见。

2. 依法原则

公众参与环境影响评价时应遵守相关法律法规，依法行使环境保护知情权、参与权、表达权和监督权。

3. 有序原则

《环境影响评价公众参与办法》对公众参与的每个步骤和流程都进行了细化和明确，公众参与应按照相关规定有序进行。

4. 公开原则

在公众参与的全过程中，应保证公众能够及时、全面并真实地了解建设项目的相关情况。

5. 便利原则

根据建设项目的性质以及所涉及区域公众的特点，选择公众易于获取的信息公开方式和便于公众参与的调查方式。

15.1.4　公众参与的一般程序

公众参与是环境影响评价过程的一个组成部分，其工作程序与环境影响评价工作程序的关系如图15-1所示。

15.1.5　公众参与环境影响评价的范围

1. 建设项目环境影响评价的公众参与

《中华人民共和国环境影响评价法》第二十一条规定，除国家规定需要保密的情形外，对环境可能造成重大影响而应当编制环境影响报告书的建设项目，建设单位应当在报批建设项目环境影响报告书前，举行论证会、听证会，或者采取其他形式，征求有关单位、专家和公众的意见。建

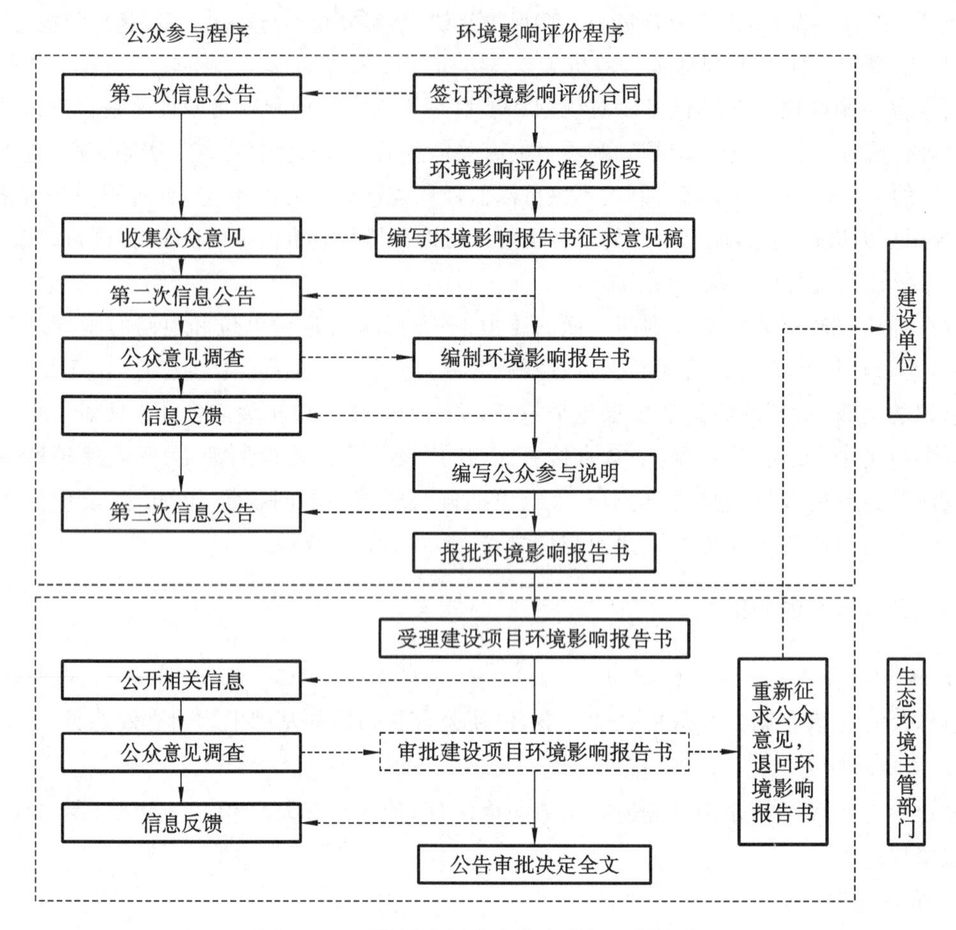

图 15-1　环境影响评价中公众参与工作程序

设单位报批的环境影响报告书应当附具对有关单位、专家和公众的意见采纳或者不采纳的说明。

《环境影响评价公众参与办法》规定，本办法适用于依法应当编制环境影响报告书的建设项目的环境影响评价公众参与。

2. 规划环境影响评价的公众参与

根据《中华人民共和国环境影响评价法》第八条和第十一条的规定，专项规划的编制机关，对可能造成不良环境影响并直接涉及公众环境权益的规划，应当在该规划草案报送审批前，举行论证会、听证会，或者采取其他形式，征求有关单位、专家和公众对环境影响报告书草案的意见，但是国家规定需要保密的情况除外。专项规划的编制机关应当认真考虑有关单位、专家和公众对环境影响报告书草案的意见，并应当在报送审查的环境影响报告书中附具对意见采纳或者不采纳的说明。专项规划编制机关负责组织环境影响报告书编制过程的公众参与，对公众参与的真实性和结果负责。专项规划编制机关可以委托环境影响报告书编制单位或者其他单位承担环境影响评价公众参与的具体工作。

规划环境影响评价的公众参与只限于编制环境影响报告书的专项规划，不包括编写环境影响篇章或说明的规划。

15.2　公众参与的内容与方式

15.2.1　公众参与的内容

1. 公开环境信息

知情权是公民最基本的权利之一，包括公民不受妨害地获得国家机关信息的自由和公民向特定的国家机关请求公开其信息的权利。知情权是公民得以参与国家事务和其他公共事务的前提。我国生态环境部公布的《环境影响评价公众参与办法》于2019年1月1日起实施。建设单位、生态环境主管部门应当按照该办法的规定，采用便于公众知悉的方式，向公众公开建设项目环境影响评价公众参与相关信息。

1) 建设单位公示信息

建设单位应当在确定环境影响报告书编制单位后7个工作日内，通过其网站、建设项目所在地公共媒体网站或者建设项目所在地相关政府网站(以下统称网络平台)，公开下列信息：

(1) 建设项目名称、选址选线、建设内容等基本情况，改建、扩建、迁建项目应当说明现有工程及其环境保护情况；

(2) 建设单位名称和联系方式；

(3) 环境影响报告书编制单位的名称；

(4) 公众意见表的网络链接；

(5) 提交公众意见表的方式和途径。

建设项目环境影响报告书征求意见稿形成后，建设单位应当公开下列信息，征求与该建设项目环境影响有关的意见，其期限不得少于10个工作日：

(1) 环境影响报告书征求意见稿全文的网络链接及查阅纸质报告书的方式和途径；

(2) 征求意见的公众范围；

(3) 公众意见表的网络链接；

(4) 公众提出意见的方式和途径；

(5) 公众提出意见的起止时间。

建设单位向生态环境主管部门报批环境影响报告书前，应当组织编写建设项目环境影响评价公众参与说明，并通过网络平台，公开拟报批的环境影响报告书全文和公众参与说明。公众参与说明应当包括下列主要内容：

(1) 公众参与的过程、范围和内容；

(2) 公众意见收集整理和归纳分析情况；

(3) 公众意见采纳情况，或者未采纳情况、理由及向公众反馈的情况等。

2) 生态环境主管部门公示信息

生态环境主管部门受理建设项目环境影响报告书后，应当通过其网站或者其他方式向社会公开下列信息，公开期限不得少于10个工作日：

(1) 环境影响报告书全文；

(2) 公众参与说明；

(3) 公众提出意见的方式和途径。

生态环境主管部门对环境影响报告书作出审批决定前，应当通过其网站或者其他方式向

社会公开下列信息,其公开期限不得少于 5 个工作日:

(1) 建设项目名称、建设地点;

(2) 建设单位名称;

(3) 环境影响报告书编制单位名称;

(4) 建设项目概况、主要环境影响和环境保护对策与措施;

(5) 建设单位开展的公众参与情况;

(6) 公众提出意见的方式和途径。

生态环境主管部门公开信息时,应当通过其网站或者其他方式同步告知建设单位和利害关系人享有要求听证的权利。

2. 信息公示方式

为了便于公众获得环境影响评价的相关信息,建设项目环境影响报告书征求意见稿形成后,对于《环境影响评价公众参与办法》规定应当公开的信息,建设单位应当通过下列三种方式同步公开以征求与该建设项目环境影响有关的意见:

(1) 通过网络平台公开,且持续公开期限不得少于 10 个工作日;

(2) 通过建设项目所在地公众易于接触的报纸公开,且在征求意见的 10 个工作日内公开信息不得少于 2 次;

(3) 通过在建设项目所在地公众易于知悉的场所张贴公告的方式公开,且持续公开期限不得少于 10 个工作日。

鼓励建设单位通过广播、电视、微信、微博及其他新媒体等多种形式发布相应信息。

3. 征求公众意见

1) 公众参与对象的选择

建设单位应当依法听取环境影响评价范围内的公民、法人和其他组织的意见,鼓励建设单位听取环境影响评价范围之外的公民、法人和其他组织的意见。

2) 公众参与的组织者

建设单位负责组织环境影响报告书编制过程的公众参与,对公众参与的真实性和结果负责。建设单位可以委托环境影响报告书编制单位或者其他单位承担环境影响评价公众参与的具体工作。

3) 公众参与的要求

建设单位可以通过发放科普资料、张贴科普海报、举办科普讲座或者通过学校、社区、大众传播媒介等途径,向公众宣传与建设项目环境影响有关的科学知识,加强与公众互动。

公众可以通过信函、传真、电子邮件或者建设单位提供的其他方式,在规定时间内将填写的公众意见表等提交建设单位,反映与建设项目环境影响有关的意见和建议。

建设单位应当对收到的公众意见进行整理,组织环境影响报告书编制单位或者其他有能力的单位进行专业分析后提出采纳或者不采纳的建议。建设单位应当综合考虑建设项目情况、环境影响报告书编制单位或者其他有能力的单位的建议、技术经济可行性等因素,采纳与建设项目环境影响有关的合理意见,并组织环境影响报告书编制单位根据采纳的意见修改完善环境影响报告书;对未采纳的意见,建设单位应当说明理由。未采纳的意见由提供有效联系方式的公众提出的,建设单位应当通过该联系方式,向其说明未采纳的理由。建设单位向生态环境主管部门报批环境影响报告书时,应当附具公众参与说明。

在生态环境主管部门受理环境影响报告书后和作出审批决定前的信息公开期间,公民、法人和其他组织可以依照规定的方式、途径和期限,提出对建设项目环境影响报告书审批的意见和建议,举报相关违法行为。生态环境主管部门对收到的举报,应当依照国家有关规定处理。必要时,生态环境主管部门可以通过适当方式向公众反馈意见采纳情况。生态环境主管部门应当对公众参与说明内容和格式是否符合要求、公众参与程序是否符合本办法的规定进行审查。生态环境主管部门参考收到的公众意见,依照相关法律法规、标准和技术规范等审批建设项目环境影响报告书;若经综合考虑收到的公众意见、相关举报及处理情况、公众参与审查结论等,发现建设项目未充分征求公众意见的,应当责成建设单位重新征求公众意见,退回环境影响报告书。

生态环境主管部门应当自作出建设项目环境影响报告书审批决定之日起7个工作日内,通过其网站或者其他方式向社会公告审批决定全文,并依法告知提起行政复议和行政诉讼的权利及期限。

建设单位应当将环境影响报告书编制过程中公众参与的相关原始资料存档备查。建设单位违反本办法规定,在组织环境影响报告书编制过程的公众参与时弄虚作假,致使公众参与说明内容严重失实的,由负责审批环境影响报告书的生态环境主管部门将该建设单位及其法定代表人或主要负责人失信信息记入环境信用记录,向社会公开。

15.2.2 公众参与的方式

1. 调查公众意见

建设项目环境影响评价公众参与相关信息公开后,公众可以通过信函、传真、电子邮件或者建设单位提供的其他方式,在规定时间内将填写的公众意见表(表15-1)等提交给建设单位,反映与建设项目环境影响有关的意见和建议。公众提交意见时,应当提供有效的联系方式。鼓励公众采用实名方式提交意见并提供常住地址。对公众提交的相关个人信息,建设单位不得用于环境影响评价公众参与之外的用途,未经个人信息相关权利人允许不得公开。法律法规另有规定的除外。

2. 深度公众参与

对于环境影响方面公众质疑性意见多的建设项目,建设单位应当按照下列方式组织开展深度公众参与:①公众质疑性意见主要集中在环境影响预测结论、环境保护措施或者环境风险防范措施等方面的,建设单位应当组织召开公众座谈会或者听证会。座谈会或者听证会应当邀请在环境方面可能受建设项目影响的公众代表参加。②公众质疑性意见主要集中在环境影响评价相关专业技术方法、导则、理论等方面的,建设单位应当组织召开专家论证会。专家论证会应当邀请相关领域专家参加,并邀请在环境方面可能受建设项目影响的公众代表列席。

建设单位决定组织召开公众座谈会、专家论证会的,应当在会议召开的10个工作日前,将会议的时间、地点、主题和可以报名的公众范围、报名办法,通过网络平台和在建设项目所在地公众易于知悉的场所张贴公告等方式向社会公告。建设单位应当综合考虑地域、职业、受教育水平、受建设项目环境影响程度等因素,从报名的公众中选择参加会议或者列席会议的公众代表,并在会议召开的5个工作日前通知拟邀请的相关专家,并书面通知被选定的代表。建设单位应当在公众座谈会、专家论证会结束后5个工作日内,根据现场记录,整理座谈会纪要或者专家论证结论,并通过网络平台向社会公开座谈会纪要或者专家论证结论。座谈会纪要和专家论证结论应当如实记载各种意见。

建设单位组织召开听证会的,可以参考环境保护行政许可听证的有关规定执行,在编写建设项目环境影响评价公众参与说明时说明听证会筹备及召开情况,附听证笔录。

表 15-1　建设项目环境影响评价公众意见表

填表日期＿＿＿＿年＿＿＿＿月＿＿＿＿日

<table>
<tr><td>项目名称</td><td colspan="2">×××项目</td></tr>
<tr><td colspan="3">一、本页为公众意见</td></tr>
<tr><td>与本项目环境影响和环境保护措施有关的建议和意见(注:根据《环境影响评价公众参与办法》规定,涉及征地拆迁、财产、就业等与项目环境影响评价无关的意见或者诉求不属于项目环境影响评价公众参与内容)</td><td colspan="2">(填写该项内容时请勿涉及国家秘密、商业秘密、个人隐私等内容,若本页不够可另附页)</td></tr>
<tr><td colspan="3">二、本页为公众信息</td></tr>
<tr><td colspan="3">(一) 公众为公民的请填写以下信息</td></tr>
<tr><td colspan="2">姓　名</td><td></td></tr>
<tr><td colspan="2">身份证号</td><td></td></tr>
<tr><td colspan="2">有效联系方式
(电话号码或邮箱)</td><td></td></tr>
<tr><td colspan="2">经常居住地址</td><td>××省××市××县(区、市)××乡(镇、街道)××村(居委会)××村民组(小区)</td></tr>
<tr><td colspan="2">是否同意公开个人信息
(填“同意”或“不同意”)</td><td>(若不填则默认为不同意公开)</td></tr>
<tr><td colspan="3">(二) 公众为法人或其他组织的请填写以下信息</td></tr>
<tr><td colspan="2">单位名称</td><td></td></tr>
<tr><td colspan="2">工商注册号或统一社会信用代码</td><td></td></tr>
<tr><td colspan="2">有效联系方式
(电话号码或邮箱)</td><td></td></tr>
<tr><td colspan="2">地　址</td><td>××省××市××县(区、市)××乡(镇、街道)××路××号</td></tr>
<tr><td colspan="3">注:法人或其他组织信息原则上可以公开,若涉及不能公开的信息请在此栏中注明法律依据和不能公开的具体信息</td></tr>
</table>

15.2.3 特殊规定

1. 产业园区内的建设项目

对依法批准设立的产业园区内的建设项目，若该产业园区已依法开展规划环境影响评价公众参与且该建设项目性质、规模等符合经生态环境主管部门组织审查通过的规划环境影响报告书和审查意见，建设单位开展建设项目环境影响评价公众参与时，可以按照以下方式予以简化：

(1) 启动公告和征求意见稿信息公开可以一并进行；

(2) 公开期限由10个工作日减为5个工作日；

(3) 免予采用张贴公告的方式公开。

2. 核设施建设项目

核设施建设项目建造前的环境影响评价公众参与依照《环境影响评价公众参与办法》有关规定执行。

堆芯热功率300 MW以上的反应堆设施和商用乏燃料后处理厂的建设单位应当听取该设施或者后处理厂半径15 km范围内公民、法人和其他组织的意见；其他核设施和铀矿冶设施的建设单位应当根据环境影响评价的具体情况，在一定范围内听取公民、法人和其他组织的意见。

大型核动力厂建设项目的建设单位应当协调相关省级人民政府制定项目建设公众沟通方案，以指导与公众的沟通工作。

15.3 公众参与在中国的发展

15.3.1 我国公众参与的发展历程

为了进一步追求人与自然的和谐发展，遏制严重环境污染和环境公害事故的发生，联合国环境规划署在1978年提出的环境影响评价基本程序中明确提出用“公众参与”的办法来避免与解决开发建设及营运过程中可能带来的环境问题。

中国环境影响评价中开展公众参与的历史不长，最初是在1991年实施的一个由亚洲开发银行提供赠款的环境影响评价培训项目中提出这一问题。从此，公众参与成为我国环境影响评价的热点问题。1993年，在《关于加强国际金融组织贷款建设项目环境影响评价管理工作的通知》中首次规定公众参与环境影响评价。经过多年的发展，我国公众参与环境影响评价制度取得了很大的进展。我国1998年颁布的《建设项目环境保护管理条例》规定：建设单位编制环境影响报告书，应当依照有关法律规定，征求建设项目所在地有关单位和居民的意见（第十五条）。2002年颁布的《中华人民共和国环境影响评价法》第二十一条中，对环境影响评价的公众参与做了明确规定。2006年，原国家环境保护总局颁布了《环境影响评价公众参与暂行办法》，对我国环境影响评价工作在公众参与方面的进一步规范起了很好的作用。2018年，生态环境部印发了《环境影响评价公众参与办法》，主要针对建设项目环境影响评价公众参与相关规定进行了全面修订，进一步优化环境影响评价公众参与。

15.3.2　我国公众参与存在的问题及改善对策

1. 存在的问题

1）制度不够健全

我国虽然颁布了《中华人民共和国环境影响评价法》和《环境影响评价公众参与办法》，但还存在着一些漏洞：①相关法律和规定没有就参与环境影响评价的公众人数作出限定；②《环境影响评价公众参与办法》虽然将听取意见的公众范围明确为环境影响评价范围内公民、法人和其他组织，优先保障受影响公众参与的权力，并鼓励建设单位听取范围外公众的意见，保障更广泛公众的参与权力，但对公众的环境意识、思想文化素质、法治观念等背景欠考虑，不注重参与对象的代表性，参与对象过少，这些使公众参与的有效性大打折扣。

2）公众参与环境保护的意识较淡薄

我国新闻媒体、环境保护部门、专门研究机构曾对公众的环境意识进行了10余次调查。调查的结论主要有三：一是公众的环境保护意识"知"上水平较高，即公众对环境保护的意义、环境污染的危害性有比较充分的认识，也掌握了较多的环境保护科学知识；二是我国的公众环境保护意识"行"上水平太低，虽然许多公众树立了较为明确的环境保护价值观，但是在行为上却表现出参与意识淡薄，对公众个人行为的作用及所应当承担的责任认识不清；三是公众环境保护意识水平总体上不高，特别是"知"、"行"之间的差距较大。这说明，我国公众的环境保护意识在总体上还只限于"看"的阶段。对于许多公众，他们最关注的问题是他们生活质量最密切、最需要尽快解决的问题。

3）对公众意见的重视程度不够，公众参与的比重太低

参与环境影响评价的公众的意见与环境影响评价机构、评估专家的意见相比，公众的呼声影响很小，这可能挫伤公众参与的积极性。

4）公众参与时效性不够

现阶段，环境影响评价中的信息发布主要通过公众媒体和媒介传播实现，建设单位会将项目信息在单位网站和相关管理部门的网站中进行公布，公开期限一般不少于10个工作日。但由于公众的个体差异，公众不能及时有效地获取信息的问题依然存在，这就导致公众在参与环境影响评价过程中，对项目存在的重大环境问题把握不准，许多公众提不出合理的意见和建议，不能明确表达个人观点。

2. 改善对策

1）改革当前的环境教育制度

目前，中国环境教育基本上已通过各种形式在不同层面展开，包括中小学开设环境教育课程，大中专院校开设环境保护专业课程，各地党校和行政学校为提高决策者环境意识而开设的环境教育课等。加强环境教学中的实践教学，是环境教育的重要环节。

2）加强教育，转变观念

要让公民认识到公众参与环境保护是国家法律赋予的权利和权益。政府和有关部门有义务保护公众参与环境保护公共事务的权利，并应将其作为立党为公、执政为民、以人为本的政绩。

3）完善环境行政公开制度

环境行政公开制度是实现公民环境知情权的需要。这一权利既是国民参与国家环境管理的前提，又是环境保护的必要民主程序。

4）拓宽公众参与环境保护的渠道

从我国目前的情况来看，公众参与环境保护主要有三条渠道：一是官方组织的环境保护行动；二是民间团体组织的环境保护活动；三是公众个人根据自己的愿望和要求而实施的环境保护行为。其中，公众参与的最主要和最重要的渠道是民间团体和公民个人的环境保护行为。但我国目前在这一方面还比较薄弱，因而必须从法律、制度、参与程序和具体管理规则等方面积极培植、扶持和引导，为公众提供参与渠道和活动空间，充分发挥公众参与环境保护的重要作用。

5）建立和发展环境保护社团

中国目前非政府组织的环境保护社团还比较薄弱，但在全国各地，有相当多热心于环境保护的人，他们都有成立非政府环境保护社会团体的要求或计划。如果能够把他们组织起来，以各种形式参与环境问题的讨论，同时，也与政府保持联系和沟通，那么，诸多环境问题的解决就容易多了。所以，应在法律和政策上鼓励公众建立和发展非政府组织的环境保护社团，让更多的人参与到环境保护中来。

习　　题

1. 简述公众参与的目的与意义。
2. 简述公众参与环境影响评价的适用范围。
3. 在进行公众参与调查时所公开的环境信息包括哪些内容？
4. 谁是公众参与的组织者？
5. 公众参与的组织形式有哪些？
6. 对公众参与对象的要求有哪些？
7. 公众参与的方式有哪些？

第 16 章　环境影响评价的成果

16.1　环境影响评价的成果类型

16.1.1　建设项目环境影响评价的成果类型

根据《中华人民共和国环境影响评价法》、《建设项目环境影响评价分类管理名录》和《建设项目环境保护管理条例》，国家对建设项目的环境影响评价（环境保护）实行分类管理，不同类别的建设项目的环境影响评价成果不同。按照建设项目对环境可能造成的不同程度影响，环境影响评价成果分为三类：①可能造成重大影响的建设项目，应当编制环境影响报告书，对产生的环境影响进行全面评价；②可能造成轻度影响的建设项目，应当编制环境影响报告表，对产生的影响进行分析或专项评价；③对环境影响很小，不需要进行环境影响评价的建设项目，应当填写环境影响登记表。

16.1.2　规划环境影响评价的成果类型

1. 环境影响的篇章或说明

《中华人民共和国环境影响评价法》规定：对于“一地”、“三域”综合性规划和“十个专项”规划中的指导性规划，应编写环境影响的篇章或说明，对规划实施后可能造成的环境影响做出分析、预测和评估；提出预防或者减轻不良环境影响的对策和措施，并作为规划草案的组成部分一并报送规划审批机关。

“环境影响的篇章或说明”又分篇章和说明两种情况。对一些比较重要的、实施后对环境影响比较大的规划，环境影响评价的内容相对较多，用篇章的形式表述得更清楚；对于实施后对环境影响相对较小的规划，可以简单采用“说明”的形式。

2. 环境影响报告书

《中华人民共和国环境影响评价法》规定：“十个专项”规划中的非指导性规划，应提出规划的环境影响报告书，内容包括实施该规划对环境可能造成影响的分析、预测和评估；预防或者减轻不良环境影响的对策和措施；环境影响评价的结论。

16.2　环境影响评价文件的编制

16.2.1　建设项目环境影响报告书的编制

1. 环境影响评价报告书编制要求

(1) 一般包括概述、总则、建设项目工程分析、环境现状调查与评价、环境影响预测与评价、环境保护措施及其可行性论证、环境影响经济损益分析、环境管理与监测计划、环境影响评价结论和附录、附件等内容。

概述可简要说明建设项目的特点、环境影响评价的工作过程、分析判定相关情况、关注的主要环境问题及环境影响、环境影响评价的主要结论等。总则应包括编制依据、评价因子与评价标准、评价工作等级和评价范围、相关规划及环境功能区划、主要环境保护目标等。附录和附件应包括项目依据文件、相关技术资料、引用文献等。

(2) 应概括地反映环境影响评价的全部工作成果，突出重点。工程分析应体现工程特点，环境现状调查应反映环境特征，主要环境问题应阐述清楚，影响预测方法应科学，预测结果应可信，环境保护措施应可行、有效，评价结论应明确。

(3) 文字应简洁、准确，文本应规范，计量单位应标准化，数据应真实、可信，资料应翔实，应强化先进信息技术的应用，图表信息应满足环境质量现状评价和环境影响预测评价的要求。

2. 建设项目环境影响报告书的编制内容

1) 前言

简要说明建设项目的特点、环境影响评价的工作过程、关注的主要环境问题及环境影响报告书的主要结论。

2) 总则

(1) 编制依据。须包括建设项目应执行的相关法律法规、相关政策及规划、相关导则及技术规范、有关技术文件和工作文件，以及环境影响报告书编制中引用的资料等。

(2) 评价因子与评价标准。分列现状评价因子和预测评价因子，给出各评价因子所执行的环境质量标准、排放标准、其他有关标准及具体限值。

(3) 评价工作等级和评价重点。说明各专项评价工作等级，明确重点评价内容。

(4) 评价范围及环境敏感区。以图表形式说明评价范围和各环境要素的环境功能类别或级别，环境敏感区和功能及其与建设项目的相对位置和关系等。

(5) 相关规划及环境功能区划。附图列表说明建设项目所在城镇、区域或流域发展总体规划、环境保护规划、生态保护规划、环境功能区划或保护区规划等。

3) 建设项目概况与工程分析

采用图表及文字结合方式，概要说明建设项目的基本情况、组成、主要工艺路线、工程布置及与原有工程和在建工程的关系。

对建设项目的全部组成和施工期、运营期、服务期满后所有时段的全部行为过程的环境影响因素及其影响特征、程度、方式等进行分析与说明，突出重点；从保护周围环境、景观及环境保护目标要求出发，分析总图及规划布置方案的合理性。

4) 环境现状调查与评价

根据当地环境特征、建设项目特点和专项评价设置情况，从自然环境、社会环境、环境质量和区域污染源等方面选择相应内容进行现状调查与评价。

5) 环境影响预测与评价

给出预测时段、预测内容、预测范围、预测方法及预测结果，并根据环境质量标准或评价指标对建设项目的环境影响进行评价。

6) 社会环境影响评价

明确建设项目可能产生的社会环境影响，定量预测或定性描述社会环境影响评价因子的变化情况，提出降低影响的对策与措施。

7) 环境风险评价

根据建设项目环境风险识别、分析情况，给出环境风险评估后果、环境风险的可接受程度，从环境风险角度论证建设项目的可行性,提出具体可行的风险防范措施和应急预案。

8) 环境保护措施及其经济、技术论证

明确建设项目拟采取的具体环境保护措施。结合环境影响评价结果,论证建设项目拟采取环境保护措施的可行性,并按技术先进、适用、有效的原则,进行多方案比选,推荐最佳方案。

按工程实施的不同时段,分别列出其环境保护投资额,并分析其合理性。给出各项措施及投资估算一览表。

9) 清洁生产分析和循环经济

量化分析建设项目清洁生产水平,提高资源利用率,优化废物处置途径,提出节能、降耗、提高清洁生产水平的措施与建议。

10) 污染物排放总量控制

根据国家和地方总量控制要求、区域总量控制的实际情况及建设项目主要污染物排放指标分析情况,提出污染物排放总量控制指标建议和满足指标要求的环境保护措施。

11) 环境影响经济损益分析

根据建设项目环境影响所造成的经济损失与效益分析结果,提出补偿措施与建议。

12) 环境管理与环境监测

根据建设项目环境影响情况,提出设计期、施工期、运营期的环境管理及监测计划要求,包括环境管理制度、机构、人员、监测点位、监测时间、监测频率、监测因子等。

13) 公众意见调查

给出采取的调查方式、调查对象、建设项目的环境影响信息、拟采取的环境保护措施、公众对环境保护的主要意见、公众意见的采纳情况等。

14) 方案比选

建设项目的选址、选线和规模,应从是否与规划相协调、是否符合法规要求、是否满足环境功能区要求、是否影响环境敏感区或造成重大资源经济和社会文化损失等方面进行环境合理性论证。当要进行多个选址或选线方案的优选时,应对各选址或选线方案的环境影响进行全面比较,从环境保护角度,提出选址、选线意见。

15) 环境影响评价结论

环境影响评价结论是全部评价工作的结论,应在概括全部评价工作的基础上,简洁、准确、客观地总结建设项目实施过程各阶段的生产和生活活动与当地环境的关系,明确一般情况下和特定情况下的环境影响,规定采取的环境保护措施,从环境保护角度分析,得出建设项目是否可行的结论。

环境影响评价的结论一般包括建设项目的建设概况、环境现状与主要环境问题、环境影响预测与评价结论、建设项目建设的环境可行性、结论与建议等内容,可有针对性地选择其中的全部或部分内容进行编写。环境可行性结论应从与法规政策及相关规划一致性、清洁生产和污染物排放水平、环境保护措施可靠性和合理性、达标排放稳定性、公众参与接受性等方面分析得出。

16) 附录和附件

将建设项目依据文件、评价标准和污染物排放总量批复文件、引用的文献资料、原燃料品质等必要的有关文件、资料附在环境影响报告书后。

16.2.2　规划环境影响报告书的编制

规划环境影响评价文件应图文并茂、数据翔实、论据充分、结构完整、重点突出、结论和建议明确。

环境影响报告书的主要内容如下。

(1) 总则。

概述任务由来，明确评价依据、评价目的与原则、评价范围、评价重点、执行的环境标准、评价流程等。

(2) 规划分析。

介绍规划在不同阶段的目标、发展规模、布局、结构、建设时序，以及规划包含的具体建设项目的建设计划等可能对生态环境造成影响的规划内容；给出规划与法规政策、上层位规划、区域“三线一单”管控要求、同层位规划在环境目标、生态保护、资源利用等方面的符合性和协调性分析结论，重点明确规划之间的冲突与矛盾。

(3) 现状调查与评价。

通过调查评价区域资源利用状况、环境质量现状、生态状况及生态功能等，说明评价区域内的环境敏感区、重点生态功能区的分布情况及其保护要求，分析区域水资源、土地资源、能源等各类自然资源现状利用水平和变化趋势，评价区域环境质量达标情况和演变趋势，区域生态系统结构与功能状况和演变趋势，明确区域主要生态环境问题、资源利用和保护问题及成因。对已开发区域进行环境影响回顾性分析，说明区域生态环境问题与上一轮规划实施的关系。明确提出规划实施的资源、生态、环境制约因素。

(4) 环境影响识别与评价指标体系构建。

识别规划实施可能影响的资源、生态、环境要素及其范围和程度，确定不同规划时段的环境目标，建立评价指标体系，给出评价指标值。

(5) 环境影响预测与评价。

设置多种预测情景，估算不同情景下规划实施对各类支撑性资源的需求量和主要污染物的产生量、排放量，以及主要生态因子的变化量。预测与评价不同情景下规划实施对生态系统结构和功能、环境质量、环境敏感区的影响范围与程度，明确规划实施后能否满足环境目标的要求。根据不同类型规划及其环境影响特点，开展人群健康风险分析、环境风险预测与评价。评价区域资源与环境对规划实施的承载能力。

(6) 规划方案综合论证和优化调整建议。

根据规划环境目标可达性论证规划的目标、规模、布局、结构等规划内容的环境合理性，以及规划实施的环境效益。介绍规划环境影响评价与规划编制互动情况。明确规划方案的优化调整建议，并给出调整后的规划布局、结构、规模、建设时序。

(7) 环境影响减缓对策和措施。

给出减缓不良生态环境影响的环境保护方案和管控要求。

(8) 如规划方案中包含具体的建设项目，应给出重大建设项目环境影响评价的重点内容、要求和简化建议。

(9) 环境影响跟踪评价计划。

说明拟订的跟踪监测与评价计划。

(10) 说明公众意见、会商意见回复和采纳情况。

(11) 评价结论。

归纳总结评价工作成果,明确规划方案的环境合理性,以及优化调整建议和调整后的规划方案。

16.2.3 规划环境影响篇章或说明的编制

规划环境影响篇章(或说明)应包括的主要内容如下。

(1) 环境影响分析依据。重点明确与规划相关的法律法规、政策、规划和环境目标、标准。

(2) 现状调查与评价。通过调查评价区域资源利用状况、环境质量现状、生态状况及生态功能等,分析区域水资源、土地资源、能源等各类资源现状利用水平,评价区域环境质量达标情况和演变趋势,区域生态系统结构与功能状况和演变趋势等,明确区域主要生态环境问题、资源利用和保护问题及成因。明确提出规划实施的资源、生态、环境制约因素。

(3) 环境影响预测与评价。分析规划与相关法律法规、政策、上层位规划和同层位规划在环境目标、生态保护、资源利用等方面的符合性和协调性。预测与评价规划实施对生态系统结构和功能、环境质量、环境敏感区的影响范围与程度。根据规划类型及其环境影响特点,开展环境风险预测与评价。评价区域资源与环境对规划实施的承载能力,以及环境目标的可达性。给出规划方案的环境合理性论证结果。

(4) 环境影响减缓措施。给出减缓不良生态环境影响的环境保护方案和环境管控要求。针对主要环境影响提出跟踪监测和评价计划。

(5) 根据评价需要,在篇章(或说明)中附必要的图、表。

16.2.4 环境影响报告表的编写

1. 建设项目基本情况

建设项目基本情况包括项目名称、建设单位、建设地点、建设性质、行业类别、占地面积、总投资、环境保护投资、评价经费、预期投产日期、工程内容及规模、与本项目有关的原有污染情况及主要环境问题等。

2. 建设项目所在地自然环境、社会环境简况

(1) 自然环境简况:地形、地貌、地质、气候、气象、水文、植被、生物多样性等。

(2) 社会环境简况:社会经济结构、教育、文化、文物保护等。

3. 环境质量状况

(1) 建设项目所在地区域环境质量现状及主要环境问题(环境空气、地表水、地下水、声环境、生态环境等)。

(2) 主要环境保护目标是指项目区周围一定范围内集中居民住宅区、学校、医院、保护文物、风景名胜区、水源地和生态敏感点等,应列出名单及保护级别。

4. 评价适用标准

评价适用标准包括环境质量标准、污染物排放标准和总量控制指标。

5. 建设项目工程分析

建设项目工程分析包括工艺流程简述、主要污染工序等。

6. 项目主要污染物产生及预计排放情况

项目主要污染物产生及预计排放情况主要包括大气、水、固体废物、噪声等的污染源、污染

物名称、处理前产生浓度及产生量、排放浓度及排放量，以及主要生态影响。

7. 环境影响分析

环境影响分析包括施工期和营运期环境影响简要分析。

8. 建设项目拟采取的防治措施及预期治理效果

建设项目拟采取的防治措施主要包括大气、水、固体废物、噪声等的排放源、污染物名称、防治措施、预期处理效果，以及生态保护措施及预期效果。

9. 结论与建议

给出本项目清洁生产、达标排放和总量控制的分析结论，确定污染防治措施的有效性，说明本项目对环境造成的影响，给出建设项目环境可行性的明确结论，同时提出减少环境影响的其他建议。

16.2.5　环境影响登记表的编写

1. 项目概况

项目名称、建设单位、建设地点、建设性质、行业类别、占地面积、总投资、环境保护投资、预期投产日期、工程内容及规模。

2. 工程分析

项目生产工艺过程，建设内容，厂区平面布置，各类污染物的排放位置、排放量、排放方式及排放总量。改扩建、技改项目还应说明原有生产项目的内容、规模、污染排放情况、主要环境问题等。

(1) 项目建设单位，建设性质(新建、改扩建、技改等)，工程规模及占地面积，建设地点，总投资及环境投资，原辅材料的名称、用量，能源(电、燃煤、燃油、燃气)消耗量，用水(蒸汽)量、排水去向，职工人数等。

(2) 原辅材料(包括名称、用量)及主要设施规格、数量(包括锅炉、发电机等)。

(3) 水及能源消耗量。

(4) 废水(工业废水、生活废水)排水量及排放去向。

(5) 周围环境简况(可附图说明)。

(6) 生产工艺流程简述(如有废水、废气、废渣、噪声产生，须明确产生环节，并说明污染物产生的种类、数量、排放方式、排放去向)。

(7) 与项目相关的老污染源情况(各污染源排放情况，治理措施、排放达标情况)。

(8) 拟采取的防治污染措施(建设期、营运期及原有污染治理)。

(9) 当地环境保护部门审查意见(项目执行的环境保护标准)。

3. 拟建地区环境概况

项目的地理位置，当地环境保护规划，当地水文、气象与气候情况，主要环境保护目标(生活居住区、自然保护区、风景游览区、名胜古迹、疗养区、重要的政治文化设施等)，空气、地表水、地下水、土壤及声环境质量现状、主要环境问题。

4. 环境影响分析

根据拟采取的污染防治措施及预期治理效果，简单说明建设项目污染排放达标情况及对周围环境、主要环境保护目标可能造成的影响程度。

习　题

1. 简述环境影响评价文件的类型。
2. 简述建设项目环境影响评价报告书的编写原则。
3. 简述建设项目环境影响评价报告书编制的基本要求。
4. 简述建设项目环境影响评价报告书编制要点。
5. 简述规划环境影响评价报告书的基本内容。
6. 简述规划环境影响篇章的基本内容。
7. 简述建设项目环境影响评价报告表和环境影响评价登记表的基本内容。
8. 简述环境影响评价文件的报批程序。
9. 某项目地处低丘地带,山坡普遍为缓坡,一般在20°以下,丘与丘之间距离宽阔,连接也无陡坡。据调查,纳污水体全长约65 km,流域面积526.2 km^2,年平均流量6.8 m^3/s,河宽20～30 m,枯水期流量1 m^3/s,环境容量很小。项目所在地位于该水体的中、下游,纳污段水体功能为农业及娱乐用水。拟建排污口下游15 km处为国家级森林公园,约26 km处该水体汇入另一较大河流,且下游15 km范围内无饮用水源取水点。工程分析表明,该项目污染物排放情况为:废水为42 048 m^3/d,其中含COD_{Cr}为2 323.6 kg/d,BOD_5为680.3 kg/d,NH_3-N为63.62 kg/d;废气为1 230×10^4 m^3/d,其中烟尘为1 298.7 kg/d,SO_2为19.9 kg/d。

   根据以上资料,回答以下问题:

   (1) 确定水环境影响和大气环境影响评价工作等级和评价因子;

   (2) 请制定一套合理的水环境质量现状调查监测方案;

   (3) 简要说明选用的水环境影响预测模式及其原因。

参考文献

[1] 国家环境保护总局环境影响评价管理司. 环境影响评价岗位培训教材[M]. 北京:化学工业出版社,2006.

[2] 陆雍森. 环境评价[M]. 2 版. 上海:同济大学出版社,1999.

[3] 陆书玉,栾胜基,朱坦,等. 环境影响评价[M]. 北京:高等教育出版社,2001.

[4] 丁桑岚. 环境评价概论[M]. 北京:化学工业出版社,2001.

[5] 张从. 环境评价教程[M]. 北京:中国环境科学出版社,2002.

[6] 徐新阳,陈熙. 环境评价教程[M]. 2 版. 北京:化学工业出版社,2010.

[7] 张征,沈珍瑶,韩海荣,等. 环境评价学[M]. 北京:高等教育出版社,2004.

[8] 吴彩斌,谢海燕,王全金,等. 环境学概论[M]. 2 版. 北京:中国环境科学出版社,2014.

[9] 金腊华,邓家泉,吴小明,等. 环境评价方法与实践[M]. 北京:化学工业出版社,2005.

[10] 郦桂芬. 环境质量评价[M]. 北京:中国环境科学出版社,1994.

[11] 刘绮,潘伟斌. 环境质量评价[M]. 广州:华南理工大学出版社,2004.

[12] 郭廷忠. 环境影响评价学[M]. 北京:科学出版社,2007.

[13] 杨仁斌. 环境质量评价[M]. 北京:中国农业出版社,2006.

[14] 朱世云,林春绵. 环境影响评价[M]. 2 版. 北京:化学工业出版社,2013.

[15] 谢绍东,薄宇. 环境影响评价技术方法[M]. 北京:中国建筑工业出版社,2007.

[16] 蔡艳荣,顾佳丽. 环境影响评价[M]. 2 版. 北京:中国环境科学出版社,2016.

[17] 郑铭. 环境影响评价导论[M]. 北京:化学工业出版社,2003.

[18] 周国强. 环境影响评价[M]. 武汉:武汉理工大学出版社,2003.

[19] 邢文利. 环境影响评价方法与标准及 500 典型案例分析[M]. 北京:中国环境科学出版社,2006.

[20] 田子贵. 环境影响评价[M]. 北京:化学工业出版社,2004.

[21] 李爱贞,周兆驹,林国栋,等. 环境影响评价实用技术指南[M]. 2 版. 北京:机械工业出版社,2012.

[22] 叶守泽,夏军,郭生练,等. 水库水环境模拟预测与评价[M]. 北京:中国水利水电出版社,1998.

[23] 陈晓宏,江涛,陈俊合. 水环境评价与规划[M]. 北京:中国水利水电出版社,2007.

[24] 李祚泳,丁晶,彭荔红. 环境质量评价原理与方法[M]. 北京:化学工业出版社,2004.

[25] 郑彤,陈春云. 环境系统数学模型[M]. 北京:化学工业出版社,2004.

[26] 程声通,陈毓龄. 环境系统分析[M]. 北京:高等教育出版社,1990.

[27] 傅国伟. 河流水质数学模型及其模拟计算[M]. 北京:中国环境科学出版社,1987.

[28] 谷清,李云生. 大气环境模式计算方法[M]. 北京:气象出版社,2002.

[29] 刘天齐,黄小林,邢连壁,等. 三废处理工程技术手册 废气卷[M]. 北京:化学工业出版社,1998.

[30] 赵德山,徐大海,李宗恺,等. 城市大气污染总量控制方法手册[M]. 北京:中国环境科学

出版社,1991.
[31] 孟伟,赫英臣. 固体废物安全填埋场环境影响评价技术[M]. 北京:海洋出版社,2002.
[32] 芈振明. 固体废物的处理与处置[M]. 北京:高等教育出版社,1993.
[33] 宁平. 固体废物处理与处置[M]. 北京:高等教育出版社,2007.
[34] 毛文永. 生态环境影响评价概论[M]. 修订版. 北京:中国环境科学出版社,2003.
[35] 金岚. 环境生态学[M]. 北京:高等教育出版社,1998.
[36] 胡二邦. 环境风险评价实用技术和方法[M]. 北京:中国环境出版社,1999.
[37] 姚志勇. 环境经济学[M]. 北京:中国发展出版社,2002.
[38] 覃成林,管华. 环境经济学[M]. 北京:科学出版社,2004.
[39] 刘庸. 环境经济学[M]. 北京:中国农业大学出版社,2001.
[40] 王永康,赵玉华,朱永恒. 水工程经济——技术经济分析[M]. 北京:机械工业出版社,2006.
[41] 张勤,张建高. 水工程经济[M]. 北京:中国建筑工业出版社,2002.
[42] 吴添祖,冯勤,欧阳仲健. 技术经济学[M]. 北京:清华大学出版社,2004.
[43] 蒋太才. 技术经济学基础[M]. 北京:清华大学出版社,2006.
[44] 赵国杰. 工程经济学[M]. 天津:天津大学出版社,2004.
[45] 王克强. 工程经济学[M]. 上海:上海财经大学出版社,2004.
[46] 赵建华,高风彦. 技术经济学[M]. 北京:科学出版社,2000.
[47] 曾贤刚. 环境影响经济评价的必要性、原则及其具体方法[J]. 中国人口·资源与环境,2004,14(2):34-38.
[48] 厉以宁,章铮. 环境经济学[M]. 北京:中国计划出版社,1995.
[49] 李南. 工程经济学[M]. 北京:科学出版社,2000.
[50] 宋国防,贾湖. 工程经济学[M]. 天津:天津大学出版社,2000.
[51] 刘亚臣. 工程经济学[M]. 大连:大连理工大学出版社,1999.
[52] 包存宽,陆雍森,尚金城,等. 规划环境影响评价方法及实例 [M]. 北京:科学出版社,2004.
[53] 何新春. 环境影响评价案例分析基础过关 30 题[M]. 北京:中国环境科学出版社,2007.
[54] 国家环境保护总局. 全国生态现状调查与评估　综合卷[M]. 北京:中国环境科学出版社,2005.
[55] 生态环境部环境工程评估中心. 环境影响评价相关法律法规[M]. 北京:中国环境科学出版社,2019.
[56] 生态环境部环境工程评估中心. 环境影响评价技术导则与标准[M]. 北京:中国环境科出版社,2019.
[57] 生态环境部环境工程评估中心. 环境影响评价案例分析[M]. 北京:中国环境科学出版社,2019.
[58] 生态环境部环境工程评估中心. 环境影响评价技术方法[M]. 北京:中国环境科学出版社,2019.
[59] 王文宝,顾晓霞,黄东升. 富安茧丝绸清洁生产实例分析[J]. 污染防治技术,2007,20(3):99-102.
[60] 于海森,李长如,赵鹏. 海洋主要产业循环经济模式应用与推广研究——以天津北疆电

厂循环经济项目为例[J]. 海洋经济,2011,1(2):46-51.

[61] 张江山. 瞬时点源超标污染带的几何特征及面积最大值估计[J]. 环境科学学报,1997,17(1):20-24.

[62] 张江山. 瞬时源示踪实验确定河流纵向离散系数和横向混合系数的线性回归法[J]. 环境科学,1991,12(6):40-43,63,87.

[63] 叶亚平,刘鲁君,张益民. 农业开发项目的环境影响评价[J]. 农业环境与发展,2002,19(3):26-68.

[64] 刘春艳,李文军,叶文虎. 自然保护区旅游的非污染生态影响评价[J]. 中国环境科学,2001,21(5):399-403.

[65] 彭慧,徐利淼. 缓冲区分析与生态环境影响评价[J]. 天津师范大学学报(自然科学版),2004,24(2):34-37,48.

[66] Jonathan R Edwards. The UK Heritage Coasts: An Assessment of the Ecological Impact of Tourism [J]. Annals of Tourism Research. 1987(14):71-87.

[67] 张照录,崔继红. 通用土壤流失方程最新研究改进分析[J]. 地球信息科学,2004,6(4):51-55.

[68] 马祥华. 景观生态学在生态环境影响评价中的应用[J]. 水土保持研究,2007,14(5):232-234.

[69] 程胜高,赵积洲,余春和,等. 生态旅游项目环境评价指标体系的应用研究[J]. 环境保护,2004,32(2):35-37.

[70] Annadel S Cabanban, Lydia Teh. Planning for Sustainable Tourism in Southern Pulau Banggi: An Assessment of Biophysical Conditions and their Implications for Future Tourism Development[J]. Journal of Environmental Management, 2007, 85(4): 999-1008.

[71] 夏家淇,骆永明. 我国土壤环境质量研究几个值得探讨的问题[J]. 生态与农村环境学报,2007,23(1):1-6.

[72] 白中科,付梅臣,赵中秋. 论矿区土壤环境问题[J]. 生态环境,2006,15(5):1122-1125.

[73] 余江. 生态环境影响评价水土流失预测方法应用研究[D]. 成都:四川师范大学,2001.

[74] 周东. 旅游开发的生态环境影响预测及其保护措施研究[D]. 武汉:湖北大学,2008.

[75] 马树超,潘峰,袁九毅,等. 有毒气体大气扩散特点·数学模型及其伤害浓度作用时间分析[J]. 安徽农业科学,2007,35(32):10425-10426,10429.

[76] 黄琴,蒋军成. 重气扩散研究综述[J]. 安全与环境工程,2007,14(4):36-39.

[77] 瞿宁. 提高环评中公众参与有效性的研究[D]. 西安:西安建筑科技大学,2008.

[78] 戴京,隋兆鑫. 环境保护的公众参与现状、问题及对策[J]. 环境保护,2008,36(12):57-59.

[79] 茜坤,夏少敏,闫献伟. 论环境行政的公众参与[J]. 环境科学与管理,2008,33(7):33-36,43.

[80] 尹力军,湛树智,郝瑞彬. 环境保护中公众参与问题探析[J]. 唐山师范学院学报,2008,30(3):81-83.

[81] 苏国明. 环境影响评价中公众参与现状、问题及对策建议[J]. 中国高新技术企业,2008(11):148,153.
[82] 秦慧杰,何丽萍. 论公众的环保参与意识[J]. 行政论坛,2000(4):51-52.
[83] 赵同谦,欧阳志云,郑华,等. 水电开发的生态环境影响经济损益分析——以怒江中下游为例[J]. 生态学报,2006(9):2979-2988.